普通高等教育"十一五"国家级规划教材

高等院校木材科学与工程专业教材

非木材植物人造板

（第2版）

向仕龙　　蒋远舟　等编著

中国林业出版社

图书在版编目（CIP）数据

非木材植物人造板/向仕龙等编著. —2 版. —北京：中国林业出版社，2008.8
普通高等教育"十一五"国家级规划教材. 高等院校木材科学与工程专业教材
ISBN 978-7-5038-5300-5

Ⅰ. 非…　Ⅱ. 向…　Ⅲ. 木质板-高等学校-教材　Ⅳ. TS653

中国版本图书馆 CIP 数据核字（2008）第 133693 号

中国林业出版社·教材建设与出版管理中心

责任编辑：杜　娟

电话：66181489　66170109　　传真：66170109

出版发行　中国林业出版社（100009　北京市西城区德内大街刘海胡同 7 号）
　　　　　E-mail：jiaocaipublic@163.com　电话：(010)66184477
　　　　　网　址：www.cfph.com.cn
经　　销　新华书店
印　　刷　北京市昌平百善印刷厂
版　　次　2008 年 8 月第 2 版
印　　次　2008 年 8 月第 1 次
开　　本　850mm×1168mm　1/16
印　　张　21.25
字　　数　488 千字
定　　价　34.00 元

木材科学及设计艺术学科教材
编写指导委员会

第 2 版前言

本书是在 2001 版的"非木材植物人造板"一书的基础上改编而成，被列为教育部普通高等教育"十一五"国家级规划教材。

21 世纪以来，随着国民经济的快速发展，我国的人造板工业进入飞速发展的时期。2004 年后人造板总产量已突破 5000 万 m^3，居世界第一。随之而来的是对原料的需求迅速增加，压力进一步加大。

全世界有约 50 多种非木材植物可用于人造板生产，我国有 40 余种。其中：稻草、麦秆、竹藤、豆秸、蔗渣和麻屑等年产量达 10 余亿 t。由于木材资源的日益紧缺，传统上以木材为主要原料的人造板工业始终重视非木材植物原料的开发与利用，通过多年的努力，我国不仅成为人造板生产大国，也是非木材植物人造板生产的大国，在非木材植物原料的开发和产品的应用上积累了大量的研究成果和生产经验，在该领域的水平目前处于世界的前列。

2001 版的《非木材植物人造板》一书总结了非木材植物人造板的生产历史和经验，对原料种类与性质、生产工艺与设备、产品性能与应用等相关问题进行了系统介绍和分析，内容基本涵盖了 2000 年以前国内外有关非木材植物人造板的重要文献资料。该书出版以来得到业界的高度关注和良好评价，在此深表感谢。

2000 年以后，非木材植物人造板的发展出现了一些新的特征。一方面，国家多年来高度重视的大力营造速生工业人工林以缓解木材供需矛盾的措施已初见成效，工业人工林成为人造板工业原料的重要来源。另一方面，人造板工业的规模效应日益明显，小规模低产量已不适应发展要求。这就要求非木材植物人造板生产需要的原料来源更为广泛和成本低廉。因此，近些年我国对极其丰富的稻草、麦秆、竹材等材料制造人造板进行了更深入地科学研究与生产实践，同时在其他一些植物原料的开发与应用上也取得了新的成就。本书就是根据上述情况对 2001 版进行改编而成。

本书改编的分工如下：第 2、3 章由南京林业大学张洋教授，第 4、5 章由北京林业大学张双保教授，第 5、6 章由浙江林学院金春德教授、杜春贵副教授，第 9、11 章由内蒙古农业大学张桂兰副教授分别负责改编，其余各章改编和全书统稿由中南林业科技大学向仕龙教授和魏新莉老师完成。

本书除了作为木材科学与工程专业的教材之外，也可作为艺术设计、工业设计、包装工程、家具设计与制造、高分子材料与工程等相近专业的教材或教学参考书，还可供有关生产、科研、设计、工程施工等方面的人员参考。

由于非木材植物原料种类繁多，材性复杂，工艺技术千差万别，加之编者水平有限，书中错误在所难免，希望广大读者批评指正。

编　者
2008 年 5 月

第1版前言

　　木材是人造板工业历来采用的主要原料，但由于世界性的森林资源减少，木材的供应也日趋紧张。因此，开发新的人造板代用原料已势在必行，非木材植物人造板的开发与应用，是解决人造板工业原料短缺和成本高的一条重要途径。

　　本书所指的非木材植物原料，主要指除木材外的其他植物纤维原料，包括农作物下脚料、野生植物、工业废渣，如稻麦秆、棉麻秆、高粱秆、玉米秆、蔗渣、稻壳、花生壳、葵花壳、龙须草、席草、藤类、竹子，等等。这些原料来源广泛，价格低廉。从可持续发展的角度看，开发这些原料既可以降低生产成本，又可以保护宝贵的森林资源，维持生态环境的平衡，对社会的持续发展有着极其重要的意义。

　　本书在总结国内外大量资料的基础上，对非木材植物原料的种类、性质及其对人造板生产工艺和质量的影响作了详细的介绍和分析，并从木材人造板的生产基础出发，对非木材植物人造板的生产工艺与设备、产品性能与应用等方面的特点进行了系统介绍，提出了提高产品质量、改革工艺和设备、拓宽原料利用范围的一些看法和建议。

　　本书资料丰富，内容切合实际，是国内目前论述非木材植物人造板的专著。可用作大专院校人造板、家具、木材加工、建材与包装材料等专业的教学参考书，也可供有关生产、科研、设计、工程施工等方面的人员参考。

　　本书引用了大量生产与研究的成果和经验，作者在此对这些成果与经验的创造者表示衷心的谢意。由于非木材植物原料种类繁多，材性复杂，工艺技术千差万别，加之作者水平有限，书中错误在所难免，希望广大读者批评指正。

作　者

2000 年 4 月

目 录

第1章

概　述

1.1　非木材植物人造板的开发与应用

随着世界性的森林资源短缺，木材供应日趋紧张，木材人造板生产已受到一定程度的影响，而人造板的需求量正在逐年增长。因此，寻找新的人造板代用原料已势在必行。通过数十年的研究与探索，非木材植物人造板的产品种类、生产规模、工艺技术、性能质量、检验标准等，都得到了不同程度的发展与提高。

1.1.1　非木材植物人造板的开发概况

20世纪初国外已开始利用非木材植物原料制造人造板，我国开发非木材植物人造板原料生产人造板始于50年代末。迄今为止，据不完全统计，2001年仅利用蔗渣与棉麻茎秆生产人造板的厂家或车间，已有60余家，年生产能力已达30万m^3以上。在我国非木材植物人造板的发展中，以蔗渣利用最早，以竹材人造板发展最快。

麻秆是世界上最早用于人造板生产的非木材植物原料之一，比利时在1948年就建立了第一条以亚麻秆为原料的刨花板生产线，其产量1973年达到93万m^3。我国除利用麻秆研究与生产刨花板外，还进行了麻秆中密度纤维板及硬质纤维板的研制工作，现已取得成功，可以进行工业化规模生产。

稻麦秆最早用于造纸，后用于制造纤维板。英国于20世纪40年代中期开始用稻麦秆制造纸面稻草纸，我国于20世纪80年代中期引进这项技术与设备，并已开始自行生产专用设备。稻麦秆碎料板生产，曾多次进行过小试与中试，2000年初，已开始筹建正规化生产线，2008年初已建成麦秸(稻草)碎料板生产线10余条，年生产能力达30余万m^3。

蔗渣是人造板生产的较好原料之一。除了在纸浆、纸和纸板方面的应用得到迅速发展之外，蔗渣也是人造板工业应用最早和范围最广的原料。实际上，美国于1920年将蔗渣用于硬质绝缘板生产，我国用蔗渣生产湿法硬质纤维板的厂家有30多家。由于废水污染问题，国内外已趋向于用蔗渣生产碎料板，美国于1963年建成一家日产100m^3的蔗渣碎料板生产线，我国于80年代开始进行这方面的研制，其后在广东、福建等省建成了10多家蔗渣碎料板厂。蔗渣中密度纤维板的正式生产始于泰国，我国广东等地随后也建起类似的生产线。由于蔗渣是最早用于人造板生产的非木材植物原料，其工艺与设备均已日趋完善，是一种可以大力开发的用于生产人造板的原料。

棉秆由于来源丰富，近年来作为人造板原料的发展十分迅速。20世纪50年代末我国即已应用棉秆生产湿法硬质纤维板，但由于大多数厂仍沿用木材原料的工艺设备，对棉秆原料及生产特点研究少，因而其生产工艺技术一直未完全成熟，设备也不能完全适应生产需要，直至80年代末期，才基本解决湿法生产的工艺技术问题。棉秆碎料板的生产经过小试、中试和国外技术的引进，已形成一定的生产能力。此外，棉秆软质吸音板和中密度纤维板也曾进行过试制和生产，技术上不存在大的难题。棉秆在我国具有广泛资源，是人造板工业很有潜力的原料之一。

用稻壳生产人造板的研究早在20世纪50年代已在国外进行，但直至80年代初，才由菲律宾采用加拿大技术建成世界上第一座稻壳板厂。我国上海木材工业研究所首先开展稻壳板的研究工作，为稻壳板的生产奠定了一定基础。国内先后在江西、浙江等地建成了几条年产5 000m³稻壳板生产线，由哈尔滨林机厂生产的专用设备，由于工艺不成熟，产品质量波动大，加之在产品应用开发上存在问题，使稻壳板生产与应用没有达到预期目标。

用花生壳生产人造板材的研究国外早有报道，我国南京林业大学于1981年开始花生壳制板的研究，1985年陕西省建材所也进行了相同的工作，分别于1986年9月与11月通过鉴定，并建成相应的生产线。我国是盛产花生的国家，种植地区极广，花生壳的利用将进一步扩大人造板原料的来源。

竹类人造板是我国近几年开发的新型人造板材，由于竹类植物纤维长、强度高、耐酸、耐碱，其抗拉强度是木材的2倍，硬度是木材的100倍，加之生长快、产量高，是极有发展前途的人造板原料。竹材人造板比木材人造板有许多更优良的特性，是一种优质、高强度的代木材料。我国是盛产竹子的国家，竹材人造板发展很快，目前已生产的品种有竹编胶合板、竹材积成板、竹片胶合板、竹材碎料板、竹材装饰板等，产品强度高、用途广，随着不断地开发研究，生产工艺与设备日趋完善，产品质量不断提高，品种也日渐增多。

近些年来，由于森林资源缺乏，我国对非木材植物人造板进行了大量的研究与试验，除了上述原料外，对其他一些非木材植物原料也进行了开发，先后研制成功高粱（玉米）秆细木工板、剑麻头板、栲胶渣板、席草板、葵柄板、柠条板等一系列产品，有的已投入正式生产。从根本上讲，用非木材植物原料生产人造板并没有理论上的难题，其工艺技术无需重大改变。但是，由于非木材植物原料毕竟与木材的结构组成有所不同，在相同的工艺条件下，非木材植物人造板的质量与木材人造板有不同的差距，有的甚至无法制成产品，因此需要改革工艺条件，研制新设备或改造老设备，不断扩大原料品种，提高非木材植物人造板的质量，使之接近或相当于同类木材人造板的物理力学性能。

发展非木材植物人造板生产，国内外已积累了一定的经验，产品质量不断提高，品种不断增加，新的原料也在不断被挖掘。实践证明，生产非木材植物人造板具有明显的经济效益、社会效益及生态效益，而且在发挥这三大效益之中，尚有巨大的潜力可挖。

1.1.2 非木材植物人造板的种类与应用

非木材植物原料大多用于生产纤维板和碎料板，特别是近些年来，由于废水污染控制愈来愈严，非木材植物原料越来越多地用于碎料板的生产。

纸面稻草板在非木材植物人造板中是一个比较特殊的品种，在生产工艺及产品用途上与纤维板和碎料板均有一定差别，因而与其他几种板材作为特种板材分类。

竹类人造板是一类新型板材，包括纤维板、碎料板、胶合板、装饰板、积成板，木材能够生产的人造板品种，竹材几乎都能生产，而且强度一般更高。

复合板是指非木材植物原料与其他材料复合生产的板材，本书将水泥、石膏等无机矿物材料与非木材植物原料生产的复合板材也归于此类，并作专章论述。

非木材植物人造板种类归纳见表1-1。

表1-1 非木材植物人造板种类

类 别	品 种	品 种 举 例
纤维板	软质纤维板	湿法棉秆软质吸音板、稻草软质吸音板
	硬质纤维板	剑麻头硬质纤维板、豆秸硬质纤维板、棉秆硬质纤维板
	中密度纤维板	蔗渣中密度纤维板、棉秆中密度纤维板、竹材中密度纤维板
碎料板	普通碎料板	麻屑板、芦苇碎料板、烟秆碎料板、竹大片定向碎料板
	废渣板	蔗渣板、栲胶渣板、麻黄渣板、玉米芯板、垃圾板
	废壳板	稻壳板、花生壳板、核桃壳板
胶合板	普通胶合板	竹席(帘)胶合板、竹片胶合板、高粱秆帘胶合板
	积成胶合板	竹篾积成板、葵花秆积成板
	特种胶合板	竹材空心胶合板、竹材(蔗渣)瓦楞板、重组竹
复合板	夹心复合板	秆段夹心细木工板、碎料夹心胶合板
	复合胶合板	竹木复合胶合板、复合层积材、复合空心胶合板
	无机复合板	石膏碎料板、水泥碎料板、菱苦土碎料板
	特种复合板	纸面稻草板、果壳核人造木、网络板

非木材植物人造板一般可代替木材人造板用做建筑、家具、包装等工业的材料，除了这方面的普通用途之外，一些非木材植物人造板还具有特殊的功用，其中比较突出的是竹材胶合板。

竹材胶合板具有强度高、弹性好、耐磨损、耐腐、耐蚀等特点，是一种理想的工程材料。近几年来，竹材胶合板被用来代替木材制造汽车车厢底板，取得十分明显的经济效益，不仅节约了木材，而且简化了车厢结构和生产工艺，提高了产品质量，降低了车厢制造成本。目前竹材胶合板在汽车制造行业上得到了推广与应用。

竹材胶合板用做水泥模板，也正在得到推广应用。其优点是：造价低，比钢模板低40%，比木模板低20%；易脱模，不沾水泥；使用次数多，不易磨损。

稻草板是一种具有综合性能的新型板材，其隔热、隔声、耐火、抗震等性能比木材好，而且强度也高，已用于承重外墙板。这种板材在东北、西北等严寒地区尤其受到欢迎。

1.1.3 非木材植物人造板的性能与标准

表1-2列出了部分非木材植物人造板物理力学性能。由于原料产地不同，生产或试

表 1-2 部分非木材植物人造板物理力学性能

板材名称 板材性能	密 度 (g/cm³)	含水率 (%)	静曲强度 (MPa)	平面抗拉强度 (MPa)	吸水率 (%)	吸水厚度膨胀率 (%)
稻壳板	0.70 ~ 0.80	4.7 ~ 7.5	10.3 ~ 13.0	0.4	—	4.6 ~ 6.8
稻草板	0.696	6.0	16.17	0.20	—	7.9
芦苇板	0.720	—	29.60	0.51	16.12	7.15
花生壳板	0.83	—	14.7	1.81	—	6.3
棉秆绝缘板	0.237	—	2.16	—	310	—
棉秆硬质纤维板	0.877	1.8	34.69	—	20.09	—
棉秆中密度纤维板	0.69 ~ 0.72	—	32.34 ~ 34.89	0.59 ~ 0.69	13.44 ~ 22.49	5.2 ~ 10.3
棉秆碎料板	0.74	9.07	22.68	0.88	—	5.57
蔗渣碎料板	0.767	3.3	26.56	0.54	—	7.5
蔗渣中密度纤维板	0.762	—	44	—	5.8	1.7
麦秆碎料板	0.45 ~ 0.95	6 ~ 8	14.7 ~ 24.5	0.39 ~ 0.49	—	6
麻屑板	0.687	10.78	18.32	1.2	14.5	3.2
席草板	0.638	14	12.2	0.20	—	10
高粱秆纤维板	0.905	—	31.53	—	18.92	—
竹质纤维板	0.98	5.33	44.34	—	18.9	—
竹中密度纤维板	0.69	5.66	29.30	—	17.41	—
竹编胶合板	0.75	9.86	79.81	0.34	38	—
竹材胶合板	0.78 ~ 0.85	10.00	113.3	2.94	—	—
栲胶渣板	0.95	5.22	11.59	—	39.2	19.1
剑麻头纤维板	0.8	12	45.28	—	17.4	—
玉米秆碎料板	0.65	5.9	12.6	0.19	—	11.5
苎麻秆纤维板	0.77	6.6	23.03	0.27	19.3	4.7
竹材碎料板	0.7 ~ 0.9	—	25.48	2.94	—	15
模压制品	0.78	6 ~ 12	34.3	1.47	15	0.4
垃圾板	0.6 ~ 0.8	—	3 ~ 6	0.15 ~ 0	—	8 ~ 10
亚麻秆中密度纤维板	0.71	—	29.6	1.18	10.51	4.53
黄麻秆碎料板	0.51	—	17.33	0.66	—	7.8

验的工艺条件如施胶量、热压参数等不同，采用同类原料加工成的同类产品往往在性能上会有一定的差异，因而表中引用的数据不能完全代表某一种非木材植物原料在不同工艺条件下制造的人造板性能，但它至少使我们对非木材植物人造板有一个一般的了解。

从表 1-2 中所列板材来看，大多数非木材植物人造板的物理力学指标已达到同类木材人造板的有关正式标准，有些甚至超过木材人造板，其中突出的是竹材人造板材。少数几种板材如稻壳板、席草板、栲胶渣板、垃圾板等，静曲强度低于木材碎料板规定的二级品静曲强度。这往往不是技术上的原因，而是经济和使用上的原因。因为碎料板生产中，多施加树脂胶或采取其他方法虽然可使力学性能上升，但这会增加成本，而且对增加某些产品的用途作用不大。因此，只要应用上不存在问题，不必追求非木材植物人造板在性能上完全达到木材人造板的标准。

非木材植物人造板由于原料种类多且材性杂，生产的板材质量参差不齐，在质量鉴别与应用方面均存在一定问题，目前除少数特殊板材已制定出质量标准外，一般均引用木材人造板质量标准来判断非木材植物人造板的质量。这往往使生产者不顾原料之间的差异和产品应用上的千差万别，一味追求达到某一固定质量标准，结果是浪费材料和徒增成本。因此，在发展非木材植物人造板生产的同时，必须注意应用领域的研究，制定出适合非木材植物原料客观条件的非木材植物人造板质量标准。

截至 2006 年底，我国制定出下列非木材植物人造板国家标准：

（1）1988 年国家质量监督局发布 GB 9781—1988《建筑用纸面稻草板》国家标准；

（2）2003 年国家质量监督局发布 GB/T 13123—2003《竹编胶合板》国家标准；

（3）2002 年国家林业局发布 LY/T 1072—2002《竹篾层积材》行业标准；

（4）2000 年国家林业局发布 LY/T 1574—2000《混凝土模板用竹材胶合板》行业标准；

（5）2000 年国家林业局发布 LY/T 1579—2000《汽车车厢底板用竹篾胶合板》行业标准；

（6）2002 年国家林业局发布 LY/T 1055—2002《汽车车厢底板用竹材胶合板》行业标准。

1.1.4　非木材植物人造板的技术经济指标

部分非木材植物人造板技术经济指标见表 1-3。表中数据仅作开发中的参考，不能作为设计依据，因设计中的情况是千差万别的。

表 1-3　部分非木材植物人造板经济指标

板材名称 \ 指标	年产量 (m³)	原料用量 (t/m³)	胶耗量 (kg/m³)	防水剂耗量 (kg/m³)	耗电量 (kW·h/m³)	装机容量 (kW)	厂房面积 (m²)	车间定员 (人)	备注
稻壳板	5 000	1.00	160	12	200	210	1 250	100	
纸面稻草板①	25 000	0.48			40	191.0	3 000	60	板芯不加胶
棉秆碎料板	5 000	0.90	110	16	250	350	1 300	110	
麻屑板	12 000	0.80	85	9.8		1 170	2 960	61	
麦秸碎料板	15 000	0.80	24		200	750	2 500	80	异氰酸酯胶
烟秆纤维板	5 000	1.00	9	23	350	615	2 250	44	湿法生产，酚醛胶
烟秆碎料板	5 000	0.85	142		220	702	2 160	36	
蔗渣中密度纤维板	3 000	0.90	72	12.5	300	2 500	5 200	122	
竹篾积成板	2 000	2.4	280			225	1 580	115	酚醛胶、浸渍
玉米秆碎料板	5 000	1.0	145	25	250	280	1 250	100	

① 纸面稻草板年产量为 50 万 m²，原料耗量为 0.024t/m²，耗电量为 2kW·h/m²。

表中数据按板材厚度 50mm 折算成每 1m³ 板材 20m² 面积计算。

1.2　非木材植物人造板原料

非木材植物人造板的原料种类很多，分布的地区极广。各种原料的构造与性能差别较大，而且，大多数非木材植物原料的收获季节不同，各地收集与贮存的条件也不尽相同。因此，在运用非木材植物原料前，首先应对原料的种类与分布，性能与构造以及应用特点等主要问题进行较为全面的了解，以便从经济和技术可行性方面综合考虑，找到最合适的原料，制定出适合原料特性的加工工艺，生产出具有一定用途的人造板材。

1.2.1 原料的种类与分布

已用于人造板生产或实验室使用的非木材植物原料，大多数为农作物下脚料和野生植物。如按植物生活期分类，可将非木材植物原料纤维分为3类：1年生植物纤维，如棉秆、玉米秆、稻草、麦草等；2年生植物纤维，如甜菜等；多年生植物纤维，如竹类、茶壳等。按植物用途分类，可分为4类：粮食作物纤维，如稻麦秆、高粱秆等；油料作物纤维，如花生壳、葵花壳、油菜籽壳等；经济作物纤维，如棉秆、麻秆、烟梗等；野生植物纤维，如龙须草、黄交藤等。

根据纤维在植物组织中所在的部位，非木材植物原料可分为茎秆纤维、韧皮纤维、种毛纤维、叶纤维、果实纤维等5类。利用这种分类法并结合人造板生产中不同原料需采取不同的工艺措施，可以把非木材植物原料分为如表1-4的5大类，其中大部分原料已用于工业化生产，如稻麦秆、棉秆、麻秆、稻壳、蔗渣、竹类等。少部分非木材植物原料已进行或正进行中试或小试，有待于工业性开发，如柠条、剑麻头、葵柄、油菜秆、席草等。有的非木材植物原料国内尚未进行研制，如啤酒花、垃圾、芳草等。

表1-4中所列非木材植物原料在我国分布的地区极广，资源也极其丰富。如稻麦的种植除西藏、青海、新疆等少数地区外，几乎遍及全国。南方数省的水稻年收获2~3次，全国稻草的年产量1984年已达1.6亿t，稻壳逾3000万t。我国的甘蔗产量在世界居于前几位，主产区包括台湾、广东、广西、四川、江西、浙江、云南、湖南、贵州等，蔗渣年产量已达900万t以上。棉花是我国主要经济作物之一，黄河流域、长江中下游流域及新疆等地，均是盛产棉花的地区，棉秆年产量达1800万t。1984~1994年我国主要农作物副产物产量见表1-5。

表1-4 非木材植物原料分类

类 别	原 料
秸秆类	稻麦秆、小米秆、高粱秆、玉米秆、棉秆、麻秆、葵花秆、烟秆、蓖麻秆、油菜秆、竹、芦苇、剑麻头、芝麻秆、荻、巴茅秆
茎梗类	香蕉梗、木薯梗、烟梗、葵柄、黄豆茎、豌豆茎、蚕豆茎、红苕茎
壳 类	花生壳、稻壳、椰子壳、棉籽壳、菜籽壳、核桃壳、茶壳、果壳
废渣类	蔗渣、栲胶渣、麻屑、玉米芯、啤酒花、垃圾、污泥、金刚刺废渣
藤草类	柠条、黄交藤、葡萄藤、龙须草、芨芨草、芳草、席草、芒草

表1-5 1984~1994年我国主要农作物副产物产量 单位：万t

品种	稻草	稻壳	麦秸	玉米秆	高粱秆	棉秆	花生壳	油菜秆
产量	14 247~20 100	3 250~3 968	8 424~9 870	8 808~15 864	770~1 026	1 800~4 146	222~385	650~3 469
品种	芝麻秆	麻秆	蔗渣	豆秸	葵花秆	谷子秆	烟秆	合计
产量	105~275	330~415	845~909	5 533 (1994年)	603 (1994年)	752 (1994年)	260 (1994年)	46 599~60 427

从表 1-5 可以看出，我国主要农作物副产物年总产量高达 4 亿 t 以上，仅利用这部分原料总量的 5%制造人造板，每年可生产 1 300 万 m^3 多板材，可顶替约 4 000 万 m^3 原木，不仅可缓解木材供应问题，也可少伐日渐减少的森林，保护生态环境和实现可持续发展。

此外，我国有丰富的竹类资源，仅毛竹全国就有 200 万 hm^2 以上，蓄积量 40 亿株以上，其他的废壳、废渣、野生植物也有广泛的来源。因此，开发非木材植物资源作为人造板生产原料，具有广阔的前景。

1.2.2　原料的性能及对人造板生产工艺与质量的影响

非木材植物原料在生物结构、纤维细胞含量与形态、化学组成等方面均与木材原料有一定差别。因此，在人造板的加工工艺和质量控制上，非木材植物原料一般存在一些不利因素，需要在工艺与设备上进行一些与木材原料不同的处理，以尽可能使非木材植物人造板质量达到或接近木材人造板，同时减少生产工艺上的一些困难。

1.2.2.1　组织结构与纤维细胞含量

非木材植物原料大多为禾本科植物，其茎秆有明显的节和节间，节间有实心的如玉米、高粱、甘蔗等；也有空心的，如稻草、麦秸、竹等。茎节在生产中往往造成不利影响，如竹类节的性能与节间不一样，加工与热压中不易使板材各部密度与厚度一致。此外，节间的空心使材料占空系数增大，堆集密度变小，压缩率提高，也影响到板材的生产和质量。

禾本科植物的横切面上可见到三种组织：表皮组织、基本薄壁组织和维管组织，其中表皮组织中细胞的角质化或矿质化，可保护植物本体，防止水分过分蒸发和病菌侵入。但是，表皮的这种性质也给人造板施胶带来不利影响，使原料的湿润性变差，不易吸附胶液。此外，表皮中高含量的 SiO_2，使表面变得较硬，内外硬度的不一致，给原料的制浆带来困难。

禾本科植物的纤维细胞含量在制浆后一般占细胞总量的 50% ~ 60%，也有低达 30%的，纤维细胞含量比木材原料尤其是针叶材中的纤维细胞含量低得多，而非纤维细胞含量较高(表 1-6)。

由表 1-6 可见，针叶材的非纤维细胞含量最少，仅 1.5% ~ 1.8%，而纤维细胞含量高达 98% ~ 98.5%。阔叶材的非纤维细胞含量多于针叶材，但较非木材植物原料少得多。非木材植物原料中，竹类的非纤维细胞含量较少，而玉米秆的含量最高，达 60%以上。

非纤维细胞在生产中也称杂细胞。杂细胞含量较高，使非木材植物原料性能变差，板材的强度较差，吸水性提高，而且制成浆料后的滤水性也不好，造成脱水困难，给工艺上造成一些问题。因此，在生产中应尽可能应用杂细胞含量低的原料，或当原料杂细胞含量较高时，掺用一些木材原料或纤维细胞含量较高的原料。

表1-6 非木材植物原料的非纤维细胞含量 单位:%

原料 \ 细胞	纤 维	薄壁细胞		导 管	表皮细胞
		秆 状	非秆状		
部分针叶材	98~98.5	—	1.5~1.8	—	—
部分阔叶材	73~82.5	—	1.5~5.0	12.6~25.2	—
慈竹	83.8	—	—	1.6	—
毛竹	68.8	—	—	7.5	—
芦苇	64.5	17.8	8.6	6.9	2.2
棉秆	71.3	—	21.8	6.9	—
龙须草	70.5	6.7	4.9	3.7	10.7
芨芨草	67.3	17.9	11.2	1.0	0.8
荻	65.5	4.9	24.5	4.8	0.3
蔗渣	64.3	10.6	18.6	5.3	1.2
稻草	46.0	6.1	40.4	1.3	6.2
麦秸	62.1	16.6	12.8	4.8	2.3
高粱秆	48.7	3.5	33.3	9.0	0.4
巴茅秆	46.9	9.7	35.4	6.6	0.4
玉米秆	30.8	8.0	55.6	4.0	1.6
大豆秸	68.2	3.8	20.3	6.6	—

1.2.2.2 纤维形态

纤维形态影响板材的物理力学性能,特别是对强度影响较大。如稻草的纤维细短,胞腔窄,强度较差。麦秆的纤维较稻草长,纤维含量高,相同工艺条件下的同类产品质量优于稻草。芦苇纤维细而短,细胞壁厚,胞腔狭窄,纤维呈棒状,但杂细胞含量较高,约占35%,故板材强度也不高。蔗渣纤维的胞腔大,纤维扁平,具有长而宽的形态,是非木材植物原料中很好的原料。

纤维形态对纤维的单体强度和纤维之间的交织强度影响很大,一般应优先选择细胞壁厚、纤维细长的植物作原料,表1-7中的蔗渣、竹材、棉秆等都是较好的原料。

表1-7 部分非木材植物原料与木材原料纤维形态对比

原料名称 \ 形态参数	平均长度 (mm)	平均宽度 (mm)	长宽比 (倍)	平均壁厚 (μm)
部分针叶材	2.25~4.28	25.6~56.0	55.4~129.4	2.2~12.5
部分阔叶材	0.47~2.92	14.4~30.0	20.9~91.6	2.42~5.3
棉秆	1.01	22.2	46.4	3.12
稻草	1.26	7.30	173.5	1.83
蔗渣	1.99	18.37	108.3	1.9
麦秆	1.66	14.20	117	3.21
玉米秆	1.18	14.45	81.7	3.16
芦苇	0.91	15.9	56.9	5.6
苎麻秆	0.47	17.1	27.7	—
高粱秆	1.96	10.86	180	4.29

（续）

形 态 参 数 原料名称	平均长度 （mm）	平均宽度 （mm）	长宽比 （倍）	平均壁厚 （μm）
毛竹	2.48	14.00	177.1	5.30
慈竹	1.76	15.9	110.4	5.6
龙须草	1.44	12.7	113.4	5.8
柠条	0.41	7.2	57	—
剑麻头	2.45	43.46	56.4	—
烟秆	1.17	27.5	43	—

根据表1-7，与木材相比，纤维的平均长度除竹材与剑麻头外，非木材植物原料一般较针叶材短，但较某些阔叶材长。纤维的平均宽度，非木材植物原料一般较木材小。这样，从长宽比值来看，则是非木材植物原料为高。长宽比值大的纤维柔软性较好，因而具有较好的交织性，这对板材的质量是有利的。因此，在合适的工艺条件下，非木材植物原料往往也能生产出质量很高的人造板材。

纤维的平均壁厚，非木材植物原料类似于阔叶材，低于针叶材，针叶材由于纤维长而壁厚，生产的板材质量一般较高。但由于板材的强度不完全依赖于原料纤维的自身强度，也依赖于纤维之间的交织结合强度，少数阔叶材及非木材植物原料生产的板材也有不少高于针叶材板材的例子。因此根据原料的特征，掌握合适的工艺是很重要的。

1.2.2.3 化学组成

原料的化学组成是判断原料质量优劣的主要参数之一。纤维素是构成植物细胞的主要成分，一般纤维素含量高的，细胞壁较厚，纤维的抗拉强度大。原料的纤维素含量愈高，制成的板材性能愈好。木质素是芳香族高分子化合物，是细胞间的粘结物，在造纸中需要除去。但在人造板生产中，要利用其热塑融合粘结纤维的作用，含量较高为好。半纤维素的主要成分是聚戊糖，高温下易分解，其含量高时会增加产品吸水率，增加板材热压时粘板的可能性。

从表1-8所列的非木材植物原料分析，其化学组成有如下一些特点：

（1）纤维素含量

蔗渣、棉秆、芦苇和龙须草接近或等于针叶材，高于含量低的一些阔叶材，但稻草、麦秸、玉米秆、高粱秆含量偏低，故生产板材时以前几种非木材植物原料为好。

（2）木质素含量

除竹类与针叶材差不多外，大多数都比较低，接近于阔叶材的低值，这不利于人造板的生产。一般认为，木质素含量高可提高板材的强度与耐水性。

（3）聚戊糖含量

非木材植物原料比针叶材高得多，相当于阔叶材的高值，这也不利于板材的耐水性。

表 1-8　部分非木材植物原料与木材原料化学成分比较　　　　　　单位:%

成分 原料与产地	灰　分	冷水 抽提物	热水 抽提物	1% NaOH 抽提物	苯醇 抽提物	木质素	聚戊糖	全纤维素
部分针叶材	0.25 ~ 0.61	2.35 ~ 6.81	2.80 ~ 8.25	12.47 ~ 17.55	2.57 ~ 8.61	27.69 ~ 32.96	10.46 ~ 13.00	53.12 ~ 59.90
部分阔叶材	0.33 ~ 0.49	1.38 ~ 4.09	2.11 ~ 6.13	16.48 ~ 24.47	4.08 ~ 5.71	17.81 ~ 30.68	20.65 ~ 30.37	43.24 ~ 53.43
蔗　渣(四　川)	2.84	4.92	4.70	38.48	3.26	20.02	25.87	55.68
棉　秆(四　川)	4.45	2.12	5.53	20.93	—	21.75	23.51	56.49
芦　苇(河　北)	4.40	6.87	9.47	33.61	9.45	21.01	22.73	50.79
高粱秆(河　北)	4.76	8.08	13.88	25.12	—	22.52	24.46	39.70
玉米秆(四　川)	4.66	10.67	20.46	45.62	—	18.38	21.58	37.68
麦　秆(河　北)	6.04	5.36	23.15	44.56	—	22.34	25.56	40.40
葵花秆(内蒙古)	4.66	9.42	15.80	33.32	10.91	37.35	—	37.60
豆　秸(安　徽)	2.19	7.20	8.76	31.14	3.96	20.34	34.01	44.80
花生壳(江　苏)	3.30	—	1.99	19.54	4.15	33.55	24.32	40.40
稻　草(江　苏)	15.50	6.85	28.50	47.70	—	14.05	18.06	36.20
毛　竹(福　建)	1.10	2.38	5.96	30.98	—	30.67	21.12	45.50
龙须草(四　川)	6.55	—	10.75	43.00	—	14.61	17.00	50.49
稻　壳(上　海)	16.65	—	—	—	1.24	23.45	—	38.74
剑麻头(广　东)	4.6	—	17.07	32.9	9.85	18.46	22.76	41.24
苎麻秆(湖　南)	2.72	1.92	2.31	—	—	23.22	21.74	44.00
柠　条(内蒙古)	2.87	9.24	10.01	32.11	6.20	19.72	22.81	49.90
亚麻秆(黑龙江)	3.60	—	2.66	—	1.70	20.07	17.95	48.46

(4)水抽提物含量

非木材植物原料普遍比木材含量高,尤以稻草、麦草、玉米秆为最高,这将会降低板材的性能,并且使纤维板生产中的废水污染加重和粘板粘网现象加重。

(5)灰分含量

非木材植物原料均高于木材原料,其中稻草尤为突出,且草叶、草穗又远高于茎秆。灰分中的二氧化硅含量很高,说明非木材植物原料的表皮角质化或矿物化较强,表皮硬度高而湿润性差,在生产中也是不利因素。

一般来说,在相同工艺条件下,非木材植物原料生产的人造板强度与耐水性均不如木材原料生产的人造板材。不过,人造板的用途很广,非木材植物人造板没有必要追求达到木材人造板的标准。此外,通过一系列工艺手段,如纤维专门处理、改变压制工艺、二次加工等,也可提高非木材植物人造板的各项性能,使之在许多场合完全可以代替木材人造板。

1.2.3　原料的应用特点与局限

非木材植物纤维原料在来源、收获季节、运输、物理化学性能等方面均有自身的特殊性。因此作为人造板生产的原料,既具有自身的一些优点,也存在一些不利因素,在应用非木材植物原料时，应充分了解这一点。

1.2.3.1 非木材植物原料应用中具有的优点

①原料来源广泛，多为农作物下脚料或工业废渣及野生植物，有些甚至是难处理的废物。因此，原料价格较低，这样可降低人造板生产的成本。

②原料单一，对稳定产品质量有利，生产工艺易于控制。木材采伐剩余物以及灌杂木，树种变化大，纤维形态与化学成分相差较大，混杂在一起生产，常造成产品质量的起伏变化。这样，工艺上常需要采取措施进行控制，实际生产中困难较大。非木材植物原料的利用一般比较单一，集中利用的品种不会很多，在固定的工艺条件下，板材的质量比较稳定。

③非木材植物原料的备料工段所用设备比较简单，如芦苇、棉秆、稻麦秆等只要简单地切断，不需要削片机。蔗渣、稻壳、花生壳本身已是碎片或碎屑状态，甚至不用破碎。

④非木材植物原料生产人造板的动力消耗较木材原料少。由于备料阶段较简单，省掉了动力消耗很大的削片设备。在纤维分离中，由于非木材植物原料的细胞壁较薄，聚戊糖含量和水抽提物含量高，遇水易膨胀和降解，原料易于软化，纤维分离也较木材容易，动力消耗相应下降许多。此外，非木材植物原料结构一般比较松散，干燥容易，故干燥消耗的能量也较木材原料低。

1.2.3.2 非木材植物原料应用中的不利因素

①非木材植物原料的收获季节性很强，为了保证常年生产，工厂需贮存 8 ~ 9 个月的原料。非木材植物原料体积一般蓬松，占用地面与空间很大，因此给贮存场地占用面积带来较大困难。

②非木材植物质地松散，在收集与运输上很不方便。因此，在选择工厂厂址时需慎重，否则原料成本会因运输量增大而大大提高，一般收集半径不应超过 100 ~ 200km。

③非木材植物原料所含糖类、淀粉及其他易分解的物质较木材高，易于虫蚀或产生霉变和腐烂。因此，贮存中必须采取一些办法，如高密度打包贮存、切段堆积贮存、干燥后贮存、喷洒药剂贮存等。这就增加了生产的工序与成本。

④非木材植物原料含杂物多，蔗渣含有 20% 以上的蔗髓，棉秆有残花和泥沙，芦苇有苇髓和叶梢，稻壳则有米坯等。这些对产品质量均有影响，因此在生产前均应将其分离，如蔗渣需经除髓，稻壳需经碾磨，无形中增加了设备与工序。

⑤在非木材植物人造板生产中，还存在一些问题，至今还在研究解决。例如，棉秆皮韧性大，在输送中常缠绕于设备上，造成堵塞或起火；原料结构松散，制浆中进料不易，造成反喷或效率低；原料易于水解，湿法生产中废水污染较木材原料严重，成型中浆料脱水困难；稻壳板硬度高，对刀具磨损十分严重等。

1.3 非木材植物人造板的生产工艺与设备

木材原料与非木材植物原料并没有本质上的区别，只是化学组成和组织结构上有一些差别，而且差别主要是在量的多少或大小上。因此，非木材植物人造板的生产工艺与设备基本上是套用木材人造板的生产工艺及设备，并根据原料性能上的差别作一些相应的调整，如非木材纤维板与碎料板的生产均是如此。

对一些比较特殊的原料，如稻壳、竹材、蔗渣，则增设了特殊的加工工序。此外，与木材原料生产的板材差别较大的产品，如纸面稻草板，在工艺与设备上则更有其特殊性。

1.3.1 木材人造板生产工艺与设备的借用及其改革

1.3.1.1 非木材植物纤维板

非木材植物纤维板，包括湿法硬质纤维板、湿法软质纤维板、湿法中密度纤维板、干法中密度纤维板。除备料与制浆外，非木材植物原料与木材原料在干法生产上的差别小，在湿法生产上，两种原料的加工在各个工段与工序的工艺参数及少数设备上有一些差别。因此，主要讨论湿法生产，分工段介绍非木材植物纤维板生产中的一些特点。

图 1-1 是目前比较成功的湿法棉秆纤维板生产工艺流程，在非木材植物纤维板生产中具有一定代表性。从流程中可以看出，它基本上与木材纤维板生产工艺相同，只是增添了少数几个工序。

（1）备料

① 收集与贮存。生产非木材植物纤维板的原料以茎秆为多，如棉秆、麻秆、高粱秆、稻麦秆、芦苇。这些原料体积庞大，容重小，收集时一般须压紧打包，以提高车船运输量，减少贮存面积。

贮存一般采用堆垛方式，水分不能过高，如稻麦秆、芦苇堆垛时水分不能超过15%，否则需干燥后堆垛。

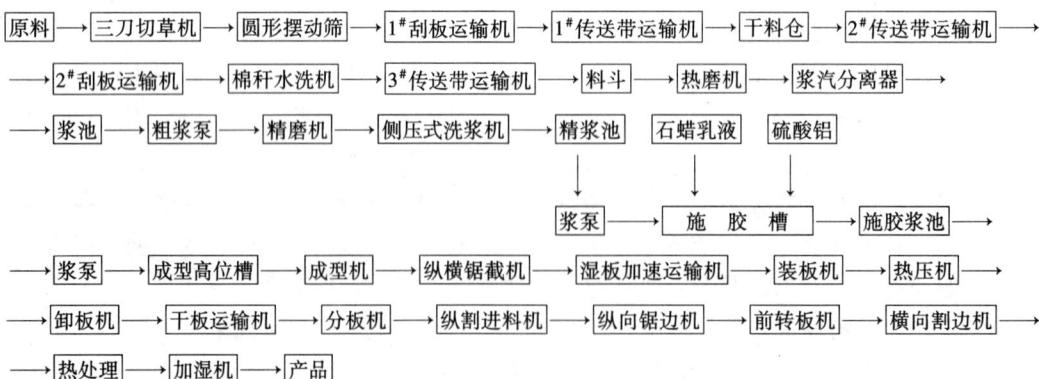

原料 → 三刀切草机 → 圆形摆动筛 → 1#刮板运输机 → 1#传送带运输机 → 干料仓 → 2#传送带运输机 →

→ 2#刮板运输机 → 棉秆水洗机 → 3#传送带运输机 → 料斗 → 热磨机 → 浆汽分离器 →

→ 浆池 → 粗浆泵 → 精磨机 → 侧压式洗浆机 → 精浆池　石蜡乳液　硫酸铝 →

浆泵 → 施 胶 槽 → 施胶浆池 →

→ 浆泵 → 成型高位槽 → 成型机 → 纵横锯截机 → 湿板加速运输机 → 装板机 → 热压机 →

→ 卸板机 → 干板运输机 → 分板机 → 纵割进料机 → 纵向锯边机 → 前转板机 → 横向割边机 →

→ 热处理 → 加湿机 → 产品

图 1-1　湿法棉秆纤维板生产流程

②切断与筛选。非木材植物原料一般不需削片，只需将原料切断或打碎，以便适合热磨前预热蒸煮的长度要求。

切料设备有两种，均是造纸工业的切断机械。一种是三刀式切草机，利用安装在长筒形刀辊上的飞刀和机架上的底刀，在飞刀旋转时的剪切作用将原料切断；另一种是刀盘式切苇机,飞刀盘是一铸钢圆盘,上装飞刀,飞刀旋转时,飞刀与底刀的剪切使原料被切断。

据实验,刀盘式切苇机对非木材植物原料切断效果较好。

非木材植物原料易于破碎,碎屑及不合格原料多,筛选需要加强,筛选设备常用振动式平筛。根据生产经验,圆形摆动筛的筛选效果较好。

非木材植物原料有条件时也需进行水洗,以除去杂质和提高原料含水率。

蔗渣不需切断,但需经除髓后再进行制浆。其除髓设备与工艺见蔗渣人造板一章。

(2)制浆

非木材植物原料质地软,可压缩性大,在木材人造板制浆设备上会出现进料量小,不易压实,形成木塞较难,造成生产率降低和反喷等现象。因此,在生产和设备改造中采用了下述措施:

①加大进料口和进料螺旋直径;

②增加进料螺旋压缩比;

③加大木塞管锥度,减少对原料的阻力;

④提高进料螺旋转速和运输螺旋转速,将螺旋向前伸进数毫米,增加推力;

⑤保证进料螺旋与筋条间的小空隙,以防止打滑。

人造板机器厂已生产适合于非木材植物原料的热磨机,如QM6C和QM9C型,实际上是木材原料热磨机按照上述措施进行改造后的机型。

在制浆工艺中作了一些调整,采用低温延时制浆工艺,预热蒸煮压力较低,时间较长。适用于麻秆、蔗渣、芦苇、棉秆等松散原料制浆的BW116/10C(QM6C)及BW119/10B(QM9C)的工艺参数如下:

滤水度	12~22s
原料蒸煮压力	0.4~0.6MPa
原料蒸煮温度	143~158℃
原料蒸煮时间	5~15min

非木材植物原料的浆料中水溶物及低糖类物质含量高,浆料一般呈酸性,给防水剂的施加、成型脱水、热压及产品质量带来一定影响,故一般增设浆料洗涤工序。

洗浆机一般借用造纸工业用的纸浆浓缩或洗涤设备,常用的有侧压式洗浆机、双辊挤浆机和螺旋挤浆机。

洗涤可配合废水处理进行,采用螺旋挤浆机挤浆后的高浓废水便于集中处理,一方面减少了浆料中对纤维板生产不利的成分,一方面使纤维板废水的污染物浓度降低。

(3)成型

非木材植物原料制浆中,由于原料杂细胞及其他杂物多,浆料中细碎成分较多,滤水度往往很容易达到,实际上是细碎成分对筛网的堵塞起了作用。因此,成型中最大的问题是脱水较木材原料浆料困难,生产中采取以下改革措施:

①提高上网浆料浓度,即减少成型中的脱水量;

②加强真空脱水或采取强化真空脱水措施;

③加强压榨脱水,采用大直径预压脱水辊;

④将尼龙网改为铜网,使长网脱水性能提高;

⑤降低长网网速。

采用上述措施后,在其他工艺及生产率上会出现一些相应变化,应根据具体原料的不同分别对待处理。

(4)热压

非木材植物原料的水溶物及低糖类在高温高压下会产生较强烈降解,从而引起热压中的粘板粘网现象,采取的应对措施有:

①严格控制施胶后的浆料 pH 值 4~5;

②在纤维板湿板坯表面喷洒石蜡粉末、胶液或清水,改善表面浆料性质;

③改变热压曲线和热压工艺参数,如提高挤水段升压速度、降低热压温度、采用两段或多段降压曲线等,根据不同原料特性,采取不同方法;

④采用双层垫网,加强垫板垫网的清洗。

热压中采取的某些措施,往往是以降低产品质量作为条件来解决工艺上的难题,如降低热压温度,因此并不是十分有利的方法。有些措施只是权宜之计,如采用双层垫网、喷洒石蜡粉等。根本的解决措施是在浆料处理上,如洗浆,才能比较可靠地解决粘板粘网问题。

(5)后处理

非木材植物原料种类多,成分与结构较单一的木材复杂,后处理中的热处理还没有十分可靠的工艺数据,热处理后的产品性能有时甚至下降。一般来说,半纤维素本身经热处理后的吸水率会上升。因此,对于半纤维素含量一般比木材高的非木材植物原料,其成品纤维板的热处理要十分谨慎,在没有可靠的热处理工艺数据之前,需经试验先行确定,否则,最好不经热处理。

1.3.1.2　非木材植物碎料板

非木材植物碎料板同木材碎料板在工艺上与设备上的差别较小,不如纤维板存在的问题多,归纳如下:

(1)备料

非木材植物原料中,有些原料如棉秆、麻秆等,其表皮韧性大,不易切断,易形成麻一样的纤维束,在风送中缠绕在风机叶片上或干燥管道中,容易引起摩擦而起火或堵塞。

此外,蓬松的原料在旋风分离及料仓下料中也易引起堵塞。因此,需要采取以下工艺和设备的改革措施:

①改制旋风分离器,将筒体直径、进料口与出料口直径加大;

②将风送管直径加大,尽量避免弯头与拐角,减少挂纤的可能性;

③增设专门的外皮筛选装置,或在普通外皮筛选中设法除去外皮;

④提高切断效率,保持飞刀锋利,采用更有效的切断机械;

⑤将气力输送装置设计为吸入式或负压式,使韧性外皮不通过风机,避免风叶的打碎与缠绕;

⑥采用立式料仓，增设辅助下料或强制下料装置；

⑦采用强制进料方式或机械式输送。

（2）干燥与拌胶

非木材植物原料质地松、空隙多，较木材原料易于干燥，一般能耗较少，但因体积膨大，常需加大干燥机滚筒直径，增大料容体积。此外，可采用适合于松散细碎原料的干燥机如振动流化床式干燥机。

拌胶的均匀对非木材植物原料既重要又较困难，孔隙多的非木材植物原料很易于吸收胶液，按重量比施胶，相同比例时非木材植物碎料比木材碎料体积大得多，表面积也高得多。因此，采用喷胶和高速搅拌是必要的。比较新式的气流管道施胶适合于非木材植物原料，因为它质轻，易于悬浮于气流之中。

（3）铺装与热压

铺装形式要根据非木材植物原料具体情况确定，非木材植物原料碎料常以气流铺装，如稻壳、蔗渣碎料、棉秆碎料以气流铺装为好。

非木材植物碎料板的板坯厚度大，因此，预压设备的开档大。预压压力不需要很大，因非木材植物碎料较木材碎料易于压缩。

热压参数与原料特性、胶料、板坯含水率等有关。非木材植物原料种类杂，热压曲线与参数各异，将在各章中分别讨论。

非木材植物人造板所用热压设备与木材人造板所用热压设备相同，有多层压机，也有单层压机。加热介质形式多为蒸汽，近年来以油作导热介质的设备逐渐增多。

1.3.2 特殊的工艺与设备

非木材植物原料中有几种特殊的原料，需经特殊处理，才能制造出合格的板材，以下各章将有较详细的介绍，本章介绍的特殊工艺与设备如下：

（1）几种特殊的工艺与设备

①蔗渣的除髓。髓是蔗渣中的杂细胞，其含量达 30% ~ 50%，对板材质量及加工工艺影响很大，尤其是对板材的吸水率，因此，必须除去或部分除去蔗渣中的髓。除髓有专用的除髓机，产量大而且效率高。

②稻壳的碾磨。稻壳有含硅较多的表层，具有疏水性而使胶液不易粘附，此外还有一些杂质附于稻壳表面，因此需经专用的碾磨机，使其挤压摩擦而除去表层物质及一些杂质。

③花生壳的碾压。花生壳外形特殊，空腔体积大，但质地又脆，如经粉碎则粉末过多，故需经专用机械进行碾压。

④玉米秆（高粱秆）的除芯。高粱秆与玉米秆表层坚硬，芯层是海绵状松软物质，强度低、吸水性强，要部分除芯才能制造出质量好的板材。目前这样的专用除芯机还没有，有待于研究开发。

⑤棉（麻）秆的除皮。棉秆与麻秆的表层有一层不易切断的丝状物，它本身切断后有可能提高制品的质量。但是，这层未切断的丝状物常缠绕在生产线的输送设备上，引起摩擦起火、堵塞，只有除去才能保证正常生产，因此，需要专用的除皮设备。

(2)竹材人造板的特殊工艺及设备

竹材人造板中,竹编胶合板的备料较特殊,采用破篾后的竹编席作单板而后层压,竹编席目前均用人工,还没有研制出专用设备。竹帘胶合板的竹帘已有专用的编帘机。

微薄竹人造板的生产中,采用了高精度专用竹材旋切机,其卡轴形式特殊,旋切工艺也与木材单板有差别。

竹筒展开式胶合板(也称竹片胶合板)生产工艺,是20世纪90年代开发的竹胶合板生产工艺,其工艺与设备均已研制成套,经过10多年的不断改造与更新,设备与工艺也已逐步完善。

(3)纸面稻草板生产工艺及设备

纸面稻草板的生产工艺接近于挤压法碎料板生产工艺,采用长度较大的稻草秆,经梳理、横向进料后,由撞锤冲击挤压铺装成型并连续热压,具有一定特点,其设备中的梳理机、喂料装置等也比较特殊。

1.3.3 国内外非木材植物人造板设备的开发

非木材植物人造板的工艺和设备与木材人造板的工艺和设备有一定差别。国内外科研人员在工艺与设备的改造与研制中付出了辛勤的劳动。表1-9、表1-10是国内外20世纪80~90年代开发的非木材植物人造板的专用单机和成套设备。

表1-9 非木材植物人造板成套设备生产线

序号	生产线产品名称	年产量(m³)	主要研制单位
1	稻壳板	5 000	哈尔滨林业机械厂
2	纸面稻草(麦秸)板	50(万 m²)	江苏常州建材机械厂
3	花生壳碎料板	5 000	江苏泗洪轻工机械厂
4	竹材胶合板	2 000~4 000	南京林业大学
5	蔗渣碎料板	1 万~1.5 万	昆明人造板机器厂
6	稻草(麦秸)碎料板	1.5 万~3 万	上海人造板机器厂
7	高粱秆胶合板	5 000	日本光洋产业株式会社
8	麻屑板	1 万~1.5 万	四川东华机械厂
9	棉秆碎料板	3 万~5 万	瑞典 Sunds 公司
10	热压法植物水泥碎料板	1 万	德国 Bison 公司
11	冷压法植物水泥复合板	100(万 m²)	哈尔滨林业机械厂

表1-10 非木材植物人造板专用单机(组)

序号	单机名称	型号或参数	主要研制单位
1	差速式对辊稻壳碾磨机	BR162	哈尔滨林业机械厂
2	棉秆切断、破碎、净化机组	ZCQ41	杭州轻工机械设计研究所
3	立式蔗渣除髓机	ZCC135	广东江门机械厂
4	非木材植物纤维热磨机	BW116/10C,BW119/10B	上海人造板机器厂

（续）

序号	单机名称	型号或参数	主要研制单位
5	蔗渣气流分选机	S 型	轻工业部甘蔗糖业科学研究所
6	竹材旋切机	薄竹厚度 0.35~0.80mm	重庆家具研究所
7	蔗渣碎料干燥机组	年产 1 万~1.5 万 m^3	四川东华机械厂
8	竹片辊压碾平机	8 辊	江西铜鼓机械厂
9	竹片干燥定型机组	热压平板 10 对	南京林业大学
10	圆形摆动筛	BF1626	苏州林业机械厂
11	竹片辊压刨削组合机	7 辊、1 刨	铜陵车辆厂竹压板厂

思考题

1. 非木材植物人造板的定义。

2. 国内外非木材植物人造板开发的特点是什么？

3. 了解非木材植物人造板的 4 大类及其品种。

4. 按组织结构分，非木材植物人造板原料有哪 5 大类？其中应用最多的为哪一类？哪些类原料有待开发？

5. 非木材植物作为人造板原料的优缺点。

6. 了解非木材植物人造板工艺与设备的开发与应用情况。

第2章

稻草(麦秸)板

稻草和麦秸是遍布世界各地、资源丰富、价格低廉的农业剩余物,长期以来大量用做农村燃料、饲料和农田肥料以及工业造纸原料。20世纪初期,稻草与麦秸已经开始应用于人造板生产。最早是沿用造纸工业的制浆技术和湿法成型工艺,生产稻草或麦秸软质纤维板和硬质纤维板。随后开发研制出纸面稻草(麦秸)板,并在世界各地形成工业化生产。

进入20世纪90年代,由于能源工业的高速发展和人民生活水平的不断提高,广大农村已将能源的要求转向电力、煤炭、煤气和石油液化气。同时,农业机械化的普及以及饲料、肥料和造纸原料的结构变化也使得稻草与麦秸在这些方面的利用大大减少。在许多地区的稻麦收获期间,大量的稻草和麦秸被焚烧,不仅严重污染了空气,妨碍交通,甚至使得飞机无法起降,严重影响了自然环境。因此,稻草与麦秸在人造板方面的应用得到广泛重视和大力发展。近些年来,稻草(麦秸)碎料板和中密度纤维板的研究与生产试验取得了突破性进展,已相继进入工业化生产阶段。

我国利用稻草和麦秸生产纤维板的厂家不多,且主要为软质纤维板。20世纪80年代初引进了纸面稻草板技术,建成相当规模的机械化生产线,稻草(麦秸)碎料板和中密度纤维板则处于研制与开发阶段。草筋板生产工艺与设备虽然落后,但设备简单、投资少、成本低,其产品仍有一定市场,本章也作简单介绍。

2.1 稻草(麦秸)的特性及其对板材加工的影响

2.1.1 稻草的特性及对板材加工的影响

2.1.1.1 组织结构与细胞形态

稻草是1年生草本植物,秆直立,丛生,高1m左右,矮秆为50~80cm,秆的直径约为4mm,秆壁厚约1mm,髓腔较大。

稻草是非木材植物原料中纤维较短而细的一种(表2-1),平均长度为1mm左右,宽度仅8μm左右。

稻草中的杂细胞含量较高,在非木材植物原料中仅次于玉米秆。而且稻草浆中的不定型细胞较多,使其滤水性变差。草叶、草节、草穗中的杂细胞比茎部含量更高,纤维也较短,故在制板中最好除去草叶、草节和草穗。

稻草的茎秆壁较薄,结构疏松,而草节组织结实,不易软化和压缩,这种组织结构的不一致在稻草的制浆中使蒸煮工艺条件难以控制,压制中使草节多的部位不易压实。

表2-1　几种非木材植物纤维长度频率分布　　　　　单位:%

长度(mm) 原料	0.5以下	0.5~1.0	1.0~1.5	1.5~2.0	2.0~2.5	2.5~3.0	3.0~3.5	3.5~4.0
稻草	24	45	20	5	5	1	0	0
麦秸	0	23.5	45.5	22	8.5	0.5	0	0
蔗渣	0	16	25	28.5	18	8.5	2.5	1
毛竹	0	6.5	18.5	28	22	15.5	7	2.5
芦苇	6	41	34	10	6	2	0	0
荻	6	32.5	28.5	16	7	3	4	3
棉秆	3.5	84	11.5	0.5	0.5	0	0	0

稻草与其他茎秆类原料一样,表皮中含有SiO_2,使表皮光滑坚实,湿润性差,在碎料板的施胶中也是不利因素。

2.1.1.2　化学成分

稻草的化学成分依产地、品种和部位不同而有一定差别(表2-2)。总的来说,稻草的纤维素含量低,而水抽提物和灰分含量高,这决定了稻草原料自身强度低,制浆中的得浆率低而污染物较多。此外,稻草的木质素含量也低,这对造纸生产有利,但对人造板生产不利。

表2-2　不同产地稻草和部位的化学成分

成分 原料与产地	1%NaOH抽提物 (%)	聚戊糖 (%)	木质素 (%)	全纤维素 (%)	灰分 (%)
稻　草(江苏)	47.70	18.06	14.05	36.20	15.50
稻　草(浙江)	52.73	19.55	11.23	36.85	10.92
稻　草(安徽)	45.31	22.45	11.66	39.12	13.39
稻　草(河北)	55.04	19.80	11.93	35.23	14.00
稻　草(辽宁)	48.79	21.08	9.49	36.73	14.15
稻草穗部	46.05	24.40	33.00	41.70	16.50
稻草节部	47.80	24.40	27.10	36.30	13.30
稻草叶及鞘	48.30	23.90	30.20	36.80	17.40

由上述分析可以看出,稻草本身不能算是一种高质量的人造板原料,在相同工艺条件下,稻草制成的板材一般难以达到或超过其他非木材植物人造板的性能。因此,在稻草板的生产中,应充分掌握其原料特性,通过设备与工艺调整,生产出合格的板材。

2.1.2　麦秸的特性及对板材加工的影响

2.1.2.1　组织结构与细胞形态

麦秸的茎秆由节及节间组成,地上节间一般为4~6个。高度为29~97cm,秆直径为2~4mm,秆壁厚为0.3~0.7mm,髓腔直径为0.9~1.9mm。秆壁厚由下而上变薄,以基部第一节间壁最厚。从麦秸的横切面上可见表皮组织、基本薄壁组织和维管组织。在制板过程中,加工的碎料可明显看到光滑的表皮组织,由于原生质体分泌角质渗入细胞壁而形成角质化，这是麦秸不同于木材最明显之处。表面形成的角质层为脂肪性化合物，多为高级脂肪酸与高级脂肪醇生成的脂类。宏观表现为表面光滑，碎料之间摩擦力小，施胶后，表皮处胶液极难浸入，形成疏水界面，阻碍了胶合层形成牢固的胶合力。另外，部分表皮细胞矿质化，分布着硅细胞和木栓细胞，这些细胞与长细胞交替排列，因此，碎料纵向强度较木材刨花低得多。

从细胞组成看，纤维细胞占62.1%，薄壁细胞占29.4%，导管占4.8%，表皮细胞占2.3%，另有1.4%其他杂细胞，与木材差异较大，非纤维细胞含量高，故自身强度也低于木材。

麦秸原料中有茎秆、叶子、叶鞘、穗轴等成分，组成复杂，自身结构疏松，粉碎后堆集密度仅 0.066g/cm³ 左右，这将导致麦秸碎料在铺装时板坯厚度较大，铺装比约为1:10。

麦秸纤维长度接近阔叶材纤维，只是宽度小，节间纤维最长，长宽比最大，节的纤维最短，长宽比也最小。各部分纤维形态见表2-3。

从表中可知麦秸纤维具有不均一性，长宽变化幅度较大。

2.1.2.2　化学成分

由于产地和品种不同，麦秸的化学组成也有所差异，详见表2-4。

表 2-3　麦秸纤维形态

部　位	长度(mm)			宽度(μm)			长宽比值
	平　均	最　大	最　小	平　均	最　大	最　小	
全　部	1.32	2.91	0.16	12.90	24.50	7.40	102
节　间	1.52	2.63	0.66	14.00	27.90	8.30	109
穗　轴	1.21	2.39	0.39	14.50	24.50	7.40	105
叶　鞘	1.26	3.34	0.44	14.70	34.50	8.80	86
叶　子	0.86	1.47	0.24	12.10	19.60	6.40	71
节　子	0.47	1.29	0.18	17.80	43.10	8.30	26

表 2-4　不同产地与品种麦秸化学成分

产地或品种	灰　分 (%)	热水抽提物 (%)	1% NaOH 抽提物 (%)	全纤维素 (%)	聚戊糖 (%)	木质素 (%)
陕　西	7.84	12.21	40.35	42.20	23.30	18.59
四　川	6.45	16.10	38.30	41.54	21.05	19.09
河　北	6.04	23.15	44.56	40.40	25.56	22.34
重　庆	7.07	20.10	44.47	45.83	22.00	15.02
土耳其	4.40	10.50	40.10	38.09	30.70	15.70
奥地利	10.50	21.70	52.50	—	—	14.70
小麦秆	8.17	—	42.55	52.26	25.31	20.25
大麦秆	4.00	—	—	35.00	28.00	14.00
燕麦秆	3.00	—	—	39.00	29.00	17.00
黑麦秆	4.00	—	—	40.00	27.00	18.00

麦秸中灰分含量远高于木材，而灰分中65%以上是SiO_2，多数集中于叶子与穗轴上，这些SiO_2阻碍了脲醛树脂的胶合，影响板材的强度。因此，在备料工段中除去部分叶子是有利的。

麦秸的热水抽提物含量较高，达10%~23%，果胶质仅占热水抽提物的10%左右，其余大部分为淀粉与低聚糖。同时，麦秸的1% NaOH抽提物含量也比木材高，这说明麦秸中低级碳水化合物含量较高，这对板材的强度与耐水性都是不利的，热压时还易引起粘板现象。

麦秸的纤维素含量低于木材，木质素含量则相当于阔叶材中的最低值，而聚戊糖含量则比针叶材高得多，相当于阔叶材最高值。这表明麦秸自身强度较低，制备碎料时保留较大尺寸的碎料不利于提高板材的强度。

2.2 纸面稻草(麦秸)板

纸面稻草(麦秸)板是以稻草或麦秸为原料，经梳理后，不加任何胶合剂，通过稻草或麦秸之间的拧绞交织作用，以及在热压条件下原料本身所含糖类和胶体物质互相粘连，形成密实而有一定刚度的板芯，在板芯的两面再覆以涂有树脂胶的特殊强韧纸板，再经热压而成的轻质板材。

稻草与麦秸都具有天然的保暖性，很早以来人类就借以驱寒避暑，用于营建栖身之处。然而，将稻草或麦秸加工成现代建筑板材，直至20世纪40年代才得以实现。稻草板的生产工艺于1930年首创于瑞典，第二次世界大战以后，英国人做了进一步研制与推广。由于这种板材的生产工艺比较简单，原料广泛而易得，产品又具有良好的建筑性能，因此，产品问世之后很快受到各方面的注意与重视，目前全世界已有30多个国家生产稻草麦秸板，年产能力超过8 000万m^3。

1983年，我国从英国引进两条年产50万m^2的纸面稻草板生产线，随后开始自行设计和制造成套设备，利用我国极其丰富的稻草、麦秸资源，生产在建筑上有广泛用途的新型稻草(麦秸)板材。

2.2.1 主要原材料

(1)稻草

要求洁净、干燥、含水率在8%~18%，要除去草根、稻穗、稻叶、杂草及泥土杂质。贮存中不得发霉变质，防止过干发脆，禾秆要挺直光洁，长度不小于150mm。

麦秆及其他草类纤维也可用于制板，结构状况及质量要求与稻草相近。

(2)护面纸

护面纸是稻草板的重要材料之一，它不仅对稻草板表面起装饰作用，而且对稻草板的结构完整和强度要求起重要作用。对护面纸的要求是纸质柔软，有较高的抗拉强度。常用的有牛皮纸、沥青牛皮纸、石膏板纸及其他合适的纸张。一般要求如下：

纵向抗拉强度   >25kg/15mm

脆裂强度 $>84 \times 10^5 Pa$

重量	$400 \sim 425 g/m^2$
厚度	$0.5 \sim 0.6 mm$

根据纸张来源情况和产品使用要求,也可用强度稍低的类似纸张代替。

(3)封面胶

纸面稻草板的板芯不用胶,胶料用于贴纸和封边。封面胶一般要求具有一定的耐水性。可用脲醛树脂或聚乙烯醇缩甲醛胶液(俗称107胶)。也可用它们的混合胶液,脲醛树脂一般要求固体含量在65%左右。

胶液中可加入工业面粉、膨润土、瓷土等作填料,增加胶料的初黏性。

(4)封边带

涂有聚乙烯醇热熔胶的纸带。纸张要求同护面纸。

2.2.2　纸面稻草(麦秸)板生产工艺与特点

纸面稻草板的生产工艺流程如图2-1。整个生产可分为3个工段:原料处理工段、成型工段、后处理工段。

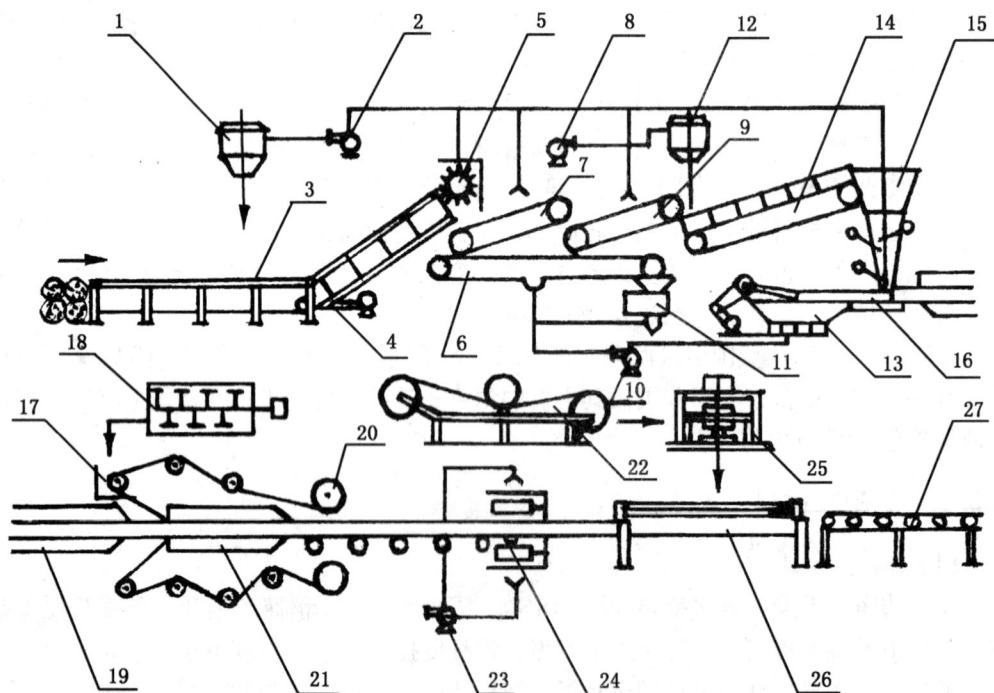

图 2-1　纸面稻草板生产线工艺流程

1.旋风除尘器　2.除尘风机　3.累积输送机　4.倾斜输送机　5.开捆机　6.清除输送机　7.步进机　8.短草输送风机　9.步进机　10.溢流仓风机　11.多叶片分离器　12.短草再循环旋风分离器　13.溢流仓　14.松散稻草输送机　15.立式喂料器　16.冲头　17.胶辊装置　18.胶料搅拌机　19.挤压成型机　20.纸辊装置　21.覆纸热压机　22.端边封口纸印刷机　23.吸尘风机　24.切割机　25.端边封口纸切割机　26.封边机　27.接板辊台

2.2.2.1 原料处理工段

原料处理工段有累积输送机、倾斜输送机、开捆机、步进机、松散稻草输送机、短草输送风机等设备。本工段的作用是把结实的整捆稻草打松散，同时除去稻草中的草屑、石子、泥沙及谷粒等杂质，使其成为干净合格而连续的稻草流。

首先，由人工加料，将整捆稻草并排加到累积输送机上，经切断并除去绑绳。累积输送机的速度比倾斜输送机稍快，以保证生产线上的稻草连续不间断。当加料过多时，草捆可在累积输送机上自动打滑。同时，它的速度是可调节的，可满足各种规格的草捆需要。开捆机装有锤磨式的辊，把倾斜输送机送来的稻草或麦秸打散，送入步进机。步进机是由四块踏板和曲辊组成，带孔的踏板向上倾斜，而石头、谷粒和短草落到清除输送机上，然后再送到分离机，把部分有用的短草由风机送到短草再循环旋风分离器收集起来，与干净的长稻草汇合在一起，由松散稻草输送机送入立式喂料器。

2.2.2.2 成型工段

成型工段有立式喂料器、冲头、挤压成型机、供纸装置和上胶装置等设备，这是稻草板生产的关键工段。

在立式喂料器中，设有一光电发射器和相应的接收器，当喂料器中的料位过高或过低时，光线将被隔断或者通过，接收器产生的电变化将控制喂料系统的开关产生动作，关闭或接通喂料装置，保证喂料器中合适的料位。同时，在立式喂料器中还有控制叉，可使整个喂料器打开或关闭，这样可以限制通向冲头的稻草量。在立式喂料器中还设置有摇摆式抓手和往复叉，摇摆式抓手的运动可防止稻草在喂料器内"起拱"，并测量稻草的体积，以准确的时间把稻草推向冲头。往复叉则把上面送下来的稻草直接喂到冲头前面。摇摆抓手、往复叉和冲头按时间关系相应动作，保证稻草的喂入量均匀，使成品质地均一。

稻草板的压制实际上是卧式挤压成型方式(图2-2)。冲头的往复运动将定量送来的稻草冲压进挤压成型机上下压板之间的冷压区段，挤压成初板坯后再被连续挤压进热压区段。

挤压成型机的上下压板间距离可调。热压区段装有电加热元件，通常工作温度为180~220℃。在压板腔构成的稻草加热加压成型区中，进入上下压板腔中的稻草受到不断推来的稻草的挤压；只有当板腔中的稻草层达到足够的紧密程度，才能传递推动力，把已成型的稻草板推向前移。在加热加压区中，稻草在200℃左右的温度下，受1~1.2MPa压力作用，稻草茎秆中的含胶物质析出，使相邻的稻草相互粘合在一起，形成稻草板坯。

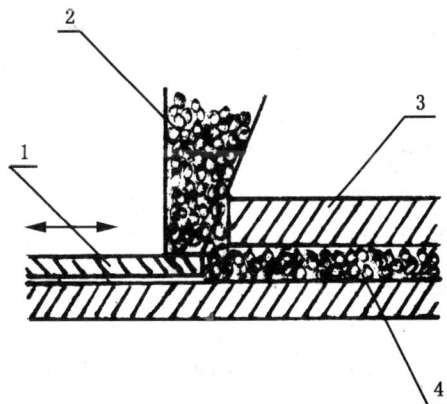

图2-2 卧式稻草挤压机
1. 冲头 2. 喂料器 3. 压板 4. 稻草

在挤压成型的热压区段出口处，涂有胶料的上、下面纸将出来的稻草板坯覆盖，再进入上下压板之间的板腔，护面纸与稻草板坯在板腔中受压，并使胶料固化，形成连续的稻草板带。

2.2.2.3　后处理工段

后处理工段有推出辊台、自动切割机、封边机、接板辊台及封口纸打字和切断等设备，主要完成封边和切割任务。

从挤压机推出的板带，进入推出辊台，此时板带的温度很高，需要有足够的长度使板带得到冷却。同时，由于这段长度的板带重量，为冲头挤压提供了足够的阻力，使冲头的压力作用在稻草挤压上。如果这段冷却长度过短，不仅板带得不到适当降温冷却，还会使板带很容易被冲头挤出，稻草之间得不到较大的压力而降低板材性能。

自动切割机有固定外架和活动内架，活动内架可夹在板上一起移动，由上、下两个高速锯进行切割，其切割长度可按需要预先确定。切好的板材由传送带机加速送到封边机，封边机由 2 套电加热夹爪构成，一套固定，另一套根据板长进行调节。当板升到尖爪的高度时，由人工放入涂有聚乙烯的封边纸带，已加热的尖爪按预定程序在板的两端合起来，熔化封边纸带上的聚乙烯涂层，形成平滑可靠的密封。

封边程序完成后，尖爪松开，板材自动移到接板辊台，由人工堆垛。成品存放 7 天后，经检验合格，可入库或出厂。

从上述生产工艺看，纸面稻草（麦秸）板的生产有如下特点：

①生产工艺简单。生产线全长 80～90m，从进料到出成品仅 1h，整个生产线设备总重约 60t，操作也不复杂。

②能耗低。与纸面石膏板相比，纸面稻草板也需上、下用纸包裹，纸面稻草板按 58mm 厚计算，动力和电加热的总电耗为 2.36kW · h/m²，而石膏板按 12mm 厚计算，总能耗为 8.35kW · h/m²。因此，稻草板能耗仅为石膏板的1/4～1/3。

③用胶量少。稻草板的板芯是不用胶的，只是面纸与板芯的粘结需要胶。根据配方，每 1m² 板需混合胶 0.5kg，仅为成品板重量的 2.5%，少于成品板体积的 1%。因此，用胶较之其他人造板材是比较少的。

④污染少。纸面稻草板的原料不需破碎，生产中又不需用大量的水，仅调胶时用少量的水，故没有粉尘污染和废水污染，较其他人造板如湿法纤维板和干法碎料板的工艺优越。

年产 50 万 m² 纸面稻草（麦秸）板的技术经济指标如下：

材料用量　稻草（麦秸）		1.2 万 t/a
覆面纸		400t/a
粘结剂		200t/a
装机容量		200kW
压缩空气用量		1.7m³/min
最大压力		0.7MPa

2.2.3 纸面稻草(麦秸)板的材性

纸面稻草(麦秸)板是一种轻质的低档建筑材料,按原料分为稻草板和麦秸板两种,按等级分为一等品和二等品。目前厂家生产的板材规格与性能见表2-5,试验方法与标准可参见国家标准 GB9781—1988。

表2-5 稻草(麦秸)板的规格与性能

一般规格（mm）			技术性能	
长　度	宽　度	厚　度	项　目	指　标
900 ~ 4 500	1 200	35、58	密　度	0. 327 ~ 0. 431g/cm^3
			单位面积重量	19 ~ 25kg/m^2
			含水率	8% ~ 18%
			挠度	< 5mm
			均布荷载承载能力	10 000N
			导热系数	0. 108W/(m·K)
			耐火率	0. 5h
			隔声量	30dB

作为新型建筑材料的纸面稻草(麦秸)板在人造板中是具有一定力学性能和热工性能的板材,有必要作比较详细的介绍。

2.2.3.1 力学性能

试验表明,纸面稻草板是一种双向异性的柔性板材,有较大的弯曲变形应力和压缩变形应力,不会出现突然性的脆性破坏,这增加了使用纸面稻草板的安全感。

(1)抗压强度

抗压强度与稻草的排列方向有关。当做用力方向与稻草排列方向平行时,主要靠稻草或麦秸秆承受压力,由于紧密度不够,外层纸的包裹对板的抗压强度几乎无影响。当草秆失去承载能力后,强度即显著下降。当做用力方向与稻草或麦秸排列方向垂直时,板材由于纸板的包裹作用其抗压能力可提高 1 倍以上,其压缩变形应力可持续增加。试验表明,稻草或麦秸板局部受压的强度比较高,如垫以钢板,扩大受压面积,用稻草或麦秸板承重是可行的(表2-6)。

表2-6 稻草(麦秸)板抗压试验

试件受力情况	侧面贴纸		侧面未贴纸	
	压缩量(mm)	压　荷(N)	压缩量(mm)	压　荷(N)
草秆平行压力方向	5	2 577	4. 33	2 470
	9. 7	3 205	7. 7	3 283
草秆垂直压力方向	5	461	5	568
	10	1 617	10	744.8
	15	2 793	15	1 029
	20	4 126	20	1 597
	25	5 713	25	2 430

（2）抗弯强度

国产稻草板的横向抗弯强度比英制板材低，当然这并不影响使用。其原因还需进一步研究探讨(表2-7)。

稻草(麦秸)板一般不单独当做外墙使用，如与玻璃纤维水泥、钢丝网水泥或钢板网水泥同时用做外墙，则更加安全牢固，不必用钢龙骨加强。

表 2-7　稻草(麦秸)板抗弯强度试验

生产厂家 抗弯性能	国产(营口厂)	英 国
草秆平行受力方向(MPa)	2.83	4.14
草秆垂直受力方向(MPa)	1.34	1.29
平行/垂直	2.1	3.20
比例波动范围	—	2.50 ~ 3.00

（3）整板轴心受压高度

据国外资料介绍，稻草板单独作为承重墙板的高度为 2.4m，超过此高度时需用龙骨加强。对 2.4m 和 2.7m 两种高度的整板轴心受压试验表明，板材的轴心承压能力可达 1 000kg 以上。因此，稻草板作为单层房屋的承重墙是没有问题的。

（4）抗冲击性能

稻草(麦秸)板的抗冲击性能优于复合石膏板墙。在同一试验方法下，由于板材的厚度大，且易于产生较大的挠度，其能量适当耗散，在被冲击面不会产生比较急剧的拉应力，其面纸的拉应力始终小于纸的极限抗拉强度，故能经受上百次的冲击而不破裂。石膏复合墙板较薄，受冲击后板面纸易产生较大的拉应力，以致较快破坏。此外，稻草(麦秸)板是压制而成，其弹性模量低于石膏板，也是抗冲击性能较好的原因之一。

2.2.3.2　热工性能

（1）导热系数

英国稻草板在测定前将试件放在通风良好的试验室内 8h，在相对湿度 35% ±5%，温度为 20℃ ±2℃ 的情况下测定。在这种情况下，板材已是较干状态，其导热系数为：0.100 9 W/(m·K)。国产稻草板在自然状态下，含水率 9.7% 时测定的导热系数为 0.101 5W/(m·K)，在烘干状态下则为 0.090 7W/(m·K)。因此，可以认为，国产稻草板的导热系数已达到英国标准。同其他墙体材料相比，稻草板的导热系数仅次于岩棉，见表2-8。

表 2-8　稻草板的导热性

性 能 墙体材料	密 度 (g/cm³)	导热系数 [W/(m·K)]	备 注
稻草板(国产)	0.371 ~ 0.44	0.101 5	含水9.7%
稻草板(国产)	0.366	0.090 7	绝干
稻草板(英国)	0.34 ~ 0.44	0.100 9	
石膏板	1.0	0.194 2 ~ 0.209 3	
砖	1.80	0.814 1	
混凝土	2.40	1.628 2	
加气混凝土	0.60	0.209 3	
岩棉	0.10	0.045 4	

(2)保温隔热性能

稻草板和砖墙的热工指标对比见表2-9。从表中可以看出,稻草板的热阻值、导热系数、导温系数均优于24cm砖墙,故其保温性能相当好。5.8cm厚的稻草板的热阻值相当于56cm砖墙,与聚苯板复合的稻草板相当于62cm砖墙。但由于稻草板的密度只相当于砖墙的1/5,故其表面蓄热系数也降低很多,只相当于砖墙的18%。作为外墙蓄热量少,热稳定性差,反映在热惰性指标,延迟时间和衰减倍数不如24砖墙,这也是轻型墙体的通病。墙体轻有利抗震,但隔热性差,所以在隔热要求高的建筑中应将稻草板同高效隔热材料复合使用。

表2-9　稻草板的保温性

墙体材料 / 热工指标	24砖墙	5.8稻草板	5.8稻草板+1.0聚苯板
传热系数 $K[\mathrm{W}/(\mathrm{m}^2 \cdot \mathrm{K})]$	3.401	1.375	1.228
热阻 $R=1/K$	0.294	0.737	0.814
导热系数 $\lambda[\mathrm{W}/(\mathrm{m} \cdot \mathrm{K})]$	0.814 1	0.078 7	0.077 3
导温系数 $a \times 10^3 (\mathrm{m}^2/\mathrm{h})$	1.85	0.56	—
表面蓄热系数 $S[\mathrm{W}/(\mathrm{m}^2 \cdot \mathrm{K})]$	9.653 9	1.698	—
热惰性指标 D	2.85	1.25	—
延迟时间 $T(\mathrm{h})$	5.70	2	2.5
衰减倍数 d	7.55	4.11	4.44

(3)隔声效果

国产稻草板平均隔声量为28dB,英国产品为27dB,隔声效果相同,但复合石膏板后来分别提高到32.8dB和35.6dB,仍低于一砖墙的隔声量(52.6dB)。由此可知,稻草板可用于隔声量要求不高的分室墙,用做分户墙只有采取较厚的空气层才能获得比较理想的效果。

(4)耐火性能

将58mm厚的稻草板或麦秸板立放,用乙炔焰烧一边,在另一边不感觉热,烧0.5h板不着火,只是表面碳化,火焰与板接触处周边烧黑,中间部分有4~5mm的坑。据有关单位根据英国稻草板标准测定,稻草耐火极限为1h。

我国防火规范将建筑材料分为燃烧体、难燃烧体和非燃烧体。难燃烧体指在空气中受到火烧或高温作用时难起火、难微燃、难碳化,当火焰移走后燃烧或微燃立即停止的材料。稻草板属于难燃烧体,故可用于有防火规范要求的高层民用建筑。

2.2.3.3　吸湿性能

稻草和麦秸板的吸湿在18%以下,相当于木材的吸湿度。环境湿度55%时,6个月后板的吸湿率为11%;环境湿度75%时,6个月后板的吸湿率为14%;环境湿度在90%时,6个月后板的吸湿率为19%。

2.2.4　纸面稻草(麦秸)板的特点与应用

纸面稻草(麦秸)板具有质轻、强度高、刚性好、保温、隔热、难燃、隔音、抗震等特点。它可锯、可钉、可挖洞、可油漆和装饰，还可以与其他材料复合成各种形式、多种用途的板材。

稻草(麦秸)板目前主要用于建筑方面，它施工简便、速度快、同期短、施工不受季节影响、劳动强度小、建筑利用系数高，适合于民用住宅、办公楼、剧院、库房等各类建筑。其用途主要有以下几方面：

(1)作屋顶望板和天花板

施工时屋面能走人，因板材有足够的强度和刚度。同时保温、隔热性也好，施工简单而方便。

(2)作屋面板

与金属瓦、沥青瓦、石棉水泥瓦或其他瓦相配合，稻草(麦秸)板可作屋面板，能提高施工速度，且有良好的屋面保温隔热效果。

(3)作内隔墙

这是稻草(麦秸)板用得最多的地方，如果用稻草板作为分户墙不能满足要求时，可采用双板或双板中加衬垫材料。用稻草或麦秸板作内墙除有热工性能方面的优点外，还可加强建筑物的抗震性能，减轻基础负荷，节约整个建筑物的造价。

(4)作外墙

稻草或麦秸板的防水性差，故不能直接用做外墙。如用做外墙，一种是在板材外面涂防水材料，另一种是两面抹 10mm 厚的水泥砂浆。此外，也可采用板材外挂砖的方式来防水。

(5)作门和活动房屋

国外已有稻草板门产品。稻草板按要求尺寸裁好，两边贴上木板条，烘干后两面贴上塑料贴面。这种门很重，称重型门，其把手和活页需用特殊螺钉固定才能经久耐用。

用稻草或麦秸板作活动房屋，屋顶与外墙都要进行防水处理，板与板的连接采用胶接、木条、金属或密封条等各种连接形式，具有方便灵活、施工快、经济实用等特点。

稻草与麦秸板在使用中应注意以下问题：

①搬运板材时，一定要拿板材的两个长边，以防搬运过程中折裂。

②板材必须放在干燥、平整的地方，最好是侧立地面。如露天存放时，则应放在垫木上，垫木应与板的长向平行码垛，上面加以遮盖防雨。

③锯切及封闭锯口。锯板可用一般木工锯或电锯，为提高锯切效率，最好采用手提电动圆盘锯。锯口不得裸露，必须用粘条封口。

④用于室外或潮湿部位，必须采用不同防水处理，如屋面必须刷沥青、加油毡等。作吊顶或外墙内衬要留有空间，留有孔洞通风，防止受潮生霉。

2.2.5　纸面稻草(麦秸)板生产中的问题

稻草(麦秸)板是新开发的人造板材，生产经验还不多，尚存在一些问题，需进行深入细致的研究进行解决。

①原料损耗率高。稻草或麦秸经梳理后，有 7% ~ 25% 的草渣剩余物不能充分利用，既增加产品生产成本，又污染环境。

②产品防水性差。板材作外墙时，必须加可靠的防水层，且不得用于有水汽的房间。

③产品应用受特殊技术条件限制。板材在受潮或通风不良时易发生霉变，故在生产和使用中还需对防霉进行研究和相应处理。

④用于贴面的强韧纸板及锯切面封边的压敏胶带等材料，还依赖进口，因此材料的国产化也是另一个需要解决的问题。

⑤稻草板和麦秸板的施工要求用新的连接件代替木材和其他建材的钉、钻、刨以及打眼、开榫等，新的加工工具和使用技术的推广与应用研究也是稻草(麦秸)板开发中急需解决的问题。

总之，稻草(麦秸)板是一种很有前途的新型人造板材，虽然存在上述问题，但基本上没有大的技术难关，这些问题解决之后，稻草(麦秸)板将有更大的发展应用空间。

2.3　稻草碎料板

稻草碎料板于 20 世纪 70 年代末期由英国开始研制，80 年代开始正式生产，定名为 Compark 技术，也称 Compark 板。90 年代以来，已先后在印度、巴基斯坦、斯里兰卡、印度尼西亚、菲律宾、澳大利亚等 10 多个国家得到应用。

我国 80 年代后期开始进行稻草碎料板的研制，取得了较大成绩，已基本掌握了稻草碎料板的生产工艺。目前仅有少数厂家利用已有生产线进行试产。稻草碎料板的开发与生产还有待进一步努力。

2.3.1　备料

稻草碎料的形态和筛分值无疑是影响稻草碎料板性能的重要因素之一，而备料工段的工艺与设备选择以及稻草的含水率对稻草碎料的形态与筛分值起着重要的作用。目前备料采用的工艺有两种，一种是采用切断→双鼓轮刨片工艺，另一种是采用削片→双鼓轮刨片工艺。

根据汪孙国、陆仁书等人的研究，先将稻草茎秆用铡草机切成 30~50mm 的草段，然后用双鼓轮刨片机对草段再碎，最后得到的碎料有 4 种类型：①头发状的细纤维，叶子部位易于形成此形态；②穗或草节部位未打碎而形成的不规整碎料，这部分占的比例较小；③由茎秆部分打碎而形成的均匀规则的片状碎料；④碎屑，这部分大多为叶子部分形成。理想的碎料形态应该是①和④部分，占的比例尽可能小。表2-10 为此种工艺所得表芯层碎料形态比例。表 2-11 为原料含水率对稻草碎料筛分值的影响。

含水率过高或过低，细屑（>60目）量均增加。这是因为，当原料含水

表 2-10　稻草碎料板表芯层碎料形态比例

目数(目/in)	表层比例(%)	芯层比例(%)
<8	0	5.62
8~10	0	3.65
10~14	0.28	18.01
14~20	6.99	32.27
20~40	38.07	24.34
40~60	34.89	11.48
>60	19.77	4.70

注：1in = 2.54cm。

率过低时，草段脆性较大，加工过程中易被打碎；而当含水率达到 30% 以上时，一方面因草段韧性增大，另一方面过量水分在稻草加工时起到润滑作用，这就使得草段在设备中滞留时间延长，使稻草段在磨压、揉搓等力的作用下形成很细的碎料。当然，这种情况只发生于少量草段上，大部分草段在加工成一定形态后即从刀门间隙中掉落或甩出。由表 2-11 中可知，+14/-20 ~ +40/-60 的碎料所占比例几乎未变，证明了上述的判断。

表 2-11　原料含水率对稻草碎料筛分值的影响

网目（目）\含水率（%）	-8	+8/-10	+10/-14	+14/-20	+20/-40	+40/-60	+60
4.2	1.26	2.46	12.90	22.04	26.10	23.10	11.22
				（71.54	）	（61.53	）
11.1	3.32	4.22	14.96	21.88	26.20	20.04	9.56
				（68.12	）	（55.50	）
17.9	3.53	5.50	11.60	23.46	29.94	18.14	7.84
				（71.63	）	（66.92	）
30.4	2.53	4.68	9.38	20.62	28.45	21.16	15.32
				（70.28	）	（62.79	）
38.1	2.81	4.37	10.33	19.37	27.72	21.14	11.25
				（68.23	）	（63.33	）

当含水率调节至 18% 左右时，细屑含量最少，但人为的调湿会增大碎料干燥成本，产品成本会相应增高。从表 2-11 还可看出，当含水率从 11% 提高到 17.9% 时，细屑含量增加幅度并不很大，因而在平衡含水率条件下直接加工碎料是可行的。如要求较佳的碎料形态，可借助分选设备将过细的碎屑去除。

根据国内外的研究，草类原料在碎料加工过程中将含水率控制在 13% ~ 16% 为好，这一方面满足了碎料形态的要求，另一方面也可节约后续工序中干燥的能源消耗。

采用切断→刨片的同样工艺，齐维君研究了稻草碎料的大小规格，见表 2-12。先将整根稻草切成草段，再用 PZ8P 型刨片机进行再分离，结果制成的碎料长度在 4 ~ 22mm 的约占 76%，细长碎料所占比例较多，适合用做单层结构和渐变结构的碎料板。

表 2-12　稻草碎料的规格

厚度（mm）					长度（mm）					宽度（mm）		备注
最大值	最小值	平均值	区间		最大值	最小值	平均值	区间		范围	平均值	
			范围	占（%）				范围	占（%）			
0.71	0.05	0.21	0.14 ~ 0.62	73	22	1	7.9	4 ~ 22	76	1 ~ 3	1.5	带叶稻草全部利用

2.3.2 干燥与施胶

与木质刨花相比，稻草碎料的含水率较低，仅为6%～18%，所需干燥能源少，干燥速度快。除木质刨花常用的干燥方式外，也可采用流化床式干燥。干燥后的含水率按目前使用的胶种不同有所变化。当使用脲醛树脂时，干燥终含水率为3%～6%，而使用异氰酸酯时，终含水率可以较高，为10%～13%。

由于稻草秆表层的疏水性，胶种及施胶方式极大地影响到稻草碎料板的性能。

2.3.2.1 施胶对稻草碎料板性能的影响

稻草碎料细而长，比表面积大，同时细屑含量也较多，因此吸胶量大，这直接关系到稻草板性能的好坏。

由表2-13可看出，在相同工艺条件下，随施胶量的增加，各项性能均有不同程度提高，其中静曲强度尤为明显。低施胶量时，胶量每递增2%，板材性能的增长率要比高施胶量时递增相同胶量时为大。例如，当施胶量从11%增至13%时，静曲强度的性能增量为：(156～116)/(13－11)＝20，而当从15%升至17%时，此增量变为(186～171)/(17－15)＝7.5。其他性能指标也有同样的变化趋势。由此可以说明，当施胶量增加到一定数值之后，稻草板性能提高速度变慢，施胶量再增大，对提高性能收效相对减小。这可能是由于施以一定胶量后，稻草碎料吸胶量已达到一定值，碎料间已获得良好的胶粘，再增加胶量并不能显著改善胶合效果。

表 2-13 不同施胶量对稻草碎料板性能的影响

性能指标 施胶量(%)	静曲强度 (MPa)	弹性模量 ($\times 10^3$ MPa)	平面抗拉强度 (MPa)	吸水厚度膨胀率 (%)	握钉力 ($\times 10^3$ N)	密度 (g/cm³)	终含水率 (%)
11	11.6	2.43	0.129	20.02	0.260	0.698	6.01
13	15.6	2.64	0.168	13.26	0.290	0.698	6.12
15	17.1	2.75	0.205	8.30	0.318	0.697	6.21
17	18.6	2.77	0.230	6.91	0.332	0.698	6.29

由表2-13还可以发现，当施胶量达15%时，除平面抗拉强度外的各项指标都达到木材刨花板标准要求。当施胶量低于15%时，由于细料吸收了相当一部分胶液，使得覆盖在较大碎料上的胶量相对减少，加上二氧化硅对胶合起阻碍作用，因而最终产品性能较差。在碎料表面的二氧化硅分布并不均匀，高施胶量可在不均匀及有裂缝处产生相当数量的"胶钉"，可使碎料间的胶粘改善，板材性能也相应提高。

稻草碎料板和其他草类碎料板一样，其关键问题在于如何使得碎料间形成良好的胶合，新胶种的研制是很重要的。新胶种应解决：第一，胶黏剂在碎料表面的湿润问题；第二，改变SiO_2的有害作用。国外一些研究认为，高固体含量的胶适用于草类原料碎料板。此外，异氰酸酯或异氰酸酯和脲醛树脂混合也可以生产高质量的稻草类碎料板。

2.3.2.2 调胶后pH值对稻草碎料板性能的影响

调胶后的pH值不同，直接影响到胶的固化程度，具体反映在各性能指标的变化上，见表 2-14。

从试验测得稻草本身的 pH 值为 5.48，大多数木材 pH 值为 4.0 ~ 6.0。因此，可以推断稻草碎料间胶合受胶 pH 值的影响情况与木材碎料偏差不大。对木材原料来说，pH 值为 3.5 时，脲醛树脂胶固化效果最佳。从表 2-14 中可以看出，当 pH 值为 3.5 时，稻草板的性能最佳，与推断相一致。

表 2-14　调胶后 pH 值与稻草碎料板性能关系

性能指标 pH 值	静曲强度 (MPa)	弹性模量 ($\times 10^3$ MPa)	平面抗拉强度 (MPa)	吸水厚度膨胀率 (%)	握钉力 ($\times 10^3$ N)	密度 (g/cm³)	终含水率 (%)
6.10	16.0	2.83	0.149	8.47	0.027	0.701	5.40
4.36	16.9	2.74	0.155	8.17	0.254	0.690	5.29
3.50	17.1	2.81	0.169	8.49	0.254	0.695	5.12
3.27	17.2	2.77	0.156	8.32	0.270	0.709	5.01

2.3.2.3　胶种及施胶方式对稻草碎料板性能的影响

国内外多年的研究表明，普通脲醛树脂胶难以压制出高质量的稻草碎料板，必须对脲醛树脂胶进行改性或采用其他胶种。这主要是由于稻草表面的疏水层影响，也与稻草材质较差有关。郝丙业、刘正添研究了用脲醛树脂胶与异氰酸酯联合施胶方法，其结果见表 2-15。

表 2-15　UF + MR 施胶量、施胶方式对稻草板内结合强度的影响

施胶量 UF + MR(%)	施胶方式			
	A(混合施胶)		B(先施 MR，再施 UF)	
	密度(g/cm³)	内结合强度(MPa)	密度(g/cm³)	内结合强度(MPa)
10 + 2	0.78	0.45	0.80	0.54
10 + 2	0.90	0.50	0.91	—
9 + 2	0.79	0.38	0.78	0.44
9 + 2	0.90	0.47	0.89	0.55
8 + 2	0.79	0.32	0.79	0.38
8 + 2	0.89	0.41	0.95	0.49
12 + 0	0.79	0.13	—	—

注：① UF 中加 0.5% NH_4Cl；② MR 在表芯层中用量相同，均为 2%。

从表 2-15 中可以看出，加 2% 的异氰酸酯(MR)后，板材的内结合强度比单纯的同等施胶量的脲醛树脂胶(UF)板提高 3 倍以上；分别施胶的效果优于混合施胶。后者将价格高而胶合性能好的 MR 全部直接施于稻草表面，使其尽量分散并均匀分布，在稻草与脲醛树脂胶之间形成"桥梁"，提高了脲醛树脂胶的胶合强度。

在进一步的研究中，发现固化剂 NH_4Cl 对混合施胶的胶合强度有显著不利影响，MR 的良好作用受到抑制，其反应活性受 pH 值的影响较大。在不加固化剂的条件下，混合施胶的效果甚至优于分别施胶。因此，在制板中究竟采用何种施胶方式，要考虑以下因素：①分别施胶有利于抑制热压时 MR 胶的粘板作用；②混合施胶在工艺上比较方

便，而且质量更好。

2.3.3 铺装与热压

铺装方式、板材密度和热压工艺对稻草碎料板的性能有不同影响。

2.3.3.1 铺装方式对稻草碎料板性能的影响

稻草质轻、体积膨大，因此其板坯的压缩率、回弹率以及板坯厚与板厚之比均比木材大（表2-16）。以板坯厚/板厚为例，木材刨花通常为3~4，棉秆碎料板为5~6，而稻草碎料板几乎高达12，分别高出二者几倍。

可以认为，一般的木材刨花板铺装机用于稻草板时，必须对铺装机一些机构及有关参数作调整。同时板坯运输方式及某些技术参数也应作相应变动。

表2-16　稻草碎料板压缩率和回弹率

项目 板种	压缩率 （%）	回弹率 （%）	板坯厚度 成品板厚
稻草碎料板	78~79	10~11	11~12
棉秆碎料板	—	—	5~6
木材刨花板	—	—	3~4

不过，松散的稻草碎料也有其优点，即铺装时易于抛散，不易结团，铺装后板坯较均匀一致，同时表层用料量可以适当减少，不会产生因碎料分布不均使部分大碎料暴露表面的外观缺陷。

表芯层碎料的不同配比直接影响到板材的性能与外观，汪孙国等人的研究结果见表2-17。

表2-17　表芯层稻草碎料不同配比对板材性能影响

性能指标 铺装方式	静曲强度 （MPa）	内结合强度 （MPa）	吸水厚度膨胀率 （%）	密度 （g/cm³）	终含水率 （%）
表层15% 芯层85%	17.4	0.21	8.2	0.697	5.97
表层20% 芯层80%	15.7	0.19	10.0	0.685	5.83
表层30% 芯层70%	14.2	0.17	11.9	0.691	5.70

表层的厚度对静曲强度、内结合强度和吸水厚度膨胀度均有显著影响，其性能随表层用料量增加而变差。三者与表层用料量呈线性关系。这一方面是由于表层碎料减少，热量传递加快，使板坯内部胶料得以充分固化。另一方面是由于材料的粒度减小而削弱了自身强度和增大与水接触的面积。但表层碎料不能过小，否则将影响板材的外观。考虑板材的性能及一定砂光量，取表层碎料为20%，芯层碎料为80%较合适。

2.3.3.2 稻草碎料板密度与性能的关系

由表2-18可知，除吸水厚度膨胀率外，稻草碎料板的其他性能均随密度增加而增大，并且弹性模量与平面抗拉强度基本呈线性关系增大。

表 2-18 稻草碎料板不同密度对性能的影响

性能指标 板材密度(g/cm³)	静曲强度 (MPa)	弹性模量 (×10³MPa)	平面抗拉强度 (MPa)	吸水厚度 膨胀率(%)	握钉力 (×10³N)	终含水率 (%)
0.60	12.5	2.04	0.128	9.99	0.231	6.06
0.70	16.1	2.54	0.205	8.99	0.282	5.97
0.80	23.5	3.39	0.294	6.66	0.402	5.80
0.85	24.2	3.76	0.337	5.65	0.465	5.79

当密度达到一定值($0.8g/cm^3$)后，静曲强度的增加突然变慢，这是因为，当密度升高到一定值时，板坯压缩率也达到一定值，密度大得使板坯传热困难，热量无法快速向芯层传递而聚集在表层，结果表层发生热解炭化，强度下降。

据分析认为，稻草碎料板的密度不应大于 $0.8g/cm^3$。应根据使用条件选定密度，轻质板用于做绝缘板和装饰板，中密度板就可用于家具生产。

吸水厚度膨胀率与密度的关系一般有两种观点，有的认为它随密度的增大而增大，有的则认为它随密度增大而减小或没有什么变化。从稻草碎料板来看，短时间用水浸泡后，吸水厚度膨胀率随密度增加而减小。这是因为稻草碎料板的胶粘效果比其他一些板材差，密度小时，碎料间间隙较大，水分浸入板内速度较快，因而在一定浸泡时间内膨胀值较大。当密度大时，碎料间隙小水分渗透速度小，一定时间内膨胀值小。显然，长时间浸泡后稻草碎料板还是会符合"碎料板厚度膨胀率随密度增大而增大"的结论，因长时间浸泡后，吸水厚度膨胀值主要决定于碎料本身膨胀值，密度大的板材，单位体积内碎料量多，膨胀值相应较大。

2.3.3.3 稻草碎料板热压工艺

汪孙国等人采用正交试验研究了稻草碎料板最佳热压工艺。在脲醛树脂胶施胶量 15%、表芯层碎料比为 1:8:1、表层固化剂 1.0%、芯层固化剂 1.5%、板坯含水率 12% 和板厚 19mm 的条件下，最佳热压工艺为：温度 $T=150℃$，压力 $P=3.6MPa$，时间 $t=10min$，其热压曲线如图 2-3 所示。

研究认为，稻草碎料板热压温度不能太高，热压时间也不能过长。这是由于过高的温度或过长的热压时间会使表层细料热降解，从而导致不同程度的炭化，使板材的性能下降。温度过低或时间过短当然也不合适，板坯内部胶料难以充分固化，同样影响板材的性能。

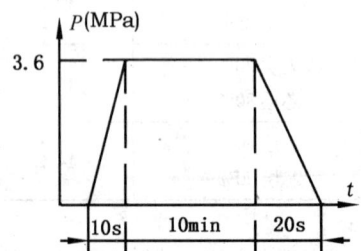

图 2-3 稻草碎料板热压曲线

2.4 麦秸碎料板

国外研制麦秸碎料板是在 20 世纪 90 年代以后。加拿大的 Isobord 公司于 1993 年 5

月开始研制以脲醛树脂为胶黏剂的麦秸碎料板，1994 年建厂，经过 5 年的研究，于 1998 年正式生产。用脲醛树脂生产麦秸碎料板存在不同程度的问题，通过多年的研究与实践，确定了以异氰酸酯为胶黏剂的麦秸碎料板生产工艺，其中德国的比松公司发挥了较大作用。

国内研制麦秸碎料板甚至早于国外，但缺乏持续性而没有大的突破。1987 年，吕庆德等人已正式发表有关麦秸碎料板研制的文章。90 年代前后，李凯夫等人对麦秸碎料板的研究作了更深入的工作。随后也有不少人作了类似的研究。到目前为止，麦秸碎料板的生产工艺已基本熟悉。据有关单位称已完成生产线试验，可以进入工业化生产阶段。

麦秸碎料板与稻草碎料板的生产工艺与设备大体相同，本节仅对一些麦秸碎料板的研究成果进行归纳。此外，由于麦秸种类较多，有大麦秆、小麦秆、燕麦秆、黑麦秆等，它们的性能有不同之点，生产的板材性能也有所差异，也在此作一介绍。

2.4.1 麦秸的种类特点与碎料板性能

2.4.1.1 不同麦秸的力学性能特点

麦秸的强度在很大程度上取决于它在收割时的成熟度和在收割地上放置的时间。图 2-4 表示麦秸抗拉强度与收割期的关系。曲线表明，在成熟期麦秸的强度最佳，较晚收割的麦秸抗拉强度显著降低。

表 2-19 是几种不同品种的麦秸制成的碎料板的抗拉强度与其他几种材料的抗拉强度比较。

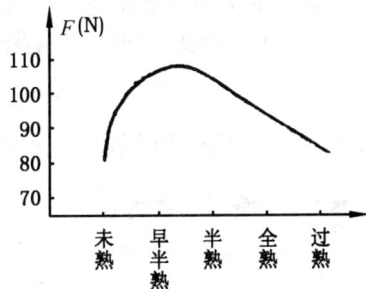

图 2-4 麦秸抗拉强度与成熟关系

表 2-19 几种麦秸及其他材料制成的碎料抗拉强度

原料名称 \ 性能指标	密度 (g/cm³)	抗拉强度 (MPa)	最大抗拉强度 (MPa)	最小抗拉强度 (MPa)
小麦秆	0.395	109.2	143.91	60.23
大麦秆	0.365	80.15	143.23	32.86
燕麦秆	0.345	56.21	76.03	43.36
黑麦秆	0.320	54.64	70.63	34.36
亚麻秆	0.400	53.17	93.59	38.36
杉 木	0.520	102.02	—	—
云 杉	0.450	88.29	—	—
冷 杉	—	82.40	—	—

从表 2-19 中可知，小麦秆碎料的抗拉强度最高，超过木材碎料，而黑麦秆与燕麦秆的抗拉强度较低。原料的力学性能在一定程度上影响着板材的性能。当然，板材的强度一方面与材料自身强度有关，也与材料制成碎料后它们之间的结合强度有关。因此，自身强度高的材料有时制成的板材不一定比自身强度低的材料好。

2.4.1.2 不同种类麦秸制碎料板的性能

根据国外研究,不同种类的麦秸制成的碎料板有不同性能,见表 2-20。

表 2-20   不同种类麦秆制成的碎料板性能

性能指标 麦秆种类	密度 (g/cm³)	静曲强度 (MPa)	抗横拉强度 (MPa)	性能指标 麦秆种类	密度 (g/cm³)	静曲强度 (MPa)	抗横拉强度 (MPa)
夏燕麦秆	0.607	32.08	0.35	冬燕麦秆	0.620	31.00	0.57
小麦秆	0.625	37.47	0.33	黑麦秆	0.638	43.75	0.55
大麦秆	0.624	37.08	0.49				

麦秸碎料板的静曲强度、抗横拉强度和握钉力等取决于许多因素,如麦秆种类、收割方法、收割期、贮存方式、施胶量、胶种和加压条件等。从表 2-20 中可以看出,黑麦秆制成的板材性能最好,小麦秆次之,燕麦秆最差,而且随季节不同本身还有差异。

大麦秆一般较其他种类麦秆柔软,在收割时如果处理不当则会失去原有的强度,但由表 2-20 中可以看出,工艺适当时,大麦秆制成的碎料板性能也不错。

2.4.2 麦秸碎料板的工艺特点

2.4.2.1 原料制备方式

与稻草碎料板一样,麦秸碎料制备是制造麦秸碎料板的关键工序,直接关系到板材的性能。李凯夫等人研究了麦秸的制板特性。研究采用两种制备工艺,一种为气干麦草经切草机加工成 15～20mm 的草段,然后经双鼓轮刨片机加工成碎料(工艺编号为 1);另一种工艺为粉碎装置加工成碎料(工艺编号为 2)。两种工艺所得碎料形态见表 2-21。

表 2-21   两种麦秸备料工艺碎料筛分值   单位:%

网目(目) 工艺编号	+6	-6/+8	-8/+10	-10/+14	-14/+16	-16/+20	-20/+40	-40
1	5.37	11.95	14.30	12.44	10.00	5.12	29.76	10.98
2	29.16	18.59	15.46	12.33	3.33	8.81	7.44	4.89

第一种方式加工的碎料通过 20 目网筛部分占 40.74%,如用 1.25mm×1.25mm 的网筛分离表芯层碎料,则表芯层碎料重量比为 40:60。麦秸中的节、节间、叶鞘、茎挺基本都在直径方向上破开。叶子基本呈纤维状,碎料长度大部分小于 10mm(占 90%),宽度多为 2～3mm,厚度多为 0.15～0.30mm。

第二种方式加工的碎料通过 20 目网筛部分占 12.33%,若用 1.25mm×1.25mm 的网筛分离表芯层碎料,则表芯层碎料重量比为 12:88。如用 1.44mm×1.44mm 的网筛分离,表芯层碎料比为 25:75,比较合适。碎料中有未被破开的茎挺段、节子和叶鞘。碎料呈中空状,在施胶时难以将胶布入其中,使板子间存在许多无胶的薄弱处,降低板材的强度。叶子基本变为纤维状,8 目网筛以上部分存在较多完整的节子、叶鞘和茎挺段。

2.4.2.2 麦秸碎料筛分值

采用 3 种不同形态与筛分值的麦秸碎料，施加 13% 脲醛树脂和 0.5% 石蜡防水剂，在温度 150℃、压力 3MPa 的条件下，压制的麦秸碎料板性能见表 2-22。

表 2-22 麦秸碎料的筛分值对板材性能的影响

孔径(mm) 筛分号	麦秸碎料筛分值(%)				板材性能			
	< 4.67 ≥1.00	<1.00 ≥0.25	< 0.25 ≥0.125	< 0.125	密 度 (g/cm³)	静曲强度 (MPa)	内结合强度 (MPa)	吸水厚度膨胀率 (%)
1	0	8.43	79.89	11.68	0.80	16.6	0.30	36.6
2	0.07	64.70	33.09	2.13	0.71	20.9	0.14	33.1
3	0.19	60.75	37.01	2.05	0.75	18.2	0.14	45.3

从表 2-22 中的结果可以看出，利用脲醛树脂作胶黏剂，麦秸的细碎程度对麦秸碎料板的性能有一定影响，特别是对板材的内结合强度影响较大。麦秸的破碎程度越大，即原料愈细或比表面积愈大，内结合强度愈高。主要原因是麦秸表面分布的蜡质与二氧化硅，影响了脲醛树脂胶的胶合。加大破坏程度有可能破坏光滑表面，增大结合面，改善胶合条件，从而提高结合强度。

2.4.2.3 施胶量对麦秸碎料板性能的影响

与稻草碎料板一样，施胶量的增加也使麦秸碎料板的性能提高。有所区别的是采用脲醛树脂胶时施胶量的增加除对麦秸碎料板的吸水厚度膨胀率有大幅度下降的趋势外，其他指标提高幅度不大。因此，采用新胶种是提高麦秸碎料板性能的重要途径，也是国内外多年研究的主要课题。我们将在接下来的内容中进行介绍。

2.4.2.4 麦秸碎料板热压工艺

麦秸中的热水抽提物与半纤维素含量较高，当热压温度较高时(>150℃)，短时间内板材表面即明显变色，说明表层已产生热解现象，这将降低板材的性能。实践指出，当热压温度低于 150℃时，压制 10mm 以上厚度的板材较为适宜，特别是压制密度较高的板材时，温度更不宜过高。因为麦秸薄壁细胞比例较大，压制过程中板材热量传递速率低，透气性差，易产生分层和鼓泡现象。在压制薄板时，热压温度可以达到 170℃，因为热压周期较短，热解程度较轻。

由于热压温度不能高，热压时间可略长，一般大于 0.4min/mm。

麦秸易于压缩，不论板材密度多大，压力不高时即可快速闭合。因此麦秸碎料板热压压力不宜太大，否则会导致表芯层密度差过大，降低板材内结合强度，增大吸水厚度膨胀率，压力为 2.5MPa 左右即可。

2.4.3 异氰酸酯麦秸碎料板

由于麦秸表面的特殊疏水性质，经过多年研究与实践证明，用脲醛树脂或改性脲醛树脂作胶黏剂，要生产高质量的麦秸碎料板，在当前的工艺条件下是较难实现的。异氰酸酯是一种化学性质很强的物质，它可以粘合许多疏水性强的物质。其胶合机理及优点在稻壳板一章中有较详细的介绍。这种胶黏剂很早就有人尝试用于木材刨花板的生产。但它的缺点是成本高而且在热压中有严重的粘板现象，直至目前尚未引入刨花板工业。

随着石油工业的发展，异氰酸酯的成本已逐渐下降，质量也不断提高，其优良性能也得到进一步体现。从目前的研究与试生产来看，它用于麦秸碎料板的生产已逐渐成熟。表 2-23 是国内外用异氰酸酯生产麦秸碎料板的板材性能。

表 2-23　异氰酸酯麦秸碎料板性能

性　能 板材产地与规格	树脂含量(%)	密　度(g/cm³)	含水率(%)	吸水厚度膨胀率(%)	静曲强度(MPa)	内结合强度(MPa)	弹性模量(MPa)	板面握钉力(N)	板边握钉力(N)
美国(厚 11mm)	3	0.563	—	—	26.29	0.85	4 090	1 489	—
美国(厚 17mm)	3	0.608	—	—	29.29	0.71	4 560	1 360	1 209
国　产	3	0.710	6.50	7.0	34.93	0.76	5 000	1 227	—

异氰酸酯麦秸碎料板的生产工艺大致如下：

(1)备料

厂址设在加拿大的 Isobord 公司麦秸碎料板厂采用有组织的收购，年耗 5 万 t 麦秸，总贮存场地超过 140 万 m³。

麦秸首先切断成一定长度使之适应于打磨机打磨，打磨后成为长约 3~4mm 的麦秸秆段。秆段被输入有喷射蒸汽的 Pallmann 磨纤机。磨纤机的作用是把麦秆段磨成更小更均匀的原料。从磨纤机出来的原料含水率在 8%~15%，故消耗干燥能源很少。干燥机随后将原料干燥到 2%~3% 的稳定含水率。

干燥后的碎料被输送到 3 层摆动筛，筛分成过大料、芯层料、表层料和粉尘四类。过大料送到另一台磨纤机再磨，表、芯层料分别送入各自料仓，粉尘则作为其他用途。

国内备料目前的设计为先用切草机切断，然后用双鼓轮刨片机再碎。也有可能采用特殊的粉碎设备制备碎料。

(2)施胶

采用异氰酸酯的特点之一是施胶量少，一般施加量为 2.5%~4.0%。胶料可采用水或其他溶剂稀释。由于麦秸天然含蜡，一般不加防水剂。由于异氰酸酯碎料板可在较高含水率条件下热压，施胶后的碎料含水率在 13%~15%，最高可达 20%。

由于异氰酸酯碎料板在热压时极易粘板，可采用表层施加脲醛树脂或酚醛树脂，芯层施加异氰酸酯的办法解决粘板问题。

(3)铺装预压

铺装一般为 3 层结构。由于麦秸碎料松散而密度低，不适应气流铺装，可采用机械铺装。

为解决热压中的粘板问题，在铺装中可在铺装板坯前先在表面铺上 1 层砂光粉之类的细末，上下表面所铺粉末厚度为 0.3~0.5mm，以避免热压时粘板，在后续工序中再砂掉该层粉末。

（4）热压

Isobord 公司采用连续式热压，该方式最适合蓬松原料的压制。

国内研究的异氰酸酯热压工艺为：压力 2.5~3MPa，温度 150~200℃，时间 30s/mm。热压后的板材含水率为 6%~8%。

（5）主要技术经济指标

根据国内有关单位报道，年产 1.5 万 m^3 异氰酸酯麦秸碎料板生产线主要技术经济指标如下：

主要原料	800kg/m^3
胶黏剂	24kg/m^3
煤	0.15t/m^3
蒸汽压	1.5MPa
蒸汽量	1.2t/h
产品厚度	9~40mm
建筑面积	1 000m^2
装机容量	750kW
车间定员	80 人

2.5 其他稻草(麦秸)板

2.5.1 稻草(麦秸)软质装饰吸音板

2.5.1.1 工艺过程与要求

稻草或麦秸软质装饰吸音板与木材软质纤维板生产过程类似，过程为：原料→切断→浸泡发酵→打浆→成型→干燥→砂光→锯边→贴纸→钻孔→成品。具体工艺及要求如下：

（1）原料切断

稻草与麦秸必须切成短秆，这是保证浆料质量的主要工序，可用铡草机或切草机进行切断，短秆长度应调节到 2~4cm，否则，打浆机易堵塞，并常常出现球状浆团。

（2）碎料浸泡

切断后的麦秆段需经浸泡，浸泡用冷水、热水、药液均可，但效果不一样，冷水浸泡时间长，效果差。热水温度在 80℃左右，可在其中加 3%~5%左右的亚硫酸钠、碳酸钠或氢氧化钠，单独使用或混合使用均可。浸泡的目的是为了提高原料含水率和软化纤维。稻草、麦秸的含水率一般比较低，在 10%左右，浸泡后含水率提高到 30%以上，这样对打浆有利，可得到较好的纤维。

也可将原料加 1%~2%的碱液或石灰水浸湿后堆放发酵 1~2 周，待纤维充分吸水膨胀软化后再行打浆。有条件时,可用蒸球加少量碱或不加碱蒸煮,其效果更好。蒸汽压力可用 0.35 ~ 0.40MPa,蒸球工作周期视生产情况而定,一般 2 ~ 3h 即可。不过,蒸煮的纤维得率比浸泡更低。

(3)打浆

稻草、麦秸等原料易于软化和纤维分离,加之本身已成丝条状,可不像木片那样经热磨制成粗浆后再打浆或精磨,而是直接在荷兰式或其他打浆机中打浆,打浆时间为 15 ~ 20min,纤维滤水度在 70s 以上。

(4)浆料处理

稻草与麦秸中的杂细胞及其他有害成分含量高,这些成分对于施胶效果、板面质量等会造成不良后果。因此,浆料最好经过洗涤,这样可提高板材的质量。

为提高板材的强度及耐水性,可在浆料中施加 1% ~ 3% 石蜡或松香和 1% ~ 2% 的酚醛树脂,并加入硫酸铝作沉淀剂。

(5)成型与干燥

大规模生产采用长网成型机成型,小规模生产也可采用型框成型方法。由于稻草、麦秸的滤水性相对木浆较差,成型中应注意下述几点:

①上网浆料浓度适当提高,可在 2% 左右;

②长网网速适当降低;

③可采用强化脱水措施。

干燥可采用隧道式干燥窑,干燥温度可在 150 ~ 180℃,干燥时间视干燥温度、干燥窑内风速而变,一般为 4 ~ 5h,热源以蒸汽为好。如用烟道气,要阻止明火进入干燥窑,以防起火。

采用辊筒式干燥机干燥,工艺与木材软质纤维板相同。

(6)装饰

采用贴纸装饰时,贴面纸可用克重 80 ~ 120 钛白纸。胶料配方为:聚醋酸乙烯乳液 9kg,聚乙烯醇 1kg 加 18kg 热水溶解,64% 脲醛树脂胶 15kg。以上 3 种胶料混合均匀,再加入热水 15kg,搅拌均匀后,再加脲醛胶量的 0.3% 氯化铵。

将胶先在板面上涂布一薄层后,即覆以钛白纸,然后逐张堆叠,在压机上加压,搁置 24h 待胶层固化后,磨去四边纸条即成贴面软质板。

贴面软质板按一定花纹图案要求打孔或压钉孔,即成装饰吸音板。

2.5.1.2　稻草(麦秸)软质装饰吸音板性能与影响因素

稻草(麦秸)软质装饰吸音板的性能及影响因素见表 2-24,由表可以看出如下几点:

①稻草、麦秸或棉秆制造的软质装饰吸音板,其物理力学性能可达到一般质量要求,当板材密度为 0.2g/cm³ 左右时,其静曲强度一般可达 2.5 ~ 3.0MPa。

②稻草与麦秸混合作原料比单纯用稻草或麦秸作原料制成的软质装饰吸音板,其物理力学性能要好。

③用碱液浸泡原料后所制得的板材性能较高,浸泡时间较长时,即使冷水也可获得比热水更好的效果。

表 2-24 稻草、麦秸及棉秆软质装饰吸音板工艺及性能

原料 种类	浸泡条件	纤维得率 （%）	浆料滤水度 （s）	板材密度 （g/cm³）	板材静曲强度 （MPa）
稻 草	冷水浸 18h	62	191	0.294	2.37
	80℃热水浸 1h	59	191	0.284	1.95
	4% NaOH 80℃热水浸 1h	58	191	0.337	3.13
麦 秸	冷水浸 15.5h	66	80	0.204	1.90
	83℃热水浸 1h	64	80	0.231	3.89
	4% NaOH 80℃热水浸 1h	64	80	0.231	3.89
稻草(60%) 麦秸(40%)	冷水浸 17.5h	68	73	0.312	3.38
	83℃热水浸 1h	54	73	0.254	2.79
	4% NaOH 80℃热水浸 1h	56	73	0.220	3.15
棉秆	4% NaOH 浸后经纤维分离机分离	55	124	0.230	2.46

④浆料得率普遍低于木材原料，仅为 55% ~ 65%，这是由于稻草、麦秸内杂细胞及可溶物含量高的缘故。

⑤滤水度达 70s 以上时，对板材性能影响不大。

2.5.2 草筋板

草筋板实际是土法生产的软质纤维板，生产简单，设备简陋，很适合于有大量稻麦秆的农村生产，而且产品用途广，价格低廉，至今仍有一定市场，故在本书中作简单介绍。

2.5.2.1 原料

（1）稻草

用早稻草比晚稻草为佳，因早稻草节软、性柔、烂草时间短，而晚稻草节硬、节疤不易浸烂。一般在相同条件下，晚稻草烂草时间比早稻草长 1 倍左右。由于浸的时间长，效率低，又易出现废品，故晚稻草最好不用。

稻草颜色呈淡黄色为好，经雨淋、腐烂的黑褐色草应捡出不用。一般应选用发育健全的秆明叶少的高秆草，矮秆草叶多，纤维比较差。

（2）石灰

石灰起烂草作用，其用量为 50kg 干草配 30kg 生石灰。使用前，将生石灰化成石灰膏，注意不要使杂质与灰渣混入，以免使产品中有硬性物质而凹凸不平。

（3）水

普通饮用水或自来水，也可利用制板压榨脱水时的废水和草渣，配合比为 30kg 生石灰用 150kg 左右的水。如利用废水和草渣，石灰量应酌量减少。

2.5.2.2 草筋板制作工艺

（1）烂草

将稻草用切草机切成 8 ~ 15cm 长，并将谷穗一头的草尾一段去掉。分层堆置在烂

草围仓内，每层约50cm厚。经踩实后，将配成的石灰水均匀摊泼在草上。由于石灰水的向下渗透，最底两层可不用泼石灰水，以免石灰水过多而烂草不均匀。堆的高度一般在1.5~2m，周围用竹帘或其他物件围住，使草不向外溢出为准。

烂草时间为25~30天，冬天时间长一些，最多可达40天。如用晚稻草，烂草时间往往需3个月左右。

在20天左右时，草堆高度明显下降，堆高1.5m时，下降可达50cm，人走在上面无显著下沉，同时可闻到酸甜的气味。此时应注意经常检查烂草程度，以免烂草过头，纤维破坏而失去粘结作用。

在草堆四周，因外界影响，烂草程度比中间要快，故应注意边部与中部的差别。

(2)洗草

烂草后碾草前必须先洗净草中杂质。方法是将烂草倒入容器内搅拌并加水，使石灰下沉，将上部稻草取出。

洗草水应常抽换，使灰质全部洗净，一般100kg烂草需用水50kg左右。

抽换的水含有大量灰质，可利用做浇草堆用，以腐烂稻草，节省石灰用量。

(3)碾草

将洗净的稻草放进电动碾槽内进行碾磨。每次所碾草的数量视槽的大小而定。草的水分应注意，太干草会堵塞碾槽，太湿碾的效率下降。一般较干的烂草还需加水碾磨。

碾草时间随草腐烂程度而异，一般为15~30min，过长时间会破坏纤维，过短则碾磨不充分。检查方法，可取草浆置于手掌上用水稀释，如全部成为纤维状的细线即可。

将碾好的草浆送至贮浆池，加水稀释备用。

(4)制板

采用框式成型。型框下垫以铁丝网和垫板，将草浆定量加入其内，粗脱水后再经压机压榨脱水。

压机可用螺旋压榨机或普通冷压机，采取多层压榨，板厚根据用途控制在10~30mm。

(5)干燥

板材压制后采取自然干燥或加热干燥，天气晴朗时需晒5天，阴天要8天，加热干燥则仅需数小时。板材干燥后的颜色呈淡黄色，敲打时声音清脆，湿板敲打时声音沉闷。

2.5.2.3 草筋板的质量与用途

草筋板一般用做贴壁和吊顶以及隔墙。贴壁和吊顶的板材厚为10mm，隔墙板的厚度为15mm。

草筋板的密度为0.1~0.2g/cm³，密度很小，故隔热隔声效果极佳。

草筋板的质量要求没有标准，一般要求硬度以手打不掉角，两手相扭不断裂为标准。此外，厚度偏差不超过2mm，宽度偏差不超过3mm。

2.6 麦秸(稻草)板工业化开发概况

21世纪以来，麦秸(稻草)板是非木材植物人造板中研究开发与实际应用最多的板材之一，这主要因为麦秸和稻草是最为广泛的原料。不过，在麦秸(稻草)板工业化开发的过程中也遇到许多问题，至今仍在不断的解决和探索中。本节对麦秸(稻草)板工业的发展以及最令人们关注的几个问题进行阐述。

2.6.1 麦秸(稻草)板工业的发展

我国较早开始秸秆人造板的工业化生产是1998年，在河北引进的芬兰30 000m³/a棉秆刨花板生产线上，成功地生产出麦秸刨花板，并于1999年3月通过了河北省科委组织的技术鉴定，同年获国家重点新产品证书。该生产线配置的是8′×32′的单层热压机，分级式铺装机。2001年，由于市场销路原因，该生产线被改做生产木材刨花板，并把原来的砂光粉隔离脱模工艺，改为板坯的上、下表面喷涂脱模剂，产品称之为零甲醛刨花板。后根据市场需求按订单生产供货。山东汶上曾于1999年建造了我国第一条国产30 000m³/a的麦秸刨花板生产线。由于采用的是无垫板多层压机，导致散坯而无法装板，最后改为生产木材中密度纤维板。2000年，在湖北公安建造了一条二手的、单层4′×16′压机(2块板)的刨花板生产线，生产稻草人造板。开始采用UF树脂为胶黏剂，后改用异氰酸酯(PMDI)胶。2003年，在积累了一定生产经验的基础上，又投资兴建了另一条50 000m³/a的稻草板生产线。该生产线采用双幅(4′×16′)10层压机、分级式铺装机，2005年11月开始生产，后处于停产状态。2001年，四川成都引进了芬兰50 000m³/a的麦秸刨花板生产线，配置了8′×72′单层压机、分级式铺装机。该生产线的先进性不容置疑，但工艺技术有待进一步改进。另外，脱模、压机基础、备料工段亦存在一些问题。

2003年某公司购买了英国产全套制造设备及工艺技术，在上海建立了一条14 000m³/a的示范生产线生产麦秸刨花板。针对这套装置，英国的工艺专家进行了深入研究。其液压系统可谓同类设备中的佼佼者，系统的关键部件靠进口，其余绝大部分在国内制造，压机为5层、4′×8′幅面，铺装机也极为简易。不同于其他生产线的是，该线的刨花计量、拌胶均为间歇式，胶的计量装置为计量泵，生产线紧凑，占地面积小。这套装置整体设计的弱点是，垫板温差较大，板坯上下的含水率不一，使得板材断面密度分布不对称，导致了板材翘曲变形。该线施胶系统施胶量(PMDI)的设定为3%，是针对于称重料仓中每批刨花的重量，减去其含水量，通过主控室电脑实现控制。在每批刨花送入拌胶机后，控制系统给计量泵发出指令，向拌胶机内喷入一定量的胶液，至于胶拌的均匀与否暂无数据。2004和2005年间，因PMDI胶的价格过高，也曾尝试过用UF树脂胶生产E1级木材刨花板。该公司的脱模技术颇具特色，脱模剂系列共有5剂组成。其中2#、3#用于涂布在垫板和热压板上，作为半永久性脱模用。4#用于喷在板坯的上下表面，以确保有效脱模。1#是用于清理输胶管道和盛胶装置。5#则用来添加在泵的填料盒中，以防止因检修等原因停产，导致胶固化后影响输胶泵再启动。由于所用的化工原料全部进口，所以价格不菲，货期也较难保证。同年，山东淄博也建造了一条 15 000 m³/a 的麦秸板生产线，采用的是单层压机、幅面 4′×24′(3 块板)，气流铺装，工艺技术由国内提供，2005 年 12 月通过了技术鉴定并可以提供产品。

进入 2004 年，江苏淮安建设了一条 5 000m³/a 稻草板生产线，该线从湿刨花料仓以后的部分由国内公司提供设备，其中成型段同湖北基本一样。整条生产线的不同之处在于：①将原来切草、干燥一体的设备，改为将切草和干燥设备分开，以确保备料能力，满足生产需要；②把原环式拌胶机改用滚筒式拌胶机。但在施胶过程中，由于微细雾滴积累而形成的胶滴常常会滴落到原料中，造成板面胶斑污染，故而在滚筒拌胶机后面又串联了一个环式拌胶机。项目的工艺设计亦由国内提供，自 2004 年 12 月投产以来，已能够给市场提供一些商品板材。2004 年上海的秸秆板公司又从美国购进了 2 套原英国产、共计生产能力 24 000m³/a 的二手蔗渣刨花板生产线，安装在山东菏泽。后改造成以泡桐加工刨花为原料，生产 PMDI 胶木材刨花板。2004 年江苏灌南县也建设了一条 30 000m³/a 麦秸刨花板生产线，采用英国设备，模式与山东菏泽相近，比上海的装置有所改进。2005 年 6 月投入生产，当年下半年即有产品进入市场，同时生产低密度门芯板等产品。

继前述提及的一些生产线之后，至 2007 年前后，上海、黑龙江、陕西等地还在筹建和在建麦秸(稻草)刨花板生产线。

2.6.2 原料的分离加工

根据工艺要求，用于麦秸(稻草)碎料板的原料，其筛分值一般在 8~80 目的各档之间。理论上希望碎料单元呈纤维状，要努力避免粉末状。为了达到这一目标，应当从两个途径入手：一是要保持秸秆的含水率在 10% 左右，过高或过低都不适宜；二是要选择合理的分离加工设备。分离加工设备通常有三种类型可供选用，一是锤式再碎机。依照再碎原理可以做成各种不同形式，碎料形态主要取决于底筛筛孔尺寸，一般直径为 8~10mm，筛孔也可以做成条形孔，目前国产 5 万 m³ 秸秆碎料板生产线上配备的分离加工设备一般由江苏牧羊集团提供，实际使用的结果表明，用该设备加工的秸秆碎料可以制造出质量符合刨花板国家标准(GB/T4897.3—2003)的板材；二是筛环式打磨机。其原理与结构和木质刨花板生产线上所用的同类设备没有什么本质上的区别，分筛环可运动和筛环固定两种型式，粉碎后物料的尺寸主要取决于筛环网孔的尺寸；三是研磨机。此设备在国内尚未见有使用，在国外也仅在实验室内可见，其原理类似于纤维热磨机，在常压下进行研磨，可以是常温，也可以适当加温，加工后得到的物料形态优于碎料而差于纤维。从长远看，要提高秸秆碎料板的表面质量和板材性能，采用研磨备料是一条可取之路。

2.6.3 异氰酸酯胶黏剂及其脱模

由于麦秸和稻秸表面含有不利于胶合的蜡状物，润湿性差，靠传统的水溶性脲醛树脂和酚醛树脂是不能把它们胶合在一起的，即使添加了昂贵的偶联剂，胶合效果也不尽如人意。过去多年来秸秆人造板生产发展之所以缓慢，原因就在于找不到一种合适的胶黏剂。

有了异氰酸酯胶黏剂(MDI)后，可以实现将麦秸和稻秸碎料很好的胶合起来的目的。这种胶黏剂能够在较高含水率条件下固化，在工艺上对碎料的干燥要求不高。异氰酸酯胶黏剂具有极好的对大多数物质都相容的黏合性，然而这一特性也导致在热压时粘板的问题，这是工艺上的一个主要难题。目前，有4种办法可以采用：①添加脱模剂。加在胶黏剂当中的称为内脱模剂，喷洒在板坯上下表面的则称为外脱模剂；②使用聚四氟乙烯树脂做隔离材料。聚四氟乙烯树脂具有对大多数材料不粘的特征，使用时可以把树脂涂在金属压板或者金属垫板上，也可以用聚四氟乙烯树脂浸渍碳纤维布，做成不粘软垫板(我国已有生产这种软垫板的企业)，这种方案的最大缺点是成本太高；③用纸做隔离层。在碎料铺装时，在其上下两面各附上隔离纸，并一起推入压机热压，热压结束后，借助砂光工序把隔离纸去除；④加粉末隔离层，在碎料铺装机两侧，各加一个气流铺装头，把不加胶的秸秆粉末铺放在板坯的上下表面，推入压机热压，卸板时把粉末吸除，此外在砂光时也可清除粉末。目前，在国产秸秆碎料板生产线上，采用了两表面铺放粉末隔离层，同时又喷洒外脱模剂的做法，取得了良好的效果。

2.6.4 碎料的拌胶

秸秆碎料的堆积密度很小，只有 $30 \sim 50 \text{kg/m}^3$，因而单位重量的碎料体积很大，无疑表面积也大幅度增加，而用异氰酸酯胶生产秸秆板的施胶量比较低，麦秸碎料施胶量为3% ~4%，稻草碎料施胶量为4% ~5%，如果采用常规的注入式拌胶方法，则碎料的施胶覆盖率和着胶均匀性都很差，会产生缺胶现象，不能保证板材质量达到合格。刨花板生产中通常有两种拌胶设备，即滚筒拌胶机和环式拌胶机，分别基于雾化和摩擦两种拌胶机理。秸秆碎料板生产中多用滚筒拌胶机，但拌胶不匀状况时有发生。也有用环式拌胶机的，所暴露出的问题更大。国内研究人员经过大量试验，采用"雾化加摩擦"复合拌胶理论，设计制造了"滚筒—环式"组合拌胶系统，设备在工作时，首先借助高压喷头，把异氰酸酯树脂雾化，喷洒在碎料表面上，施过胶的碎料接着经过环式拌胶机，在高速搅拌作用下使碎料之间相互摩擦，通过摩擦传递胶液，从而扩大着胶表面积，提高施胶均匀性。试验表明，在不增加用胶量的基础上，使用滚筒加环式组合拌胶系统，拌胶效果明显优于其中任何一种单一拌胶系统，压制出来的板子质量也相对提高。

2.6.5 热压工艺特点

(1)热压时间长、温度高

经测定，麦秸和稻秸的导热系数低于木材，这对热压时板坯内部的传热特性产生了重大影响。使板坯芯层温度达到 $130 \sim 140℃$，所花的时间比木材板坯要长的多，这使整个热压时间相应延长，以至于成品板的含水率过低，引起翘曲变形。

(2)生产效率低，成本增高

秸秆板压机的生产能力也比压制木材刨花板大为降低，只能达到后者的70%。因此，在设计秸秆碎料板热压机时，必须要乘以一个放大系数。比如，国产年产5万 m³ 秸秆碎料板生产线上，配备一台 $4' \times 16'$ 大幅面的10层热压机，如果用其来生产木质刨花板，生产能力可能会达到 6 万 ~ 7 万 m³。

（3）热压排汽

秸秆碎料板坯热压中的另一个问题是宽幅面压机在排汽过程中往往会出现"炸板"或产生鼓泡。其主要原因是板坯芯层水分过量，导致蒸汽过量，蒸汽通道不畅或排气时间过短，尤其在板子密度较高时更为明显，一般应通过改变工艺参数和降压方式来解决。

（4）热压曲线

考虑到秸秆碎料不易压缩，为了减少闭合时间，应采用较高的闭合初压力，如 2.5 ~ 3.0MPa。热压曲线为三段降压式。

热压时间取决于异氰酸酯的固化速度，这也许是一个比秸秆碎料传热性更加重要和活跃的因素。据最新研究成果，异氰酸酯的固化速度已经缩短到 15 ~ 20s/mm，目前，国内秸秆碎料板生产线上所用的热压时间：进口设备一般在 18 ~ 25s/mm，甚至达到 14s/mm（表 2-25）；而国产设备的热压时间一般都在 30s/mm 以内，热压温度为 180℃ 以上。究其原因，既有设备上的问题，也有工艺控制的原因。如为了防止鼓泡，有的企业将板坯含水率控制得过低，没有足够的水分传热，导致热压时间延长；也有些企业的板坯含水率控制得较高，通过延长降压时间来防止鼓泡。在设备正常的前提下，工艺问题的关键是解决好板坯含水率、热压时间、成品板含水率三者的关系。

表 2-25　几家工厂的热压参数

设备生产商	施胶量（%）	热压温度（℃）	热压时间（s/mm）	密度（g/cm³）	结构
Metso	5	200	17.8	780	渐变
Compak	≥3	180	20	640	均质
Daproma	3≤	165	25	680	渐变
INO	5	220	14	720	渐变

思考题

1. 稻草与麦秸在组织结构上有何特点？对板材加工的影响如何？
2. 纸面稻草板的结构如何？其生产工艺流程怎样？
3. 纸面稻草板生产的特点与存在问题。
4. 稻草(麦秸)碎料板采用了哪些胶种？MDI 胶的特点以及如何防止其粘板问题。
5. 了解麦秸(稻草)人造板工业的发展情况。
6. 麦秸和稻草碎料的分解与拌胶特点及其采取的措施。
7. 麦秸(稻草)板碎料的热压工艺特点。

第 3 章

稻壳板

　　稻壳是碾米厂的加工副产品。在稻谷籽粒中，稻壳一般占其重量的 20% 左右。稻壳资源十分丰富，仅我国每年就有 3 500 万 t 以上。

　　由于稻壳独特的组成和物理特性，长期以来对稻壳的利用研究进展不大。尽管稻壳在一些生产部门如酿酒、铸造行业有所利用，但目前稻壳主要用途仍然是作燃料和饲料。近年随配合饲料工业的迅速发展，稻壳为主要成分的粗饲料也将被淘汰。

　　用稻壳生产人造板从 20 世纪 50 年代起即有人提出，但由于成本、质量及应用诸多方面的原因，发展一直很慢。E. L. Lathrop 于 1951 年在"农产品剩余物制造硬质纤维板"的报告中，采用粉状热固性酚醛树脂、松树酸制成了稻壳板。这种施胶量为 15% 的高密度板材与通常产品相比，其价格昂贵。同时，由于板材性脆，其应用也受到限制。

　　1966 年联邦德国的 Kallmann 在《木质碎料原材料》一书中提出稻壳可以用做制造碎料板的原料，此后相继出现了一些有关稻壳板的资料，表明从 60 年代后期开始，稻壳制板已引起国际上的注意。

　　1971 年，加拿大的印度籍专家 Vasishth. R. C 发表了一篇题为"用稻壳制造防水复合板"的研究报告，首次系统地阐述制造稻壳板的成功工艺，引起各国重视。之后的 1974 年，印度学者 T. P. Ojna 及其同事综合报道了稻壳板制造新工艺。

　　此后，世界各国对稻壳的工业利用进行了更广泛的研究。1975 年，Cor-Tech Resear Ltd 公司又发表了稻壳板粘合剂及其工艺的专利，采用无毒性酚醛树脂及改进工艺，制成新型稻壳板。1977 年，该公司又发明了酸性酚醛树脂的专利。

　　与此同时，日本的矶部宏策、市川厚等也陆续申请了用热塑性或热固性粘合剂制造密度为 0.2~0.75 板材的专利。

　　加拿大某公司于 1970 年开始供应成套稻壳板生产设备，1980 年 9 月，菲律宾由该国引进设备和技术在卡巴纳端建成世界上第一座稻壳板厂，使稻壳板的生产真正走向工业化。

　　我国 1975 年上海第三碾米厂曾用豆粉血胶试压过稻壳板，但质量很差，以后没有进行再试。从 1979 年开始，上海木材工业研究所及其他有关单位开始稻壳板的研制工作，并与哈尔滨林机厂合作研制成功稻壳板生产成套设备。1985 年，江西分宜建成了我国第一条年产5 000 m³ 稻壳板生产线。随后，国内有数条生产线分别在江西、新疆、浙江等地建成并投入生产。

　　稻壳板的生产时间不长，工艺与设备还不十分成熟，存在许多问题，因而本章用专门一节来讨论提高稻壳板质量的措施，以供读者参考。

3.1　稻壳的特性及其对板材加工的影响

在稻壳板的生产中，常常发现在相同工艺条件下稻壳板材的物理力学性能存在较大差异，尤其在静曲强度上呈现波动。这种现象的发生据研究是稻壳本身造成的。目前已知，水稻的培育种期、施肥量、土壤条件、化肥种类等对稻壳的生长结构有较大影响，如施钾肥多的稻壳硬挺，制成的板材力学强度高，施钙肥多的，稻壳柔软，板材力学强度相应较低等。

对于生长和培育条件完全相同的稻壳，由于生产中对稻壳的处理不同，也会得到性能差别较大的板材制品。研究表明，稻壳的化学成分、形态与粒度等等，对稻壳板的生产有着很大影响，有些对加工工艺的变化和产品质量的提高甚至起着关键性的作用。

3.1.1　稻壳的形态特征

稻谷经碾米后，去其果实（糙米），留下部分即是稻壳。稻壳形体从显微镜切片观察，由外颖、内颖等部分组成。稻壳生长时由内、外颖边缘相互钩合，保护果实，都有纵向脉纹。外颖上常有 5 条，内颖上有 3 条（图 3-1）。

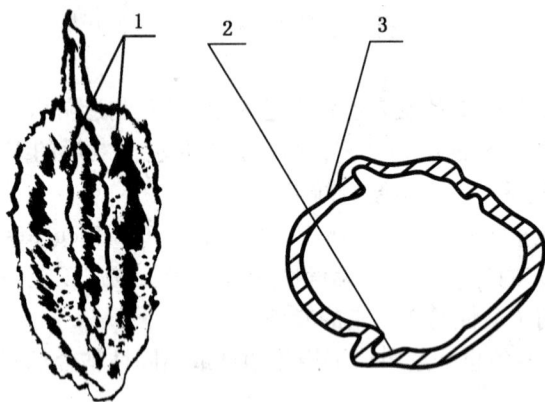

图 3-1　稻壳形态结构
1. 脉　2. 内颖　3. 外颖

对于稻壳板的生产，从碾米厂来的稻壳一般是不能直接使用的，原因如下：

①稻壳表面粗糙，生有针状或钩状茸毛，对板材的胶合不利。

②稻壳外表皮细胞壁中含有硅元素较多，因而造成表面的疏水层，不易吸附胶液。

③稻壳大部分呈荚状，即稻荚，致使胶液难于喷入，易造成表面缺胶现象。

④由于稻壳粗糙的表面，使一定量的糠末粉尘及其他杂质易于黏附其上，这也影响了稻壳之间的胶合。

稻壳的纤维长仅 0.3mm 左右，而木材为 6~7mm，稻壳板的加工中纤维之间的自然结合作用极小，主要靠胶黏剂的作用。这样，胶黏剂的黏合在稻壳板生产中成为关键。上述稻壳的特征均造成对黏合的不利，从而对制板工艺和板材质量带来不利影响。因此，稻壳必须经过预处理即碾磨或辊磨，再经过筛选，才能使原料符合工艺和产品质量要求。

3.1.2　稻壳的化学成分

稻壳的主要成分有类似于木材的木质素、纤维素，比较特殊的是灰分含量高，且其中大部分为二氧化硅(表3-1)。高含量的二氧化硅是稻壳加工中的一大特征，使板材的性能既有优点又有缺点。

表 3-1 稻壳的化学成分

稻壳品种	水分(%)	灰分(%)	粗纤维(%)	木质素(%)	多缩戊糖(%)	pH 值	SiO_2 在灰分中含量(%)
早稻	9.30	16.61	34.72	25.18	16.39	7.10	95.72
晚稻	10.20	15.40	34.60	26.12	16.28	7.54	93.10

高含量的二氧化硅使稻壳板与其他人造板材相比具有良好的防火性，并且完全可以抵抗白蚁和啮齿类动物的侵蚀，具有很好的防蛀、防腐蚀能力。

但是，二氧化硅很大一部分集中于稻壳表面，形成了表面疏水层，而且此表面的物质往往只是疏松地与下面纤维相结合。这样，对于稻壳板的施胶与胶合均造成不利，必须采取措施除掉表层的这部分物质，方法是采用研磨。

由于二氧化硅的存在，使稻壳板硬度高，机械加工困难，刀具磨损很快，这也是其缺点之一。

二氧化硅的相对密度大，随着对稻壳的处理效果不同，稻壳板的密度变化也比较大，从而使板材的各种物理力学性能受到影响。稻壳板在生产中质量常常不稳定，二氧化硅含量是影响稻壳板质量的一个因素。

3.1.3 稻壳的碱溶性

据报道，稻壳用20%的强碱溶液处理后，40%以上的物质被溶解于碱液中。曾有人用上海地区的早籼稻壳，在2%的氢氧化钠溶液中煮沸回流4h，结果稻壳的重量损失达43.01%，这说明稻壳很容易被碱类物质分解。原因可能是稻壳含有的非结晶二氧化硅成分，在碱性介质中会发生润胀作用，对稻壳的组成结构产生了破坏。

热固性酚醛树脂常用做林产工业的胶黏剂，酚醛基本上与水不能混溶，但因为酚醛是酸性的，所以能溶于碱液中。为了使用起见，酚醛树脂常溶解于氢氧化钠溶液中。由于稻壳可被稀释的碱溶液所溶解，所以水溶性碱性酚醛树脂胶不宜于用做稻壳粘合剂。

室外用的人造板材，一般需用酚醛树脂胶作胶黏剂，其耐水、耐候、耐久性均比脲醛树脂作胶黏剂的板材高。因此，国内外经多年研究，已研制出适合稻壳板生产的非碱性水不溶的热固性酚醛树脂和非碱性可乳化的热固性酚醛树脂胶。

3.1.4 稻壳的粒度

稻壳颗粒的大小在生产中是一个重要的影响因素，它不仅影响到产品质量，而且影响到决定产品成本高低的施胶量大小。

稻壳中二氧化硅含量在壳中各个部位的比率是不一样的，表皮中含量最高。因此，研磨后经筛分的不同尺寸颗粒的二氧化硅含量也不一致。例如：40 目以下的稻壳二氧化硅含量为13.28%，大于10 目以上的稻壳二氧化硅含量为11.99%，而不经过筛选的稻壳二氧化硅含量为12.61%。

由于不同粒度的稻壳二氧化硅成分不相同，也引起了不同粒度稻壳彼此之间密度的不同，如图3-2所示。因为通过 40 目/in① 筛网的稻壳颗粒的二氧化硅含量比留于 10 目/in 筛网的稻壳高出1.29%，比不经筛分的稻壳颗粒高 0.67%，导致它的密度急剧上升。如果清除这部分颗粒，就能降低稻壳板密度，相对会使其力学性能上升。

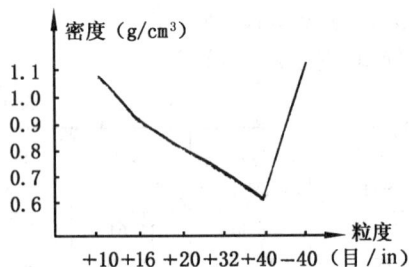

图 3-2　稻壳密度与粒度关系

单位体积板材所需树脂量决定于颗粒大小与形状。小的颗粒单位体积的比表面积大，因而需要较多的树脂以充分覆盖颗粒。由于树脂是稻壳板生产中成本最高的部分，因此选用大小最适当的颗粒非常重要。

从表 3-2 可以看出，留于 10 目/in 筛网的稻壳颗粒每 1m² 胶的分布量为 8.53g，而32 目/in 筛网下 40 目/in 筛网上的稻壳，每 1m² 胶的分布量仅为 4.08g，二者相差 1 倍多，因此后者的板材质量要受到影响。

表 3-2　不同粒度稻壳单位面积受胶量

粒度（目/in）	单位重量面积（cm²/g）	单位表面积受胶量（g/cm²）
+10	156.16	8.53
-10/+16	193.72	6.88
-16/+20	224.98	5.92
-20/+32	259.56	5.13
-32/+40	326.67	4.08
-40	227.57	5.85

根据施胶量分布，是不是颗粒越大越好呢？因为这表明单位面积受胶量越多。其答案是否定的。因为人造板的结合强度取决于两个方面，一是原料自身的强度；二是材料之间的结合强度，大颗粒单位重量的面积小，受胶量即使达到理想的分布，但大颗粒之间的结合并不一定达到最理想。小颗粒的结合面大，填充性强。因此，从力学强度来说，并不是颗粒越大越好，如 6～10 目/in 的稻壳板的内结合力就小于 10～16 目/in 的稻壳板内结合力。

3.2　稻壳的预处理

根据第一节所述，稻壳的许多特性迫使在生产中不得不采取一些与普通碎料板生产不同的特殊处理，从而降低产品成本，提高产品质量。

稻壳处理的主要方法目前就是碾磨或辊磨，然后进行筛分，选取合适粒度的稻壳为原料。

---

① 1in = 2.54cm

　　稻壳经过处理后，与未经处理的原稻壳相比，在同样的制板工艺条件下，其性能较好。

　　从表3-3的数据可知，如果稻壳经过碾磨后，其表层物质得到清洗，制得的板材，静曲强度和平面抗拉强度增高。但是，由于稻壳经碾磨后的碎屑增加了20%左右，使稻壳的比表面积增大，影响了胶黏剂与稻壳之间的胶合，故静曲强度递增幅度不大。

表3-3　处理前后稻壳制板的物理力学性能比较

处理方法 板材性能	未经处理	碾　磨	碾磨后经 20目/in 筛选
厚度(mm)	12.99	13.12	12.76
密度(g/cm³)	0.78	0.89	0.87
静曲强度(MPa)	12.11	13.49	16.76
平面抗拉强度(MPa)	0.22	0.43	0.40
握螺钉力(N)	—	57.78	52.30

　　如果碾磨后的稻壳经过20目/in 筛网筛选，除去碎屑，使胶黏剂与稻壳之间黏合充分，板材的静曲强度提高幅度加大。

3.2.1　稻壳的碾磨

　　碾磨是稻壳板生产特有的生产工序。通过碾磨，可以破坏稻壳表面毛刺和二氧化硅，改变稻壳的表面疏水性，使胶黏剂易于粘附于稻壳表面，提高稻壳之间的胶合强度。同时，通过碾磨，可以磨去稻壳内层的胶质疏松的纤维层，除去稻壳中残留的米坯、糠末、粉尘及杂质，提高板材原料的质量，从而提高板材本身的性能。

　　碾磨设备是专用的，目前有两种形式：一是滚筒式碾磨，有时称滚磨，二是辊式碾磨。两种都是利用机械的旋转与挤压力，使稻壳被摩擦和破碎。

　　滚筒式碾磨机，是一种圆柱形容器，内部装有旋转叶片，叶片保持与滚筒内壁有2.5cm的间隙旋转，柱形容器本身固定不动。

　　稻壳装入滚筒碾磨机的量按体积计量，应低于滚筒体积的一半，滚磨时间为15min。滚磨过程中，稻壳靠自身与叶片器壁、稻壳与稻壳之间的摩擦、挤压、搓揉，被磨成一个个小瓣，再进一步沿长度方向磨细。

　　差速式对辊碾磨机是生产中常用的碾磨设

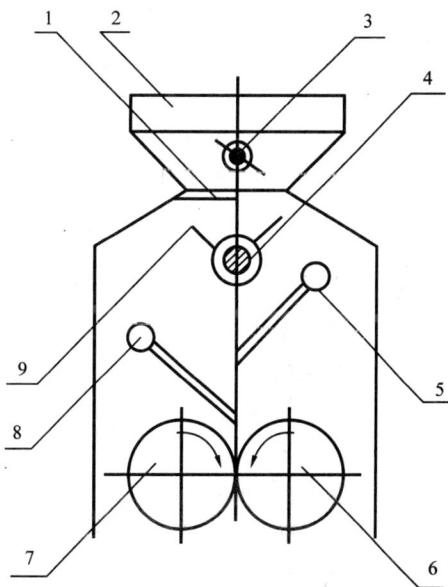

图3-3　BR162型差速式对辊碾磨机

1. 闸板　2. 料斗　3. 拨料器　4. 喂料器
5. 可调活门　6. 慢辊　7. 快辊　8. 淌板
9. 可调活门

备，与滚筒碾磨不同的是，它是连续作业的，处理产量高，但碾磨效果有时不太理想。滚筒碾磨机的碾磨效果可由时间控制，未碾磨充分时可延长碾磨时间。对辊碾磨机可调节的部位多，影响因素也多，难以调节到理想的程度。对辊碾磨机示意如图 3-3 所示。

对辊碾磨机有两个相对旋转的辊轮，由硬质合金制成，其中一个辊轮刻有 0.01 ～ 0.05mm 的丝纹。两个辊轮的转速是不一致的。快辊转速为 625r/min，慢辊转速为 500r/min，差速比为 1.25:1，所以称为差速对辊，这样使稻壳不仅受到两辊的挤压力，还会与辊之间产生相对运动，存在摩擦作用。

两个辊轮的间距是可调的，最小间隙为 0.2mm，通过辊距的调节可以控制稻壳的破碎程度，调节机构如图 3-4 所示。

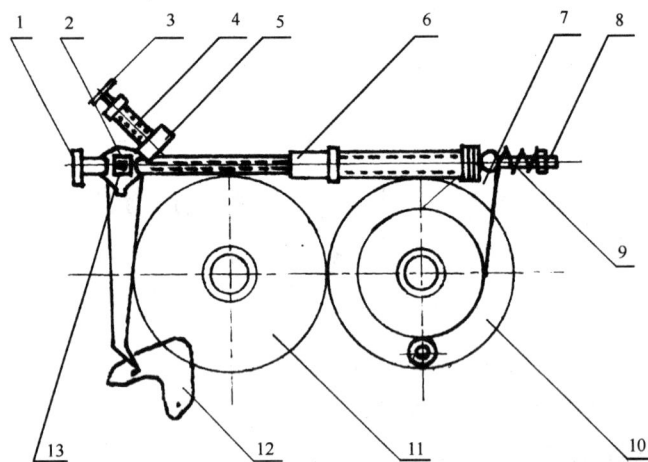

图 3-4　辊距调节机构

1. 粗调手轮　2. 手闸臂　3. 细调手轮　4. 螺杆　5. 振臂　6. 螺母
7. 慢辊轴承座　8. 调整螺母　9. 压缩弹簧　10. 慢辊　11. 快辊
12. 闸钩　13. 偏心轴

哈尔滨林机厂生产的稻壳板成套设备中，BR162 型稻壳碾磨机的技术参数如下：

日产量	12t
磨辊规格	ϕ250mm × 650mm
快辊转速	625r/min
快慢辊速比	1.25:1
拨料辊直径	ϕ132mm
拨料辊转速	250r/min
磨齿斜度	1:15
喂料辊直径	ϕ117mm
喂料辊转速	625r/min
电动机功率	10kW

3.2.2 稻壳的筛分

与木材碎料板相比，稻壳的筛分有更大的意义。如前所述，稻壳表皮的二氧化硅、针状茸毛、稻荚、米坯、杂物等，经碾磨工序后，留存于原料之中，必须经筛分除去。此外，由于稻壳本身结构不一致，各稻壳形态之间的差异以及稻壳通过二辊轮之间的部位不尽相同等因素，碾成不同几何形状，也需要通过筛分选出粒度合适的稻壳。

稻壳经筛分后，不同粒度稻壳在总量中的比率发生了变化，即原料粒度的分配率或称均一性发生了变化。表3-4是碾磨后的稻壳及碾磨后经20目/in高频振动筛筛分后的稻壳同原稻壳粒度的分配率变化。

表3-4 不同处理的稻壳粒度分配率变化 单位:%

处理方式 \ 粒度（目/in）	+10	−10/+16	−16/+20	−20/+32	−32/+40	−40
原稻壳	29	52	12	4	—	3
对辊碾磨	7	35	18	16	5	19
碾磨后经20目/in筛分	5	37	46	12	—	—

表3-4表明，原稻壳的粒度集中于16目/in以上的粗大颗粒，占总量的81%，由于所占比率大，杂质绝大部分附着其上，因此通过40目/in筛的细末仍占3%。

经过对辊碾磨后，不同粒度的稻壳分配率趋于均衡，粗大稻壳被碾细，大于10目/in筛网的稻壳比率由29%降为7%，10目/in与16目/in之间稻壳由52%降为35%。其中比较突出的是，通过40目/in的细末比率大增，从3%上升为19%。

碾磨后经过20目/in振动筛筛分后，粒度明显地集中于10目/in与20目/in之间，占总量的83%，而32目/in以上网目的稻壳及杂质等已完全被清除。

筛分对板材生产是必要的，那么，究竟是什么样粒度或网目的稻壳，其制品的物理力学性能最好？表3-5是上海木材工业研究所专门针对粒度不同的稻壳对板材性能影响而作的研究结果。

表3-5 不同粒度稻壳制板的力学性能

粒度（目/in）	板材密度（g/cm³）	静曲强度（MPa）	内结合力（N）
−6~+10	0.86	13.31	0.37
−10~+16	0.86	13.26	0.38
−16~+20	0.83	11.08	0.41
−20~+32	0.85	10.77	0.42
−32~+40	0.85	6.86	0.46
−40	0.85	3.16	0.17

表 3-5 的结果说明颗粒小于 32 目/in 网目的稻壳是不适宜制作板材的，尤其是 40 目/in 筛网下的细末，板材静曲强度仅达到 3.16MPa。因此，生产稻壳板的稻壳原料，其粒度至少应大于 32 目/in 网目以上。

稻壳愈粗大，其板材静曲强度愈高，但增高的幅度不大，同时内结合力有所下降，因此，10～20 目/in 之间粒度的稻壳制板最适宜，这证明表 3-4 筛分后得到的原料粒度分配率是比较合理的。当然，从原料的利用角度出发，粒度不能局限于过小的范围，这样势必增加产品的制造成本。

稻壳的筛选设备与木材碎料板的机械分选设备类似，可用平面振动筛，也可用圆筒形振动筛，其作用原理都是借稻壳与筛网的相对运动，使粗细不同的稻壳在网两面实现分离。

哈尔滨林机厂生产的 DSI 稻壳专用筛选机主要技术参数如下：

筛筒直径及筛网规格	φ700mm　20 目/in
筛筒长度	950mm
筛筒振幅	3mm
筛筒振动频率	400 次/min
打板数量	2～3 块
打板转速	200r/min
装机容量	5.5kW

3.3　稻壳板胶黏剂

3.3.1　稻壳的胶合特性

从上述分析可知，稻壳是一种难胶合的材料。从胶合的观点来看，任何一种高强度的胶合，都取决于胶黏剂的理化特性、被胶合材料的性质和胶合的条件，其中，前两者是胶合的关键。

胶合是一种表面过程。稻壳的表面含有大量杂质和二氧化硅，在胶接界面起到隔离作用，阻碍胶接界面的紧密接触，造成胶合不良。同时，二氧化硅能与碱作用，生成溶于水的硅酸钠，形成碱性胶液与稻壳胶接界面的胶合不稳定。此外，稻壳的 pH 值为 7.2 左右，对酸性条件下固化胶料的充分固化也不利。

稻壳的外表皮有一层坚固的角质层，使稻壳有良好的疏水性，它妨碍了胶液的渗透扩散，也是造成胶合不良的重要原因。

稻壳的长度因受生物结构的限制较短，加工过程中再次被缩短，这将影响到稻壳之间的结合。同时，稻壳的压缩比较小，外皮又有纵横交错的沟纹，这将使胶液分布不均，产生内应力，造成内结合强度弱的现象。

研究认为，稻壳板要产生高强度的胶接，胶料应有如下特点：内聚强度高、多组分和较好的渗透性与流动性。

3.3.2　胶种对稻壳板性能的影响

根据前述的稻壳胶合特性，稻壳板的物理力学性能与所用胶黏剂必然有密切的关系。在稻壳板的研究与生产方面，加拿大居领先地位，使用酚醛树脂和甲苯二异氰酸酯作胶黏剂。印度、菲律宾等国使用酚醛树脂，我国与日本则以脲醛树脂为主。表3-6为不同胶种稻壳板的力学性能。

表3-6　不同胶种稻壳板力学性能

来　源	胶　种	施加量（%）	性　能			备　注
			密度（g/cm³）	静曲强度（MPa）	平面抗拉强度（MPa）	
加拿大	酚醛树脂胶	—	0.800~0.960	14.7~19.6	0.4~0.81	—
菲律宾	酚醛树脂胶	—	0.650~0.750	14.00	0.56	—
印度	酚醛树脂胶	—	0.850	12.25	0.43	—
中国台湾	脲醛树脂胶	15	0.800	8.99	0.21	台湾中兴大学
上海	脲醛树脂胶	10	0.710	9.68	0.24	上海木材工业研究所
江西	脲醛树脂胶	15	0.800	13.6	0.29	分宜装饰材料厂
江西	脲醛树脂胶	15	0.782	10.13	0.33	建材科研院
北京	NQ80脲醛树脂胶	12	0.976	11.96	—	中国林业科学研究院
上海	酸性酚醛树脂胶	12	1.110	14.05	—	粮食科学研究院
北京	酚醛树脂胶	12	1.040	16.70	—	光华木材厂
上海	5011脲醛树脂胶	12	1.030	11.63	—	家具涂料厂

从表中的数据可以说明，采用酚醛树脂胶的稻壳板有较好的力学性能，脲醛树脂胶则相对较差。国产的酚醛树脂胶稻壳板密度远高于国外，而力学性能则相差不大，说明酚醛树脂胶的性能还有待提高。

采用脲醛树脂胶，稻壳碎料板的性能往往达不到国家标准规定的刨花板指标水平。即使达到了也只是在标准中规定的低水平上。因此，对脲醛树脂胶必须进行改性或采用新的胶种。这将在以下的论述中提到。

3.3.3　非碱性热固性酚醛树脂胶

非碱性热固性酚醛树脂胶分为水不溶和可乳化两种，其制造关键是，在苯酚与甲醛完成异缩聚反应的过程中，不能采用氢氧化钠等碱性氢氧化物作催化剂，必须采用相当于苯酚用量的1%~4%的氧化镁或氧化锌作催化剂，即可制得非碱性水不溶酚醛树脂。可乳化的非碱性热固性酚醛树脂胶，则只需将催化剂换作醋酸锌，其反应式如下：

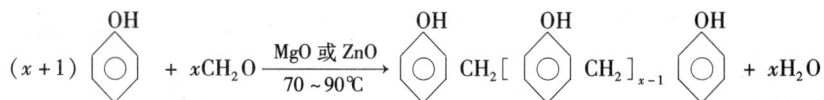

$$(x+1)\ \text{苯酚} + x\text{CH}_2\text{O} \xrightarrow[70\sim90℃]{\text{MgO 或 ZnO}} \text{苯酚} \text{CH}_2\left[\text{苯酚} \text{CH}_2\right]_{x-1} \text{苯酚} + x\text{H}_2\text{O}$$

反应器中苯酚与甲醛的克分子比为1:1.5~2，加入相当于苯酚重量1%~4%的MgO或ZnO，将混合物加热到70℃，反应开始为放热反应，要适当降温控制，整个反应温度控制在 70~90℃，直到树脂胶黏度达到 $650~700 \times 10^{-3} Pa \cdot s$，分离去水层，即得到非碱性水不溶热固性酚醛树脂胶，固体含量约为 75%。

可乳化的非碱性酚醛树脂胶除催化剂用醋酸锌外，其余方法与非碱性水不溶酚醛树脂胶的制作方法相同。分离去水层后得到乳黄色胶体树脂，用对甲苯磺酸乳化。

在稻壳板的制造中非碱热固性酚醛树脂胶的施加量按固体计，相当于稻壳重量的 8%~12%，在 180~210℃固化。为了降低热压温度和缩短热压时间，可加入树脂胶重量的 20%，浓度 50% 的聚甲苯磺酸或非碱性热固性酚醛树脂胶重量 1%~5% 的对甲苯磺酰氯，其热压时间可缩短到 5min（19mm 板）。经试验，采用非碱性热固性酚醛树脂胶制造的稻壳板，其静曲强度可达 13~15MPa。

3.3.4 改性脲醛树脂胶

脲醛树脂胶是人造板工业广泛使用的胶黏剂，这主要是因为成本低，性能也比较好。由于稻壳材料的特殊性，普通脲醛树脂胶应用于稻壳板生产往往与质量或成本要求不相适应，常常需要改性。表 3-7 中的 PVA 改性 UF 树脂，SF-1 号胶及 SX 胶均为改性后已用于稻壳板生产的胶。

表 3-7　几种稻壳板用脲醛胶的主要性能指标

性能 胶种	外观	黏度 （Pa·s）	游离醛 （%）	固体含量 （%）	pH 值	水溶性
普通脲醛树脂胶	无色或黄色透明液体	0.17~0.35	1.5	≥ 55	7.5 左右	易溶
SX 树脂	乳白色均匀稠液	0.52~0.61	0.8~1.12	55~60	7~7.2	好
PVA 改性 UF	均匀、黏稠、乳白色	0.09	0.8	46	7~7.5	> 75
SF-1	透明、半透明、淡黄色黏稠液	0.20~0.80	< 1	65~72	7~7.5	> 2
DN-8	—	0.19~0.25	< 0.3	60~63	7.5~8.0	> 15

脲醛树脂胶的缺点是，脲醛树脂缩聚不完全和固化过程中所产生的刺激性的游离醛存在，以及胶结物易脆化、老化等弊病。因此，改性往往是针对上述缺点进行。如 PVA 改性为 UF 脲醛树脂，是采用脲素与甲醛克分子比为 1:1.6~1.8，多次加入尿素并外加 PVA（聚乙烯醇），以减少游离醛及改善脆性。PVA 是线型高分子化合物，具有良好的韧性，它接枝在脲醛树脂上能改善脆性，形成高联产物而减少游离醛的存在。

DN-8 改性脲醛树脂胶由李兰亭研制，采用三聚氰胺改性。改性剂用量由 0.5% 增加到 5% 时，稻壳板平面抗拉强度由 0.31MPa 提高到 0.66MPa，明显优于未改性胶，但胶料的成本也随之提高。

脲醛树脂胶在稻壳板生产中加入量按固体份计，相当于绝干稻壳重量的 10%~15%，并加入适量 NH_4Cl 作固化剂。几种脲醛胶生产的稻壳板性能见表 3-8。

表 3-8 几种脲醛树脂稻壳板的性能

胶 种	施胶量 （％）	密 度 （g/cm³）	含水率 （％）	静曲强度 （MPa）	平面抗拉强度 （MPa）	吸水厚度 膨胀率（％）
普通脲醛胶	15	0.8 ~ 0.9	6.7	10.0 ~ 10.14	0.11 ~ 0.28	26 ~ 50
SX 树脂	14	0.917	7	12.06	0.23	13
SF-1	13	0.88 ~ 0.90	—	12.45 ~ 14.22	—	—
DN-8	13	0.8	5 ~ 7	15 ~ 18	0.43 ~ 0.66	7 ~ 9

3.3.5 酚醛—脲醛混合胶

酸性酚醛树脂胶，虽然用其制成的板材的强度高，耐水性能好，但成本较高。因此，上海粮食科学研究所研制出一种新的酚醛－脲醛混合胶，称为 Pu-1 号树脂，特点是其耐水性与结合强度较高。

Pu-1 号树脂主要原料是苯酚、甲醛、氢氧化钠、醋酸锌、对甲苯磺酸等，其中甲醛与苯酚的克分子比为 2.5:1。

将上述原料放入反应容器中，用 30% 氢氧化钠作为缩合剂，制得的胶液与同等数量的 SF-1 号脲醛胶混合即得 Pu-1 号胶黏剂，黏度为 0.80Pa·s 左右。

在温度 164℃，压力 2.94MPa，时间 18min 的条件下，制得板材的绝干密度为 0.85 ~ 0.90g/cm³，静曲强度在 15.17 ~ 19.94MPa。经 24h 水浸泡试验，稻壳板不发生任何疏散现象。

3.3.6 异氰酸酯

异氰酸酯是生产稻壳板的一种新的胶黏剂，作为稻壳板胶黏剂，有如下优点：

①异氰酸酯呈中性或弱酸性，适合稻壳板需非碱性树脂胶的要求。

②与酚醛胶相比，其强度、耐水性等更好，而且生产的稻壳板密度比酚醛胶稻壳板下降 10% ~ 15%，热压时间比酚醛胶缩短 1/2，比脲醛胶缩短 1/4。

③异氰酸酯中不含游离醛和游离酚，从而降低了污染，改善了劳动条件。

④稻壳的含水率允许高达 22%，而施胶量可低达 4%，制出的板材同样达到技术要求。

异氰酸酯是一种化学性很强的物质，作为胶黏剂，主要是因为有活性基团 R—N＝C＝O 的存在，能与含有活性基的物质如水、胺、醇及酸反应。当一个单体含有一个以上异氰酸酯基团与含有多个活性基团的物质反应时，就制成了强度高、耐水、耐化学性好的固体聚合物，这种聚合物称为聚脲（见反应式一、二）。

反应式一：

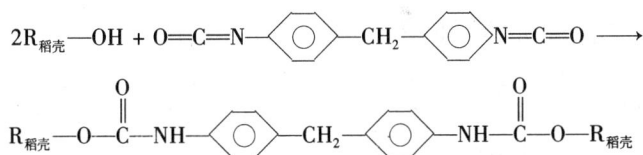

反应式二：

$$—R_1—N{=}C{=}O + H_2O + O{=}C{=}N—R_2 \longrightarrow —R_1—NH—\overset{\|}{\underset{O}{C}}—NH—R_2 + CO_2$$

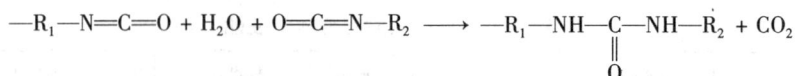

反应式二中，稻壳中的水分与异氰酸酯反应生成的聚脲，同样可以把稻壳粘附在一起。

反应式中的稻壳，含有的 OH 基团当然不止一个，因此，同一稻壳上还将有其他结合的异氰酸酯基团，从而形成稻壳与胶料的立体网状结构。

常用的异氰酸酯有两种类型：甲苯型与二苯型。反应式一中为二苯型，甲苯型仅有一个苯环，即 CH_3—⟨○⟩—NCO。

异氰酸酯中所含胺类与酸起反应，对人体健康也有较大危害，同时价格较高，这是它的缺点。

异氰酸酯在稻壳板中的应用还很少，甚至在木材刨花板生产中也只是试验阶段，这其中有成本问题，也有工艺与生产习惯问题，但是，作为人造板胶黏剂，它无疑具有一定的使用潜力。

3.4 稻壳板的生产与应用特点

稻壳板的生产工艺流程除削片与碾磨工序外与木材刨花板生产工艺基本相同，也需经筛分、计量、拌胶、铺装、预压、热压、裁边等工序。干燥工序在稻壳板生产中一般认为可省去，但实际生产中遇到质量受影响的问题，可参考本章第五节的分析。

稻壳板生产线目前一般采用间歇式铺装与预压，而木材刨花板普遍采用辊筒式连续预压，这可能是由于稻壳的形态短小，不太适应辊筒式连续预压，板坯预压后的初始强度低，易裂口或拉断。

由于减少了干燥和削片工序，稻壳板生产线比木材刨花板生产线短。有些稻壳板厂垫板采用人力输送，省掉垫板机械化运送装置，使设备更简单。从整体上看，稻壳板生产线设备比木材刨花板生产线少许多，占地面积也相应少很多，因而投资也相应较小，

我国有年产 $1\,000\text{m}^3$ 和 $5\,000\text{m}^3$ 稻壳板生产线成套设备，其中除碾磨机外，大多采用木材刨花板相应设备或经改装的设备。尽管如此，由于稻壳是一种结构、形态、组成与木材材料有差别的原料，具体的工艺参数上毕竟有所不同，因此本节对稻壳拌胶之后的各工序与设备仍作一简单介绍，碾磨、筛分、制胶等已在前几节有述，不再讨论。

3.4.1 稻壳板生产工艺与设备

3.4.1.1 拌胶

与木材刨花相比，稻壳的粒度小，分散性高，自身结合力小，胶黏剂的作用尤其明显。因此，胶料的施加量和拌胶的均匀性对稻壳板性能影响很大。

胶料施加量依产品用途和胶种有所不同。酚醛树脂胶加入量一般在 8% ~ 12%，脲醛树脂胶加入量一般比酚醛树脂胶高，为 10% ~ 15%，异氰酸酯加入量最少，一般在 4% 左右。

在拌胶的同时可将其他助剂如防水剂、阻燃剂、防腐剂、固化剂等一次加入。可与胶料混合，同时喷入拌胶机内，也可单独喷入。防水剂一般是必加的助剂，常用的是石蜡乳液，施加量为绝干稻壳的 0.5% ~2%，过低防水效果不好，过高对防水效果提高不大，反而对稻壳板强度有一定影响。其他助剂是否加入视产品的要求而定。

拌胶设备一般采用刨花板生产所用或稍经修改的设备，如喷雾式连续拌胶机或离心式拌胶机，拌胶前的计量设备也是借用刨花板生产设备。年产 5 000m³ 稻壳板成套设备中，借用 BJL2 型木材刨花板计量秤和 BJ1 型刨花拌胶机。年产 1 000m³ 稻壳板成套设备中采用 BJ2 型拌胶机，两者仅转速不一样。主要技术参数如下：

BJL2 刨花计量秤：

料计罐尺寸	600mm ×400mm ×800mm
料计容积	0.2m³
料计重量	3 ~20kg/次

BJ1 拌胶机：

拌胶筒尺寸	ϕ600mm ×2 106mm
有效容积	0.5m³
生产能力	5m³/h
搅拌轴转速	75r/min
喷嘴个数	10 个

3.4.1.2 铺装与预压

铺装是保证稻壳板质量的一个重要工序，如果铺装不匀，则制得的稻壳板密度不一，产品在贮存与使用中，由于密度不一而各部分的膨胀系数有差异，在外界温度和湿度的影响下，产品会出现翘曲变形。

稻壳的铺装与木材刨花或碎料相比，在铺装均匀性和结构性方面难度要大。稻壳的颗粒与颗粒之间的差别小，而且比木材刨花或碎料粗糙、硬挺。因此，气流或机械的分选作用相对降低，要铺装板面均匀、断面细小光洁的板坯很不容易。国产设备在这方面还存在着问题，详见本章第五节的分析。

板坯的厚度一般是压制后板材的厚度的 3 ~4 倍，依稻壳的筛分情况有一定变化。铺装的工艺参数要求是：铺装厚度公差不超过 ±0.5 ~1mm，密度公差不超过 6%。

采用间歇式铺装，每铺完一张板坯，由铺装带将板坯连同垫板送往平板预压机预压。

国产 JP1 型稻壳板铺装机主要技术参数如下：

铺装幅面	1 300mm ×2 520mm
铺装厚度	50 ~140mm
铺装带速度	1 ~10m/min
铺装速度	5.6m/min
空回速度	13m/min
装机容量	6.3kW

国产 DY1 稻壳板预压机主要技术参数如下：

总重量	328t
板坯单位压力	1.0MPa
稻壳板幅面	1 220mm × 2 440mm
进料方向	纵向
层数	单层
装机容量	20kW

3.4.1.3　热压

在各种人造板生产中，热压均是关键工序之一，稻壳板热压采用多层式压机。

稻壳板热压温度随使用的胶黏剂类型不同而变。采用酚醛树脂胶时热压温度为180～210℃，脲醛树脂胶为 135～160℃，异氰酸酯胶为 150～180℃。

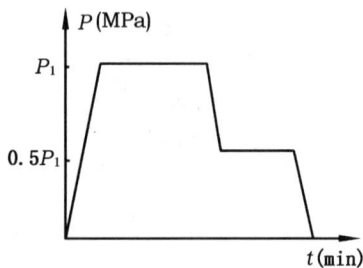

图 3-5　稻壳板热压曲线

稻壳板的热压压力取决于板材的密度和强度，一般用途的稻壳板热压压力在 1.8～2.5MPa。

热压时间与温度、压力、胶种、板坯含水率等有关。稻壳一般不经干燥，施胶预压后的板坯含水率往往在 14% 以上，常采用二段或三段热压曲线（图 3-5）。脲醛胶与异氰酸酯胶聚合速度快，要求当板坯进入压机后必须在 20～40s 内完成闭合，否则稻壳接触热板部分会提前固化，出现分层或表层脱落现象，使稻壳板性能下降。

压机闭合后，在 1.8～2.5MPa 下保压，恒压时间按板厚计算一般为 30～50s/mm，时间到达后，卸压到保压前压力的 1/2，并保持此压力使板坯中水汽排出，避免板坯中的水分变成过热蒸汽导致放炮现象，此段压力的保压时间根据板坯含水率而定，一般为 1～2.5min。完成热压后，在 30～50s 卸压到零，即可卸板。

热压后的稻壳板一般含水率在 9±4%，板材出压机后通过翻板冷却机冷却到 60℃以下方可垛板，停放 24h 后再进行裁边。

国产 Y24 稻壳板热压机主要技术参数如下：

稻壳板幅面	1 220mm × 2 440mm
总压力	1 068t
板坯压强	3.0MPa
层数	6 层
压板间距	120mm
压板尺寸	2 600mm × 1 500mm × 90mm
蒸汽压力与温度	2.0MPa，180℃
闭合时间	< 20s
装机容量	30kW

国内已有使用导热油作热源的稻壳板压机，用国产 YD－131 或 YD－132 导热油，

最高温度可达270℃。用导热油作介质能耗小，生产同样数量的稻壳板，煤耗比蒸汽少1/2~1/3，并且热容量大，温度波动小，加热较均匀。稻壳板设备研制较早的加拿大哈斯奈特公司稻壳板压机加热系统就是导热油加热。

3.4.1.4 后处理

稻壳板后处理工段与木材刨花板差不多，但锯边时稻壳板硬度高，需用合金锯片，刀具磨损较大。

压机卸出的稻壳板，含水率不太均匀，一般表层含水率低于中层，边部含水率低于中部，各部分吸水后收缩与膨胀不一致，容易产生内应力，从而发生翘曲变形。因此，有条件可采用调湿处理，即加速板材达到平衡含水率。一般在室温60℃具有排湿调节的等湿处理室内处理12~24h，使稻壳板含水率达到8%~12%即可。

3.4.2 稻壳板的性能与应用

3.4.2.1 性能

稻壳板由于二氧化硅含量高，使板材具有防火、防蛀、防腐的特点。根据燃烧性能测定，稻壳板的氧指数值在36~41。氧指数的含义是在规定条件下，试件在氧、氮混合气体中维持平衡燃烧所需的最低氧气浓度，以氧所占的体积百分数的数值表示。对于空气中迅速燃烧的估计值为18%以下，对于空气中不着火的估计值为25%以上。因此，稻壳板具有优良的阻燃性能，这是它的特点之一。

稻壳板的另一特点是具有完全抗白蚁性，在白蚁蛀蚀的相同条件下，椴木块重量损失率达95.69%，木材纤维板为74.01%，木材刨花板为48.03%，而稻壳板仅为3.7%。

稻壳板的缺点表现在：板材质硬，性脆易折，机械加工比木材材料困难，工具磨损大，螺钉保持力比普通碎料板差，不能重复拧退螺钉。由于稻壳纤维短，要提高板材强度，往往需多加胶黏剂，这样将提高产品成本。

稻壳板主要性能目前制定的企业标准，外观尺寸允许偏差见表3-9，稻壳板试验与检定方法可参见有关标准。

表3-9 稻壳板外观尺寸允许偏差

项　　目		指　　标
分层		不许有
鼓泡		不许有
翘曲度（对角线1 000mm，mm）		<12
板厚允许偏差（mm）	6~10	±0.8
	10~16	±1.0
	16~20	±1.2

3.4.2.2 应用

稻壳板可作为木材刨花板的代用材料。由于它的隔音、吸热性能好，低密度的稻壳板可用做隔热、吸声材料，如墙板、天花板、设备吸声板等。密度较高的稻壳板可用做家具，如桌面、五斗柜面、教具桌椅面、床架、侧板等一般家具。建筑上应用于墙板或天花板时需经贴面装饰。此外，可用于船舶、车辆的装修、缝纫机台板等。

3.5 提高稻壳板质量的措施

稻壳板在我国的生产历史较短，工艺与设备还不是很成熟，存在着许多问题，因此造成板材质量不稳定。同时，由于质量问题，在应用方面也受到限制。本节从原料、工艺与设备 3 方面出发，讨论影响稻壳板质量的因素，探讨提高稻壳板质量的相应措施。

3.5.1 原材料的选择与配用

3.5.1.1 稻壳

稻壳的筛分是影响稻壳板性能的一大因素，已在本章第一、二节作过论述，稻壳的含水率是影响稻壳板性能的另一因素。

目前稻壳板生产中，将干燥工序省去，认为稻米加工后的稻壳含水率一般在 8% ~ 10%，对板材加工影响不大。实际上，由于稻米加工后的含水率并不是很稳定或一致，再加上施胶中的固体含量不同，稻壳成为板坯后的含水率往往有变化。此外，使用胶种不同，压制时的温度也不同，而温度对板材性能影响很大。这样，板材常常由于水分含量和压制温度的变化引起质量的起伏变化(表 3-10)。

表 3-10　稻壳板坯水分在不同热压条件下对成板影响

板坯水分 (%)	热压温度 (℃)	热压时间 (min)	成板情况
22 ~ 23	120	10	分层
		15	分层
	150	10	分层
		15	成板
	180	10	成板
		15	成板
15 ~ 18	120	10	分层
		15	成板
	150	10	成板
		15	成板
	180	10	成板
		15	成板

表 3-10 的试验证明，板坯含水率在 22% ~ 23%，热压温度 150℃，时间少于 15min 时，即造成板材分层，120℃ 则无法成板，情况与平压式刨花板类似，不同之处无卸压时放炮现象。

当板坯含水率降至 15% ~ 18% 时，情况显著好转，即使 120℃ 的温度下压制 15min 也可成板。这说明，含水率高，势必提高热压温度或延长热压时间，而生产中这两点往往是不能随时变化的，稻壳含水率的不稳定势必造成质量上的波动。

研究证明，板坯的水分在 12% ~ 18%，热压温度为 150℃ 以上时，可保证稻壳成板质量。因此，稻壳的干燥工序应当是不可少的，这样才能保证稻壳有相同的含水率，以保证在相同工艺条件下有稳定的板材质量。

3.5.1.2 植物纤维增强材料的加入

稻壳的纤维短、脆性大，如果加入其他植物纤维来改善其性能，制出的板材性能应当有所提高。表 3-11 是针对此概念进行试验得到的结果。

表 3-11 的试验条件是：热压温度 160℃，压力 1.67 ~ 1.7MPa，时间 15min，施脲醛树脂胶 13%。

表 3-11　植物纤维增强稻壳板的性能(1)

板材材料	密度(g/cm³)	静曲强度(MPa)
稻壳 + 10% 麻秆	0.91	14.22
稻壳 + 10% 苍耳籽	0.89	13.24
稻壳 + 10% 醋糟	0.9	13.44
稻壳 + 10% 可可壳	0.97	16.48
稻壳	0.83	12.46

蒋远舟、向仕龙等人对植物纤维增强稻壳板进行了更深入的研究。试验采用了3种植物增强材料。①蔗渣材料:不经除髓与筛分,只去掉粗大部分和结块部分,干燥至含水率4%左右;②剑麻头纤维:剑麻更新时挖出的麻头,经破碎解纤,除去粗大部分,干燥至含水率6%左右;③木纤维:材质为混合硬杂木和小灌木,制成木纤维。将3种材料按不同比例加入到稻壳板内,压制的板材性能见表3-12。

表3-12   植物纤维增强稻壳板的性能(2)

性能 试件种类		含水率(%)	密度(g/cm³)	厚度(mm)	静曲强度(MPa)	平面抗拉强度(MPa)	吸水厚度膨胀率(%)
纯稻壳板		2.8	0.77	8.0	11.4	0.22	4.6
板内含蔗渣(%)	10	3.5	0.75	8.0	13.4	0.29	4.2
	17	3.4	0.77	7.9	14.1	0.30	3.8
	25	3.9	0.77	7.9	15.7	0.31	3.7
板内含剑麻头(%)	10	3.1	0.75	7.9	12.6	0.24	4.4
	17	2.8	0.74	7.9	12.7	0.25	4.2
	25	4.7	0.71	7.9	16.2	0.28	4.1
板内含硬杂木(%)	10	2.5	0.73	7.9	14.3	0.30	4.5
	17	3.2	0.71	7.9	14.6	0.31	4.3
	25	2.6	0.72	8.0	17.6	0.34	3.9

从表3-12可以看出,植物纤维增强的效果比较显著,板材的强度与耐水性均有不同程度的提高。

从纤维种类来看,以硬杂木纤维的增强效果最好,静曲强度最少提高了25%,最高达54%;平面抗拉强度最少提高了36%,最高达55%。这与增强纤维的化学成分、纤维形态和细胞含量有关。硬杂木纤维较之非木材的蔗渣和剑麻头纤维,全纤维素含量高,纤维形态好,杂细胞含量较少,所以增强效果最好。蔗渣与剑麻头相比,前者在上述几方面优于后者,因此含蔗渣的板材大部分结果优于含剑麻头的板材。总的来说,无论木材或非木材纤维,加入植物纤维,都使板材的性能得到明显提高。

从纤维施加量的多少对增强效果的影响程度分析,强度与耐水性随纤维施加量的增加而提高,但由10%~17%时提高的幅度比由17%~25%时的幅度小。从综合成本及其他因素考虑,纤维施加量在20%左右即可。

纤维增强效果从影响耐水性方面分析,没有强度那么明显,吸水厚度膨胀率的降低在8%~14%,而且随纤维含量的增加,其吸水厚度膨胀率的降低比率越来越小。

植物纤维增强稻壳板是一种十分有效的手段,即使增加10%的植物纤维,板材的各项性能也有明显提高。此外,最有实用价值的是它可采用资源广泛的非木材纤维,如农作物下脚料、野生植物及工业植物纤维废渣等作为增强纤维材料,加工简便,既可以是经破碎的碎料,也可以是经降解的纤维,甚至直接利用废渣本身,如蔗渣等。

3.5.1.3   胶黏剂种类与施加量

胶黏剂的种类对稻壳板的影响前已叙述,以异氰酸酯效果最好,酚醛树脂胶次之,但异氰酸酯价格贵、成本高，脲醛树脂胶较差，但成本低。

异氰酸酯从各方面看，都是有前途的胶种，价格虽高，但用量少，污染也较轻，在应用方面还需要进一步开拓。

一般情况下，稻壳板的强度及耐水性都随胶的添加量增加而提高，虽然到一定程度时提高的幅度变小。从成本出发，增加施胶量不是一种提高质量的好方法，而寻求胶粘效果好、成本低的胶种才是方向。

3.5.1.4　贴面

稻壳板表面粗糙，其性能和使用受到影响。要提高它的质量和扩大用途，可进行表面贴面，一方面可提高板材物理力学性能，另一方面也起到外观装饰作用。

表3-13是浸渍纸贴面稻壳板物理力学性能，其中静曲强度提高幅度很大，而密度提高不大，厚度变化也很小。

表3-13　浸渍纸贴面稻壳板物理力学性能

板材名称	静曲强度(MPa)	密度(g/cm³)	含水率(%)	厚度(mm)
稻壳板	15.39~16.59	0.83~0.94	4.36	12.43
牛皮纸贴面稻壳板	23.00	0.93	2.18	12.93
装饰纸贴面稻壳板	23.29	0.86	2.26	12.85

贴面材料还可采用木材单板、竹单板、塑料薄膜、织物、金属板等。

3.5.2　最佳工艺条件的选择

在工艺方面，稻壳的预处理是重要的一道工序，已在本章第一、二节中介绍。此外，影响稻壳板质量的因素还有陈化、热压、二次加工等。

3.5.2.1　施胶后稻壳存放时间对板材性能的影响

稻壳施胶后，不可能立即进入压机加压，需经过输送、铺装、预压等，胶黏剂与稻壳接触后总有一定的陈化时间，据研究，这段时间的长短对板材的性能有一定影响。

表3-14的数据是有关陈化时间对板材性能影响的研究结果。试验条件为：稻壳含水率为10%~12%，酚醛树脂胶添加量为10%，施胶后稻壳分别陈化0、4、9、36、46h。

表3-14　稻壳施胶后不同陈化时间与板材性能变化

陈化时间(h) \ 板材性能	板材厚(mm)	板材水分(%)	板材密度(g/cm³)	静曲强度(MPa)	平面抗拉强度(MPa)
0	12.65	4.43	0.89	16.58	0.44
4	12.42	4.90	0.88	15.00	0.39
9	12.58	4.65	0.88	17.04	0.46
36	12.85	4.64	0.85	16.54	0.46
46	12.60	4.07	0.88	16.54	0.40

　　经试验压制的板材厚度、水分、密度均相差不大，其物理力学性能的影响不十分显著。从生产观点看，陈化时间对稻壳板的影响可以忽略不计。但是，了解这一点是必要的。当遇到原料性能变化、胶种不同或其他特殊情况时，陈化时间也许会产生意料不到的影响。

3.5.2.2　热压工艺

　　在人造板生产中，热压是其中最重要、最有影响的工序，即热压温度、压力、时间3个可变工艺条件是影响板材质量和产量的主要因素。稻壳板也不例外。

　　热压工艺的制定与所用胶黏剂有关，不同的胶料有不同的固化温度，而稻壳板的强度主要是依靠胶黏剂的黏结作用，因此，对热压来说，首先要使所用胶黏剂在板材内部充分固化，使稻壳间紧密地粘合，板坯内的温度变化因此而变得十分重要。

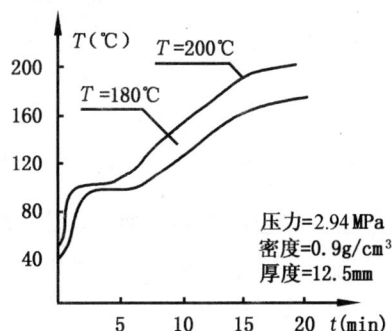

图 3-6　稻壳板在不同热压温度下的升温曲线

　　图3-6的升温曲线是采用酚醛树脂作稻壳胶黏剂，在200℃与180℃两种不同热压温度，压力为2.94MPa条件下制板，测得板材在热压过程中的中心温度变化曲线图。

　　根据升温曲线图，热压时在板材中心温度达到100℃后，它们二者升温速率差距逐渐拉大，到达中心温度180℃时，高温(200℃)要比低温加压(180℃)快5min。

　　从上述两种不同热压温度曲线中，分别取其不同热压时间，可以测定热压时不同板坯中心温度与板材性能的变化情况，见表3-15。

表 3-15　热压时不同板坯中心温度与板材性能变化

热压压力 与温度	加压时间 (min)	板坯中心温度 (℃)	厚度 (mm)	水分 (%)	密度 (g/cm³)	平面抗拉强度 (MPa)	静曲强度 (MPa)
$P = 2.94\text{MPa}$ $T = 200℃$	8	135	板 材 分 层				
	10	160	12.55	4.11	0.87	0.25	13.40
	12	180	12.47	4.80	0.83	0.32	15.31
	14	195	12.50	4.60	0.89	0.37	15.40
	16	205	12.45	4.80	0.91	0.43	16.72
$P = 2.94\text{MPa}$ $T = 180℃$	8	115	板 材 分 层				
	9	125	12.65	5.97	0.88	0.16	13.54
	15	165	12.53	5.80	0.89	0.25	14.33
	17	180	12.41	5.37	0.88	0.37	15.33
	20	188	12.47	5.76	0.86	0.42	17.13

　　从测得的对比结果，看出热压时间越短，板材性能越差。只有当板坯中心温度达到180℃以上时，才能得到较好的材性。

　　在同样200℃热压温度下，改变热压压力，由2.94MPa降至1.96MPa，测定热压过

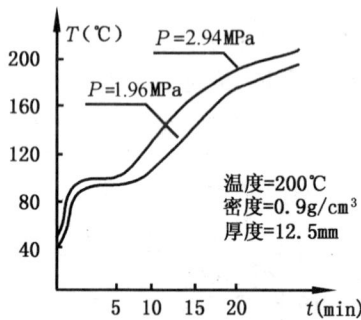

图 3-7　稻壳板在不同热压压力下的升温曲线

表 3-16　不同热压压力对稻壳板静曲强度的影响

板材性能\n压力（MPa）	厚度（mm）	密度（g/cm³）	静曲强度（MPa）
1.96	12.97	0.86	12.62
2.94	12.37	0.85	13.94

程中板坯中心温度递增速率（图 3-7），可以得知，在 1.96MPa 压力下，稻壳板坯中心温度到达 180℃ 的时间，比用 2.94MPa 的压力要长 3min 左右。在相同的时间内（20min），高压下的板材静曲强度也较高（表 3-16）。

　　根据上述讨论，证明稻壳板在高温、高压下制得的板材性能较高。温度愈高，压力越大，板坯内部达到胶黏剂固化温度的时间也越短。当然，温度不能过高，否则引起稻壳或胶黏剂的热分解。压力也不能过高，否则增加板材的密度，增加了原料用量，提高了成本。

　　试验与生产实践证明，稻壳在含水率 15% 以下时酚醛树脂胶温度采用 180～210℃，脲醛树脂胶温度采用 135～160℃，异氰酸酯温度采用 150～180℃，在 2～3MPa 的压力下热压比较适宜，热压时间则可根据板材厚度、胶种、热压温度及压力、密度要求等因素综合考虑。一般来说，热压时间比计算时间长一点，板材质量高一些。

3.5.3　设备的改革

3.5.3.1　干燥机

　　稻壳的含水率随贮藏条件、天气等影响而变化，从而对铺装、热压均带来影响，造成板材分层、变形和尺寸的不稳定。目前大多数稻壳板厂没有干燥设备，是影响稻壳板质量问题的一大因素。

　　目前虽然没有专用干燥设备，但稻壳形态特殊，不易结团，颗粒之间结构松散，比木材刨花或碎料易干燥，采用刨花板干燥机是可行的，也可自行制造干燥设备。

　　干燥机可采用蒸汽加热圆筒干燥机或转子式干燥机，也可用炉气或烟气圆筒干燥机，均可将稻壳干燥到含水率 8% 以下。稻壳水分保证在此水平时，施胶后的稻壳含水率可保持在 15% 以下，对产品的质量稳定才有保证。

3.5.3.2　铺装机

　　铺装机是稻壳板生产的重要设备，铺装质量的高低影响到产品的强度、变形、厚度公差、密度等重要物理力学性能。目前稻壳板铺装设备，如 QP 型气流式铺装机，铺装的板坯在平面上和断面上常常不匀，密度差别大，使稻壳板各部分膨胀和收缩不一致，易发生翘曲变形。

稻壳的粒度小，而且颗粒之间的差别较小，集中于 10～30 目/in，比一般木材刨花的尺寸小，而比木材刨花板表层的细屑粗。这样，在铺装中利用气流或机械作用进行选择性抛洒时，作用到稻壳表面的力就没有木材刨花或碎料那样有明显的差别。因此，在板坯的断面上要铺装成渐变式两面对称结构，以及在板坯平面上要铺装成各点密度一致的结构就相对困难。因此，应当研制新的适合于稻壳铺装的专用铺装机，目前借用的刨花板铺装机或经改装的铺装设备，铺装的稻壳板坯在厚度、密度、结构等各方面还达不到理想水平。

3.5.3.3　压机

在人造板生产中，压机的闭合速度是影响板材质量的因素。闭合速度慢，板材表面接触热板部分较芯部提前固化，结果引起表层脱落、分层等现象，这一点在稻壳板生产中尤其明显，因为稻壳在高温高压下的自身结合性比木材材料差，完全靠胶黏剂的粘合作用。板材越厚，闭合速度的影响越显著。

国产稻壳板压机在压制 12mm 以下较薄板材时，闭合速度还不至引起问题，但当压制 12mm 以上较厚板材时，就常常引起上述问题。因此，闭合速度是稻壳板压机今后需要解决的问题。最好采用有同时闭合装置的多层压机。

此外，厚稻壳板热压时的热源可采用高频加热，使板坯内外加热一致，对闭合速度要求也就低一些。我国 20 世纪 90 年代后期引进多台连续式压机，这种压机比较适合稻壳板的生产，只是价格昂贵，单机产量很高。如能研制出较小型的稻壳板连续压机，将对稻壳板的生产与质量起到很大的作用。

思考题

1. 稻壳板为什么要用酸性酚醛树脂胶？
2. 稻壳为什么要经碾磨才能用于生产？
3. 根据稻壳的化学成分中二氧化硅含量高的特点，其产品会有什么特点？
4. 稻壳的形态与质地有什么特点？对生产和产品质量有什么影响？应当采取什么工艺措施？
5. 稻壳的碾磨设备有哪两种？各有什么优缺点？
6. 筛分的目的何在？
7. 稻壳板一般用哪几种胶？各有什么特点？
8. 稻壳板一般采用连续式预压还是间歇式预压？为什么？
9. 稻壳板的热压曲线形状怎样？
10. 稻壳板有什么优缺点？
11. 从用材方面看，有哪些提高稻壳板质量的措施？

第4章

棉秆人造板

我国是世界产棉大国，黄河流域、长江中下游流域各省及新疆自治区均盛产棉花，有着极其丰富的棉秆资源。棉秆过去大多数用做燃料或任其腐烂，近些年已开发用做人造板原料。

我国是较早利用棉秆生产纤维板的国家，在棉秆人造板的研究与生产方面也处于世界前列。1977年，河南安阳化学纤维厂参照木材纤维板生产工艺，采用66型湿法硬质纤维板设备，建成我国第一条机械化程度较高的棉秆硬质纤维板生产线。随后的几年间，全国各地也陆续兴建了一批棉秆纤维板厂，成为我国人造板工业的一个组成部分。20世纪80年代初期，鉴于当时棉秆纤维板生产中存在的一些问题，国内外有关人造板生产、设备制造及研究单位联合对棉秆纤维板生产工艺、设备等进行合作研讨和攻关，解决了棉秆纤维板生产中的一些问题，使我国的棉秆纤维板生产渐趋成熟。到目前为止，我国已能够利用棉秆生产软质纤维板、硬质纤维板和干法或湿法棉秆中密度纤维板。

伊朗是世界上最早工业化生产棉秆碎料板的国家，1968年即已建成规模化生产线。我国于20世纪80年代初期开始棉秆碎料板的研究，先后在山东、安徽、河北、河南、内蒙古等省、自治区建成10多条5 000～10 000m³棉秆碎料板生产线。进入90年代以后，又先后从国外引进多条年产3万～5万m³棉秆碎料板生产线，使我国的棉秆碎料板设计生产能力达到20余万m³。

到目前为止，棉秆人造板生产中仍然存在着一些问题。特别是在原料供应、收集贮存以及备料工艺设备方面。随着研究的不断深入和生产技术的提高，这些问题将逐步被克服，使棉秆这一丰富的可持续利用资源，在人造板工业中得到更广泛和更高效的利用。

4.1 棉秆的特性及其对板材加工的影响

棉秆在分类学上隶属锦葵科棉属，全世界约有35个品种，原产热带、亚热带，为多年生的灌木或乔木，由于向温带移栽，经长期培育，目前世界上普遍栽培的棉花大部分是1年生，半木本化的草棉，生长期已由多年生，缩短到一百几十天。

4.1.1 棉秆的构造与纤维形态

4.1.1.1 棉秆的构造

棉秆高度多在2m以下，主茎直径也多在20mm以下；茎上生有很多枝杈，掘出的根部长约20~30cm；皮部厚约2mm左右，占棉秆总体积的25%~35%，最外是一层蜡质似的褐色层。

棉秆的横截面，由内向外分别为：髓心即棉秆芯、半木材化部分和皮部。髓心呈不规则的卵圆形，占棉秆总体积8%，系由薄壁细胞组成，强度低而易碎，在人造板生产中是不利的成分之一。

半木材化部分，主要由导管、木纤维、髓射线和轴向薄壁组织等组成，其中木纤维在棉秆内起骨架作用，含量愈高强度愈大，故在板材生产中是最有用的组织部分。各类组织百分比见表4-1。

表4-1 棉秆横截面各类组织百分比

棉秆产地及品系	切取横截面部位	横截面各类组织(%)			半木材化部分各类细胞(%)		
		髓心	皮部	半木材化部分	导管	髓射线	木纤维
河北	上	7.4	27.6	64.9	25.5	9.7	64.2
束鹿(现辛集市)	中	7.9	24.1	68.4	17.6	12.1	70.2
联1号	下	8.9	25.7	65.4	17.6	11.4	71.1
平 均		8.0	25.8	66.2	20.3	11.1	68.7

棉皮属韧皮纤维，韧性很强，它含有大量适合制造人造板的好纤维，但生产中不易切断，造成输送、产品质量上的一系列问题。有研究认为，棉皮在生产中应尽量除去为佳。

4.1.1.2 棉秆的纤维形态

棉秆纤维，主要指木纤维和韧皮纤维，也包括起纤维作用的细胞。棉秆的纤维形态有如下特点：

①不同产区、不同品系及不同部位的棉秆纤维，其长度、中央直径和壁厚区别不大，变异在4%~10%，尤以长度变异最小，长度平均在800~1 050μm，长度分布较平均；

②从纤维的长度与宽度之比等参数来看，与速生杨很相近，且优于新疆产的胡杨（表4-2）。此外，棉秆纤维的壁厚腔径比较接近或优于速生杨，这种纤维特性，有利于纤维板生产。

表4-2 棉秆与速生杨纤维形态比较

种 名	纤维平均长度(μm)	中央平均直径(μm)	长径比	胸腔平均直径(μm)	单壁平均厚度(μm)	壁腔比
棉秆	1 012	22.2	46.4	15.96	3.12	0.39
胡杨	941	22.8	41.2	12.2	5.13	0.86
I-69杨	1 130	22.9	49.3	12.2	2.78	0.46
I-72杨	948	24.1	47.8	13.9	5.0	0.37

总的来看，棉秆构造的有关主要特征与同科木材大同小异，其纤维形态特征可与速生杨媲美。

4.1.2 棉秆的吸水、吸湿及干缩性

4.1.2.1 棉秆的吸水、吸湿性

棉秆的吸湿、吸水过程曲线与木材相似，由绝干至达到最大吸湿率在第 20 天左右，最大吸水率在第 50 天左右（图 4-1、图 4-2）。

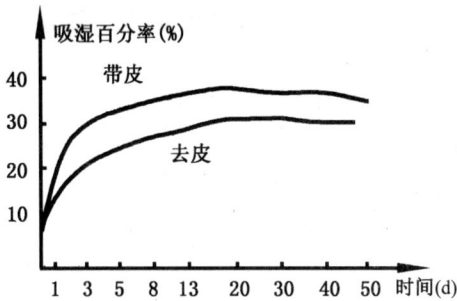

图 4-1 棉秆吸湿过程曲线　　　　　图 4-2 棉秆吸水过程曲线

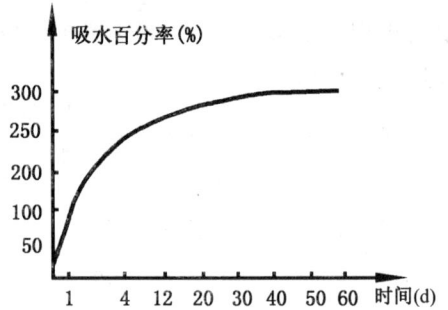

在此前后，由迅速增加逐渐下降或趋于稳定，其中带皮的吸湿率（平均 32.5%），比去皮的（平均 25.3%）约大 7.2%，这与皮部抽出成分（64.4%）比木质部分高有关，因皮部所含的果胶质、糖类等物质增加吸湿性。一般认为果胶质的吸湿性大于多缩戊糖和己糖，在纤维板生产中，虽然棉秆中的韧皮纤维细而长且所占比例又多，是较好的纤维原料，但棉皮色深，吸湿率高，不但加深纤维板颜色，还影响板材的耐水性，输送中棉皮又常缠绕和堵塞设备，故还是除去为好。

表 4-3、表 4-4、表 4-5 是对棉秆和木材吸水性能及吸水后膨胀率所作的对比实验。通过比较发现：棉秆与木材热压后的饱和吸水膨胀率差别不大，但碎料烘干后的吸水率和吸水膨胀率，棉秆碎料普遍高于木材碎料，热压后 8h 的自然吸湿膨胀，棉秆高于木材 7~8 倍。经过对棉秆与木材的细胞结构进行显微观察，发现棉秆中细胞的水胞大，毛细纹孔多，特别是占棉秆高度 10% 以上的土层下根部组织的水胞更大更多，造成自由水移动加快。因此，棉秆人造板的生产中，其防水处理比木材原料要求更高。

表 4-3 热压后棉秆与木材自然吸湿吸水性能比较

吸湿吸水 材　料	自　然 含水率 （%）	原高度 （mm）	热压后 含水率 （%）	热压后 高　度 （mm）	自然吸湿 8h 后高度 （mm）	吸湿 膨胀率 （%）	吸水 4h 后 膨胀高度 （mm）	吸　水 膨胀率 （%）
棉秆Ⅰ	19.7	12	0.5	3	4	11.1	8	59
棉秆Ⅱ	19.7	14	0.5	4.5	5.5	10	12	79
水曲柳	19	39	0.8	20.7	21	1.6	35	78.1
蒙古栎	19	39	0.8	20.5	20.6	0.54	32	62.2
榆　木	19	39	0.8	20	20.1	0.54	37.5	92
落叶松	21	39	0.8	21	21	—	23	16.7

表4-4 棉秆与木材碎料的自然吸湿性能

材 料	自然含水率(%)	烘干后	自然吸湿4h后含水率(%)
棉秆碎料 I	17.6	绝干	12.1
棉秆碎料 II	17.6	绝干	12.9
木材碎料 I	17	绝干	11.1
木材碎料 II	17	绝干	10.1

表4-5 棉秆与木材横截面吸湿膨胀比较

材 料	绝干时截面积 (mm²)	含水20%时的截面积 (mm²)	膨胀率 (%)	水饱和时的截面积 (mm²)	膨胀率 (%)
棉秆碎料 I	286.7	293.4	1.055	314	1.168 6
棉秆碎料 II	158.3	165	1.042	176.6	1.115 6
木材碎料 I	400	424.36	1.06	432.64	1.082
木材碎料 II	400	410	1.025	420	1.05

4.1.2.2 棉秆的干缩性

棉秆的绝干密度、气干密度与基本密度分别为 $0.34g/cm^3$、$0.318g/cm^3$ 和 $0.200g/cm^3$，按木材密度分级，属最小级别范围，故体积比较膨松，但其实质相对密度(细胞壁物质重量)为 $1.498\ 9g/cm^3$，木材实质相对密度为 $1.46\sim1.56g/cm^3$。由此可间接得知棉秆各类细胞壁物质组成与木材细胞壁的物质组成是相同的，因此其干缩性质与木材相似，棉秆干缩率的大小顺序也是体积干缩率 > 弦向干缩率 > 径向干缩率 > 纵向干缩率，具各向异性(表4-6)。

表4-6 棉秆干缩与木材干缩比较

材 料	体积干缩率(%)	弦向干缩率(%)	径向干缩率(%)	纵向干缩率(%)
正常材	9~26.6	3.5~15.0	2.4~11.0	0.1~0.9
棉 秆	8.00	4.05	3.37	0.67

4.1.3 棉秆的力学性质

棉秆的密度小，强度比木材低，棉皮的轴向抗拉强度大于其他部位(表4-7)，它的纤维长、韧性强、重量轻，加工后成麻状纤维相互间附着力强，易缠绕成团，造成切料、输送、干燥、贮存、进料、施胶、铺装等工序的困难。

表4-7 棉秆的力学性质

材料及部位		轴向抗拉强度 (MPa)	垂直抗拉强度 (MPa)	含水率 (%)	静曲强度 (MPa)	杨氏模量 (MPa)	密 度 (g/cm³)	pH值
棉秆	根部	12.75	0.54	15	<44	26.49	0.3	7.2
	秆部	17.66						
	梢部	10.79						
	皮部	19.62						
水曲柳		32.37	11.28	15~20	49~117	29~69	0.5~0.8	5~6

由表 4-7 可知，棉秆的自身强度低，特别是经长期存放后，过分干燥或腐朽变质，强度进一步下降。因此，棉秆人造板的强度一般低于木材板材。如要生产高等级率的板材，需在工艺上采取措施，如施加树脂等。

4.1.4　棉秆的化学成分与 pH 值

棉秆属双子叶植物，按同科木材的主要化学成分百分比（半纤维素% ＞木质素%）而言，棉秆的木质素含量＞半纤维素（如多戊糖），这由表 4-8 可以看出。木质素含量较高对纤维板的生产是有利的。

表 4-8　棉秆的化学成分与 pH 值

成　　分 ＼ 部位与产地	棉秆芯	棉秆皮	棉秆木质部分	
	四川	四川	四川	湖北
灰分(%)	1.68	6.95	3.20	1.58
苯醇抽提物(%)	0.98	2.01	1.43	1.61
1% NaOH 抽提物(%)	20.68	46.40	28.53	—
多戊糖(%)	21.19	17.51	16.21	16.44
木质素(%)	23.07	19.18	22.00	19.55
克贝纤维素(%)	54.47	44.69	50.23	45.63
pH 值　产　地	山东	河北	河北	
数　值	6.05	6.36	6.2	

棉秆的全纤维素含量低，水抽提物含量高，这不但影响板材的力学性能，也降低板材耐水性，并使板面颜色加深，压制时粘板粘网，废水的污染加重。

从表 4-8 还可以看出，棉皮的纤维素含量低且抽提物及灰分含量高，在棉秆纤维板的生产中均是不利因素，从这方面考虑，棉秆皮也是去掉的为好。

综合以上对原料的分析，棉秆作为人造板原料有如下特点及其影响：

①棉秆径级小，形体蓬松，可压缩性大，密度小，容积相对密度为 0.2～0.38g/cm³。经切断的风干棉秆段（长度 20～50mm）的绝干重为 110kg/m³，比木片密度小。因此，选用各种设备时，生产能力应相应增大，结构上也需适应上述特点。

②棉秆皮占棉秆的 25%～30%，含量较高，其外皮具有细薄的表皮层，且通常因含有多量有机色素及果胶素物质而呈暗褐色。内皮中韧皮纤维以纤维束形式存在，纤维细长，长宽比为 109.7，性质强韧。在切料过程中，棉秆皮极易剥落，混杂在棉秆段中，增加了筛选、输送、施胶、干燥、进料、铺装、成型等工序的困难。因此，在没有好的处理办法前，棉皮还不能加以利用，在生产中最好除去。

③棉秆原料的有机杂质较多，热水抽提物高，棉秆皮的热水抽提物高达 16% 以上。热水抽提物主要成分为多糖类物质，如胶、淀粉、多乳糖、果胶质及无机盐、糖等。棉秆皮中的果胶质含量达 6.03%，果胶质具酸性，是不溶于冷水而溶于热水的高分子化合物，它的存在及其他有机杂质的存在，将增大成品的吸水率，并使废水的水质更为恶化。

④棉秆纤维板生产中棉秆浆和其他草类浆相比，纤维润胀性良好、吸水性强。在和

木材浆料浓度相同的情况下,显得黏稠、流动性差。同时,由于棉秆浆中含有较大量的果胶和其他有机杂质,在成型过程中,网部及压榨部脱水较困难,在热压中较易造成黏板黏网现象。

⑤棉秆作为农作物的副产品,其表皮和根部附着的泥沙较多,如不清洗除去,将影响板材的结合和质量,并在工艺上造成不良影响。

4.2　棉秆人造板的备料

由于棉秆原料的特殊性,无论生产棉秆纤维板或者碎料板,备料都是极其重要的一环。我国棉秆人造板生产的实践告诉我们,由于备料工段中的收购、运输、贮存、切断和输送中某个环节引起问题,往往使整个生产线停产甚至工厂关闭,或者被迫改用木材原料。因此,设计棉秆人造板厂时必须高度重视备料工段,从原料的用量、贮存的空间大小直至切断的工艺选择等等,均要作认真的计算和筹划。

4.2.1　棉秆原料的收购

4.2.1.1　棉秆用量的计算

棉秆为季节性收购,其用量可以用下式计算:

$$G = \frac{\rho - \rho_1 \cdot A}{1\,000(1 - K_S)} \cdot Q$$

式中:G——年用棉秆贮备量(t);

$\quad$ Q——设备生产能力(m³);

$\quad$ ρ——纤维板或碎料板密度(kg/m³);

$\quad$ ρ_1——每1m³板材绝干棉秆重;

$\quad$ A——每1m³板材绝干棉秆施胶量(%);

$\quad$ K_S——原料综合损耗系数。

$$K_S = K_1 + K_2 + K_3 + K_4 + K_5 + K_6$$

式中:K_1——切断损耗系数,一般取1%;

$\quad$ K_2——分选损耗系数,一般取5%~6%;

$\quad$ K_3——磨浆时损耗系数,一般取12%~13%;

$\quad$ K_4——干燥与输送损耗系数,一般取2%~3%;

$\quad$ K_5——裁边损耗系数,一般取4%~5%;

$\quad$ K_6——砂光损耗系数,一般取12%~13%。

K_S在生产碎料板时,可取0.3,生产纤维板时,可取0.4。

按3万m³的棉秆中密度纤维板或碎料板计算,年耗棉秆为3.3万~3.8万t。棉秆的堆积密度为15m³/t,切断后的堆积密度也达7.7m³/t,贮存场地约15万m²。这样大的场地与空间,必须采取设点收购贮存、集中利用的方法。

4.2.1.2 棉秆收购的质量要求

收购可采用整株收购和秆段收购两种方式，其质量对整株收购的要求是：

①棉秆含水率小于 15%；

②去掉泥沙和干叶、桃壳、小枝等；

③不得有霉烂变质现象；

④打成直径为 40cm 的小捆。

收购棉秆段的质量要求是：

①切断长度为 15~20mm，切断率大于 90%；

②不得有沙土、金属、长韧皮、桃叶等杂物；

③含水率小于 15%；

④用 50kg 左右的塑料袋或其他包装袋包装。

4.2.2 棉秆的贮存

4.2.2.1 棉秆的贮存对板材性能的影响

棉花的收获季节一般为 9~12 月份，在此期间需收购和贮存全年需要的棉秆原料，贮存是生产中重要的工序之一。

实践证明，棉秆随贮存时间的延长，其化学成分、纤维质量及压制的产品静曲强度、吸湿性等均有一定变化。表 4-9 指出，新棉秆的水抽提物含量很高，经过存放后的旧棉秆，水抽提物明显下降，故一定时间的存放对板材的生产及质量有利。但是，新鲜棉秆的纤维细长，强度较高，而长期贮存的棉秆，制成的板材强度往往较低，因此，存放的时间应比较适当。

李华等对棉秆的贮存方式对板材性能的影响作过详细研究。结果见表 4-10 及表 4-11。

表 4-9　棉秆存放后的化学成分变化

成 分 棉秆 类型	冷 水 抽提物 （%）	热 水 抽提物 （%）	1% NaOH 抽提物 （%）	苯 醇 抽提物 （%）	戊糖 （%）	单宁 （%）	果胶 （%）	全纤维素 （%）	灰分 （%）
新棉秆	10.21	13.6	34.4	4.89	16.4	0.64	3.95	35.8	3.51
旧棉秆（1 年）	4.4	7.1	15.1	1.6	18.0	0.27	3.8	39.2	3.39

表 4-10　不同存放条件棉秆的热水抽提物、缓冲容量和 pH 值

棉秆存放条件		热水抽提物 （%）	碱缓冲容量 （mgN）	酸缓冲容量 （mgN）	总缓冲容量 （mgN）	pH 值	
						100mL 水	200mL 水
室外 存放	1982 年临清棉秆	4.89	0.098 9	0.163 3	0.262 2	6.31	5.96
	1983 年临清棉秆	7.01	0.068 3	0.123 9	0.192 2	6.29	6.06
	1984 年临清棉秆	8.27	0.098 2	0.125 1	0.223 3	6.55	5.70
室内 存放	1983 年新疆棉秆	14.33	0.141 7	0.158 6	0.300 3	5.76	5.36
	1984 年新疆棉秆	8.3	0.098 7	0.145 9	0.244 6	6.71	5.86

表 4-11 棉秆贮存方式对棉秆碎料板性能的影响(平均值)

板材性能 存放方式	静曲强度 (MPa)	弹性模量 (10³MPa)	平面抗拉 强度 (MPa)	吸水厚度 膨胀率 (%)	板面 握钉力 (N)	板边 握钉力 (N)
室内存放	18.1	2.551	0.55	4.6	1 246	785
室外存放	17.9	2.407	0.81	2.5	1 334	912

研究表明,随存放时间的加长,水抽提物含量下降。同时,室外存放的棉秆比室内存放的棉秆水抽提物明显偏低。一般认为,高含量的水抽提物增大了板的吸水率和吸水厚度膨胀率。此外,水抽提物会阻碍纤维间的胶结,室内存放的棉秆虽然其自身强度可能比室外存放的棉秆较高,其板材的强度也不明显高出室外存放的棉秆制成的板材。因此,棉秆在室外经适当时间存放,有利于板材的生产。

pH 值和缓冲容量是影响胶合的重要因素,纤维原料自身的 pH 值可以改变胶结界面胶黏剂的 pH 值和固化过程。棉秆的 pH 值在不同存放条件时均在 7 以下,因此在使用脲醛胶作胶黏剂时,也不会影响胶的固化。对于纤维板生产中的浆料处理,也不会产生不良影响。

4.2.2.2 棉秆的贮存

贮存前的棉秆原料有如下要求:含水率均匀,无腐烂,去掉泥沙、金属物,打掉枝叶,捆扎成捆,不得散乱。每捆直径 30~40cm 为宜。

为了减少占地面积,棉秆应堆垛存放。堆垛一般采用大垛,垛长 250m,垛宽 50m,垛高 15m。每垛之间应保持一定的防火距离,并利于通风、排水、搬运。

棉秆一旦被雨淋过变质很快,会严重影响产品质量,因此如果室外贮存,垛顶面应当用塑料大棚或塑料布、棚布、苇席等防雨设施覆盖。

料场的选择和堆垛的布置,应考虑防止对厂区空气的污染,应设置用于棉秆称量的地磅和用于消防的瞭望楼在内的一些设施。

4.2.3 棉秆的切断与筛选

4.2.3.1 棉秆的切断

不论用棉秆生产任何品种的人造板,都必须将棉秆切成一定长度的棉秆段。棉秆径级小,平均直径仅 20mm,强度低,静曲强度小于 45MPa。棉秆的纤维结构复杂,除了 65% 的木质部分外,还有 30% 左右的皮部韧皮纤维和 5% 的髓芯部分的薄壁组织,尤其是韧皮纤维组织主要由细长纤维、果胶、单宁组成,外层还有很薄的一层角质层。这部分组织几乎没有什么刚度,韧性极强,抗拉强度高达 20MPa 以上,剪切强度 15MPa。这给切断带来一定难度。棉秆的切断一般与以下因素有关:①棉秆的含水率;②切断设备;③刀片的锋利程度。

棉秆的含水率对棉秆的切断在一定范围内呈直线影响,如图 4-3 所示。

棉秆含水率较高时,纤维发生润胀,细胞腔内和细胞间隙中的毛细孔大量吸收水分,借助水桥的作用韧性加大,同时其结壳物质随之软化,当受到剪力作用时,结壳物

质与纤维之间发生相对滑脱，改变了剪切角度，缓
冲了剪切力，降低了对纤维的切断。随含水率降
低，纤维发生收缩，结壳物质也变硬，应力增强而
韧性降低，纤维切断率提高。当然，含水率过低，
会使棉秆变脆，切断时碎屑增加。一般棉秆切断前
含水率在 8% ~15% 为好。

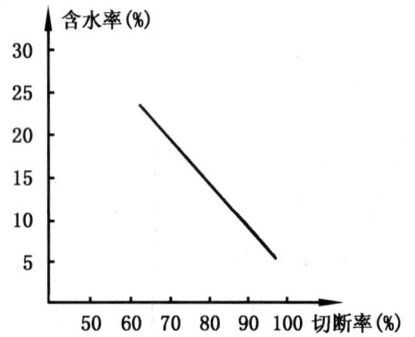

图4-3 棉秆切断率与含水率关系

棉秆的切断设备曾先后采用了木材刀辊式削片
机和刀辊式切草机，结果都不十分理想。用于木材
的刀辊式削片机是针对密度高于棉秆数倍的木材所
设计的，它进口小，刀切面窄，切断棉秆段时效率
很低。它的切削线低于刀辊半径，最后一对进料辊
离切刀太远，当棉秆被切至长度不足 30cm 时，在没有支持力的情况下，会被飞刀嘴带
入削片机内部，降低了棉秆的切断率，造成大量长纤维的形成。

用于造纸行业的刀辊式切草机即俗称三刀切草机，与木材削片机相比，较适合棉秆
的切断。但由于它是针对稻草、麦秸等草类植物设计的，其切削角度较大且向心分力
大，削弱了正切削力，在切削棉秆时常发生闷车现象。同时，它也存在喂料辊离切线距
离太远的问题。此外，还存在进料口两边堵料的问题，即棉秆进入第一对喂料辊时，受
到上下压辊挤压向两边散开，涌向进料器两边挡板，愈塞愈多，使进料顺序打乱，行进
中的棉秆改变进料方面，甚至平行于切刀，造成棉秆段中长秆段增加，切断率减小。

图4-4 是经研究与改造后适合于棉秆的切断机示意图，它实际上是由四刀式切苇机
改造而成。

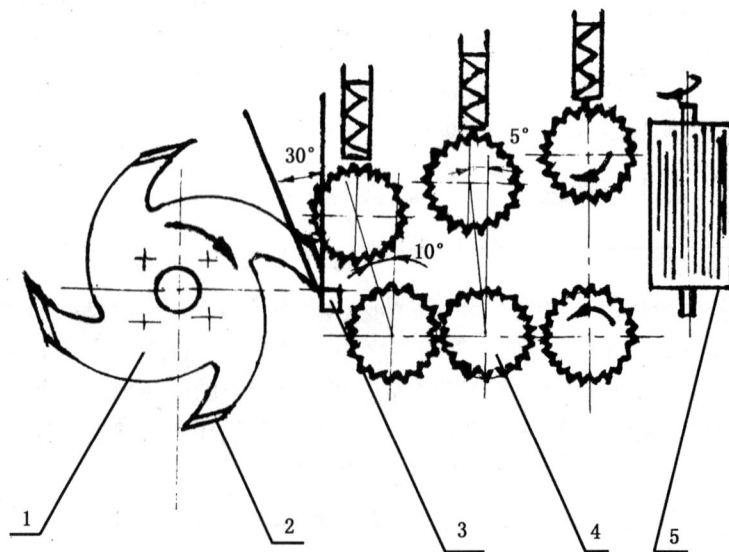

图4-4 棉秆切断机

1. 刀辊 2. 飞刀 3. 底刀 4. 进料辊 5. 导向辊

棉秆切断机的进料辊两边有一对与上下进料压辊相垂直的导向辊。由上下两面进料改为四面进料，使送到进料口的棉秆被强制按一定方向进给。采用该机时，上料应首尾相接，即头压尾或尾压头。在设计或调节飞刀切削角时，应尽量减小切削角，这样可减少能源消耗，提高切断率。

棉秆切断机的技术参数为：

生产能力	11.5t/h
刀辊直径	800mm
飞刀数	4 把
切断长度	15~20mm
切断率	>90%
装机容量	170kW/台

4.2.3.2 棉秆的筛选

为了提高棉秆段合格率，必须加强原料的筛选。对于纤维板生产来说，加强切料后棉秆段的筛选，从而提高热磨棉秆段原料的合格率，是保证热磨机正常连续生产、提高浆料质量的关键。对于棉秆碎料板来说，因棉秆切断后还需进行削片，没有特殊情况，可不进行筛选。

目前棉秆段筛选常采用木片筛选用的高频震框式平筛，但筛选效果不理想，筛网经常堵塞，并有蓬料现象，分选效果不好，劳动强度大，工作时粉尘大卫生条件差。

林产工业设计院对高频震框式木片平筛进行了改进，见表4-12。棉秆筛选机和筛板筛孔，以及振幅、振次、筛网倾料度都比木片筛相应增大，筛选效果得到改善。

表4-12 棉秆震框式筛选机技术参数

名　称		高频震框式木片平筛	棉秆筛选机
公称产量		10~20 层积 m³/h	30 层积 m³/h
筛板规格（长×宽）		990mm×2 500mm	1 200mm×3 000mm
筛板层数		2 层	2 层
筛孔规格	上层	方 20mm×20mm	方 50mm×60mm
	下层	φ6mm	φ6mm
振幅		2.5~3mm	5~6mm
振次		1 130 次/min	1 420 次/min
筛网倾斜度		7°39′	15°
筛选规格		长 20~30mm, 宽 15~20mm	长 20~50mm

据生产实践，苏州林机厂设计制造的 BE1626 圆形摆动筛，对于棉秆的筛选效果好，该机生产效率高、分选效果好、用电省、噪声低、体积小、维护操作方便。结构如图4-5所示。

BE1626 圆形摆动筛的筛选动作是一种水平摆动和垂直跳动相结合的复合运动，它由支架、传动装置、偏心装置、二层筛网和上筒、中筒、下筒等部件组成。工作时，电

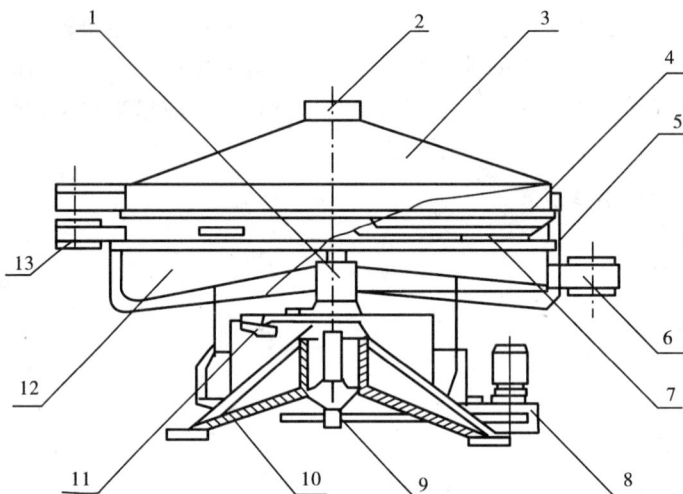

图 4-5 BE1626 圆形摆动筛

1. 偏心装置 2. 进料器 3. 上筒 4. 上网 5. 下网 6. 细料出口 7. 中筒

8. 电机 9. 传动轮 10. 缓冲器 11. 平衡锤 12. 下筒 13. 粗料出口

动机通过三角传送带，带动传动主轴旋转，再通过偏心板，将驱动力传给偏心轴，由于 11 根缓冲器以及偏心装置存在的偏移量和倾斜度的共同作用，迫使筛选总成不能转动，而形成一个既有水平摆动，又有垂直跳动的复合运动，从而实现筛网总成朝空间三坐标方向摆动的筛选。筛选后棉秆段分成 3 部分，上层筛网将大于 50mm 以上的过长棉秆和棉皮去掉，由上筒出料口排出，下层筛网将短于 5mm 的碎屑与泥沙除去，从下筒出料口排出，合格的棉秆段从中筒出料口排出。

本机对棉秆的筛选效果如下：上筒出料口排出物料占总量 11.3%，其中长料和棉秆皮占其中的 88.8%，合格棉秆段占其中的 11.2%。

中筒出料口排出物料占总量 83.9%，合格棉秆段占其中的 96.7%，不合格棉秆段占其中的 3.3%。

下筒出料口排出物料占总量 4.8%，碎屑和尘砂占其中的 54.9%，合格棉秆段占其中的 45.1%。

可见仍有部分合格棉秆段被筛筛选掉，为减少原料损耗，可调整筛网规格和其他部位，以适应工艺、成本和质量 3 方面的要求。

近年来，根据棉秆原料的特征设计

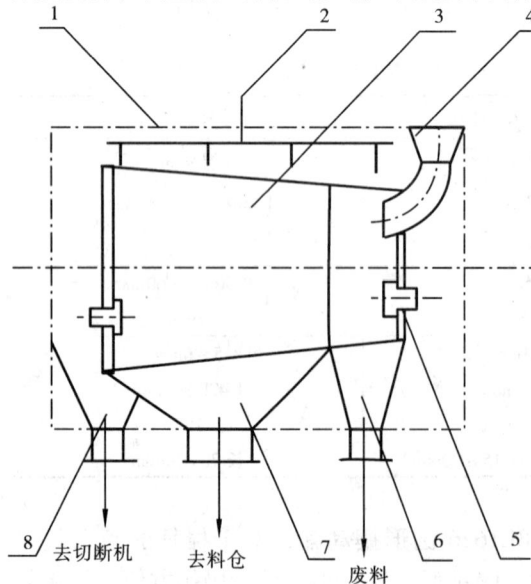

图 4-6 棉秆筛选机

1. 外壳 2. 风洗装置 3. 转筛 4. 进料口 5. 托轮

6. 废料出口 7. 原料出口 8. 粗料出口

了一种新的滚筒式圆筛,见图 4-6。这种圆筛分 3 个选区,a 段为废料选区,在这段选区内筛去原料中的粉尘、泥沙和不能利用的细废料;b 段为用料区,在这个区域内,可利用的原料从这里选出;c 段为超长不合格原料,从最后端的接料口排出重新返回到切断机的上料输送带上,再次切断后送入筛选,5% 的筛分值小于 3mm 的细料除去,90% 以上的 3～30mm 的可利用原料经裙角传送带运输机送到立式料仓。

滚筒的技术参数为:

a 段选区筛孔尺寸	3mm×5mm
b 段选区筛孔尺寸	30mm×50mm
生产能力	15t/h
装机容量	20kW
转速	10～80r/min(可调)

外壳设有透镜,内部装有压缩空气清理系统,用以清理堵塞筛孔的长纤维和原料。

4.2.4 棉秆的输送

棉秆的输送是一特殊问题。实践证明,棉秆经切断后的秆段两端往往带有撕裂成丝带状的棉秆皮,细长而柔韧,不仅易结团架桥,堵塞风送管道,有时甚至缠绕风机叶片,引起摩擦起火。此外当棉秆含水率过高或原料合格率低时,也极易造成风管堵塞。

棉秆的输送中出现的上述问题目前采用 3 种方式解决。解决的措施:一是尽量去皮;二是在风送中采用新方式;三是将风送改为其他形式的输送,三种方式各有利弊。

将风送系统由吸入式改为压出式,可避免棉秆段与风叶的接触。图 4-7 是一种喷射式加料装置,削片后的棉秆从风机后加入并进入旋风分离器,避免棉秆段被风机叶片击碎和棉皮缠绕其上。

此种加料装置,如果各处尺寸处理不当,原料会从加料口中喷出,故应注意以下几点:装置前段缩经管锥角取 30°～45°,后段渐扩锥角取 8°～10°;中间直管喷射口的直径以控制此段流速 ≥50m/s 为宜,其长度随前段锥角的增大而缩短,一般与其管径之比

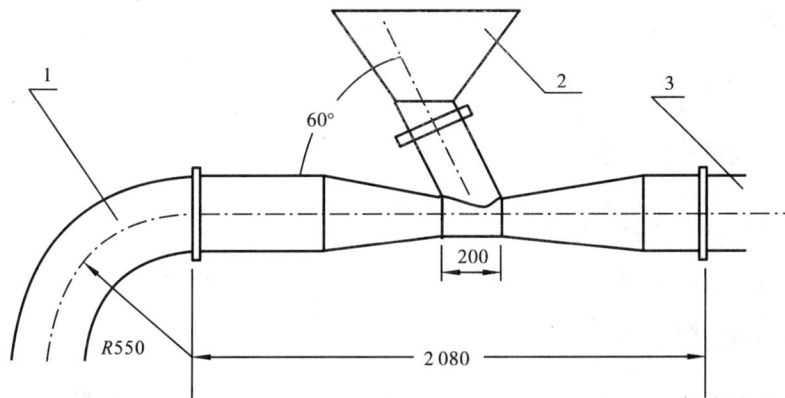

图 4-7 喷射式加料器
1. 风机排风管 2. 加料器 3. 至旋风分离器管道

为 0.8～1；弯头应采用小段拼接，弯曲半径不宜过小，一般 $R/\alpha \geqslant 5$，整个输送系统应尽量圆滑流畅，避免风阻。

此种装置虽克服了输送中的一些弊病，但对水洗后棉秆段的输送效果不理想，输送效率也较低。

棉秆段输送可改为传送带运输机或刮板运输机，结构简单，维修方便，也可避免上述问题的产生。但对于长距离或弯角较多的输送，仍不十分理想。

4.3　棉秆纤维板生产特点

棉秆纤维板的生产方法有湿法、干法和半干法 3 种，已生产和研制出的棉秆纤维板品种有软质纤维板、硬质纤维板和中密度纤维板。软质纤维板一般采用湿法生产，硬质纤维板一般也采用湿法生产，也曾试用过半干法生产。中密度纤维板湿法与干法均进行过试制。无论哪种生产方法或产品，都要利用棉秆制浆，而且又是关键工序之一。现将 20 世纪 70 年代中期到 90 年代末期有关各种棉秆纤维板研究成果与生产实践作综合介绍。

4.3.1　棉秆段的水洗

棉秆经筛选后，在热磨前需经水洗，以除去泥沙等杂物，保护磨盘和提高棉秆含水率，从而提高浆料质量。

棉秆与木材相比，结构疏松，密度小，尤其在切片过程中，受到切片机刀辊的强烈机械作用，棉秆皮与茎秆部绝大部分均已分离，形体蓬松，吸水较快。因此，原料水洗是快速提高其含水率的有效方法。据测定，风干棉秆段经水洗后其相对含水率可提高 8 倍。

目前国内使用的水洗机型式有多种，经试验转鼓式水洗机比其他形式水洗机更适用于棉秆原料。它具有操作维护方便、洗涤泥沙粉尘效果好、去除砂石与金属块能力强、棉秆段的洗涤和分离效果好、噪声小等优点，该机主要技术参数如下：

洗料槽转鼓转速	48r/min
洗涤水循环量	60t/h
补充清水量	2t/h
脱水筛振幅与振频	3～4mm，970 次/min
水洗前棉秆段含水率	12%～15%
水洗后棉秆段含水率	50%～54%
水洗后棉秆段自然堆积密度	0.187t/m³
水洗机生产能力	风干棉秆 1.5～2t/h

4.3.2　棉秆的纤维分离

由于棉秆的特点，普通用于木材的热磨机构均不太适应。主要问题是，进料口小，进料不顺畅，易搭架蓬料，使原料不能充满螺旋槽，实际达到的压缩较之原设计数据小。螺旋进料器结构不合适，柔韧的棉皮常常缠绕在螺旋上，造成堵塞打滑；有时因料塞不能形成，造成反喷。螺旋直径小，转速偏低，进料量小，产量偏低。磨制的浆料质量差，纤维粗硬，纤维束多。

20 世纪 80 年代上海人造板机器厂研制生产的 QM6C 和 QM9C 型热磨机，是针对棉秆等原料进行改进的新机型，主要改进方面是：进料口加大为 400mm × 360mm，进料螺旋直径加大到 280mm，进料螺旋压缩比增大到 3∶1，在垂直预热缸部分也作了适当修改。经生产运用，取得了较好的效果。

热磨的棉秆段蒸煮压力采用 0.4 ~ 0.6MPa（温度为 143 ~ 158℃），蒸煮时间为 5 ~ 15min，如果温度过高，棉秆原料易于水解，不仅浆料得率下降，废水污染也会加重。

棉秆纤维细短，并且均匀性差，又有大量杂细胞存在，故滤水性差，与滤水度相同的木浆相比，棉秆浆较粗，有分离不完全的纤维束，故热磨后的纤维分离度要求达到与木浆相同的数值时，其滤水度要相应规定得较高。但滤水度不能过高，否则会使长网脱水产生困难。

20 世纪 90 年代以后，热磨法制浆工艺与设备有了很大的发展。为了提高浆料质量与单机产量，热磨机趋向于磨盘的高转速、大直径，动力采用大功率。在非木材植物制浆方面国内外进行了深入研究。国内的上海人造板机器厂、苏州林机厂等先后推出了 BW 型新型磨浆设备，其中有专门适用于非木材植物纤维的热磨机。

棉秆原料采用低温延时制浆工艺。为了使原料得到充分软化，采用料仓预热。在密闭的预热料仓中通入蒸汽进行低压蒸煮热解，温度为 100 ~ 130℃，时间为 15 ~ 20min。此后原料进入加长的水平预热缸中继续蒸煮，再进入加高的垂直预热缸中。该缸采用同位素 γ 射线料位控制，随后原料进入热磨机。

经热解后的棉秆易于纤维分离，采用高压大间隙磨纤工艺。主要依靠棉秆与磨片、棉秆与棉秆的高速摩擦、挤压、搓揉将其分离成纤维。这种热磨机的磨片齿形拔模锥度较木材原料磨片齿形锥度要大，出料槽隔栅低于齿高，减小了排料阻力。采用上述工艺与设备，纤维分离的得率可达 90% 以上。热磨机的技术参数如下：

进料螺旋最大直径	350mm
主进料螺旋压缩比	2 ~ 2.5 倍
预热蒸煮缸内蒸汽压力	0.8 ~ 1.2MPa
磨室内蒸汽压力	0.7 ~ 1MPa
磨盘直径	1 010mm
磨盘转速	1 500r/min
磨盘调整间隙	0.1 ~ 0.2mm
纤维产量	7 ~ 10t/h
装机容量	1 157kW

4.3.3 棉秆纤维的洗浆

棉秆原料含果胶较多，半纤维素含量也高，在热磨中较易水解，热磨浆呈酸性，pH 值在 4.5 ~ 5.0，这将给防水剂的施加带来不良影响。因此，热磨后有必要进行洗浆。洗浆后还可提高浆料的滤水性，对成型和热压中的脱水有利。此外，洗浆可作为废水分段处理中的一道工序，将热磨后的高浓污染物先行分离以集中处理除去，有利于白水的循环回用。

洗浆设备型式较多，如螺旋挤浆机、双辊挤浆机和侧压式洗浆机等。目前越来越多地应用螺旋挤浆机，与废水处理配合，达到多种目的。

洗浆的主要目的是为了提高板材的耐水性及有利于板坯脱水，对板材强度并无好处（表 4-13），因此，在对吸水率指标要求不高、生产中脱水又无困难时，也可考虑不设洗浆工序。此外，也可增加防水剂施加量，以改善耐水性，不必增设洗浆设备。

表 4-13　洗浆对棉秆纤维板性能的影响

试验号	吸水率（%）		静曲强度（MPa）		密度（g/cm³）		备注
	洗浆	未洗	洗浆	未洗	洗浆	未洗	
I	27	50	27.56	29.92	0.965	0.915	施石蜡 2%
II	29	46	28.45	35.12	0.951	0.916	
III	30.1	37	25.90	30.12	0.902	0.896	施硫酸铝 10%
IV	31	35.5	26.78	24.43	0.843	0.908	

4.3.4　浆料处理

棉秆浆的水溶性物质含量高，对施加防水剂和增强剂有一定影响，棉秆浆如不经水洗，石蜡防水剂的施加量应为绝干浆料的 2%～3%，硫酸铝施加量为 7%～10%，对于新收棉秆的浆料，石蜡要加得多一些。如经洗浆，去掉大部分水溶性物质，防水剂与沉淀剂施加量可相应减少。

为了提高棉秆纤维板的强度与耐水性，可在浆料中加 1%～2% 的酚醛树脂，效果很好，不过会提高产品的成本。

4.3.5　棉秆硬质纤维板

浆料经过洗涤后，一般在长网脱水成型中无问题。否则，要采取真空强化脱水等第一章中讨论的一些措施。

棉秆浆的滤水性较木浆差，因此在热压中也需将热压曲线作相应调整。河南某厂采用了如图 4-8 的曲线。

高压挤水时将压力上升至表压 26MPa，保压

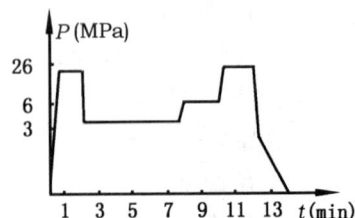

图 4-8　棉秆硬质纤维板热压曲线

1.75min，降压后进行干燥时分两步，第一步先低压干燥，用表压 3MPa 干燥 6.25min，后加压到 5～6MPa 再干燥 2min，高压塑化段表压升至 26MPa，保压 1.5min；卸压时间控制在 1.5min，以防速度过快而鼓泡分层。热压周期总时间为 12～14min。

4.3.6　棉秆中密度纤维板

棉秆中密度纤维板已用湿法和干法两种工艺试制出产品。湿法板目前为一面光，是

在湿法硬质纤维板生产基础上发展的新品种。主要生产设备的结构无多大改变，生产工艺也大同小异，在技术上不存在难题，河北有关厂家已投入正式批量生产。但是，棉秆湿法中密度纤维板是利用硬质板生产线改造后生产的，受原有设备的局限，在工艺、设备结构和流程中均有不完善之处，在板坯脱水、预压、热处理等工序中还有一些问题有待解决。

干法棉秆中密度纤维板的生产工艺及设备与木材中密度纤维板差别较小，两种材料的内部自身结合主要靠胶黏剂，施胶量在 10%～15%。相比之下，湿法中密度板的施胶量要小得多(4%～5%)。

目前的棉秆中密度纤维板生产技术还处于研究和改进阶段，几个不同研制单位生产的板材性能如表4-14。

表4-14 湿法棉秆中密度纤维板的性能

板材性能 生产厂家	静曲强度 （MPa）	密度 （g/cm³）	内胶合强度 （MPa）	含水率 （%）	吸水率 （%）
成安人造板厂	26.58	0.77	0.48	—	24.1
原束鹿县纤维板厂	≥20	0.65～0.75	≥0.4	5～10	≤35
藁城纤维板厂	17.65～24.52	0.56～0.78	0.34～0.39	6～9	≤35

4.3.7 半干法棉秆硬质纤维板

半干法生产纤维板介于湿法与干法之间，它是采用含水率45%～50%的纤维直接进行机械铺装。半干法棉秆纤维板的生产过程是首先将棉秆原料制成合格棉秆段，经水洗除泥沙杂质后热磨成粗浆，粗浆由螺旋挤浆机排除多余水分，使浆料含水率在60%左右。为提高产品耐水性和强度，棉秆段在热磨之前施加融熔石蜡，热磨浆施加适量酚醛树脂胶。施胶后的粗纤维由高浓精磨机再分离成细纤维，在精磨的同时蒸发水分，含水率达45%～50%。细纤维经纤维定量出料仓中间贮存，然后定量出料进行铺装、预压、热压成板材。

半干法生产棉秆纤维板，由于棉秆的果胶与戊糖含量高，浆料未经稀释，内部污染物较多，因此在生产中常引起粘板粘网现象，产品的吸水率也偏高。故在防水处理及防粘方面需要采取措施和研究出新的应付办法。

半干法生产工艺在我国还不太成熟，虽然生产中废水较少，仍有部分废水需要处理。铺装的均匀性、热压的粘板粘网等问题也没有完全解决，故基本没有得到正式应用。

4.3.8 湿法棉秆软质装饰吸音板

可参见第2章2.5节。

4.4 棉秆碎料板

棉秆碎料板是近年研究较多和发展较快的棉秆人造板板种，特别是 20 世纪 90 年代以后，随湿法纤维板生产的逐渐下滑，干法制板的大力提倡，棉秆碎料板厂家不仅增多，而且规模也在不断扩大。棉秆碎料板的生产和产品质量与棉秆皮的用量和备料工段的工艺与设备关系极大，故本节对此进行重点讨论。

4.4.1 棉秆皮用量对碎料板性能的影响

棉秆碎料板生产与木材碎料板生产主要不同点是，占棉秆原料 25% ~ 35% 的棉秆皮的存在，影响棉秆碎料板正常的生产操作和产品质量。据国外有关公司的研究，棉秆不能整株利用，即棉秆皮在碎料板生产中需要除去。

据国内李华等人的研究，棉秆皮纤维对板材的平面抗拉、吸水厚度膨胀率及平面握钉力有显著的不利影响，见表 4-15。据认为这是由于棉秆在切断时不完全，碎料的皮纤维长而卷，在拌胶时纠缠成纤维团，使胶料难以进入，缺胶部位多，从而造成性能的下降。

表 4-15　棉皮用量对碎料板性能的影响（平均值）

板材性能 处理	静曲强度 （MPa）	弹性模量 （×10³ MPa）	平面抗拉强度 （MPa）	吸水厚度膨胀率 （%）	平面握螺钉力 （×10³ N）	侧面握螺钉力 （×10³ N）	含水率 （%）
不用棉秆皮	14.2	2.176	0.77	3.4	1.248	0.862	7.2
用棉秆皮总量的 1/2	15.3	2.257	0.84	3.6	1.156	0.823	6.9
不除棉秆皮	15.0	2.242	0.42	6.4	1.068	0.755	7.2

研究发现，实验室制作的板材，在棉秆皮用量相等的情况下，其性能明显高于工厂同一工艺条件下的板材。据分析是因为实验室刨片机刀缝间隙小，调刀参数好，加工出的棉秆皮纤维短、成卷性弱，对板材的施胶等影响小。这说明，在机械上采取措施，制取形态优良的碎料，棉秆的整株利用并不是不可能的。

棉秆皮纤维实际上是一种好的纤维原料，从它自身来说，应当能提高板材的强度，例如它对静曲强度的提高确实是有利的，只是由于在工艺上造成不良影响才致使板材的某些性能下降。如何在工艺与设备上采取措施，利用棉秆皮这一比例大且质量好的原料，是人造板工业需要加强研究的课题。

20 世纪 90 年代末期，武震等人在棉秆皮用量对棉秆碎料板性能的影响方面进行了更深入的研究，结果证明了上述的说法是有道理的。将切断的棉秆段经加湿处理后，在含水率 15% ~ 25% 的条件下经锤式破碎机破碎，经筛分后去除长的棉皮，按不同含量的合格棉秆皮与棉秆制成碎料板，结果如图 4-9 所示。

由图 4-9 可以看出，棉皮含量在 40% 左右时板材静曲强度和拉伸强度最大，说明棉秆皮有较高的强度。随着棉秆皮含量的增加，板材的吸水厚度膨胀率随之下降，而平面

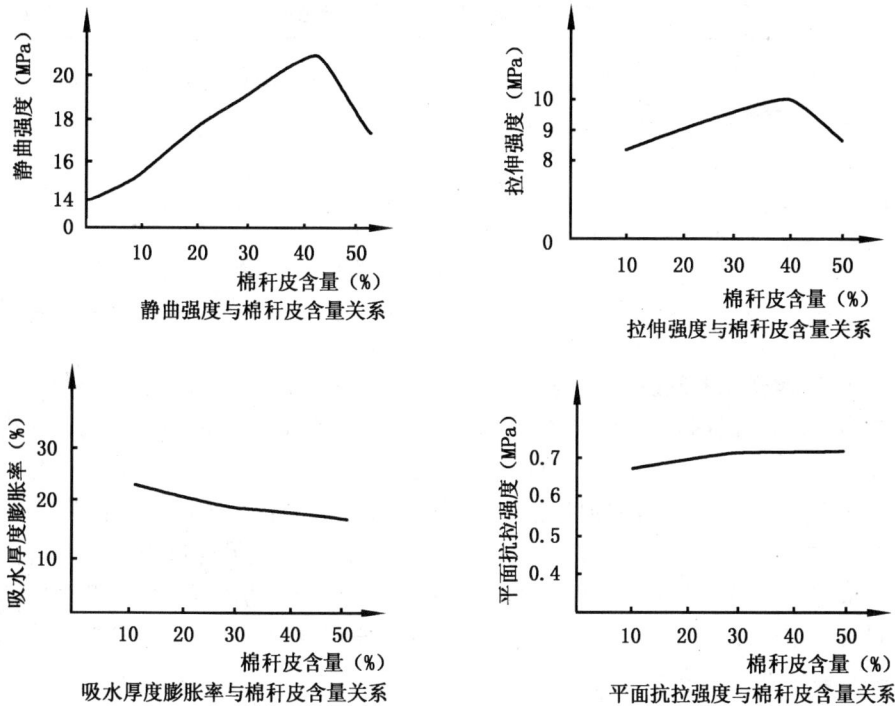

图 4-9 棉秆皮含量对棉秆碎料板性能影响

抗拉强度略有提高。这一结果与李华等人的研究结果并不矛盾，只能说明棉秆皮在加工中要充分注意其形态，既保持棉秆皮自身物理力学性能好的优点，又使其不影响施胶与铺装等工序的质量。

4.4.2 影响棉秆碎料制备的因素

影响碎料制备的因素有棉秆段的含水率、碎料制备设备、棉秆不同部位以及碎料制备工艺的选择。

4.4.2.1 棉秆段含水率对碎料制备的影响

棉秆的切断率到目前为止还不可能达到百分之百，因此棉秆碎料板生产中始终存在棉皮卷曲、成团，造成施胶、铺装不合格的问题。这部分不合格的棉秆皮的去除以及碎料制备后的形态均与棉秆段的含水率有较大关系。降低含水率可减轻甚至消除棉秆皮卷曲和成团，但随含水率下降，碎料中的碎屑很快上升。因此棉秆段在破碎前往往需要增湿。棉秆段含水率对碎料筛分值的影响见表 4-16。

8 目以上的大料与 40 目以下的碎屑显然不适用于板材生产。如按 8 目以下 40 目以上的碎料比率看，含水率 10% ~36% 时，所制碎料在此范围比率较高。一般认为，棉秆段在破碎前的含水率在 15% ~30% 为宜。

表 4-16　棉秆含水率对碎料制备筛分值的影响　　　　　　单位:%

网目 含水率(%)	+8	-8/+12	-12/+16	-16/+20	-20/+30	-30/+40	-40
3.8	11.7	14.0	7.5	7.6	34.8	9.1	16.5
6.5	16.5	11.8	7.3	8.2	34.0	8.2	14.1
10.0	13.5	19.7	9.7	8.0	30.3	7.2	12.0
20.6	24.6	21.1	8.0	9.1	24.1	5.4	8.5
36.0	20.7	24.0	9.2	8.1	24.0	5.7	8.2
72.7	48.5	15.5	3.9	3.9	16.6	4.1	8.3

4.4.2.2　碎料制备设备的影响

迄今为止,在棉秆碎料板生产中已采用的碎料制备设备有双鼓轮刨片机、环式刨片机和锤式粉碎机,正在研制和试用的有非切削型无刀刨片设备。李玉和等人研究了 3 种方式加工的棉秆碎料及其制品的性能。采用的 3 种方法为:①采用切草机将棉秆切成 200~250mm 的棉秆段,经分选去掉一部分棉秆皮,再用锤式粉碎机粉碎成碎料;②采用削片机将棉秆制成一定长度的秆段经分选后用锤式粉碎机粉碎成碎料;③采用削片机将棉秆制成一定长度秆段经分选后用刨片机将棉秆段制成碎料。3 种方式制备的碎料得率及所制碎料板性能见表 4-17。

表 4-17　3 种方式制得的棉秆碎料所制板材性能

性能 碎料制备方式	碎料得率 (%)	静曲强度 (MPa)	弹性模量 (MPa)	平面抗拉强度 (MPa)	绝对握钉力 (N)
①	72~75	18.21	2 300	1.16	2 500
②	69~71	18.22	2 100	0.98	2 300
③	60~63	18.40	1 980	0.47	1 700

方法①刨花得率最高,方法③刨花得率最低,这是因为棉秆经刨片机刨片后产生大量粉尘,在分选时这些不合格的碎料被分选掉。从板材性能看,方式①和②的结果比较好。

从研究与生产实践看,目前一致看好锤式粉碎方式制备的碎料,认为其主要特点是:①进料口大,没有搭桥、堵料的现象;②棉秆中所含髓芯、未成熟棉桃等,经锤式粉碎机中数百个高速转动小锤的作用被加工成粉末状物料,经气流分选机很易将它们与合格碎料分开;③棉桃、棉壳及其中少量棉絮经锤式加工,由于密度小而易被风选出去。因此,碎料板性能得以提高。

双鼓轮刨片机是棉秆碎料板制备的早期设备之一。实践表明,采用双鼓轮刨片机制备碎料时,棉秆皮在机中呈粗纤维状,长而卷,互相纠缠而结团,并且与原料含水率有关,原料含水率渐高时,棉秆皮碎料逐渐变细、变短、变卷,成卷性增加。但当含水率增加到一定程度(70% 以上)时,较短的棉秆皮碎料成卷性又会下降,反之,降低原料含水率,可以减轻甚至消除棉秆皮碎料的卷曲。

棉秆皮碎料的成卷使双鼓轮刨片机排料不顺,喂料稍多,碎料就堵塞鼓式腔。所以，棉秆皮的存在降低了双鼓轮刨片机的生产率，造成双鼓轮刨片机生产率与原料含水率间的对比关系。

双鼓轮刨片机的调刀参数对碎料制备影响很大，工厂为了提高刨片机生产率，刀缝间隙调得较宽，尤其是棉秆易堵塞刀缝，刀缝就调得更宽，而且刀的磨损严重。实验室中使用新磨的刀片，刀缝调得较窄，因此制出的碎料形态好。工厂制的碎料往往秆段碎料厚，皮碎料长而卷，相互间易缠绕成团。所以，根据棉秆特性，改进和提高破碎设备性能和选择合理的切削参数是获得良好碎料形态、尺寸及减弱棉皮纤维对制板影响的一个方向。

近年来，刨花板工业中出现了非切削型的刨花制备机械，采用冲击、碾压、研磨、撕裂等作用方式制备刨花。这些新型的加工设备已引进到非木材植物碎料的制备，证明是非常有效的。实际上，上述的锤式破碎即为冲击型刨花制备的一种形式。非木材植物种类多，结构各异，制备碎料的方式也应当有多种形式，棉秆碎料的制备证明了这一点。

4.4.2.3 棉秆不同部位的影响

棉秆上剩余棉桃的棉壳、枝丫、芯部及髓心、棉秆皮、主干等不同部位在碎料制备中有不同影响，棉壳里的棉花在破碎时易打散成棉絮团，将碎料缠裹，影响以后的施胶，故应在破碎之前除去。

棉枝丫细而中空，受到横向压缩时，皮与芯难以分离，不易切断，故秆段中枝丫段一般较长，可达 30cm，造成进料口堵塞，降低刨片机生产率。

棉秆横切面可以看到皮层、木质部、髓部。木质部是淡黄色的，是棉秆原料中最好最均匀的部分。髓部是一种泡沫状物质，易吸胶，使碎料板强度下降，故可利用风选将髓心从碎料中除去。

棉秆皮呈暗褐色，一方面在生产中有卷曲缠绕作用，也使碎料颜色发暗，但其韧皮纤维强度较好。

主干的不同部位加工的碎料形态也有差异。由根部到梢部，碎料中的细碎料急剧增加，碎料长度与宽度逐渐减小，这是因为秆的根部密度大，强度也大，髓心小，切削时易成片。

与木材相比，棉秆相对密度小，强度低，含薄壁细胞较多，很难加工出非常好的碎料。增加棉秆段长度，碎料长度也会增加，细碎料比例会减少，但棉秆皮的卷曲性也随之增加。

4.4.2.4 碎料制备工艺的影响

棉秆从切断到碎料筛选整个工艺路线的选择，无疑对碎料的质量和产量有直接影响，以下作专题讨论。

4.4.3 棉秆碎料制备与筛选工艺的选择

从 20 世纪 70 年代到 90 年代末期的 20 多年间，国内外专家和厂家在棉秆碎料制备与筛选工艺和设备的选择方面进行了不断的探索与研究，我国在这方面也作了大量工作，经验教训与成果并存。以下作一简单介绍。

（1）工艺流程1

$$
棉秆 \longrightarrow 三刀切草机切断 \longrightarrow 棉秆段 \xrightarrow{\ 加湿\ } 双鼓轮刨片机刨片 \longrightarrow 碎料
$$

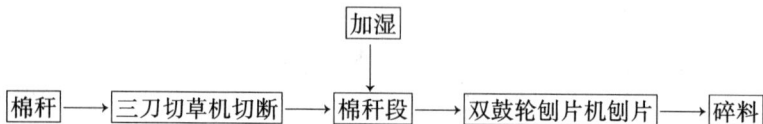

这是我国最早建成的棉秆碎料板生产线采用的工艺。由于三刀切草机不能有效切断棉皮，影响了以下的输送、施胶、干燥和铺装工序的正常进行，产品质量不易保证。

（2）工艺流程2

$$
棉秆 \longrightarrow 盘式削片机削片 \xrightarrow{\ 加湿\ } 碎料 \longrightarrow 环式刨片机刨片 \longrightarrow 碎料 \longrightarrow 圆筒筛分选 \longrightarrow 碎料 \\ 圆筒筛分选 \downarrow 棉皮纤维
$$

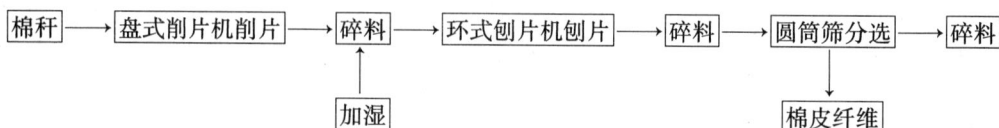

这是德国辛北尔康普公司采用的工艺。该工艺仍然不能消除棉秆皮的影响。因为仅靠圆筒筛是无法完全将棉秆皮筛选出来的。此外，将碎料中30%的棉秆皮筛选去掉是不经济的。

（3）工艺流程3

$$
棉秆 \longrightarrow 锤式粉碎机 \longrightarrow 棉秆段 \longrightarrow 二级气流分选机 \longrightarrow 棉秆段 \longrightarrow 刨片机 \\ 棉秆皮纤维 \quad 碎料
$$

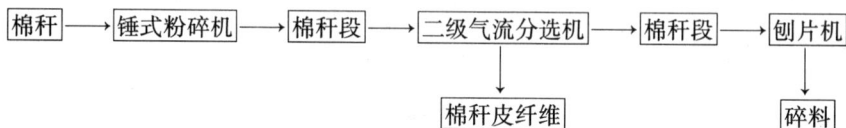

该工艺为德国比松公司采用的工艺。棉秆破碎后，部分棉皮分离，希望通过二级气流分选分离秆段与棉皮，但实践证明，分离的效果并不理想。此外，也存在棉秆皮尚未合理利用的问题。

（4）工艺流程4

$$
棉秆 \longrightarrow 棉秆剥皮机 \longrightarrow 棉秆段 \xrightarrow{\ 加湿\ } 双鼓轮刨片机刨片 \longrightarrow 碎料 \\ 长条棉秆皮 \longrightarrow 造纸
$$

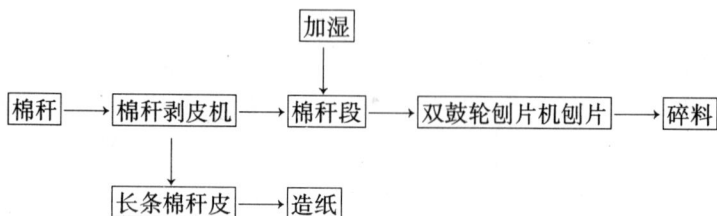

这是国内研究的流程之一。工艺的关键是采用棉秆剥皮机。该机是使棉秆经过一对压辊横向压缩，其纵向发生破裂，皮层与木质部脱开。此工艺完全不用棉皮制板，避免下一系列工序受棉秆皮的影响，但对棉秆剥皮机的要求高。一方面要完全分离棉秆皮，另一方面还需将棉秆制成一定长度料段并且不产生碎屑和影响秆段强度，仅靠辊压的作用难以得到满意的结果。

（5）工艺流程5

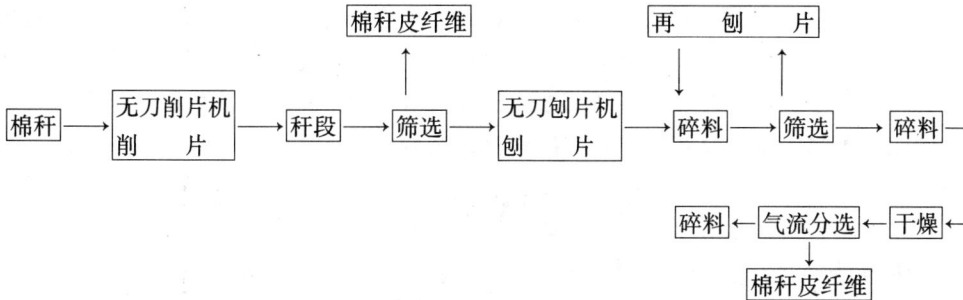

该工艺为德国比松公司20世纪90年代经改进后的棉秆碎料制备工艺。采用无刀碎料设备加工出的碎料质量稳定。通过两段筛选与气流分选，比较有效地排除了粉尘与棉秆纤维。据称，我国采用的该生产线生产的棉秆碎料板符合国际标准。

（6）工艺流程6

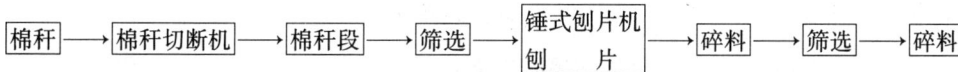

此工艺为综合国内现有的工艺与设备，采用高效棉秆切断机，使不合格棉皮纤维在碎料中的含量低于10%，采用二级筛选将其除去。这样，一方面充分利用了高质量的棉秆皮，另一方面避免了棉秆皮纤维的影响。

4.4.4　棉秆碎料板生产工艺特点

棉秆制成合格的碎料后，再经普通碎料板生产的几道工序制板。

4.4.4.1　干燥与施胶

棉秆碎料的干燥与施胶与木材碎料基本相同。棉秆质轻孔隙多，易于干燥，温度与时间可降低和减少。烘干后的碎料含水率在4%~7%。过干的碎料对胶液吸收强烈，还会在搅拌中增大破碎率。此外，干燥设备的进料、容量等也需适应棉秆特点。

棉秆的强度低，施胶量一般比木材板材为多，为14%左右。棉秆吸水性也比木材强，故防水剂的用量也较高，为2.5%左右。表4-18的试验数据可作为参考。

表4-18　施胶量与施石蜡量对棉秆碎料板性能的影响

施胶量（%）	施石蜡量（%）	静曲强度（MPa）	吸水厚度膨胀率（%）	密度（g/cm³）
8	1	13.24	19	0.55
10	1.5	14.72	15	0.6
12	2	16.68	10	0.65
14	2.5	18.64	8	0.7
14	3	18.15	7.6	0.71
14	4	17.17	6.5	0.72

4.4.4.2　铺装

棉秆碎料板生产多层板比生产单层板好，特别是单层薄板尤为不利，抗弯强度小，这是因为棉秆自身强度较低的缘故。薄的单层板经贴面后也可使用。多层板如三层板的铺装其碎料粒度大小变化是一种渐变式的分布，没有明显的分层界限。密度也是渐变的。例如，板材密度为 0.61g/cm³ 的碎料板，其表层密度为 0.8g/cm³，而芯层为 0.5g/cm³。由于各层间无明显界线，故抗弯强度大。

棉秆碎料板铺装最好采用机械铺装，因碎料中混入的韧皮纤维对气流铺装的正常操作会产生不良影响，严重时甚至造成停产。据国外经验，气流铺装允许碎料中所含的韧皮纤维不能超过 10%，而机械铺装碎料中所含韧皮纤维可放宽至 15% 以下。但如果韧皮纤维粉碎到 1mm 以下时，不会影响生产。

实际生产中，也可采用表层气流铺装以改善板材表面质量，芯层则用机械铺装，因芯层碎料中允许混入长纤维多一些。德国申克公司的成套棉秆碎料板设备中即有这样的铺装方式。

国内棉秆碎料板生产线上采用的 B7410 型渐变式铺装机，利用铺装辊旋转形成的离心力，使棉秆碎料产生不同重量的离心力落差，形成渐变式结构。铺装机内两条斜上料输送带上各有一条刺辊限定容量，刺辊转速 260r/min，上料带与水平面成 45°夹角。经测试棉秆碎料的安定角是 38°，上料时碎料已具备了自由滑动的条件。尽管上料带上有刮料板，但是，刮料板上面的碎料经高速旋转的刺辊一扫，浮在上面的麻状纤维大部分被扫下，形成团状如同雪球越滚越大，堆积到大部分是麻状纤维时，被迫由输送带带走，密度大大降低。此时输送带上的铺装碎料为平均密度的 0.5 ~ 0.75 倍，因而造成铺装不匀。解决的办法是通过降低扫平辊转速，减小被扫起碎料的离心力来适应棉秆原料的需要，使它既可能因转速高而让这种麻状纤维滚动，又不能因转速低，阻碍原料流动而堵塞。据试验，扫平辊转速以 6m/min 为宜。这样，铺装厚度为 100mm，预压厚度为 30mm，压缩率 70%，回弹率 50%。

4.4.4.3　热压

棉秆碎料密度小，压制同样厚度的碎料板，棉秆碎料板坯要比木材碎料板坯大 1.6 ~ 1.8 倍。因此，压机开档要增大。此外，棉秆碎料板热压周期比木材原料长，因其孔隙多，传热较慢，故热压机生产能力比用木材原料时相应需要增大。

棉秆碎料板热压的工艺参数据研究可采用：温度 170 ~ 190℃，时间依厚度而定，单位压力 2.5 ~ 4MPa。

某工厂采用如图 4-10 的三段降压曲线，第一段压力为 2.3MPa，保压 3min，此段为结合段；第二段单位压力为 1.0MPa，保压 5min，此段为干燥段；第三段单位压力为 0.5MPa，保压 10min，此段为固化段。此工艺生产的棉秆碎料板的主要技术指标，均达到有关碎料板的技术标准。邓玉和等采用两段热压曲线，研究了热压工艺参数对棉秆碎料板物理力学性能的影响，

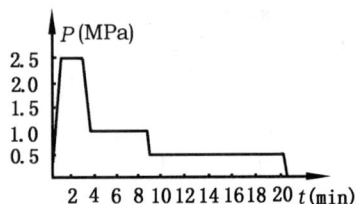

图 4-10　棉秆碎料板热压曲线

表4-19 热压工艺参数对棉秆碎料板物理力学性能的影响

参数	指标	静曲强度 （MPa）	弹性模量 （×10³MPa）	吸水厚度膨胀率 （%）	板面握螺钉力 （N）	平面抗拉强度 （MPa）
热压温度 （℃）	140	18.2	2.23	7.6	2 600	> 2.0
	150	19.7	2.42	6.4	2 780	> 2.0
	170	19.3	2.47	5.0	3 020	> 2.0
热压时间 （min/mm）	0.5	19.2	2.28	6.1	2 920	> 2.0
	0.7	18.2	2.32	6.8	2 850	> 2.0
	0.9	19.8	2.37	6.1	2 760	> 2.0

注：试件破坏大多在试件与卡具的胶接面中。

表4-20 最佳工艺参数制得板材的物理力学性能

类别	含水率 （%）	密度 （g/cm³）	静曲强度 （MPa）	平面抗拉强度 （MPa）	吸水厚度膨胀率 （%）	板面握螺钉力 （N）	弹性模量 （×10³MPa）
国标值（一等品）	5.0~11.0	0.5~0.85	18	≥0.40	≤0.60	≥1 100	2.0
测试值	6.03	0.75	18.21	1.16	5.67	2 500	2.3

并确定了棉秆碎料板最佳热压工艺（表4-19、表4-20）。

最佳热压工艺参数为：热压温度 $T=170℃$，热压时间 $t=0.5\text{min/mm}$，第一阶段压力 $P_1=4\text{MPa}$，第二阶段压力 $P_2=0.8\text{MPa}$。

4.4.5 提高棉秆碎料板质量的措施

棉秆碎料板的研究与生产已进行20多年，其工艺与技术水平在不断提高。但是，由于棉秆原料与木材相比有一定的质量差距，许多厂家生产的板材质量仍然不能令人满意。因此，特提出以下一些技术措施供参考。

4.4.5.1 原料方面

①棉秆皮的利用。本章前面部分已介绍，棉秆皮是一种强度高的好材料，应尽可能在不影响生产各工序的前提下利用这种材料。这需要从设备上和工艺上采取一定措施。

②棉秆的去芯。棉秆的髓芯强度低而吸水性强，要生产高质量的棉秆碎料板，这部分材料尽可能去掉，这在破碎与分选中是不难做到的。

③添加增强材料。在有条件的地区，可以添加木材或其他强度和耐水性比棉秆更好的材料，往往可以收到较好的效果。

④采用高性能的添加剂。我国已研究出许多性能优良的防水剂，不仅成本低而且效果佳，施加方便，采用这些防水剂可改善棉秆碎料板的耐水性能。同时，由于石油化学工业的飞速发展，一些品质优良的胶料如异氰酸酯的价格下降，采用这些树脂也可提高棉秆碎料板的性能。

4.4.5.2 工艺与设备

①进行二次加工。贴面能很大程度上改善人造板的性能与外观。目前的贴面材料层出不穷,为提高棉秆碎料板的性能创造了有利条件。

②提高板材密度。这是提高棉秆碎料板强度的最直接和有效的办法。表 4-21 显示,当板材密度从 $0.65g/cm^3$ 提高到 $0.75g/cm^3$ 后,静曲强度提高了近 14%,弹性模量与握钉力也明显提高。由于压缩率加大,吸水厚度膨胀率增加。当产品应用于对耐水性要求不高的特定场合而又需要较高强度与握钉力时,可考虑采用此方法,当然这会增加一定的成本。

表 4-21 棉秆碎料板的密度对物理力学性能的影响

密度 (g/cm^3)	静曲强度 (MPa)	弹性模量 (10^3MPa)	握钉力垂直板面 (N)	吸水厚度膨胀率 (%)
0.65	16.58	1.868	1 700	8.30
0.70	17.56	2.238	2 080	17.53
0.75	18.84	2.333	2 300	22.11

③采用新工艺新设备。国内外针对非木材植物生产人造板进行了一系列的工艺与设备改革,分级筛选与铺装工艺及其机械在一定程度上是针对这些材料的特殊性而出现的新工艺与设备。其基本结构如图 4-11 所示。

筛选或铺装的原理为:一排同向旋转的菱形花纹钢辊充当了筛网,花辊的间隙、转速、花纹和深浅共同控制碎料的尺寸。当碎料从前端向右前进时,下落的碎料尺寸随前

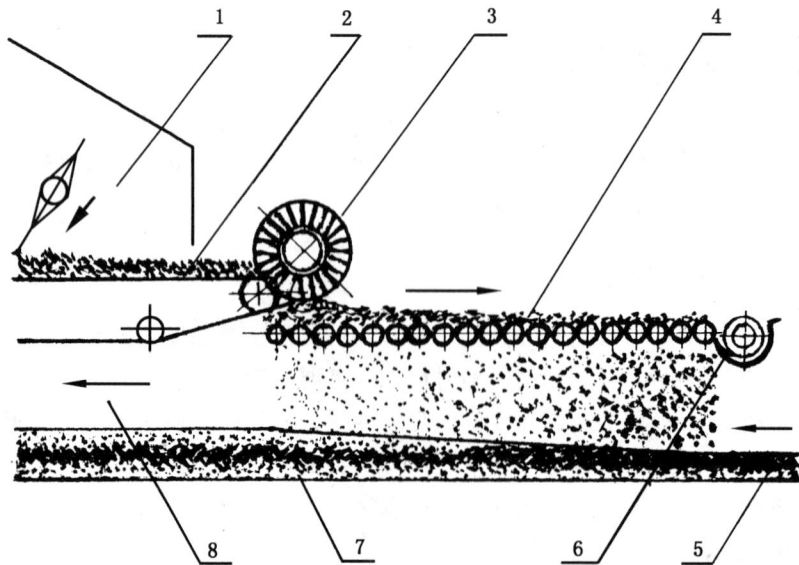

图 4-11 分级铺装(筛选)示意
1. 料仓 2. 仓底传送带运输机 3. 松散辊 4. 铺装花辊 5. 第一分级铺装头铺装板坯
6. 粗料运输螺旋 7. 铺装带 8. 微尘吸出

进方向逐渐增大。过大的碎料或结团不能从辊间落下，进入辊台末端的粗料螺旋输送器送去再碎。

辊台的下方如设料斗，则可成为碎料分选机。下方如设铺装钢带，则可铺装成渐变结构的板坯（两台设备对称布置）。

对于棉秆碎料板生产中棉秆纤维结团和长纤维引起的问题，在该设备中将得到解决。此外，该设备还适于碎料的湿筛选，能否在棉秆碎料板中得到应用，发挥其优点，也可进行探索和试验。

思考题

1. 棉秆由哪三部分组成？它们各自对板材加工有何影响？

2. 为什么说棉秆的纤维形态适合纤维板生产？

3. 棉皮对碎料板生产有什么影响？

4. 棉秆适当贮存一段时间有什么好处？贮存时间过长有什么影响？

5. 棉秆的切断和筛选目的何在？

6. 为了避免棉皮对原料输送的影响，可以改成哪几种输送方式？

7. 湿法纤维板生产中，棉秆段有时为什么要水洗？制出的浆料还要进行洗浆？

8. 在非木材植物原料中，棉秆有哪两种较好的性能？（形态、木质素含量）。

9. 棉皮本身是不是人造板的好原料？生产中又要去掉，为什么？

10. 什么是分级式铺装？其优点如何？

11. 棉秆碎料板发展中给我们留下哪些经验和教训？

第 5 章

蔗渣人造板

　　蔗渣是非木材植物人造板开发利用最早的原料之一。早在 1920 年，美国的 Colotex 厂已采用蔗渣生产软质绝缘板，最高产量曾达日产 800t。不久之后，Masonite 公司发明了湿法蔗渣硬质纤维板，并于 1926 年在密西西比州建立了第一家工厂。

　　我国利用蔗渣生产硬质纤维板是在 1959 年。当时的国营广东紫坭糖厂、江西第二糖厂和四川资中糖厂先后试制了硬质纤维板。采用很简陋的设备，制浆是蔗渣碱水浸泡后用锅蒸煮，压机采用螺旋压榨式，在热压板下升火加热，当然形不成规模。20 世纪 60 ~ 70 年代，国内相继建起了年产 2 000 ~ 5 000m³ 的湿法硬质纤维板机械化生产线多条，其中有一些生产线采用蔗渣为原料。90 年代后，随着中密度纤维板的发展，以蔗渣为原料的中密度纤维板也得到相应发展。

　　世界第一家蔗渣中密度纤维板厂建于泰国，于 1986 年正式投产，日产 70t。我国的广州三兴纤维板厂于 1989 年引进德国生产线，年产 3 万 m³ 蔗渣中密度纤维板。20 世纪 90 年代后广东、云南等省又有几家蔗渣中密度纤维板厂相继建成，产量为年产 1 万 ~ 3 万 m³。到 90 年代末，国内蔗渣中密度纤维板设计年产为 20 万 m³ 以上。但由于原料或其他原因，许多厂家并不完全采用蔗渣为原料。

　　世界第一家蔗渣碎料板厂建于古巴，于 1959 年开始生产。在随后的 20 世纪 60 ~ 70 年代，美国、留尼旺、阿根廷、巴基斯坦、委内瑞拉等 10 多个国家先后建成年产 1 万 ~ 3 万 t 的蔗渣碎料板生产线。到 80 年代末期，国外蔗渣碎料板年生产能力已达 30 万 m³ 以上。

　　我国于 20 世纪 80 年代开始蔗渣碎料板的研制，于 1985 年建成年产 5 000m³ 生产线。80 年代期间，我国已建成 10 余条蔗渣碎料板生产线，到 90 年代，已建蔗渣碎料板厂 20 余家，分布于广东、广西、福建、云南、湖南、湖北、四川等地，年总设计生产能力逾 20 万 m³。

　　目前，国内外蔗渣人造板的生产技术、设备工艺等已日趋完善。相比之下，国外蔗渣人造板生产厂的规模较大，日产在 50 ~ 100t，且自动化程度高，工艺设备先进。国内生产厂除引进生产线外，规模较小，日产量较低，工艺与设备也较落后。但纵观近些年特别是 90 年代中期后，由于引进设备和技术的消化，以及自身不断改造与进步的结果，上述的差距正在逐渐缩小。

5.1 蔗渣的特性及对板材加工的影响

5.1.1 组织结构与纤维形态

甘蔗属单子叶多年生禾本科植物，秆直立，高 2~4m，茎秆直径 3~4cm，实心，茎内含糖约 12%~15%，是我国南方制糖工业的主要原料，榨糖后的甘蔗即为蔗渣。

（1）组织结构

蔗渣的组织结构，一部分是强度较高的维管束，这是一种由木质素将纤维细胞与薄壁导管粘合起来的束状组织；另一部分是由坚韧平滑而排列紧密的纤维细胞和表皮细胞构成的表皮，又称蔗皮。这两部分是构成蔗渣板材强度和其他物理力学性能最有利的部分。

在蔗渣中还有较大一部分成分是质地柔软的薄壁细胞组织，俗称蔗髓或称杂细胞，约占蔗渣总量的 30%~40%。蔗髓细胞壁薄而易变形或破碎，形态粗而短，缺乏交织能力，吸水性为纤维管状细胞的 30 倍。蔗髓的大量存在给造纸和人造板生产及产品质量带来不利影响，如热磨过程中水解严重，浆料中可溶物含量剧增，加重了废水污染，浆料因杂细胞多而容易产生粘板和粘网；生产出的产品强度低，吸水率大。因此，蔗渣人造板的生产中，除髓成为一道重要工序，也是蔗渣制板的一个显著特点。

（2）纤维形态与纤维含量

蔗渣纤维是草类原料中较长而宽的一种，其平均长度约 1.7mm，宽度为 22.5μm 左右，壁厚约 2μm，纤维细胞大多两端尖削，少数也有呈叉形者。细胞壁上有明显的螺纹或节纹加厚，有小纹孔，胞腔较大。纤维分布的情况是皮部纤维最长，数量最多，近芯部纤维数量减少而薄壁细胞增多，节部纤维短而粗。在蔗渣原料中，纤维细胞占细胞总量的 65% 左右。

5.1.2 化学成分

蔗渣的化学成分与木材相比，多戊糖含量和灰分含量较高，木质素和纤维素含量与阔叶材的杨木相近，略低于针叶材。

蔗渣的化学成分与蔗髓含量有关，见表 5-1。

表 5-1　蔗渣及蔗髓的化学成分

类别	灰分（%）	热 水抽提物（%）	1% NaOH抽提物（%）	木质素（%）	树脂（%）	多戊糖（%）	全纤维素（%）	铁（mg/kg）
蔗渣	2.47	2.74	33.73	21.12	1.68	27.13	42.31	168
蔗髓	4.67	2.84	39.31	19.53	2.22	26.89	38.15	483

蔗髓中的灰分、抽提物、树脂含量均高于蔗渣各部分的平均值，而木质素与纤维素低于平均值，造成制浆中的水解严重，浆料质量差。为了减轻污染，解决生产中脱水困难与热压粘板粘网等工艺问题，提高产品质量，常常需增加洗浆工序，这也是蔗渣人造

板生产的特点之一。

由于蔗髓的存在，其化学成分与整个蔗渣有差别，而且质软、易碎，在加工与运输中常以碎屑状态存在，因此，蔗渣的化学成分与蔗渣的颗粒大小有关（表 5-2）。

表 5-2　经筛选后的蔗渣化学成分

筛孔直径（mm） 化学成分（%）	> 2.0	2.0 ~ 0.75	0.75 ~ 0.3	0.3 ~ 0.15
灰分	1.31	3.11	4.97	5.56
冷水抽提物	0.66	0.13	0.37	0.50
稀 NaOH 抽提物	29.25	31.67	35.24	37.89
苯醇抽提物	1.74	3.36	2.57	2.89
热水抽提物	1.40	1.82	2.68	4.48
木质素	21.14	21.11	21.61	22.06
多戊糖	30.64	29.35	28.26	27.21
全纤维素	58.50	53.11	48.82	49.59

从表 5-2 可看出，随蔗渣粒度的减小，灰分、抽提物和溶出物含量增加，而纤维素含量降低，对人造板生产来说，粒度过小对产品质量和生产工艺都会带来不利影响。因此，人造板生产中特别是碎料板生产，筛分也是必要的工序之一。

5.1.3　蔗渣的碎料形态

从糖厂来的蔗渣形态大小不一，有单根长纤维，也有大块纤维束和细小的蔗髓粉尘，它们之间的长度、宽度及化学成分含量都有较大差别，如果不经筛选即用于制板，质量是不易保证的。

据研究，蔗渣的颗粒尺寸与贮存时间有一定关系。表 5-3 是从糖厂运来的蔗渣的形态与尺寸。

表 5-3　蔗渣原料形态尺寸

尺　寸 蔗渣种类	6 目以上	12 目以上	24 目以上	28 目以上	45 目以上	45 目以下
新鲜蔗渣	14.8	19.4	25.4	14.2	13.7	12.3
贮存半年后的蔗渣	14.6	20.6	21.5	15.5	16.2	11.6

蔗渣中 6 目和 12 目组分占 30% 左右，主要是大块蔗渣、蔗皮及纤维束，这部分大多是纤维与蔗髓的结合体。24 ~ 45 目三组分共占 55% ~ 60%，在蔗渣碎料板生产中，这部分可直接用于制板。45 目以下组分，基本上是细粒状蔗髓粉尘，一般应当除去。

蔗渣的碎料纤维长度对板材的质量有直接影响，强度随纤维长度增加而增加，但当达到一定值后，长度继续增大，强度反而下降，这是因为短小纤维的填充所引起的增强纤维之间结合作用减小。用细粒子蔗髓制板，其强度与耐水性均极差（表 5-4）。

表5-4 蔗渣筛选后不同形态纤维对碎料板材性能的影响

项 目		筛选后不同纤维					原渣
		1	2	3	4	5	
	纤维平均长(mm)	0.8	4.02	4.57	5.94	3.26	6.69
	纤维平均宽(mm)	0.2	0.31	0.32	0.32	1.15	0.48
	长宽比值	4	13	14	18	7	14
板材性能	密度(g/cm³)	0.561	0.583	0.719	0.597	0.739	0.734
	静曲强度(MPa)	14.32	19.42	25.02	23.35	17.76	18.64
	抗拉强度(MPa)	0.03	0.62	0.51	0.68	0.28	0.38
	吸水厚度膨胀率(%)	6.6	6.7	5.4	4.9	10	9.0

据研究，较理想的碎料纤维长度为 4~5mm，长宽比在 14~18，蔗髓是不适于板材生产的。因此，从蔗渣的碎料形态尺寸方面看，除髓与筛分也是不可少的工序。

5.1.4 pH 值

蔗渣的 pH 值对生产工艺也有一定影响，除髓后的蔗渣用蒸馏水浸提法测定其 pH 值，原料与蒸馏水比例为 1:20，其结果如下：

浸提时间(h)　　　　8　　　　　　16　　　　　　24

pH 值(平均)　　　6.79　　　　6.54　　　　6.21

可见蔗渣的浸提液呈弱酸性，随时间延长，pH 值还有降低趋势。这对于蔗渣碎料板生产中使用脲醛树脂，在酸性条件下固化有利。

但是，在纤维板生产中，由于磨浆中蔗渣较木材易于水解，同时蔗渣中的残糖在酸性条件下加热，有部分转变成极易吸水的转化糖和果糖，所以，热磨后浆料 pH 值在 3.5~5.0，这样，湿法生产中的洗浆就成为提高质量的一个措施。

综上所述，由于蔗渣原料的化学组成、组织结构、形态尺寸等方面与木材原料有一定差别，因而在人造板生产工艺上与使用木材原料相比有其特殊点，总结起来有下述几点：

①蔗髓对人造板生产工艺及产品质量有不利影响，因此需要增加除髓工序以除去原料中的蔗髓。

②蔗渣碎料板生产中，筛分有其重要作用。

③由于蔗渣中可溶物成分含量及易水解成分含量高，对湿法生产中浆料的脱水、施胶及热压成型均带来工艺困难，并对质量上有不良影响，因此往往需要增加洗浆工序或采取其他有关措施。

5.2　蔗渣的除髓

5.2.1　蔗髓对板材质量的影响

如第一节中蔗渣特性对板材性能影响中所述，除髓是蔗渣人造板生产中提高板材质量和改善生产工艺的措施之一。随除髓率的提高，板材的质量变好，生产中的工艺问题减少。但是，蔗髓在蔗渣原料中占 30% ~ 40%，随除髓率提高，原料利用率减小，而且在除髓过程中不可避免会损失一些有用纤维。因此，只要工艺许可，板材能达到规定指标，应尽量做到部分除髓甚至于不除髓。对于不除髓制板，已有人在研究并得到较好的结果。

据王天佑等人的研究，对于干法生产而言，特别是中密度纤维板，其物理力学性能主要靠胶黏剂与纤维及纤维与纤维间的结合力，髓的影响变得较小，他们研究了除髓与不除髓蔗渣干法中密度纤维板的物理力学性能(表 5-5)。

表 5-5　除髓与不除髓蔗渣中密度纤维板物理力学性能

原　料	施胶量（%）	物理力学性能						
		密度（g/cm³）	静曲强度（MPa）	内结合强度（MPa）	吸水率（%）	吸水厚度膨胀率（%）	线膨胀率（%）	含水率（%）
除髓蔗渣	10	0.753	29.27	0.334	11.57	0.21	0.28	5.35
	12	0.751	33.06	0.433	9.37	4.99	0.25	5.12
	14	0.756	30.33	0.300	11.47	5.67	0.28	5.09
未除髓蔗渣	10	0.768	27.46	0.225	12.55	5.90	0.35	4.72
	12	0.736	33.67	0.464	12.17	4.98	0.32	4.82
	14	0.710	35.91	0.489	11.13	4.26	0.27	5.07

根据表 5-5，随施胶量的增加，不除髓的蔗渣中密度纤维板静曲强度与除髓的差别变小甚至更好。当施胶量 14% 时，静曲强度已大于未除髓的。内结合强度也有类似结果，而且结果更为明显，除髓板为 0.300MPa，而未除髓板为 0.489MPa。这种情况的出现可能要从蔗髓的填充性与结合性方面分析。从其他几项性能看，除髓板与未除髓板在低施胶量时(10%)，前者明显优于后者，随施胶量提高，差别愈来愈小。实践证明，不同的蔗渣人造板对除髓率有不同要求，对碎料板要求除髓率高，而对纤维板要求则较低。

5.2.2　除髓对贮存的作用

除髓的另一个特点是有利于原料的贮存。未除髓的新鲜蔗渣在贮存后数小时内微生物如真菌孢子、腐朽菌等便开始在 80% ~ 100% 的高湿度和 40 ~ 50℃ 的温度下滋生，并分解剩余糖分、木质素，直至纤维素。时间较长的情况下，纤维质量遭到损害，同时颜色越变越深，使所制板材强度下降(表 5-6)。

表 5-6　发酵与未发酵蔗渣原料碎料板性能

性　能 ＼ 原料状况	发酵蔗渣		未发酵蔗渣	
板材厚度（mm）	12	19	12	19
密度（g/cm³）	0.650	0.520	0.630	0.520
静曲强度（MPa）	15.0	12.0	24.0	16.0

此外，蔗渣腐败后，长年从事处理这种腐败蔗渣工作的人员还会导致患一种严重的肺部疾病，俗称"甘蔗渣炎"。

5.2.3 蔗渣的除髓

除髓的方法一般有 3 种，即半干法、干法与湿法。

半干法除髓是将含水率约 50% 的新鲜蔗渣立即除髓，一般在糖厂进行。立即除髓可以去掉 25% ~30% 的蔗髓和细粒。新鲜的蔗渣如不立即除髓，它所含的 2% ~4% 的剩余糖分及其他低分子组分会转变成乙醇和酸，产生放热的发酵过程，发酵水解的作用往往会影响蔗渣纤维的强度性能。

甘蔗是一种季节性植物，为保证工厂常年生产和产品质量，贮存是重要的一道工序，而新鲜蔗渣的半干法除髓对于蔗渣的贮存是十分有利的。我国目前贮存蔗渣的主要方法是将蔗渣打捆后堆垛，如果蔗渣在贮存之前先除去髓，则由于除去了髓与细粒，一方面大大减少了贮存场地空间和运输费用，另一方面使蔗渣通风性好，热量与水汽易散失，贮存中温度与水解程度下降，含水率在 4 ~6 周之后即可降至 25% 左右。

此外，蔗渣在湿状态下除髓，其海绵状的髓细胞易于用刀具将其刮下来。如未除髓就进行压缩打包，此海绵状髓细胞被压向纤维，随水分的减少它们将继续保持压缩状态，在其后的除髓中，刀具就难于将其除去，或者是加重机械对纤维本身的损伤。

干法除髓是指蔗渣贮存 3 个月后，其中残糖已降至 0.05% 左右，水分降至 25% 以下，此时对蔗渣除髓，其除髓率一般达 25% ~30%。实际上，由于半干法新鲜蔗渣的除髓优点很多，一般在打包前均已进行，因此干法除髓已是一种二次除髓。对于造纸厂，二次除髓是必要的，甚至还要采取两级二次除髓，第一级除髓率 25%，第二级除髓率 16% ~18%，总除髓率达 36% 以上。对于人造板生产，普通产品采用半干法一次除髓的蔗渣已能达到要求，如对产品性能要求很高，也可采用干法二次除髓，这样原料的利用率当然低一些。

湿法除髓是将蔗渣与水或可利用的废水按一定比率混合。利用水力碎浆机或盘磨把蔗髓分离出来，一般生产高级纸张采用，人造板生产极少进行湿法除髓。

半干法除髓与干法除髓设备一般采用锤击式原理，其形式有卧式和立式，如图 5-1 所示。

在锤式除髓机中，高速飞转的飞锤打击来自加料口的蔗渣，蔗渣在冲击、摩擦与搓揉的联合作用下，形成一高速旋转的蔗渣环，易碎的蔗髓与纤维分离后从筛板的筛孔飞出。

除髓率的大小与原料水分、处理量、蔗渣状态、筛孔大小等有关。水分含量高，则除髓率低，筛孔大则除髓率高。除髓率高低应根据生产工艺和产品质量要求具体制定。

卧式除髓机的除髓效果随蔗渣水分与投料量多少不同而差别较大。当蔗渣水分在 30% 以下时，处理量较大，水分增加时，则易堵塞筛孔，除髓率下降，此外，投料量稍过大时，除髓机就容易堵塞。

立式除髓机克服了卧式除髓机的缺点，不易堵塞，除髓能力大，适应性强，可用于

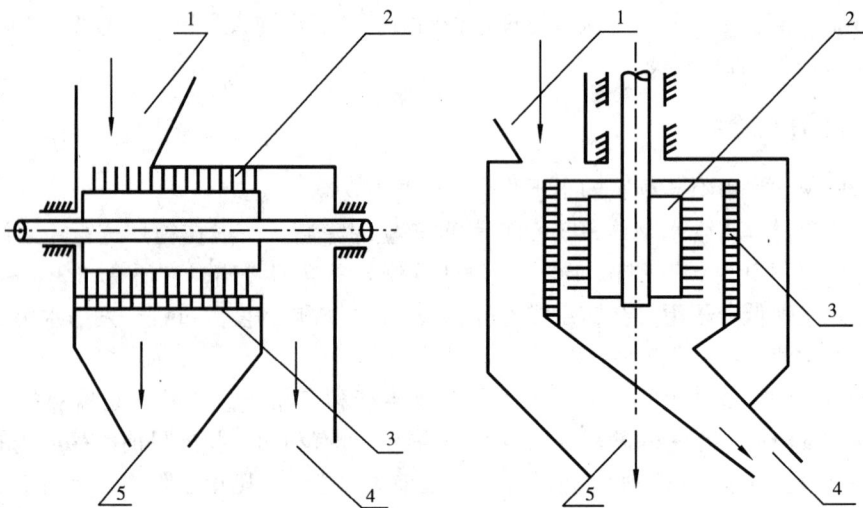

图5-1 蔗渣除髓设备示意

1. 蔗渣进料 2. 飞锤 3. 筛板 4. 蔗渣纤维 5. 蔗髓

半干法、干法甚至湿法除髓。我国20世纪80年代才开始研究制造立式除髓机，图5-2是轻机总公司江门机械厂生产的ZCC136Yφ1150立式除髓机外形简图。φ1150立式除髓机主要技术参数如下：

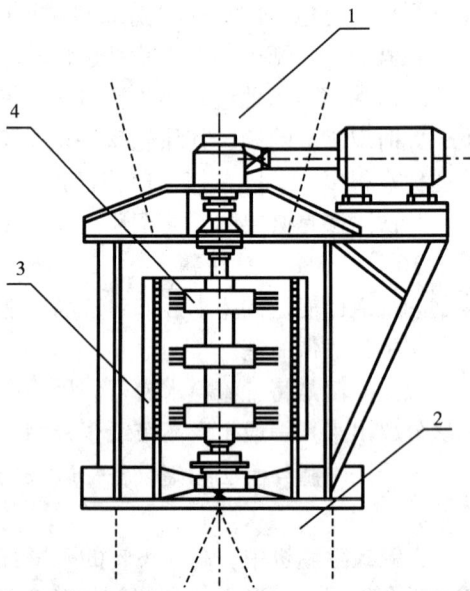

蔗渣喂入量	250~300 绝干 t/d
除髓率	20%~30%
筛鼓直径	1 165~1 200mm
转子直径	1 130~1 150mm
转速	122r/min

锤式除髓机锤击蔗渣时，纤维不可避免地受到一定程度的损伤或打碎，在蔗渣中还有相当数量的细小纤维。因此，在目前还没有十分有效的新的除髓设备以前，正确掌握除髓工艺及除髓率大小，以充分利用蔗渣原料，显得十分重要。

图5-2 φ1150立式除髓机组

1. 进料斗 2. 出料斗 3. 筛鼓 4. 锤片

5.3 蔗渣纤维板生产工艺特点

我国从20世纪50年代末期开始研制纤维板，经过近40年的实践，已能规模化生产蔗渣软质纤维板、硬质纤维板和中密度纤维板，工艺技术与生产设备日趋完善，虽然还存在不同程度的问题，但蔗渣纤维板已成为人造板品种中的一个重要组成部分。本节根据蔗渣的材性，讨论其制浆的特性以及几种蔗渣纤维板生产的不同特点。

5.3.1 蔗渣的制浆与浆料处理

5.3.1.1 备料

蔗渣为季节性原料，贮存是重要工序之一。糖厂的新鲜蔗渣经半干法一次除髓后，即可打包堆垛贮存，堆垛一般采用长方形，堆长 25~40mm，堆宽 15~20mm，堆高 8~13m，垛间距 1~2m，通风保持良好。

榨糖后的新蔗渣，含有 2%~4% 的残糖，而且新榨的蔗皮韧性较大，不利于湿法生产中浆料的得率和纤维分离，生产中还容易造成浆池浮浆，使生产的产品吸水率提高。经过 3 个月左右时间的贮存，蔗渣所含残糖逐步转化，糖分差不多耗尽，蔗皮等坚韧部分逐渐变软，外观由果青色转为黄色，蔗渣含水率也降低到 25% 以下，此时的蔗渣不仅有利于纤维分离，而且生产出的板材外观较好，色泽均匀，吸水率与变形较小。

在制浆前，人造板生产一般不采取干法二次除髓。

5.3.1.2 制浆

蔗渣形态蓬松，质量体积大，采用按木材原料设计的热磨机进料部分，应将锥形管和进料螺旋尺寸作相应调整，未经改造的热磨机生产能力下降，而且由于进料量小，料塞气密性差，经常造成反喷。目前已有适合于蔗渣等的新型非木材植物热磨机。

由于蔗渣的半纤维素含量、热水抽提物和 1% NaOH 抽提物含量均比木材高，故应采用低温低压延时预热工艺。热磨时蔗渣含水率以 35%~50% 为宜，含水率偏低时，应设法增加其含水率。

蔗渣比木片细小，热磨磨齿最好加宽，使磨浆时纤维切断少。蔗渣纤维平均长度为 1.7mm 左右，宽为 22.5μm 左右，其形态类似软阔叶材纤维。经实践证明，蔗渣热磨时磨盘间隙应控制在 0.1~0.15mm，约为蔗渣单根纤维直径的 5 倍。

蔗皮与蔗髓是两种性质相差较大的材料，蔗皮结构密实、强度高而韧性好，不易水热处理。蔗髓软而细小，易占据磨齿间隙影响磨浆质量，纤维细小易流失，这给制浆带来一定困难。

表 5-7 是王天佑、李强对除髓和未除髓蔗渣制浆的研究结果。试验热磨蒸汽压力为 0.5~0.6MPa，预热时间 4min，磨盘间隙 0.1mm。两种原料的纤维质量共同特点是粗纤维含量高，中小纤维含量少，未除髓蔗渣细小纤维含量略高。

表 5-7 蔗渣磨浆纤维质量

性能\蔗渣种类	筛分值(%)					滤水度(s)	堆集密度(g/cm³)
	>20 目	20~40 目	40~100 目	100~200 目	<200 目		
未除髓蔗渣	59.7	18.2	4.4	9.0	8.7	12.46	0.031
除髓蔗渣	64.6	19.1	2.9	5.5	7.5	11.32	0.036

5.3.1.3 洗浆

如前所述，蔗渣较高的含糖量及可溶物，对浆料的施胶、脱水、成型与热压及产品质量均带来不利影响。因此，洗浆是保证纤维板正常生产和提高产品质量的措施。此外，洗浆还可进一步除去浆料中残存的蔗髓，有利于降低湿法硬质纤维板成品吸水率。

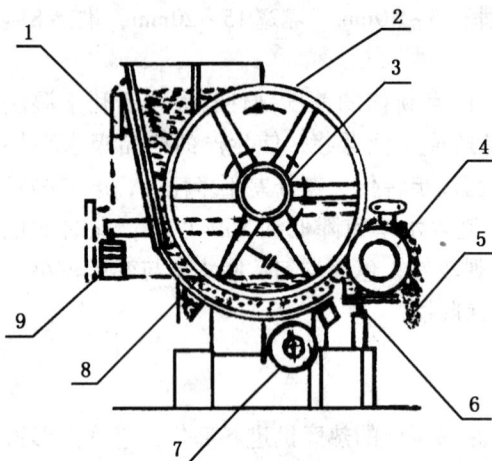

图 5-3 侧压式洗浆机
1. 进浆口 2. 转鼓 3. 传动齿轮 4. 压辊
5. 已洗涤的浆料 6. 刮刀 7. 洗涤水出口
8. 鼓槽 9. 加压重锤

洗浆目前在中小型厂多采用侧压式洗浆机，如图 5-3 所示，也称加式脱水机。它有一转鼓与压辊，压辊由两道杠杆施加压力，调节杠杆上重锤的位置与重量，可以调整线压力的大小。压辊表面具有与转鼓表面相同的线速度，一方面起挤压浆料与卸料作用，另一方面也起封闭浆槽与转鼓之间的间隙作用。

浆料从转鼓一侧进入鼓槽，在液位的作用下，转鼓表面形成浆层，经压辊挤压后带出，然后用刮刀剥下。

侧压式洗浆机进浆浓度为 1% ~ 3%，出浆浓度为 7% ~ 10%，是一种低浓度洗浆设备。低浓度洗浆效率较高，设备不复杂，但洗浆排出废水量大，对废水处理或综合利用不利。因此，洗浆设备还需进一步改进与完善，例如采用真空式洗浆或螺旋挤浆，螺旋挤浆法已在纤维板生产中得到应用。

采用干法生产纤维板时，由于板材的物理力学性能主要靠胶黏剂的作用，一般不用洗浆。

5.3.1.4 浆料处理

无论干法或湿法生产纤维板，一般在浆料中需加注防水剂，主要采用石蜡乳液。施加方式与木材纤维板相同，除石蜡乳液外，将熔融石蜡注入热磨机或预热缸也是常用的方法。

蔗髓的吸水性很强，随除髓率的降低，应相应增加防水剂用量。石蜡的施加对纤维板的耐水性能有十分明显的作用(表5-8)。

施加防水剂与不加防水剂耐水性能差别极大，尤以吸水率与厚度膨胀率最为明显，性能成倍提高。施加量到 1% 以上时，变化趋于缓和，效果已不十分显著，而且开始影响产品的力学强度。因此，防水剂的施加应控制在 1% ~ 2%。对于蔗髓含量很高，对耐水性又有较高要求时，施蜡量最大不应超过 3%。否则，需采用其他方式如多加树脂胶或添加增强剂来解决问题。

表5-8 施蜡量对蔗渣中密度纤维板性能的影响

施蜡量（%）	物理力学性能						
	密度（g/cm³）	静曲强度（MPa）	内结合强度（MPa）	吸水率（%）	吸水厚度膨胀率（%）	线膨胀率（%）	含水率（%）
0	0.699	26.68	0.505	82.77	16.03	0.57	4.23
0.5	0.718	28.84	0.400	25.77	9.37	0.47	3.96
1	0.679	28.74	0.424	17.14	7.13	0.37	3.80
1.5	0.723	29.61	0.419	15.24	6.32	0.33	3.89
2	0.716	28.14	0.552	13.10	5.60	0.28	4.65

5.3.2 湿法蔗渣纤维板的成型与热压

目前采用湿法可生产蔗渣硬质纤维板、软质纤维板和中密度纤维板。与木材纤维浆相比，蔗渣浆料中的糖分和杂质如蔗髓、果胶、蜡等含量较高，这样使浆料的滤水性变差，浆料在长网成型机上脱水成型时有一定困难，特别是软质纤维板的浆料本身不仅较细，而且与中密度纤维板的板坯一样，厚度都较大，脱水就更困难一些。目前工艺上采取的措施有：

①提高浆料上网浓度，以减少长网脱水量，浓度不低于3.5%。

②加强脱水措施，如真空强化脱水，大直径压辊强制脱水等。

③延长长网成型机自由脱水段，将尼龙网改为铜网。

④降低长网网速（速度控制在不高于4m/min），使其适于脱水要求。

由于浆料浓度增大，拍浆器的拍浆板浸入网案浆流的深度应稍深一点，给浆料造成较强的震荡，以减少板坯分层现象。

蔗渣浆料的上述特点，对热压带来不利影响。在高温高压下，板坯内的糖分及杂质产生降解，产生粘网粘板现象，为了避免这种现象，可采用双层垫网热压，底网用12～16目镀锌铁丝网，增加的上垫网采用23～24目的铜网，这样可使粘板粘网现象显著减少，纤维板背面网痕较浅，成品的静曲强度还可增加0.5MPa左右。

软质纤维板成型后的干燥工艺与木材纤维板没有什么区别，硬质纤维板的热压工艺条件同木材纤维板相比也无什么大的不同之处。

利用湿法硬质纤维板生产线生产中密度纤维板，生产时需对工艺与设备作较多调整。除了上述一些措施外，还有如下一些要求：

①浆料的滤水度在20s以上，因此一级精磨达不到要求时，还要采取二级精磨或打浆措施。

②中密度纤维板密度小，纤维之间距离大，交织性能下降，为保证板材质量，需施加4%左右的树脂胶。

③热压工艺中，板坯含水率对其影响很大，故采用预压脱水工艺最好，预压脱水可采取大直径辊筒辊压，也可采用平压，使板坯水分降至55%以下，热压时水分仅以蒸汽形式排出，提高了热压效率和产品质量。

5.3.3 干法蔗渣中密度纤维板

干法蔗渣中密度纤维板的生产工艺基本上与干法硬质纤维板相同，干法硬质纤维板在我国已极少厂家生产。与湿法蔗渣中密度纤维板相比，干法蔗渣中密度纤维板的生产工艺特点主要在于施胶、干燥、成型和热压等方面。因此，有关蔗渣中密度纤维板生产工艺特点，只对其施胶以后各工序中较突出的内容进行介绍。此外，由于用蔗渣或用木材原料生产中密度纤维板的工艺与设备都差不多，加之国内中密度纤维板生产进行介绍的教材或正式书籍很少，故在此介绍的内容往往既适用于蔗渣原料，也适用于木材原料。

5.3.3.1 施胶

同碎料相比，经热磨机分离后的纤维比表面积要大得多，要将胶液均匀地施加在纤维表面，是中密度纤维板制造过程中最困难的一道工序，无论搅拌式还是喷洒式的施胶设备，均难以达到满意的效果。

气流管道施胶工艺的出现，突破了施胶工艺上的难点。该工艺是将胶料通过输胶泵送入热磨机与干燥机之间的气流管道（或排料阀），当纤维高速通过气流管道或排料阀时即与同时喷入其中的胶料充分接触，如图5-4所示。胶料喷出量由热磨机水平螺旋的转速决定，即随热磨机产量的变化而变化，这一点由 PC 程序控制系统自动控制来实现。

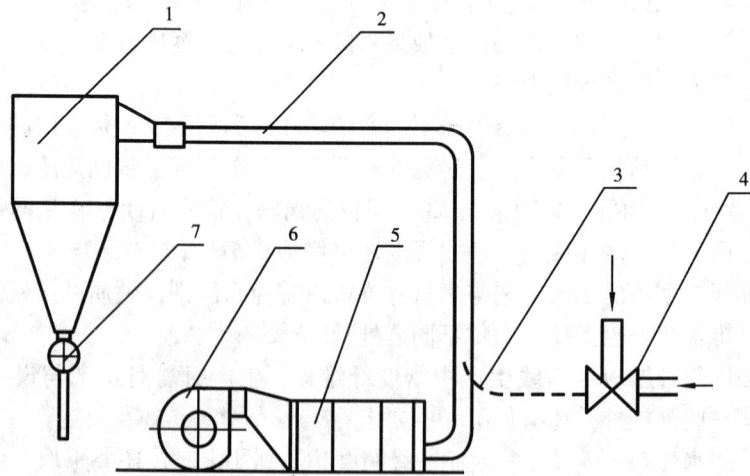

图5-4 中密度纤维板施胶、干燥工艺流程
1. 旋风分离器 2. 干燥管 3. 排料管(气流管) 4. 排料阀及喷胶嘴
5. 加热器 6. 风机 7. 回转出料阀

喷入气流管道的脲醛胶液浓度，应保持在 40% ～45%，如采用拌胶机，其浓度可保持在 50% ～55%。

向气流管道喷施脲醛树脂胶时，其施加量较之搅拌高约 5% ～15%，多用的费用可通过简化施胶作业和不需清洁搅拌机而得到补偿。德国制造的三层中密度纤维板所用的设备，其表层纤维采用气流管道施胶，内层采用拌胶机施胶，以减少这道工序的费用。

生产室外用中密度纤维板需采用酚醛树脂胶，胶料施入气流管道时浓度应稀释到15%～20%。

对于蔗渣中密度纤维板，脲醛树脂胶施加量一般为7%～12%，酚醛树脂胶施加量为5%～8%，表层施胶量高于内层。防水剂的施加一般是在热磨室中进行。

5.3.3.2 干燥

中密度纤维板的纤维是在管式干燥机中进行干燥，在干燥机中蒸汽加热器把空气加热到工艺要求的温度，当纤维从热磨机中喷管喷入干燥管热气流中后，一方面被吹着前进，一方面得到干燥。之后被送入旋风分离器，将纤维与空气分离。

干燥系统中，还设有纤维含水率快速测定仪、干燥温度检测仪、火警探测装置及灭火装置等。

5.3.3.3 成型与预压

干燥后的纤维经输送、贮存后，从纤维料仓均匀地送出，经风管把悬浮在气流中的纤维送进"潘迪斯特"正弦波气流成型机中成型。该成型机是目前先进的成型机之一，广泛用于中密度纤维板生产，其结构原理如图 5-5 所示。

成型机上部有之字形进料管，用以均匀铺撒纤维。纤维在管中的流速为 25～10 m/s，在进口处的流速为 10m/s，气压为 22.6kPa。当纤维经进口下落时，受到来自两侧喷气箱 6、7 内脉冲气流的喷射，使纤维在成型箱内形成一个振幅式逐渐扩大的正弦波形纤维流，均匀地撒在网带上。此时纤维流速为 1m/s。网带下真空箱的真空度为 53.2kPa，这种脉冲气流是此种成型机的最大特点。脉冲喷气箱内的压力为 93.1～119.7kPa，喷气量为落纤空气量的 10%。脉冲频率为 5～10 次/min。两侧脉冲喷气箱的喷气量由板坯厚度探测器发出的信号来调节，以解决成型宽度上的厚薄不均。板坯密度和厚度由程序逻辑控制系统（PLO）控制，因而成型的板坯密度均一。

成型后的板坯厚度为 300～500mm，密度为 50～80kg/m³。板坯预压通常分两步进行：第一步是在较低压力下从板坯中排气，第二步

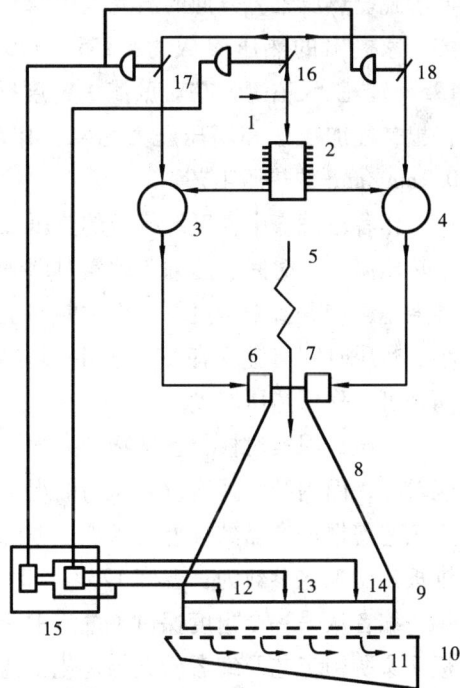

图 5-5　正弦波气流成型机示意

1. 压缩空气进气总管　2. 旋转控制阀　3、4. 气流喷射控制箱　5. 纤维下料口　6、7. 气流喷射箱　8. 成型箱　9. 纤维板坯　10. 金属网带　11. 真空箱　12、13、14. 板坯厚度探测器　15. 气流控制器　16. 气流调节阀　17、18. 两侧气流调节阀

是在较高压力下进行预压。预压通常采用连续式压机，板坯厚度可压缩 50% ~ 70%，板坯密度达到 100 ~ 160kg/m^3。

预压的主压辊线压力一般用 14MPa，相当 1.5MPa 平面压力。

5.3.3.4 热压

有关中密度纤维板(MDF)热压工艺研究的文献不多，国内生产中采用的工艺参数差别也较大。有的书中提出木材中密度纤维板热压压力为 2.5 ~ 3.5MPa，高的可达 5.5MPa。温度为 160 ~ 180℃，高时可达 200 ~ 220℃。时间为 5 ~ 20s/mm。福州人造板厂生产中采用的温度为 145 ~ 165℃，温度为 155℃时压力定为 5.0MPa 左右，时间按生产总结的经验公式计算后约为 16 ~ 30s/mm。可见工艺参数变化范围相当大，对产品质量必然有很大影响。因此，热压工艺的制定需要进行认真研究。

由于木材的材种、产地、树龄、心边材等方面的差异，都影响着热压工艺的制定。探讨木材中密度纤维板热压工艺的最佳值，较蔗渣中密度纤维板复杂。由于蔗渣原料相对单一，材料成分的不同影响相对较小。但蔗渣中密度纤维板较木材中密度纤维板的生产较晚。热压工艺方面的研究也较少。设在泰国的世界首家利用蔗渣生产中密度纤维板的厂家提出的热压参数为：155 ~ 170℃，最高压力 3.5MPa，时间 7 ~ 7.5min(板厚 19mm)。王天佑等人在对蔗渣中密度纤维板生产工艺进行初步探讨时，通过对比试验提出二段加压法和高压压力为 4.0MPa，低压压力为 2.0MPa，温度为 170℃，时间为 0.7min/mm 的热压工艺。

作者对蔗渣中密度纤维板的热压工艺作过较为详细的研究。采用正交试验法，考察了热压温度、时间、压力 3 因素对蔗渣中密度纤维板物理力学性能的影响。研究发现：温度是影响蔗渣中密度纤维板性能的主要因素，在有厚度规的条件下，压力影响相对较小。热压时间与温度有关，适当提高热压温度，可以减少热压时间。反之，延长热压时间，可以降低热压温度。

热压 3 因素对板材各项物理力学性能的影响并不一致。如握钉力在较低的温度下性能较佳，而内结合强度仅随压力的提高而增大。因此，制定干法蔗渣中密度纤维板的热压工艺需根据产品的性能要求加以考虑。在试验条件下，编者得出最佳的蔗渣中密度纤维板热压工艺参数为：温度 175℃，时间 8.5min(板厚 12mm)，压力 4MPa。

编者从另一个角度探讨了蔗渣中密度纤维板的热压工艺。采用国内蔗渣中密度纤维板厂家所用工艺及编者研究的优化工艺，一共为 8 种，对比 8 种不同热压工艺条件下木材(马尾松)中密度纤维板与蔗渣中密度纤维板所表现的性质，结果见表 5-9。

从结果可以看出，一般工艺条件下，木材中密度纤维板的物理力学性能优于蔗渣中密度纤维板，在有厚度规定的情况下木材中密度纤维板的密度一般较大，说明蔗渣的自身强度低于木材且回弹性较大。吸水厚度膨胀率一般木材中密度纤维板较高，这是木材压缩率高引起的。

表中的第 8 种工艺与上述结果有所例外，除平面抗拉强度外，其余各项性能均是蔗渣中密度纤维板较优，该工艺即为编者前述的优化工艺。说明采用优化工艺，在相同的

表 5-9　木材、蔗渣中密度纤维板在不同热压工艺条件下的物理力学性能

试验号	密度（g/cm³）		静曲强度（MPa）		弹性模量(+10³MPa)		吸水厚度膨胀率(%)		平面抗拉强度(MPa)	
	M	Z	M	Z	M	Z	M	Z	M	Z
1	0.82	0.78	20.4	22.65	3 257.6	3 386.9	15.5	10.25	0.101	0.437
2	0.85	0.63	26.48	27.44	4 808.4	2 922.3	14.0	10.15	0.118	0.266
3	0.80	0.66	23.42	17.45	3 570.7	2 053.6	13.0	7.2	0.205	0.286
4	0.84	0.68	18.95	16.36	4 539.6	2 180.6	16.0	13.0	0.226	0.206
5	0.77	0.63	18.39	10.56	4 530.6	3 113.2	10.5	10.1	0.406	0.302
6	0.72	0.65	13.01	12.91	2 943.5	2 922.3	8.3	12.9	0.362	0.107
7	0.74	0.66	15.40	7.75	3 206.3	1 987.6	13.2	10.5	0.310	0.182
8	0.85	0.69	17.81	23.34	3 303.6	4 187.6	10.5	7.5	0.336	0.207
平均值	0.80	0.65	19.20	17.78	3 770.0	2 595.8	12.6	10.1	0.258	0.218

注：M——木材中密度纤维板；Z——蔗渣中密度纤维板。

原料与施胶量等条件时，可以生产高质量的蔗渣中密度纤维板，超过木材原料所制板材。

但是，在具体生产中，由于可变因素和影响因素很多，情况比较复杂，上述结果只能说明热压工艺对蔗渣中密度纤维板的重要性，在生产中必须引起高度重视。

5.4　蔗渣碎料板生产工艺特点

蔗渣碎料板生产过程大体与木材碎料板相似，但由于蔗渣的物理形态与木材存在差别，故在具体工艺技术条件上有所不同，设备也随之有改革或变化。20 世纪 80 年代初，轻工业部甘蔗糖业科学研究所对此进行了多年研究，为蔗渣碎料板生产提供了成熟的设计数据和生产依据。

5.4.1　蔗渣的筛选

筛选是影响蔗渣碎料板性能的重要因素之一，已在第一节中作过论述。木材碎料的筛选一般采用机械振筛式，但对于蔗渣碎料，由于其纤维呈长条状，长宽比大，不同于片状或球状木材碎料。在振筛式筛选过程中，由于纤维方位不断改变，往往不能按长短严格筛分。当纤维垂直于筛网时，只要纤维轴线的横截面小于孔径，再长的都可以通过，而纤维轴线与筛网平行，直径再小也不能落下。因此，筛网易被蔗渣纤维堵塞，效率降低，对于水分含量较高的蔗渣，这种振筛分选更感困难。经过研制，一种 S 型气流分选器获得理想效果，并在生产中得到应用。

图 5-6 为 S 型气流分选器示意图。它主要由两条成一定角度的 S 型管道组成，每段管道内分若干隔室，物体在气流运动中改变方向，在转折处产生强烈涡流增加碰撞机会从而达到分选目的。

蔗渣从进料斗连续进入初选段，与底部上升的空气流接触，粗料逐渐沉降，自底部排出。除去粗碎料的蔗渣随气流吹至精选段，其中细粉被空气吹入旋风分离器，中渣从底部排出，细粉被旋风分离器分离后收集于器底，空气由循环管道送回鼓风机。

S 型气流分选器在某糖厂碎料板车间使用时筛选数据见表 5-10。分选后直接用于压板的中渣含量在 50% 左右，其碎料组成也较理想，含 24 ~ 45 目的碎料接近 80%，45 目以下的粉尘排除率达 90% 左右。

苏州林机厂生产的 BF212A 型气流分选机适合于非木材植物纤维碎料的分选。在碎料含水率 8.26% 时分选的结果如表 5-10。

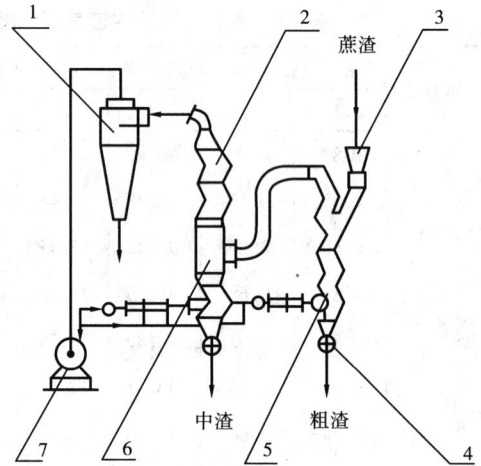

图 5-6 S 型气流分选器

1. 旋风分离器 2. 精选段 3. 进料斗 4. 出料器
5. 初选段 6. 精选段缓冲器 7. 风机

表 5-10 蔗渣经 BF212A 气流分选机分选结果

蔗渣类别 碎料形态	蔗渣粗料				蔗渣细料			
	平均值	最小值	最大值	分布集中情况	平均值	最小值	最大值	分布集中情况
长度(mm)	11.65	3.2	27.4	3.2 ~ 15.3(74%)	21.55	7.8	38.5	7.8 ~ 28.2(78%)
宽度(mm)	0.347	0.06	2.2	0.06 ~ 0.44(74%)	2.606	0.2	8.8	0.2 ~ 4.5(82%)
厚度(mm)	0.214	0.06	0.8	0.06 ~ 0.31(84%)	0.842	0.2	1.8	0.2 ~ 1.26(92%)

从表中可以看出粗、细料的分离效果比较明显。在长度方向上，细料的平均长度仅为粗料平均长度的 54%；宽度方向上，细料的平均宽度仅为粗料平均宽度的 13%；厚度方向上，细料的平均厚度仅为粗料平均厚度的 25%。以各自长度、宽度、厚度的平均值乘积相比，细料乘积值仅为粗料乘积值的 2%，可见粗细料差异之大。该机分选出的细料尺寸相当均匀，说明生产中可采用此机进行蔗渣的分选。

5.4.2 蔗渣的干燥

蔗渣体积蓬松，一般采用气流干燥，这种方法有如下优点：
①蔗渣相对密度小，容积大，采用气流干燥适于碎料的悬浮和气力输送；
②蔗渣碎料松散，比表面积大，有利于与空气接触进行热交换，干燥效率较高；
③气流干燥占地面积小，设备结构简单，投资相对较少。

图 5-7 是用于年产 3 500m³ 蔗渣板车间的气流干燥机示意图。

该干燥机主干燥管垂直总高 14m，采用变径结构，使蔗渣在管内停留时间加长，增加碎料与热空气接触机会。辅助干燥管长 15m，水平预热管长 9m，均为直通结构。干燥后蔗渣含水率可从 35% 以上降至 15% ~ 20%。如果采用一级干燥，这样的含水率显然过高。故一般在一级气流分选后进行二级气流干燥。一级干燥温度为 140 ~ 150℃，二级干燥温度为 145~160℃，蔗渣最终含水率可达 5% 以下。生产实践证明在原料含水率偏高，如初含水率为 40% 以上时，二级气流干燥仍然满足不了制板要求。因此，一些厂家已向三级圆筒气流干燥等新干燥方式发展。

四川东华机械厂设计的年产 1 万~1.5 万 m³ 蔗渣碎料板干燥机组为对流供热气流干燥，由空气预热器、主干燥器、三级圆筒干燥器、旋风分离器、风机组成。空气预热器将空气加热到 180℃ 送入主干燥器底部，湿蔗渣在其中被加热后由热空气输送至三级圆筒干燥器继续进行干燥，出圆筒干燥器时含水率为 2%~4%，经旋风分离器分离后干蔗渣进入下道工序。

蔗渣的含水率变化较大，一般需采用多级干燥才能达到要求。广西大桥糖厂碎料板分厂改造后的干燥系统即采用在三级圆筒干燥机前加两级气流干燥的方式，取得了好的效果。

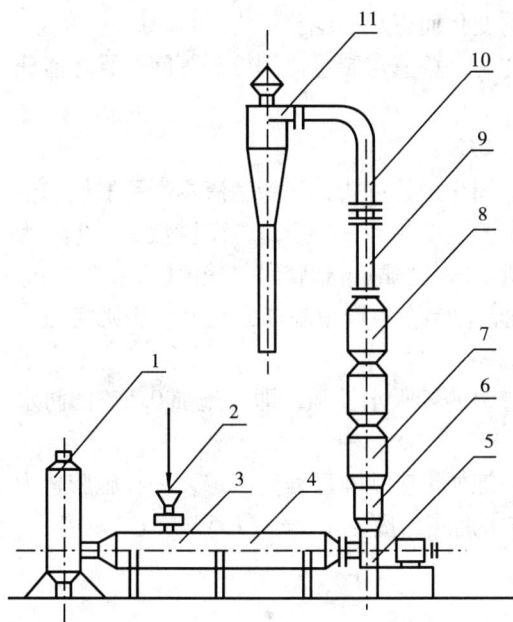

图 5-7　蔗渣气流干燥机

1. 空气加热器　2. 进料器　3. 水平吸入管　4. 预热干燥管　5. 鼓风机　6. 下干燥管　7. 混合干燥管　8. 连接管　9. 上干燥管　10. 辅助干燥管　11. 旋风分离器

5.4.3　施胶

蔗渣比木材相对密度小，单位重量比表面积较木材大得多，加之蔗渣中还含有多孔性蔗髓细胞，胶液极易被其吸收，渗透至内部，减少碎料表面胶量，影响结合力，所以蔗渣施胶的均匀性比木材碎料显得更重要。

木材碎料的施胶一般采用连续搅拌法或喷雾法，国内可借用于蔗渣原料的有昆明人造板机器厂的 BS 型环式拌胶机及哈尔滨林业机械厂的 BJ 型喷雾式搅拌机。这些适合于木材碎料的拌胶设备也可应用于蔗渣，但生产能力只能达到木材碎料的一半。根据蔗渣相对密度小的特点，已研制出一种气流施胶装置，如图 5-8 所示。其原理是利用气流把蔗渣粒子在施胶箱内形成悬浮分散状态，胶料在箱底与入口成一定角度向上喷入，使微细胶雾与运动状态下的碎料充分接触，然后经出料器落到混合搅拌

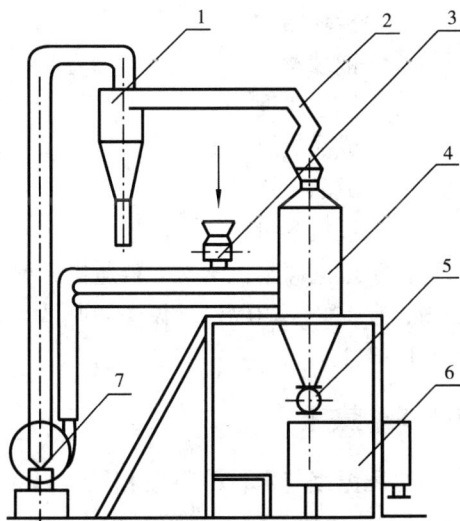

图 5-8　气流式施胶装置

1. 旋风分离器　2. S 型升气管　3. 进料器　4. 施胶箱　5. 出料器　6. 混合箱　7. 鼓风机

器进一步拌匀,其作用是改善由于进料速度的变化而引起的施胶不均。

该机施胶效果好,但需进一步解决进料均匀、蔗渣与胶量比例控制等问题,才能获得满意的效果。

蔗渣碎料板一般采用脲醛胶,施胶量6%~12%。

在施胶工艺方面,许多厂家采取调胶不加固化剂的方式,认为蔗渣本身呈酸性。根据对几个蔗渣碎料板厂的原料取样调查,pH值大多在4.97~6.3,而胶液的pH值为7~8。胶渣混合之后,并不能达到生产工艺所要求的脲醛树脂胶固化酸值(一般要求pH值在4~5)。为不影响脲醛树脂胶的固化速度,应当在生产中施加固化剂,否则需适当降低制胶的pH值。

此外,防水剂的施加是极其重要的。蔗渣中的髓吸水性强,即使施加0.5%的防水剂,板材的耐水性即成倍提高。

一般来说,蔗渣碎料板的施胶量与防水剂施加量应视除髓程度而定,一般施胶量为7%~12%,固化剂施加量为0.5%~1%,防水剂施加量为0.5%~1.5%。

5.4.4 铺装与预压

国产的机械式多层铺装机或移动式气流铺装机等木材刨花板设备,均可满足蔗渣碎料板的铺装要求,控制得好时,甚至可以生产3mm厚的薄板。由于蔗渣相对密度小于木材,机械铺装机计量部分应根据蔗渣情况加以改进。

蔗渣比较疏松,铺装厚度的比值比木材原料大。板坯厚度与成品厚度的比值,机械铺装为6:1~8:1,气流铺装为4.5:1~7:1。昆明人造板机器厂研制的BP3313/18型气流铺装机,较适合于蔗渣碎料的铺装,其主要参数如下:

产量	18m³/d(最高50m³/d)
板坯结构	渐变
铺装宽度	1 250mm
铺装厚度	30~300mm
成品板厚	6~40mm
成品规格	2 440mm×1 220mm
装机容量	11.25kW

由于蔗渣碎料比木材碎料蓬松,蔗皮较难压缩,预压压力可稍大于木材碎料板预压压力,在1.8~2.0MPa。设备可用BY8313/2型或其他连续式预压机,压缩比一般为2.5:1~3:1。

5.4.5 热压

热压温度与木材碎料板相同,以胶的固化温度为准,采用脲醛树脂胶时在135~150℃。热压压力较木材碎料板大,采用2.5~3.5MPa,加压时间每1mm板厚需1~1.2min。对于同时闭合压机,热压时间可缩短。

对蔗渣碎料板的热压最佳工艺的研究很少,据孙世良等人的研究,压制14.5mm厚,施胶量12%~14%的蔗渣碎料板,采用的热压工艺是:温度150℃,高压快速闭合压机后，降至压力 2.4MPa，保压 5min，再降至 1.35MPa，保压3min，再降至0.7MPa，保压2min，最后在1min内将压力逐渐降至零，实际是3级逐渐降压曲线(图5-9)。20 世纪 80 年代末，人造板工业广泛采用单层压机，蔗渣碎料板生产也已采用这种压机，如广东珠江糖厂、红旗糖厂等，产品质量较高而且性能稳定。

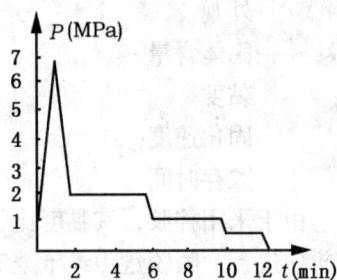

图5-9 蔗渣碎料板热压曲线

5.4.6 蔗渣碎料板技术经济指标

每吨蔗渣碎料板国内外消耗见表5-11。

表 5-11 每吨蔗渣碎料板国内外消耗

类 别	国内某厂	留尼旺	国外某厂
蔗渣用量(绝干，t)	2	1.5	2.5
脲醛树脂胶用量(kg)	80	80	85
防水剂用量(kg)	10	5	5
用电量(kW/h)	200	200	260
用气量(t)	2	1	130 万 cal[1]

① 1cal = 4.184kJ。

5.5 覆塑蔗渣瓦楞板

覆塑蔗渣瓦楞板同竹席波形瓦属同一类产品，生产工艺设备及产品用途大致相同。但是，由于使用完全不同的原料，除设备外，其具体的工艺及参数是不相同的。

同蔗渣碎料板和木材刨花板相比，覆塑蔗渣瓦楞板在设备与工艺上都有所不同，特别在成型、热压、覆塑等方面难度较大，具有它的特殊性。这种产品于 20 世纪 80 年代末期在我国开始生产，最初大部分工序采用手工，经过 10 多年发展，到 90 年代末，我国上海人造板机器厂已生产出成套机械化设备，并可提供整套生产工艺与技术。

5.5.1 覆塑蔗渣瓦楞板生产工艺

(1)原料

利用未除髓的蔗原渣，经散包后干燥至含水率4%~6%即可。

(2)拌胶

覆塑蔗渣瓦楞板用于室外，要求经受风霜、雨露、阳光照射，故采用酚醛树脂胶，指标可参考如下：

外观	深棕色黏稠液体
固体含量	47%
黏度	$13.5 \sim 16.5 \mathrm{m}/(\mathrm{Pa} \cdot \mathrm{s})$
固化速度	$70 \sim 80 \mathrm{s}$
贮存时间	12 个月

　　由于采用拌胶，其黏度比竹席波形瓦采用的拌胶黏度要低。拌胶可在一般喷胶式拌胶机中进行，喷胶量为绝干蔗渣的 8% ~ 10%。

　　(3)铺装与热压

　　蔗渣瓦楞板为波形，不易变形和翘曲，所以在铺装方面不如平板那样要求严格。但由于表面特殊，需采用模具。

　　按瓦楞板尺寸要求制作一瓦楞模具，将拌胶后的蔗渣定量放入模具框内，扒平后压实边角。送入瓦楞滚筒式连续预压机中，预压成波形，波形的大小与热压机的瓦楞板波峰一致。预压压力在 3 ~ 5MPa。

　　经预压后成型的板坯，上下各用一张波形垫板(制法见第 6 章竹席波形瓦一节)组成热压坯板。

　　(4)热压

　　装板机将坯板送入多层瓦楞板压机进行热压，具体工艺参数是：

热压温度	$160 \sim 170 ℃$
热压压力	3.4MPa
时间	$15 \sim 20 \mathrm{min}$

瓦楞板热压机规格尺寸为：

总压力	2 000t
幅面	$3\,000 \mathrm{mm} \times 1\,200 \mathrm{mm}$
层数	5 层

　　热压模板波形，按中华人民共和国建筑工程部《JG66—63》标准设计制造。波形尺寸为：

波距	130mm
波高	40mm
波数	9 个
波峰夹角	$\theta = 117°$

　　(5)覆塑

　　热压后的瓦楞板，表面粗糙，吸水能力强，防渗性能差，强度较低，使用时间短，需经覆塑处理。

　　覆塑工艺：将两张浸胶后的牛皮纸，分别放入压好的瓦楞板两个板面上，使胶纸紧贴坯板各部位的表面，上下各用一张波形垫板再次组成坯板放入瓦楞热压机中进行覆塑。覆塑处理的温度与压力比压制瓦楞板基材时低，具体参数如下：

覆塑处理温度	$120 \sim 130 ℃$
覆塑处理压力	$2 \sim 3 \mathrm{MPa}$

覆塑处理时间   10 ~ 15min

经覆塑处理后的瓦楞板外形固定，波峰明显，不易变形，表面光滑、美观。

5.5.2 覆塑蔗渣瓦楞板生产中的问题讨论

（1）铺装中的问题

蔗渣瓦楞板利用原渣，未经筛选和除髓处理，故粒子粗细不均，纤维长短不一，但原料利用率高，成本低，经覆塑处理后对质量影响不大。由此带来的问题是，给干燥、喷胶和铺装带来一定困难。经分析，同样工艺条件下，蔗渣细粒子的含水率在2% ~ 3%，含胶量在12% ~ 14%，粗粒子和长纤维的含水率在12%以上，含胶量在4% ~ 6%。因此，有喷胶不匀、铺装不均的现象。未经覆塑处理的瓦楞板易产生应力变形，不能直接使用。所以，对原料处理、施胶、铺装等工艺与设备还需进一步改进。

（2）热压中的问题

蔗渣瓦楞板的形状为波形，产品的实际尺寸小于产品的展开尺寸，按一般平板的工艺压制较为困难，波峰与波谷之间受延展力和扩张力的影响，有时在波埂的部位因热压不当造成空洞。板子中心部位受波峰阻隔，水分很难排除，容易产生鼓泡、分层、翘曲问题。这一点对于竹席波形瓦问题不大，因竹席缝隙多，水分易于排出。经实验与生产实践，证明采用如图5-10所示的热压曲线，先用低压使其缓慢成形，后用高压快速固形，这样可使蔗渣碎料固定在波峰、波谷、波埂的各个部位，效果较好。

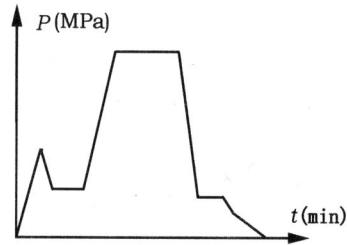

图5-10 蔗渣瓦楞板坯热压曲线

（3）覆塑的影响

覆塑对瓦楞板质量影响极大。未经覆塑处理的板材，波峰强度低，吸水率高。经水煮—干燥周期试验后，面层疏松，体积膨大，波峰变形，雨水渗透力强而无法使用。经覆塑处理后，情况大大改观，相同试验条件下板材仍可达到使用要求。

5.5.3 覆塑蔗渣瓦楞板的性能与用途

覆塑蔗渣瓦楞板的各种物理力学性能见表5-12。试件在120℃中烘烤3h，再在沸水中煮3h为1周期。

表5-12 覆塑蔗渣瓦楞板物理力学性能

性能指标 板材名称	波峰静曲强度（MPa）	密度（g/cm³）	含水率（%）	吸水率（%）	经25次水煮—干燥周期后状况	经25次水煮—干燥周期后波峰静曲强度（MPa）
未覆塑	14.52	0.746	13.92	47.2	面层疏松 厚度膨大 波峰变形	5.99

（续）

性能指标 板材名称	波峰静曲强度（MPa）	密度（g/cm³）	含水率（%）	吸水率（%）	经25次水煮—干燥周期后状况	经25次水煮—干燥周期后波峰静曲强度（MPa）
单面覆塑	24.52	0.641	12.5	43.2	厚度增大 波峰固定	11.59
双面覆塑	25.32	0.830	11.16	28.7	面层紧密 波峰固定 正常状态	19.89

经双面覆塑的瓦楞板，已完全可用于室外。与竹席波形瓦相同，覆塑蔗渣瓦楞板主要用做活动房屋、车站月台、凉棚等的屋面材料。

5.6 自生胶蔗渣碎料板的研究

蔗渣是甘蔗榨糖后的产物，多少含有部分残糖，加之蔗渣水溶性物质含量较高，因此，近年来，有人研究是否可将蔗渣所含的糖类物质在适当条件下转化成不溶于水的胶结物质，从而压制不需外加胶黏剂的板材。

1983 年，H. Augustin 等人在几乎密封的容器内压制蔗渣板，在温度 175～185℃、压力为 15.7～22.5MPa 的条件下，得到高度塑化的自生胶蔗渣板，具有良好的物理力学性能。1986 年，蔡祖善等人在实验室内压制了自生胶蔗渣碎料板，其主要物理力学性能达到并超过部颁平压法刨花板二级品的指标。

美国的 John J. stofko 在自生胶人造板方面的研究于 1980 年即已取得专利，又于 1982 年用糖和淀粉为胶黏剂，在催化剂作用下压制了刨花板和胶合板。这些都证明，糖类和淀粉物质在一定条件下有可能转化为粘结性物质。

废糖蜜是蔗糖厂从最后一段糖膏分离出的蜜状物料，它的产量是甘蔗秆的 3%（按重量计，是蔗渣产量的 30% 左右）。据分析，在糖蜜中含 29.4% 的水溶性糖。陈士英利用废糖蜜作为胶黏剂进行了压制蔗渣碎料板的研究，结果证明可制成高质量的室外型刨花板。由于废糖蜜本身即是甘蔗的产物，而且胶结机理相同，本节亦将糖蜜蔗渣碎料板归为自生胶碎料板范畴，一起在此进行讨论。

5.6.1 蔗渣的自身胶结机理

虽然利用糖作胶黏剂或蔗渣自身产生胶结物制造人造板材的研究进行了许多，但到目前为止，其结合机理还没有得到明确而令人信服的解释。不过，众多的趋向认为，高温下糖类物质的水解产物发生了有利于粘结的作用。

蔗渣与废糖蜜中含有多种多糖与单糖类，如多聚戊糖和多聚己糖等。在酸性条件下，多聚戊糖能水解成糠醛。

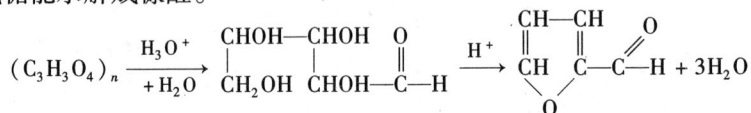

$$(C_5H_8O_4)_n \xrightarrow[+ H_2O]{H_3O^+} \begin{array}{c} CHOH-CHOH \\ CH_2OH \quad CHOH-C-H \end{array} \xrightarrow{H^+} \begin{array}{c} CH=CH \\ HC \quad C-C-H \\ O \end{array} + 3H_2O$$

糠醛在高温条件下，能与蔗渣中酚类物质如木质素反应生成不溶性糠醛树脂。

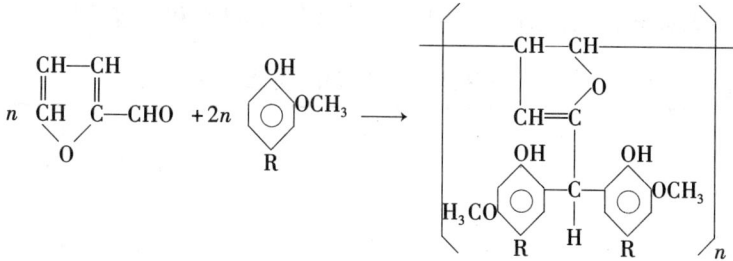

多聚己糖也能脱水产生一系列糠醛衍生物，其中以 5-羟甲基-2-糠醛最活跃。

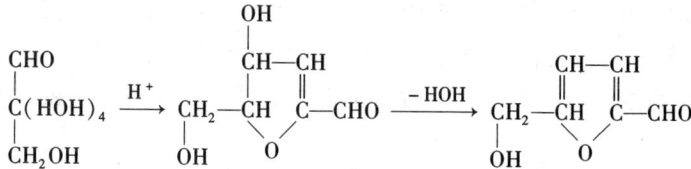

5-羟甲基-2-糠醛在一定条件下，也能与蔗渣中木质素等酚类反应生成树脂类物质。

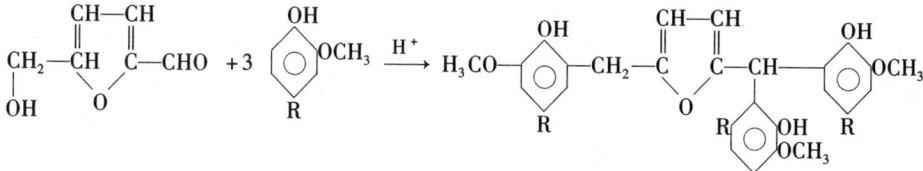

实际上，蔗渣中糖类水解的呋喃系化合物的聚合反应过程极其复杂，也有人推测，通过双键的聚合反应以及在呋喃环的 2、3 位置之间的亚甲基键桥，发生环与环之间的反应，构成耐高温不溶于水的树脂类聚合物，如以下结构：

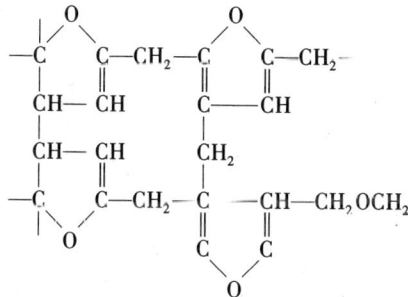

无论理论的推测如何，实践已证实利用蔗渣自身所含物质实现板材的胶结是可行的。当然，自生胶蔗渣碎料板的最佳工艺及设备还属于探讨阶段，其胶结机理也有必要进一步研究深化。

5.6.2 自生胶蔗渣碎料板的研制

在高温高压作用下，是不是糖类物质转化成不溶性树脂，从而将碎料胶结在一起，目前还没有很直观的方法进行证实。但是，它可以通过观察高温下蔗渣中糖类物质的变化，以及外加水溶性糖含量的变化间接作出判断。如果糖类物质在高温下的含量明显减少,而板材的性能又得到提高,则糖类物质有可能实现向树脂的转化。

对加过糖蜜的蔗渣在烘箱用不同温度加热处理,其戊糖和水溶性糖含量见表 5-13。

表 5-13 不同温度处理后蔗渣戊糖与水溶性糖含量变化

处理温度(℃)	200	200	211	222
处理时间(min)	8	12	8	8
戊糖含量(%)	19.94	19.92	19.87	18.75
水溶性糖含量(%)	8.83	5.06	5.85	4.91

随处理温度与时间的提高,蔗渣中的戊糖与水溶性糖含量逐渐减少,证实糖类物质在高温下已起了转化,但转化是否向树脂进行,可根据用蔗渣压制的板材的性能推断。表 5-14 是用未除髓蔗渣与废糖蜜拌和后压制板材的结果,其中废糖蜜含有 29.4% 的水溶性糖。

表 5-14 糖蜜蔗渣碎料板试制数据

参数 \ 板号	1	2	3	4	5	6
热压温度(℃)	200	220	237	260	237	237
热压时间(min)	8	8	8	8	12	15
戊糖含量(%)	20.87	19.87	16.55	9.40	14.26	18.70
水溶性糖含量(%)	0.56	0.68	0.39	0.44	0.41	0.67
水煮 2h 后密度(g/cm³)	0.73	0.70	0.54	0.59	0.62	0.65
水煮 2h 后静曲强度(MPa)	3.0	5.6	4.1	3.1	6.7	4.5
水浸 24h 厚度膨胀率(%)	15.4	11.6	9.2	3.8	5.5	3.9
水煮 2h 厚度膨胀率(%)	50.5	28.8	18.5	5.7	10.2	10.4
板材厚度(mm)	11	11	11	11	11	11

从试验结果可以看出,随高温下糖类物质的减少,板材的性能得到提高。当热压温度从 200℃ 升到 260℃ 时,室温 24h 浸水厚度膨胀率从 15.4% 降到 3.8%,2h 水煮厚度膨胀率从 50.5% 降至 5.7%,水煮 2h 的静曲强度也比低温时高得多。

温度是促使糖类等物质转化的主要因素,温度愈高,形成的分子链越大,树脂的网状交织愈好。此外,在相同温度下,热压时间越长,板材性能越好。例如,在 237℃ 时,热压时间从 8min 增加到 12min 时,板的防水性能也得到改善。

蔡祖善等人用不加糖蜜的蔗渣进行过自生胶蔗渣碎料板的研究,他们称之为无胶碎料板,当然是指不外加树脂胶。在热压温度 140~220℃、压力 1.5~4.0MPa,热压时间为每 1mm 板厚热压 1min 的条件下,制得的自生胶蔗渣碎料板性能如下:

密度	0.8~0.85g/cm³
含水率	6% ±2%
静曲强度	14.7~18.6MPa
平面抗拉强度	0.39~0.49MPa
吸水厚率膨胀率	<8%

上述指标已达到并超过国家平压二级刨花板标准。

胶的成本在碎料板生产中是相当高的。因此，单从成本的降低来看，自生胶碎料板的研究有着十分重大的意义。当然，目前的研究还处于起步阶段，从胶合机理到最佳生产工艺，都还有许多问题需要解决。

思考题

1. 蔗渣人造板生产中为什么要除髓？
2. 蔗渣 pH 值对纤维板和碎料板生产各有什么不同影响？
3. 蔗渣纤维板生产为什么要洗浆？
4. 除髓有几种方式？其设备是什么？
5. 蔗渣碎料板生产中 S 型气流分选的机理。
6. 干法蔗渣中密度纤维板采取的施胶和成型方式及各自的原理。
7. 覆塑蔗渣瓦楞板的结构如何？主要运用于什么地方？它的生产采用什么胶？为什么？
8. 比较覆塑蔗渣瓦楞板、蔗渣碎料板、蔗渣中密度纤维板的热压曲线。
9. 自生胶蔗渣碎料板的结合机理。

第 6 章

竹材人造板

中国是世界竹类资源最丰富的国家。世界有竹类植物 50 多属、1200 多种，中国有 40 多属、500 余种，竹种植资源十分丰富。中国竹林面积居世界第一位，现有纯竹林面积 520 万 hm^2，其中毛竹林面积约占 70%，占世界毛竹林面积 90% 以上。我国每年可砍伐毛竹约 5 亿根，各类杂竹 300 多万 t，每年的竹材产量相当于 1500 万 m^3 以上木材。竹类植物具有一次造林成功，科学地加以经营，即可年年择伐，永续利用而不破坏生态环境的特点，这是所有木本植物都不具有的特点。因此，开发利用好竹类资源对于促进我国山区经济发展和维护生态环境都具有重要意义。20 世纪 80 年代初，我国竹材加工利用开始起步。20 多年来，我国竹材工业已取得长足发展，无论在产品的质量和数量，还是在企业的规模和技术的先进程度等方面均达世界领先水平，而且成为世界上最大的竹材制品出口国。

中国利用丰富的竹材资源优势和竹材本身具有的特性，以现代木材工业的工艺与技术装备为依托，通过合理的工艺技术，先后研制开发的竹材人造板产品达数十种。目前，我国各种竹材人造板加工企业已近千家，主要分布在浙江、湖南、江西、福建、安徽、四川等省。2005 年，我国竹材人造板产量为 167.32m^3，产值近百亿元。

我国生产的竹材人造板主要品种有竹胶合板、竹纤维板和竹材碎料板。其中，竹胶合板有竹席胶合板、竹片胶合板、竹篾层积材、竹片竹帘复合胶合板等；竹纤维板有竹材硬质纤维板、竹材中密度纤维板；竹材碎料板有普通竹碎料板、竹大片碎料板、定向竹碎料板等，见表 6-1。

表 6-1　竹材人造板主要品种及性能

项目 板种	基　材	板材结构	密度 （g/cm^3）	主要力学性能			主要用途
				静曲强度 （MPa）	弹性模量 （MPa）	内结合强度 （MPa）	
竹席 胶合板	竹篾片编席	层叠、无奇 数层原则	0.70~0.80	20~95	4 000~6 000	0.3~0.5	包装、货车 底板
竹帘 胶合板	竹篾片织帘	直交、按奇 数层原则	0.80~1.00	90~120	8 000~13 000	1.2~2.5	水泥模板、 车厢底板
竹篾 层积材	长条竹篾片	平行积成同 向铺装	0.85~1.20	130~200	9 000~14 000	—	车厢底板
竹片 胶合板	竹筒展开经 刨削竹片	直交、按奇 数层原则	0.78~0.90	100~120	9 500~14 000	2.5~3.6	车厢底板、 集装箱底板
竹席 波形瓦	竹篾片编席	覆浸胶纸、 层叠	0.75~0.86	32~40	—	—	屋面材料

（续）

项 目 板种	基 材	板材结构	密度 （g/cm³）	主要力学性能			主要用途
				静曲强度 （MPa）	弹性模量 （MPa）	内结合强度 （MPa）	
竹材 碎料板	竹碎料	三层结构	0.70~0.90	25~32	2 000~3 500	0.4~0.9	家具、包装、建筑
竹材中密度纤维板	竹材制浆纤维	均质结构	0.68~0.78	28~35	2 500~3 400	0.8~1.3	家具、建筑
重组竹	特制辊压竹纤维束	平行积成	0.84~0.98	86~140	2 500~5 000	0.4~0.7	工程结构材

在我国竹材人造板的研究与开发中，许多人作出了重要贡献，不少工作是具有开创性的。在以下的论述中，很多是他们的研究与实践成果，特此重申和致谢。

6.1 竹材的特性及其对板材加工的影响

作为人造板原料，竹材有许多优良的性能，但也存在着一些缺点和缺陷，在应用中对产品质量、生产工艺控制、设备制造等造成一些难题。要解决竹材本身特性造成的这些难题，只有了解竹材材性，结合竹材特点，才能进行科学合理的加工，开发出各种适销对路的产品，特别是有自主知识产权的创新产品。

6.1.1 竹材的结构特性

6.1.1.1 竹材的外观结构特性

（1）竹竿

竹材是竹子砍伐后除去枝条的主干，又称竹竿，它是竹子利用价值最大的部分。竹竿由数十个节和节间组成，形似圆锥壳体、中空，其周围部分称竹壁。竹壁由竹青、竹肉、竹黄3层组成，是竹材的主要部分。不同竹种节间长度、粗度及竹壁厚度不同，如图6-1所示。如粉单竹，节间长1m以上，佛肚竹仅几厘米；毛竹、巨竹、麻竹等的直径可达20cm以上，赤竹属的一些竹种，直径几毫米；石竹、木竹的竹壁厚，近于实心，薄竹、沙罗竹等的竹壁很薄。竹节外有两个环，上者称竿环，下者称箨环；竹节内有木质横膈膜称为竹膈。竹膈将竹竿分隔成一个个空腔，称为竹腔。竹腔内是髓组织，髓组织有膜状（称笛膜）、片状和屑状等。因此，竹节和竹膈不仅有巩固竹竿的作用，而且是竹竿横向输导水分和养料的"桥梁"。

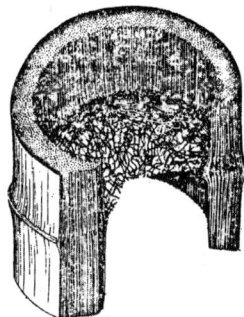

图6-1 毛竹竹节维管束的分布

（2）竹节

竹竿上有两个相邻环状突起的部分称为竹节，竹节由竿环、箨环和节膈组成。竹竿空腔内部处于竹节位置上有个坚硬的板状环膈称为节膈。竹材的维管束在竹竿节间的排列相当平行而整齐，且纹理一致。但是，通过竹节时，除了竹壁最外层的维管束在笋箨脱落处(箨环)中断及一部分继续垂直平行分布外，另一部分却改变了方向。竹壁内侧的维管束在节部弯曲伸向竹壁外侧；另一些竹壁外侧的维管束则弯曲伸向竹壁内侧；还有一些维管束从竹竿的一侧通过节膈交织成网状分布，再伸向竹竿的另一侧。竹节维管束的弯曲走向，纵横交错，有利于加强竹竿的直立性能和水分、养分的横向输导，但对竹材的劈篾性带来不良影响。

（3）竹壁

竹壁可分竹青、竹肉、竹黄3部分。竹青是竹壁的外侧部分，组织紧密，质地坚韧，表面光滑，外表常附有一层蜡质，表层细胞内常含有叶绿素，所以幼年竹竿常呈绿色；老年竹竿或采伐过久的竹竿，因叶绿素变化或破坏，而呈黄色。竹黄在竹壁的内侧，组织疏松，质地脆弱，一般呈黄色；竹壁中部位于竹青和竹黄之间，由维管束和基本组织构成。此外，在竹黄的内侧有一薄膜(如毛竹、刚竹等)和层状物(如丛生竹、毛竹、苦竹等)，附着于竹黄上，称为竹衣或笛膜。

6.1.1.2 竹材的内部结构特性

竹材内部构造是竹材内部的细微特征、细胞排列及组成成分。竹壁主要由纵向纤维组成，大致可分为维管束与基本组织两部分。竹材构造特点影响竹材的物理、化学及力学性质，与竹材干燥、防护和溶液渗透，以及竹材切削、胶合等都有很大关系。

在肉眼或放大镜下观察竹材的横切面，可见竹壁外侧的竹青部分，组织紧密，表面光滑，覆有蜡层，绿色或黄色；竹壁内侧的竹黄部分，组织疏松，质地脆弱，呈黄色；位于竹青及竹黄之间的竹肉部分，其维管束颜色较深，在横切面上呈麻点状，纵切面呈丝状或线状、平行排列；通过竹节时出现弯曲、分枝、联结，并形成节膈维管束。竹壁外侧维管束小而密，基本组织数量少；内侧维管束大而稀，基本组织数量多。因此，竹材密度及力学强度是竹壁外侧大于内侧。

纤维细胞和导管细胞是构成维管束的主要成分。竹材中维管束的大小和密度随竹竿部位、大小和竹种的不同而异。同一竹竿，自基部至梢部，维管束总数一致，但维管束的横断面积随竿高增大而逐渐缩小，密度逐渐增大。同一竹种，竹竿粗大的竹材，维管束的密度小；竹竿细小的竹材，维管束密度大。不同竹种，维管束的形状和密度亦不相同。竹材中纤维细胞是一种梭形厚壁细胞，导管细胞是一种竖向排列的长形圆柱细胞。由于它们是组成维管束的主要成分，所以它们在竹材中的分布、变化规律，基本上与维管束一致。

竹材中的基本组织为一些多角形薄壁细胞，它在竹材中所占的比例最大，为40% ~ 60%。薄壁细胞包围在维管束四周，亦有贯穿维管束间。薄壁细胞的形状，从横切面上看，多为圆形或多角形，横向宽度为30 ~ 60μm；从纵切面上看，薄壁细胞为长短不一的细胞，纵向长度为50 ~ 300μm，细胞壁上有小纹孔。同一竹竿上，基部薄壁细胞所占比例大约为60%，梢部所占的比例较小，约为40%，从竹壁外层到内层薄壁细胞逐渐增多。薄壁细胞的主要功能是贮存养分和水分，由于它的细胞壁随竹龄的增长而逐渐增厚，细胞腔逐渐缩小，其含水率也相应减小，故老竹的干缩率较小。

6.1.2 竹材的物理性质

竹材的物理性质包括密度、含水率、干缩性等内容，现作简要介绍。

6.1.2.1 密度

竹材密度为单位体积竹材的质量（或重量），用 g/cm^3 表示。竹材密度是竹材的一项重要物理性质，据此可估计竹材的重量，并可判断竹材的其他物理力学性能（强度、硬度、干缩与湿胀等）。因此，竹材的密度与竹材人造板的性能有着密切关系。

竹材的密度有多种表示方法，同一竹材用不同的表示方法，其密度值不同。竹材密度有以下 4 种：

$$基本密度 = \frac{绝干材重量}{生材体积} \qquad 生材密度 = \frac{生材重量}{生材体积}$$

$$气干密度 = \frac{气干材重量}{气干材体积} \qquad 绝干密度 = \frac{绝干材重量}{绝干材体积}$$

4 种密度中以基本密度和气干密度两种最常用。竹材的密度与其力学性质关系密切。竹材的密度与竹子的种类、竹龄、立地条件和竹竿部位等有关。

（1）竹种

竹类植物不同属间的竹材密度变化趋势，与其地理分布有一定的关系。即分布在气温较低，雨量较少的北部地区的竹类，竹材的密度较大；而分布在气温较高，雨量较多的南部地区的竹类，竹材的密度较小。几种主要经济竹种的密度见表 6-2。

表 6-2　几种主要经济竹种的密度　　　　　单位：kg/cm^3

竹种	密度	竹种	密度	竹种	密度	竹种	密度
毛竹	0.81	慈竹	0.46	苦竹	0.64	凤凰竹	0.51
刚竹	0.83	茶秆竹	0.73	撑篙竹	0.61	麻竹	0.65
淡竹	0.66	车筒竹	0.50	粉单竹	0.50	青皮竹	0.75

密度高的竹种，一般硬度大，强度高，而密度小的竹种，一般塑性和柔软性比较好。在竹材人造板的生产中，可以按照产品的用途与性能要求，根据竹材的密度来选择合适的竹种。

（2）竹龄

自竹笋长成幼竹后，竹竿的体积不再有明显的变化。但是，竹材的密度则随年龄的增长而不断提高和变化。表 6-3 表明，毛竹的密度，幼竹最小，1~4 年生逐步提高，5~8 年生稳定在较高的水平上，8 年生以后有所下降。引起这一现象的主要原因是：竹材

表 6-3　毛竹的基本密度与竹龄的关系　　　　　单位：g/cm^3

竹　龄	幼竹	1	2	3	4	5	6	7	8	9	10
密度（g/cm^3）	0.24	0.43	0.56	0.61	0.63	0.62	0.63	0.62	0.66	0.61	0.61

细胞壁及内容物是随年龄的增长而逐渐充实和变化的。研究竹材密度随年龄变化的规律性，是确定竹子合理采伐合适年龄的理论根据之一。

（3）立地条件

在气候温暖多湿、土壤深厚肥沃的条件上，竹子生长粗大，维管束密度小，竹材组织较疏松，基本密度较低。在低温干燥，土壤较差的地方，竹竿细小，维管束密度和基本密度大，竹材组织较充实，基本密度较高（表6-4）。因此，立地等级愈好，竹材组织愈疏松，基本密度愈低；立地等级愈差，竹材组织愈紧密，基本密度愈高。

表6-4 立地条件与竹材基本密度、维管束密度的关系

立地等级	I	II	III	IV	平均
基本密度（g/cm^3）	0.591	0.597	0.603	0.602	0.603
维管束密度（个/mm^2）	187	196	222	240	211

（4）竹竿部位

表6-5表明，毛竹竹竿自基部至梢部，密度逐步增大。同一高度上的竹材，竹壁外侧（竹青）的密度比竹壁内侧（竹黄）大；有节部分的密度大，无节部分的密度小。竹竿上部和竹壁外侧密度大。竹竿基部和竹壁内部密度小。主要原因是：竹竿上部和竹壁外侧的维管束密度较大，导管孔径较细，所以密度较大；竹竿下部和竹壁内侧的维管束密度较小，导管孔径较粗，所以密度较小。

表6-5 毛竹竹竿不同部位与密度的关系

竹竿部位	1/10	3/10	5/10	7/10	9/10
密度（g/cm^3）	0.593	0.633	0.649	0.702	0.740

6.1.2.2 含水率

竹材的含水率一般有两种表示方法，一种是绝对含水率，另一种是相对含水率。它们的计算公式分别如下：

$$W_1 = \frac{m_1 - m_0}{m_0} \times 100\%$$

$$W_2 = \frac{m_1 - m_0}{m_1} \times 100\%$$

式中：W_1——竹材的绝对含水率（%）；

W_2——竹材的相对含水率（%）；

m_1——含水率测定时试样的重量（g）；

m_0——绝干试样的重量（g）。

在实际生产中，一般使用绝对含水率。新鲜竹材的含水率与竹材的竹龄、部位以及采伐季节等有密切关系。一般来说，竹龄越长竹材的含水率越低。如1年生的毛竹，新鲜竹材的含水率为130%～140%；2～3年生的毛竹，竹材含水率为90%～95%；4～5年生的毛竹，竹材的含水率为80%～85%；6～7年生的毛竹，竹材含水率为70%～

80%。在同一竹材中，竹竿下部的含水率较高，而上部的含水率较低，即竹竿从基部至梢部，含水率呈逐渐降低的趋势。表6-6是新鲜毛竹竹竿不同部位的含水率分布情况。

表6-6　新鲜毛竹竹竿不同部位含水率分布　　　　　单位:%

竹竿上的部位	0/10	1/10	2/10	3/10	4/10	5/10	6/10	7/10	8/10
竹材的含水率	97.10	77.78	74.22	70.52	66.02	61.52	56.58	52.81	48.84

在同一竹种、同一高度的竹壁厚度方向上，竹壁外侧的含水率比内侧的含水率要低，如新鲜毛竹竹材的竹青含水率为36.74%，竹肉为102.83%，竹黄为105.36%。

夏季采伐的毛竹竹材的含水率最高，为70.41%，秋季和春季砍伐的竹材含水率次之，分别为66.54%和60.11%，而冬季砍伐的竹材含水率最低，为59.31%；新鲜竹材的含水率一般在70%以上，最高可达140%，平均为80%~100%。

6.1.2.3　干缩性

新鲜竹材经过天然或人工干燥后，逐渐失去水分，竹材的径、弦、纵向的尺寸和体积等产生收缩的现象称为干缩性。竹材在不同切面的水分蒸发速度有很大不同。如毛竹竹材，其水分蒸发速度以横切面最大（100%），其次是弦切面（35%）、径切面（34%），竹黄（32%），竹青最小（28%）。为了提高竹材的干燥速度，应先将竹材剔除竹青、竹黄后再进行干燥。一般竹材的收缩率比木材要小。但与木材一样，不同方向其干缩率也有显著差异。引起竹材收缩的主要原因：竹材维管束中的导管失水后发生收缩。因此，竹材中维管束分布密的部位，收缩率就大；竹材中维管束分布疏的部位，收缩率就小。

竹材的结构特点决定了竹材的干缩率具有如下特征：

（1）竹种不同，竹材的干缩率也不同

不同竹种，其竹材的不同方向收缩率有显著不同，见表6-7。

（2）各个方向的干缩率顺序

对于同一种竹材，不同方向的干缩率不同（表6-7）。弦向干缩率最大，径向（壁厚方向）次之，纵向（高度方向）最小。

表6-7　不同竹种竹材的干缩率

竹种	干缩率（%）				竹种	干缩率（%）			
	弦向	径向	纵向	体积		弦向	径向	纵向	体积
斗竹	5.1	3.9	1.8	11.1	车筒竹	3.8	2.5	0.1	6.3
扁竹	6.2	4.7	0.1	11.1	刺竹	7.3	7.5	0.1	15.4
青秆竹	6.3	7.2	0.0	13.9	龙头竹	3.6	2.9	0.1	6.6
凤凰竹	4.5	1.9	1.1	7.9	巨竹	4.1	3.9	0.0	8.2
撑篙竹	3.7	0.5	0.0	4.0	甜竹	2.9	0.4	0.1	3.5
硬头黄	4.7	5.5	0.0	10.6	水单竹	5.5	4.3	0.0	10.0

（3）各个部位的干缩率顺序

弦向和径向干缩率顺序都是竹青最大，竹肉次之，竹黄最小；纵向干缩率顺序是竹黄最大、竹肉次之、竹青最小。

（4）竹龄对干缩率的影响

竹龄愈小，弦向和径向的干缩率愈大，随着竹龄的增加，弦向和径向的干缩率逐步减少。纵向干缩率与竹龄无关。

毛竹竹龄愈小，竹材的弦向收缩率和径向收缩率愈大。弦向的收缩率：2年生竹材为7.45%，4年生为4.46%，6年生为3.53%。径向的收缩率：6年生为2.18%；纵向收缩率与竹龄无关，平均值为0.1%左右（从鲜竹到气干状态）。

由于竹材的弦向干缩率最大，加之竹壁外侧（竹青）比内侧（竹黄）的弦向干缩率又大，因此，原竹在运输、贮存期间，常常由于自然干燥，特别是阳光暴晒而产生应力，使竹竿开裂而影响使用。

6.1.2.4 吸水性

竹材的吸水性与水分蒸发是两个相反的过程。干燥的竹材吸水能力很强，其吸水速度与竹材长度成反比（即竹材越长，吸水速度越小），但与竹材的横截面大小关系不大。这说明竹材的吸水和干燥一样，主要是通过其横截面进行的。竹材吸收水分后，各个方向的尺寸和竹材体积都会增大，强度下降。利用竹材的吸水性，可以对竹材进行蒸煮软化和防霉、防虫处理。

6.1.3 竹材的力学性能

竹材抵抗外部机械力作用的能力称竹材的力学性质，包括抗拉强度、抗压强度、静曲强度、抗剪强度、硬度等。竹材具有刚度好、强度大等优良的力学性能，是一种良好的工程结构材料。劈裂性好，容易加工，可以用手工或机械的方法将其剖分成薄篾，加工成各种竹材工艺品和日常生活用品。

竹材的力学强度大。竹材顺纹抗拉强度约比杉木高1.5倍，为60~80MPa。钢材的抗拉强度虽是竹材的2.5~3倍，但一般竹材密度仅为0.6~0.8g/cm³，而钢材的相对密度为6~8g/cm³，因此按单位重量计算强度，则竹材为钢材的3~4倍。

竹材的力学强度与其含水率、竹竿部位、生长年龄、立地条件和种类等有密切关系。

（1）竹种

竹种不同，其内部结构也不同，因而其力学性能也必然存在差异。不同竹种之间的力学性能差异见表6-8。

表6-8　不同竹种的力学性能　　　　　　　　　　　单位：MPa

力学性能	毛竹	慈竹	麻竹	淡竹	刚竹
抗拉强度	188.77	227.55	199.10	185.89	289.13
静曲强度	163.90	—	—	—	194.08

（2）竹龄

竹龄不同，其力学强度相差较大，因此选择合适竹龄的竹材生产人造板很重要。从表6-9可以看出，毛竹4～8年生竹龄的竹材力学性能较好。

表6-9 不同竹龄毛竹竹材的力学强度　　　　　　单位：MPa

竹　龄			2年生	4年生	6年生	8年生	10年生	平均
破坏程度	抗压强度		61.19	61.2	61.0	62.2	61.2	61.3
	抗拉强度	顺纹	38.6	169.6	177.1	170.2	181.8	176.9
		横纹	5.9	5.9	6.4	5.9	6.3	3.1
	静力挠曲	弦向	163.4	152.5	167.0	160.5	155.2	159.7
		径向上	147.8	156.0	152.5	155.0	153.9	153.0
		径向下	136.1	132.2	134.6	139.4	140.8	136.7
	顺剪强度		14.1	15.2	15.1	15.5	15.1	14.9
	劈开强度		3.2	2.9	3.3	3.3	3.1	3.2
弹性模量	顺纹抗压力		7421.0	8125.3	7316.5	8696.9	7907.2	7893.2
	顺纹抗拉力		11453.6	10800.0	11019.8	11941.8	10836.7	11210.4
	静力挠曲	弦向	10636.6	10240.7	10240.7	10715.9	10313.0	1538.8
		径向上	10357.9	9973.3	9973.3	10476.7	10705.6	10480.9
		径向下	10189.2	10111.2	10111.2	10590.5	10487.0	10392.8

（3）竹竿部位

竹竿不同的部位，力学强度差异较大。一般来说，在同一根竹竿上，上部比下部的力学强度大（表6-10）；竹壁外侧（竹青）比内侧（竹黄）的力学强度大。竹青部位维管束的分布较竹黄部位密集，密度较高，因而强度高于竹黄。竹材的节部由于维管束分布弯曲不齐，因此其抗拉强度要比节间约低25%，而对压缩强度则影响不大。

表6-10 慈竹竹壁高度上各部位的力学强度

竹壁部位		1/10	3/10	5/10	7/10	9/10
抗拉强度（MPa）	有节	224.6	155.0	106.9	87.3	78.5
	无节	443.4	307.1	218.8	191.3	172.7
抗拉弹性模量（MPa）	有节	25898.4	17854.2	12753.0	11183.4	10104.3
	无节	25898.4	29822.4	21091.5	17461.8	15696.0

竹材各个部位，各个方向上力学强度的差别，对竹材人造板生产既有利又有弊。一方面它造成了制造工艺的复杂性，另一方面，它又为设计所需结构与强度的板材带来可能性。因此，只要掌握好竹材的性能，根据这些性能制定合适的工艺，就可以生产出高质量的竹材人造板。

（4）立地条件

一般来说，竹林立地条件越好，竹子生长粗大，但竹材组织较松，所以力学强度较低；在较差的立地条件上，竹子虽生长差，但竹材组织致密，力学强度较高。气候条件与竹子生长关系密切，从而也影响到竹材的性质。

（5）含水率

竹材和木材一样，在纤维饱和点以下时，其强度随含水率的增加而降低；在纤维饱和点以上时，含水率增加，则强度变化不大。当竹材处于绝干状态时，因质地变脆而强度下降。

6.1.4 竹材的化学性质

竹材的化学特征通常用它的化学成分表达。竹材的化学成分十分复杂，主要成分为纤维素、半纤维素与木质素，其次是各种糖类脂肪和蛋白质类。表 6-11 是不同种类和产地竹材的化学成分。

表 6-11 竹类原料的化学组成

种类	产地	水分（%）	灰分（%）	1% NaOH 溶液抽提物（%）	聚戊糖（%）	木质素（%）	纤维素（%）
毛竹	福建	12.14	1.10	30.98	21.12	30.67	45.50
毛竹	湖南	6.30	1.03	27.09	23.71	26.62	52.57
小毛竹	甘肃	9.82	1.23	24.73	21.56	23.40	46.50
毛竹	广西	9.55	0.97	23.40	22.56	25.56	43.44
毛竹	安徽	13.44	1.55	26.46	21.91	25.31	42.33
慈竹	四川	12.56	1.20	31.24	25.41	31.28	44.35
白夹竹	四川	12.48	1.43	28.65	22.64	33.46	46.47
绿竹	广东	8.25	1.78	26.86	17.45	23.00	49.55
金竹	广西	9.21	1.17	22.43	21.29	26.24	46.18
丹竹	广西	9.12	1.93	23.46	18.54	23.55	47.88
黄竹	广西	9.31	2.91	26.06	19.97	22.88	49.96
甜竹	广西	9.23	3.64	21.55	19.56	25.16	49.22
杂竹	宁夏	6.31	1.43	29.92	23.15	22.22	41.85
苦竹	湖南	13.44	1.51	26.38	20.77	25.33	44.55
水竹	湖南	9.57	1.38	26.33	21.15	24.69	43.01

从表中可以看出，竹材的纤维素含量接近于阔叶材，低于针叶材，高于其他非木材植物原料；木质素接近针叶材，高于阔叶材和其他非木材植物原料，多缩戊糖接近于阔叶材和其他非木材植物原料，高于针叶材。

竹材的溶液抽提物与灰分比其他非木材植物原料低得多，因此，用于纤维板生产时废水污染相应比其他非木材植物原料少。

竹材的化学成分与竹龄有关，从第 4 年起，随竹龄的增加，纤维素含量降低，木质素含量也有所下降，而作为半纤维素主要成分的多缩戊糖含量增加（表 6-12）。根据人造板结合机理，纤维素作为骨架，木质素则为热塑融合物，起纤维素之间的黏结作用，因此木质素对人造板生产是有利的。半纤维素一般认为易于水解，并且吸水性较强，对板材性质不利。从表中可以认为 4 年左右竹龄的毛竹生产板材较好。

不同竹龄的竹材在物理力学性能及化学成分上均存在差别。因此，选择合适竹龄的竹材，或在合适的竹龄期进行采伐利用，也是生产竹材人造板中应引起注意的。

总的来说，竹材的化学成分含量优于其他非木材植物原料，纤维素及木质素含量较高而半纤维素及水溶物含量较低，是一种优良的非木材植物人造板原料。

表6-12 不同竹龄竹材的化学成分 单位:%

竹龄 成分		2 年生	3 年生	4 年生	5 年生	6 年生	平均
水分		9.40	9.37	9.31	9.37	9.30	9.37
灰分		0.86	1.44	1.00	0.95	1.27	1.10
抽提物	冷水	6.04	6.54	6.54	5.80	5.41	6.07
	热水	7.72	8.09	8.24	7.35	7.46	7.77
	乙醚	0.77	0.65	0.69	0.75	0.72	0.72
	苯醇	1.31	1.77	2.08	1.79	1.52	1.69
	1% NaOH	27.37	28.34	27.23	26.26	27.48	27.34
多缩戊糖		22.14	21.18	21.57	21.87	23.21	21.99
木质素		30.63	30.02	28.76	25.97	26.07	28.28
纤维素		42.30	43.15	44.03	40.66	42.27	42.48

6.1.5 竹材的加工特性

竹材与木材一样都是天然生长的有机体,同属非均质和各向异性材料。但是竹材与木材相比,在外观形态、结构和化学成分上都有很大差别,正是这些差异给竹材加工带来一定难度,并导致竹材加工有别于木材加工,具有自己独特的加工方式和特点。

(1)竹材直径小、壁薄、中空、有尖削度

竹材的这种几何形态,增加了对其加工利用的难度,不仅限制了加工方法,而且大大降低了竹材加工利用率。与木材相比,竹材直径较小。直径较大的毛竹,其直径大多数为70~100mm,壁厚平均不足10mm;直径较小的竹材大多数直径为30~50mm,壁厚平均为4~6mm。木材是实心,而竹材为中空结构。竹材的尖削度比木材大。竹材的这种结构形态,使竹材不能像木材那样可以直接锯切制成板材或方材,也不能直接经过刨切制造刨切薄竹;虽然可以旋切,但是制得的竹单板幅面小,易开裂,且生产效率低。因而木材加工的方法并非都能用于竹材加工,多数木材加工设备和技术在竹材加工中不能直接应用,这是竹材人造板工业比木材人造板工业起步晚,且机械化程度不高的原因。

(2)竹材加工性能良好,用途广泛

竹材在解剖结构上,其维管束相互平行,纹理通直,加之没有木射线等横向组织,因而竹材具有极好的劈裂性能。可以用简单的刀具,手工剖削出很薄的竹篾,竹篾厚度可薄到0.01 mm,加之竹材本身具有良好的弹性和柔韧性,所剖的竹篾可以用来编织各种图案、多种形式的工艺品、家具、农具和各种生活用品。此外,利用新鲜的竹材具有的塑性,可以通过加热进行弯曲成型,制造出多种别致的竹制品。不仅如此,众多竹材人造板的构成单元如竹帘、竹席等,也是以剖篾的形式进行初始加工的。

(3)竹材结构不均匀

竹材在壁厚方向上,外层的竹青组织致密、质地坚硬、表面光滑、附有一层蜡质,对水和胶黏剂的润湿性差;内层的竹黄组织疏松、质地脆弱,对水和胶黏剂的润湿性也差;中间层的竹肉,性能介于竹青和竹黄之间,是竹材加工利用的主要部分。由于三者之间结构上的差异，因而导致它们的密度、含水率、干缩率、强度、胶合性能等都有明显的差异，这一特性给竹材的加工和利用带来很多不利影响。在竹材人造板中，由于竹青的外表面和竹黄的内表面润湿性差，用酚醛树脂胶和脲醛树脂胶均无法进行良好的胶合，在必须经过胶合才能制造的竹材人造板中，除了采用特殊的径向剖篾和径向胶合外，都必须将竹青和竹黄加工剔除，这不仅增加了加工工序，而且大大降低了竹材利用率。

(4) 竹材的各向异性明显

竹材和木材一样，都具有各向异性的特点。但是由于竹材中维管束相互平行，纹理一致，没有横向联系，因而竹材的纵向强度高，横向强度低，容易产生劈裂。一般木材纵横两个方向的强度比约为20:1，而竹材却高达30:1。加之竹材不同方向、不同部位的物理力学性能、化学组成都有差异，因而给加工利用带来很多不稳定的因素。

(5) 竹材易虫蛀、腐朽和霉变

竹材比一般木材含有较多的营养物，这些有机物质是一些昆虫和微生物(真菌)的营养物质。其中蛋白质为1.5% ~6.0%，糖类为2%左右，淀粉类为2.0% ~6.0%，脂肪和蜡质为2.0% ~4.0%，因而在适宜的温、湿度条件下容易引起虫蛀和病腐。蛀食竹材的害虫有竹蠹虫、白蚁、竹蜂等，其中竹蠹虫最为严重。竹材的腐烂与霉变主要由腐朽菌寄生所引起，在通气不良的湿热条件下，极易发生。大量试验表明，未经处理的竹材耐老化性能(耐久性)也较差。

(6) 运输费用大，难于长期保存

竹材壁薄中空。因此体积大，实际容积小，车辆的实际装载量少，运输费用高，不宜长距离运输。竹材易虫蛀、腐朽、霉变、干裂，因此在室外露天保存时间不宜过长，而且竹材砍伐有较强的季节性，每年有3~4个月要护笋养竹，不能砍伐。由于不能长途运输，又不宜长期保存，因此要满足大企业人造板的原竹供应是一个难题。因而竹材人造板企业一般规模小，产品较为单一，难以进行竹材的综合加工，使竹材的利用率低(25% ~45%)，这是竹材人造板与木材人造板企业的不同之处。

6.2　竹席胶合板

竹席胶合板又称竹编胶合板，是指将一定宽度与厚度的竹篾以纵横或经纬方式编织而成竹席，再经干燥、施胶、热压而成的一种竹材人造板。它是我国最早出现的竹材人造板品种，具有生产工艺简单、建厂投资少、竹材利用率较高和应用较广泛的特点。随厚度与性能不同，这种板材一般用做包装材料、车厢底板、水泥模板等。其基本生产工艺与性能介绍如下。

6.2.1　竹席的制备与要求

竹席的主要来源一般是厂家收购农民利用竹编产品后的废弃黄篾手工编织而成的竹席，厚度、宽度及含水率等差别较大，往往质量不易保证。因此，要提高竹席胶合板质量，最好成立专业化车间或加工基地，在工厂参与管理下加工。

竹席编织前首先要制篾，它包括竹材截断、去节、剖竹、劈篾等工序。截断时一般留100mm的加工余量；去节应干净、平整，无凹凸现象；剖竹要尽量宽窄均匀一致；劈篾(启篾)可以用手工方法，也可以用剖竹机和劈篾机完成。先将竹段用剖竹机(或竹刀)平分成4~8条竹条，再用劈篾机(或篾刀)将竹条劈成2~4mm厚的竹片，然后将竹片用劈篾机(或篾刀)进行对剖。经几次平分后竹片变成篾条。

篾条的厚度要求均匀，在0.8~1.2mm之间；宽度要一致，在10~15mm之间。

目前竹席的编织主要为手工编织。将纵、横方向相互垂直的竹篾，通过相互间"挑"和"压"的交织构成竹席。纵向竹篾称纬篾，横向竹篾称经篾。经篾与纬篾是相互垂直交叉重叠，经篾与纬篾通过"挑"、"压"而交织成竹席，其方式有"挑一压一"、"挑二压二"、"挑三压三"等，生产上多采用"挑二压二"方式编织竹席。挑几压几的意思是挑起几根竹篾，压下几根竹篾。竹席的编织应紧密、平整，表面无霉点，篾色一致，无泥土或其他污物。

竹席的篾条厚度应严格掌握，它与板材的厚度、热压压力有关。加工中篾条的厚度与宽度标准的制定可参照有关标准的规定。根据板材规定厚度和板材规定范围内的篾条数，再根据压缩率和缝隙率，可换算出篾条应有的厚度与宽度。

6.2.2 竹席胶合板生产工艺

6.2.2.1 生产工艺流程

竹席胶合板及经特种加工后的板材工艺流程如图6-2所示。

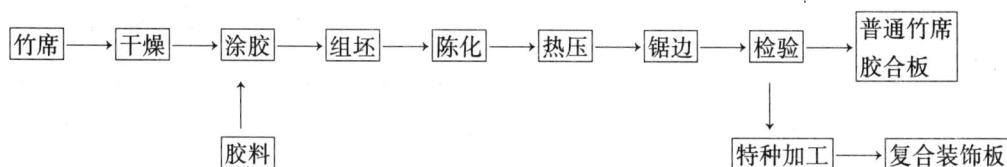

图6-2 竹席胶合板生产工艺

6.2.2.2 竹席的干燥

竹席编成后，含水率一般较高，在25%~40%，需进行干燥处理。目前，除少数厂采用网带式干燥机，大多数采用自然干燥的方法。干燥后竹席含水率的高低与热压时间、热压工艺及胶合质量都有密切关系。

由于竹席是编织而成，不像木材单板那样严密，缝隙较多，热压时排气比较容易，根据试验，含水率5%~20%的竹席均可用于竹编胶合板生产。

竹席含水率过低，易使板材产生脆性，树脂流动性也变差，影响胶合质量。含水率过高，热压时间增加，必须多次排气，工艺不易掌握，板面颜色变黑，影响产品的物理力学性能与外观质量。适宜的含水率为8%~15%，用脲醛树脂胶时，竹席含水率可偏高一点，而酚醛树脂胶涂胶量则较低一点好。

6.2.2.3 涂胶与组坯

涂胶采用方式有手工或涂胶机涂胶，两种方式只要掌握好工艺，均可达到质量要求，只是效率不同而已。

采用的胶有脲醛树脂胶和酚醛树脂胶。实践证明，脲醛树脂胶对湿润性差的竹材，需选择适当的胶合条件才能达到好的胶合质量。酚醛树脂胶对湿润性差的竹材较适宜，胶合质量高，但成本高。

竹席胶合板对胶料的要求见表 6-13。

表 6-13　竹席胶合板树脂胶指标

指标名称	脲醛树脂胶	酚醛树脂胶
黏度(Pa·s)	0.185 ~ 0.325	0.445 ~ 0.701
固体含量(%)	55 ~ 65	45 ~ 48
固化速度(s)	60 ~ 70	50 ~ 70
游离醛(酚)(%)	0.4 ~ 0.6	0.4 ~ 0.6

对于脲醛树脂胶，要求游离醛低，固化速度适当减慢。酚醛树脂胶，要求游离酚低，成膜快、涂胶后不经干燥，直接热压。

涂胶量参数值见表 6-14。

表 6-14　竹席胶合板涂胶量　　　　　　单位：g/m^2

板材层数	脲醛树脂胶	酚醛树脂胶
二层(1 个面)	350 ~ 400	400 ~ 450
三层(2 个面)	650 ~ 750	700 ~ 800
五层(4 个面)	1 200 ~ 1 300	1 400 ~ 1 500

由于竹席表面粗糙不平，因此涂胶量比木材胶合板涂胶量大，为了节省胶料，可在脲醛树脂胶中加入少量填料，如豆粉，但数量不能太多，否则影响胶合质量，一般为 5% ~ 10%。脲醛树脂胶在使用中还需加入固化剂 NH_4Cl，加入量一般为 0.5% ~ 1%。

为了使胶能充分浸润竹席，提高胶合质量，涂胶后应将竹席放置一段时间后再组坯，或组坯后放置一段时间再热压。陈化时间与胶的黏度和气温有关。黏度大，气温低时陈化时间长，反之则短一些，一般为 20 ~ 60min。采用酚醛树脂胶时，陈化时间要加长。

竹席由竹篾经纬交织而成，其纵横方向性能相近，生产竹席胶合板时组坯不一定要按奇数层原则，偶数层结构也可以。

6.2.2.4 热压

热压温度根据胶种不同而不同。压力根据竹板坯的表面平整度在一定范围内变化，表面越不平整，所需压力越大。热压的时间与层数有关。具体数据见表 6-15。

由于竹子的湿润性差，如果在热压开始时就采用 2.5 ~ 4MPa 的高压，可能将部分胶挤出来，因此开始时采用低压使胶挤入篾条缝隙中去，待胶的流动性降低后再升高压力。生产中采用的一种曲线如图 6-3 所示，采用逐渐升压的方法。降压段首先将压力快速降至 0.3 ~ 0.4MPa，然后再缓慢降低至压板张开，时间约 1 ~ 2min。

表 6-15　竹席胶合板热压参数

胶　种	温度(℃)	压力(MPa)	时间(min)			
			2 层板	3 层板	4 层板	5 层板
脲醛树脂胶	110~120	2.5~4.0	3~4	4~5	5~7	6~7
酚醛树脂胶	140~150	2.5~4.0	3~4	5~7	8~12	10~15

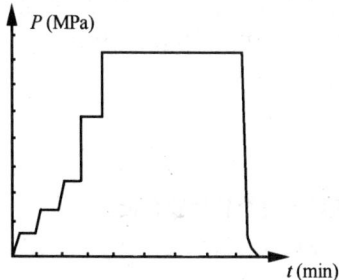

图 6-3　竹席胶合板热压曲线　　　　图 6-4　竹席胶合板试验热压曲线

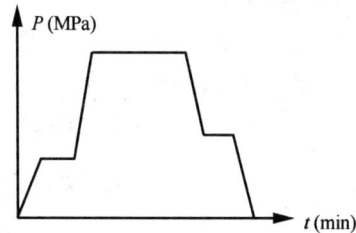

根据刘秀芳、刘能文等的研究，在竹席含水率 8%~12%，涂胶量 450~550g/m²，陈化时间 30min，热压温度 120℃，压力 2MPa，热压时间 5min 的条件下，采用如图 6-4 的曲线，也可取得好的效果。此曲线可称三段式：低压升温段、高压保压段、平衡压力排气段。

在实际生产中，还采用了一些其他曲线，只要掌握有利于竹材均匀吸收胶液和板坯内水分的排出即可。

热压后的锯边等与一般板材生产相同，不需繁述。

6.2.3　竹席胶合板的性能

竹席胶合板强度高、弹性好，纵横方向的力学性能差异小。经四川省林业科学研究院测试的当前生产的不同胶种、不同层数的经纬竹席胶合板的性能指标平均值见表 6-16。由表可见，竹席胶合板的静曲强度很高。

表 6-16　竹席胶合板物理力学性能（平均值）

指标名称	脲醛树脂胶			酚醛树脂胶		
	二层	三层	五层	二层	三层	五层
静曲强度(MPa)	70.4	79.9	71.3	91.1	91.8	93.5
平面抗拉强度(MPa)			0.34	0.32		
密度(g/cm³)	0.715	0.750	0.780	0.716	0.700	0.770
含水率(%)	9.50	9.86	12.50	14.75		8.20
吸水率(%)	48.00	37.93	36.60	52.00		
水浸—干燥循环周期(周期)	2.5	2.25	2.44			
水煮—干燥循环周期(周期)				4.3		5

我国于1991年7月发布了竹编胶合板国家标准，代号为GB/T13123—1991，分厚型与薄型规定了竹席胶合板的各项物理力学性能标准值，标准中规定了含水率、静曲强度、弹性模量、水煮(浸)、冰冻、干燥保存强度、冲击强度和甲醛释放量等指标。

6.2.4 竹席胶合板的特种加工

竹席胶合板表面粗糙，质量不稳定，板材应力不均，因此在很多场合均需进行特种加工。特种加工的方法，一是采用各种贴面材料进行贴面；二是以竹席经纬编织为母体，附以植物纤维如麻、棉秆、稻草、麦秸、蔗渣等硬质纤维黏压成材，这种复合板表面可压制图案，美观实用，成本低廉，吸音性能好。

几种主要处理方法如图6-5。

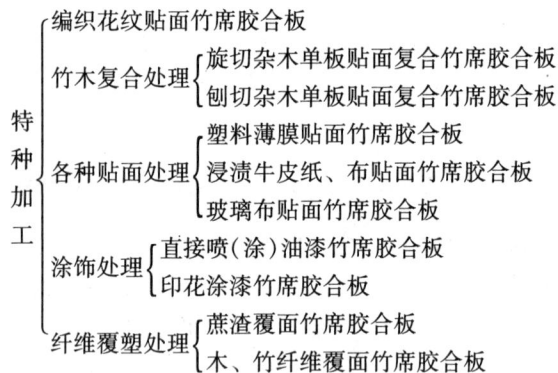

特种加工
- 编织花纹贴面竹席胶合板
- 竹木复合处理
  - 旋切杂木单板贴面复合竹席胶合板
  - 刨切杂木单板贴面复合竹席胶合板
- 各种贴面处理
  - 塑料薄膜贴面竹席胶合板
  - 浸渍牛皮纸、布贴面竹席胶合板
  - 玻璃布贴面竹席胶合板
- 涂饰处理
  - 直接喷(涂)油漆竹席胶合板
  - 印花涂漆竹席胶合板
- 纤维覆塑处理
  - 蔗渣覆面竹席胶合板
  - 木、竹纤维覆面竹席胶合板

图6-5 竹席胶合板的特种加工

6.3 竹帘胶合板

竹帘胶合板是将一定宽度与厚度的篾片平行排列，用热熔胶线或塑料细绳等拼接成单板状，再经涂胶或浸胶后热压而成的板材。其构造类似于普通木材胶合板，但比竹席胶合板表面平整，力学性能更高。这种产品已广泛用做车厢和集装箱底板以及建筑水泥模板等工程用材。在竹帘胶合板的研究、开发和生产中，中南林学院的赵仁杰等人作出了很大贡献，经过10多年的努力，使竹帘胶合板这一研究成果在国内逐步实现了产业化。目前全国已有300多个工厂，500多条生产线，年生产能力达7000万m^3，是竹胶合板模板中生产厂家最多，产量最大，应用最广的一个品种。

6.3.1 竹帘的编织与要求

用于竹帘胶合板的竹篾宽度一般要求在15～30mm，厚度0.8～2mm。理想的竹帘单板应当是篾片之间无缝隙，厚度一致，竹节部位平整无鼓起，当然这是难以达到的，只可能朝这方面努力。

与竹席不同的是，竹帘组坯时采用直交或平行方式，带有明显的方向性。因此，其竹帘有横向竹帘与纵向竹帘之分，也即有两种篾片长度。一种为1300mm左右，一种为 2 600mm 左右，拼成两种形式的竹帘。

目前的竹帘编织方法有如下几种：

（1）黏结法

采用胶纸带、热熔胶线类以木材单板拼接方式将篾片横向连接成竹帘。由于篾片较窄，需要黏接的点相对较多，篾片表面又不如木单板表面平滑，又易于变形，当某些点未黏住或黏在竹丝上，篾片易于脱落，特别是在拼接厚篾片时。

（2）缝纫法

将各篾片长度上每隔一定间距用缝线连接成帘。用此种方法制成的竹帘连接性较好，不易散落，但只适于加工较薄的篾片。当篾片较厚时，如用小的缝纫针，则针的强度不够。如选用较大的缝纫针，会使篾片穿线部位裂缝加大，甚至导致篾片劈裂。

（3）编织法

此法以编织线为经线，篾片横向送入作纬线，将篾片织成竹帘。编织法有平织法和交织法之分。平织法类似织布，编织时相互交织的 2 根编织线始终上、下交错，篾片横向送入上下交错的编织线间，由此编成竹帘。交织法编织时，交织的上下 2 根编织线始终以同一转向转过 180°，不仅使相互交织的 2 根编织线上下变换位置，且像拧绳子一样具有一定紧度，使篾片之间更紧密、牢靠，不易分散。南京林业大学研制的 ZLZ-126 型篾帘编织机即依据交织原理。该机的主要技术参数为：篾帘幅面 1 220mm × 2 440mm，篾片厚度 1 ~ 3mm，宽度 10 ~ 30mm，生产能力 6 ~ 8 张/h。

竹帘胶合板素板的生产工艺与竹席胶合板相差不大，本节仅介绍目前大量用做建筑工业的覆膜高强竹帘水泥模板工艺。

6.3.2 覆膜竹帘胶合板生产工艺

6.3.2.1 生产工艺流程

工艺中表、背层各采用一张竹席，这是因为竹帘的缝隙较大，难以达到板材表面要求而采取的措施。以图 6-6 加以说明。

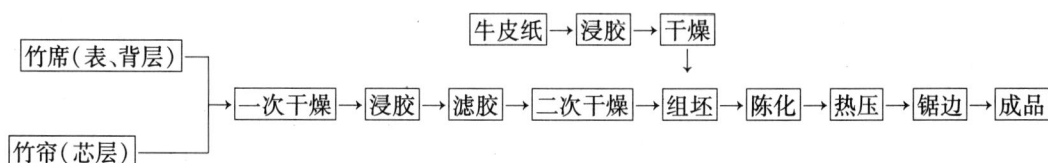

图 6-6 覆膜竹帘胶合板工艺流程

6.3.2.2 竹帘（席）的干燥

竹帘竹席的初含水率较高，而且分布极不均匀，大部分在 20% ~ 40%，最高的达 70% 以上，少量低于 10%。含水率差别如此之大，如不经过干燥而直接浸胶，显然会对后续工序产生不利影响。有些生产厂认为竹帘竹席在浸胶后还需干燥，所以将浸胶前的干燥取消。实际上，浸胶后含水率继续提高而浸胶后的干燥又是在低温下进行的，不可能使干燥后的含水率达到要求。同时，浸胶前竹帘竹席的含水率应当比较一致，才能使浸胶量有稳定的数值，因为浸胶量的大小是受竹帘竹席的含水率影响的。因此，竹帘竹席浸胶前必须经过一次干燥。

一次干燥一般采用干燥机进行，由于竹篾宽度小而厚度薄，可采用高温快速干燥，干燥温度140～160℃，干燥后竹篾含水率控制在8%～10%。

二次干燥是在浸胶后进行。目的是去除因浸胶所带进的水分，使竹帘竹席达到热压时要求的含水率。二次干燥的温度不能过高，否则篾片表面会产生胶泡，使胶与纤维分离，同时会引起胶的部分固化。一般温度控制在80～90℃，不能超过100℃。干燥后含水率控制在20%以下，一般为10%～15%，这样有利于板面压制后的光洁度。二次干燥可在干燥机或干燥窑内进行。

6.3.2.3 浸胶与滤胶

竹帘竹席的浸胶一般在立式浸胶槽内进行。采用水溶性酚醛树脂胶，固体含量45%～50%，黏度0.65～1.30Pa·s。浸胶时浸胶槽中的水溶性酚醛树脂胶胶液是经过加水稀释的，其固体含量为23%～25%。

当竹篾的含水率一定时，上胶量随浸胶时间延长而增加，如图6-7中，当竹帘竹席含水率在8%～12%，浸胶时间达到5～6min时，竹篾的上胶量达到8%～12%，已能满足工艺要求。但浸胶时间延长到10min以后，上胶量虽仍有增长，但速度明显变慢。当前，竹帘胶合板厂普遍采用2122型水溶性酚醛树脂胶，浸胶时间为3～5min，竹篾的上胶量达到7%～10%。

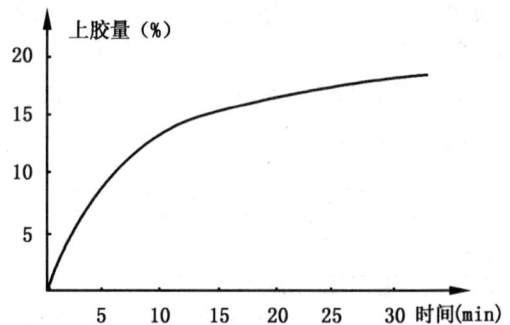

图6-7 浸胶时间与竹帘(席)上胶量关系

竹篾的上胶速度与含水率有关。当竹篾含水率越低时，吸胶速度越快。因此，浸胶时间应根据施胶量大小和竹篾的含水率高低制定。

滤胶时应将竹席竹帘表面和间隙的胶水流干，这样既可节约用胶，又利于干燥。

6.3.2.4 覆面胶膜纸的制造

竹帘胶合板覆面的胶膜纸原纸一般用$80g/m^2$或$120g/m^2$牛皮纸，胶料大多用酚醛树脂胶(也可用三聚氰胺甲醛树脂胶)，固体含量为33%～35%，浸渍量为60%～75%。浸胶干燥设备采用立式浸渍干燥机，浸渍温度为30～50℃，时间为20s左右。干燥温度在70～130℃。

6.3.2.5 组坯

浸渍干燥后的竹帘竹席不能马上组坯，需陈化 8~16h 之后再组坯。其作用是让部分水分继续蒸发，增强干燥效果，同时让胶料有一个预聚过程，减少热压时间。但陈化时间不能过长，尤其在高温季节。

组坯时竹帘的摆放应采用直交，且应遵守奇数层原则，以免产品变形。表面的竹席与胶膜纸分别置于板坯表背面。

据研究，厚薄不同的竹帘相间组坯时，产品的胶合强度有所提高，变形也较小。

6.3.2.6 热压

覆膜竹帘胶合板热压工艺的最大特点是采用称为"冷进冷出"的工艺。即卸压出板前将压板温度降低到 45~55℃，其热压工艺曲线如图 6-8 所示。热压的温度 T_2 一般为 135~145℃，不超过 160℃，卸压出板温度 T_1 一般为 45~55℃；单位压力为 2.5~3.5MPa，此阶段保压保温时间为 1.5~1.8min/mm。

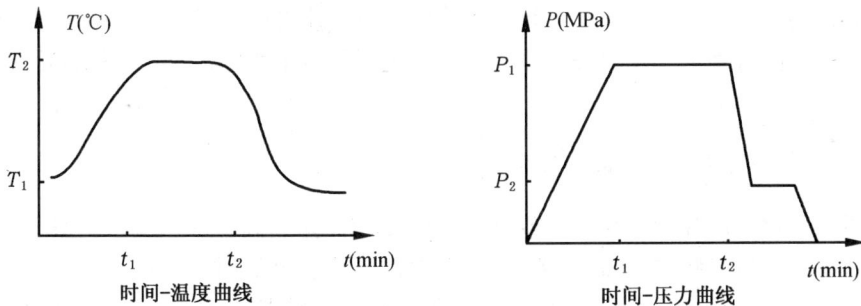

图6-8 覆塑竹帘胶合板热压工艺曲线

温度、压力、时间的有关作用机理，请参考书后所列有关文献，在此不作讨论。

需要指出的是，"冷进冷出"工艺在能源消耗及生产效率上显然是不经济的。但采用此工艺时板材的表面质量及尺寸稳定性较高。目前正大力研究该板材的"热进热出"工艺，已取得较大进展，据报道已在某些工厂得到试验性生产。

6.3.3 覆膜竹帘胶合板的特点、性能及应用

与竹席胶合板相比，覆膜竹帘胶合板的特点为：
①生产的耗胶量少，板面平整度较竹席板高；
②结构类似普通胶合板，纵横力学性能差异小，尺寸稳定性较高；
③篾片间缝隙较大，覆膜时仍需竹席作表、背层；
④热压周期长，耗能大，生产效率低。

竹帘胶合板的物理力学性能较竹席胶合板优良，国家正在制定标准。表 6-17 是某企业制定的有关标准。

覆膜竹席胶合板目前基本上用做建筑水泥模板，其耐磨性与耐损性大大高于木材模板，循环使用次数可达 20~50 次，很适合于高层建筑、桥梁、大坝等工程建筑的应用。

表 6-17 覆膜竹帘胶合板物理力学性能标准(企业)

性　　能	一等品	二等品
含水率(%)	14	14
纵向静曲强度(MPa)	≥95	≥90
横向静曲强度(MPa)	≥45	≥40
纵向弹性模量(MPa)	≥9 000	≥8 000
横向弹性模量(MPa)	≥4 500	≥4 000

6.4　竹篾层积材

竹篾层积材又称竹篾积成胶合板,是以一定厚度与宽度的竹篾为原料,经浸胶干燥和平行铺装后热压而成的板材。它的最大特点是篾片成束同向平行组坯,因而板材纵向强度高,横向强度较低,类似于木单板层积材(LVL)。为了改善其力学方向性强的弱点,扩展其用途,出现了非单向组坯的竹篾层积材,使之成为多层直交结构,其尺寸稳定性和力学性能得到进一步提高。竹篾层积材主要用做车厢底板,是一种良好的木材替代产品。

6.4.1　篾片的制作与要求

竹篾层积材的篾片制备与竹帘或竹席所用篾片大体相同。一般要求竹龄 3 年以上,竹干弯曲度小,竹竿胸围 15cm。篾片的长度最好稍大于成品板长度,可掺和少量短篾片,但不能过多,否则会影响板材的强度等性能。一般长短篾片用量比可为 10:2 或10:3。用于汽车车厢底板的产品所用的篾片材料长度一般为 2 200mm 和 2 850mm 两种。

篾片的厚度对竹篾层积材的性能影响较大。篾片较厚时,材料比表面减小,胶合面也随之减小。同时,在相同浸胶量时,厚篾片刚性大,回弹性强,板材在相同热压工艺条件下压实率低,板材的胶合强度及板面质量均不好,压制后的板材密度和力学强度也较差。因此宜选用较薄的篾片,一般在 0.8 ~ 1.5mm。篾片太薄会增加篾片加工成本,增加胶料的用量。

篾片的宽度对产品质量的影响较厚度小,但过宽时对铺装的均匀性有影响,而且过宽的篾片出材率会降低,窄一点的篾片对铺装均匀性有利,但加工量大。篾片宽度一般可在 10 ~ 20mm,宽窄不一致的可混合应用。

篾片干燥前的含水率最好比较一致,这有利于干燥的进行和质量保证。根据竹材特性及竹篾层积材的加工特性,生产工艺要求篾片干燥后的含水率达到 10% ~ 12%。含水率过低则降低干燥效率,增加能耗及制造成本。

6.4.2　竹篾层积材生产工艺

竹篾的干燥、浸胶、滤胶等工序的工艺与设备与竹帘竹席的工艺与设备没有太大的差别,根据竹篾层积材的生产与产品特点,仅从浸胶量大小、组坯方式、热压工艺对产品的影响及机械加工方面作论述。

竹篾层积材生产工艺流程如图 6-9 所示。

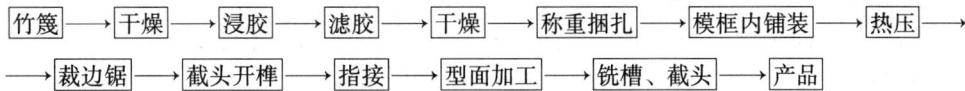

竹篾 ⟶ 干燥 ⟶ 浸胶 ⟶ 滤胶 ⟶ 干燥 ⟶ 称重捆扎 ⟶ 模框内铺装 ⟶ 热压 ⟶

⟶ 裁边锯 ⟶ 截头开榫 ⟶ 指接 ⟶ 型面加工 ⟶ 铣槽、截头 ⟶ 产品

图 6-9　竹篾层积材生产工艺流程

6.4.2.1　浸胶量及组坯方式对板材的压制及板材性能影响

根据叶良明等人的研究，浸胶量的大小对板材的密度与力学性能有不同影响，而且在使用和不使用厚度规的条件下又有不同表现（表 6-18）。

表 6-18　不同浸胶量及组坯方式对竹篾层积材性能影响

试验号	浸胶量（%）	组坯结构	含水率（%）	密度（g/cm³）	纵向静曲强度（MPa）	横向静曲强度（MPa）	纵横向强度比	纵向弹性模量（×10⁴MPa）	横向弹性模量（×10⁴MPa）
1	< 9	平行单向	9.01	0.873	157.1	12.5	12.6:1	1.20	0.33
2	11	平行单向	8.66	0.930	200.5	13.6	14.7:1	1.48	0.41
3	12.4	直交	8.68	0.978	165.0	48.0	3.43:1	1.45	0.44
4	12.7	平行单向	8.43	0.937	199.2	14.4	13.8:1	1.47	0.40
5	< 9	直交	8.56	0.837	148.1	48.8	3:1	1.12	0.47
6*	< 9	平行单向	9.42	0.866	163.4	11.3	14.5:1	1.14	0.31
7*	< 12	平行单向	8.14	0.893	143.7	10.7	13.4:1	1.13	0.36

注：6、7 号试件采用了厚度规。

在不使用厚度规压制平行单向结构板时，随用胶量的增大，篾片的可塑性提高，板材可压缩性增加，从而导致产品密度明显增加，纵向静曲强度和弹性模量相应提高，但对横向力学性能影响不明显。

在使用厚度规时，随用胶量增大，板材纵向静曲强度和弹性模量不仅未见提高，反而有所下降。这充分说明，在竹篾层积材生产中存在最佳用胶量值。在该值下，既能充分保持产品的强度特性，又可使生产成本中的用胶量减少到最低限度和避免过多地用胶量造成不必要的压缩而提高产品成本。

结构不同的板材在静曲强度上也存在明显区别。平行单向结构的纵向力学性能高，横向力学性能与之相差 10 多倍，而直交结构的则使其比值降到 3 ~ 4 倍。

不过，在当前的铺装水平下，即使平行单向的板坯也常常出现铺装不匀，单张板局部密度不一的情况。如采用直交结构铺装，在散状篾片的条件下，更难实现其均匀性。对此需作进一步的研究和实践。

6.4.2.2　竹篾层积材的热压工艺

竹篾层积材的热压通常采用冷—热—冷工艺。采用逐步升温方式，由 110℃ 升至 160℃，单位压力采用分段加压，由低到高 4 ~ 6MPa。产品厚度为 30mm 的酚醛树脂竹篾层积材的冷—热—冷工艺参数为：单位压力 5.5 ~ 6.0MPa、温度 135 ~ 140℃、保温时间 39min、进出板温度为 60 ~ 70℃。由于产品横向强度低,必须加大其板厚,使产品厚度为 25mm 以上,热压温度不能过高,否则将导致板材表层竹篾在长时间高温加热状态下炭化,影响板材的表面质量,因而不宜采用过高的温度。这也就决定了竹篾层积材的热压时间较长,整个热压周期长达 100min 左右。

经过 10 多年的研究与生产实践,各个厂的热压工艺有所变化。压力证明可小于 6MPa,不必采用逐段升压措施。当提高初始压力,而后适当降低,反而有利于板材的静曲强度。具体压力根据竹篾规格、浸胶量、含水率、热压温度等灵活设定。热压温度证明也不必采用逐步升温的方式,采用温度 130 ~ 140℃,0.8 ~ 0.9min/mm 的热压时间也能取得好的效果。

同覆塑竹帘胶合板一样,竹篾层积材"热进热出"工艺的研究也进行了数年时间。经研究表明,采用该工艺是可行的,但必须视生产中的具体条件,选择合适的温度与压力等参数与这些条件相配合,才能满足强度、外观与尺寸稳定性的要求。

6.4.2.3   机械加工

竹篾层积材一般用做车厢底板,压制后产品长度达不到要求长度,必须接长。机械加工设备采用木材加工的指接设备。由于竹篾层积材硬度高,刚性好,密度大,用木材加工的设备常常存在机床刚性、刀具磨损等问题。这些问题已在生产上逐步克服。

6.4.3   竹篾层积材的特点、性能与应用

竹篾层积材的特点可归纳为以下几点:

①工艺相对简单,一次性投资小;

②竹材利用率高,篾片在宽窄方面限制小;

③"冷进冷出"工艺热压周期长,效率低,能源消耗大;

④平行单向产品纵横向力学性能相差大,横向尺寸受限,应用面变窄。

根据林业部 1992 年发布的行业标准,竹篾积成胶合板的质量要求见表 6-19。表中规定的物理力学性能均为纵向力学性能。

表6-19   竹篾积成胶合板物理力学性能指标

指标名称	指标值		指标名称	指标值	
	一等品	二等品		一等品	二等品
含水率(%)	8 ~ 15	8 ~ 15	弹性模量(MPa)	$\geqslant 8.0 \times 10^3$	$\geqslant 8.0 \times 10^3$
静曲强度(MPa)	$\geqslant 120$	$\geqslant 110$	耐高温性能	表面不允许裂纹	表面不允许裂纹
冲击韧性(J/cm²)	$\geqslant 14$	$\geqslant 10$	耐低温性能(J/cm²)	$\geqslant 8$	$\geqslant 6$
吸水率(%)	$\leqslant 8$	$\leqslant 12$	滞燃性能(氧指数)	$\geqslant 28$	$\geqslant 28$
密度(g/cm³)	$\leqslant 1.2$	$\leqslant 1.2$			

竹篾积成胶合板的篾片按平行方向胶合,材性类似于木材层积材,有很高的纵向力学强度,特别适合于要求宽度不大,纵向力学性能要求高的场合。车厢底板即为该产品

的合适应用领域之一。

竹篾积成胶合板作为结构用材于 20 世纪 80 年代首先在汽车车厢上得到应用。通过多年的试用和可靠性试验，证明用竹篾积成胶合板代替以前的木材车厢底板是完全可行的，它具有强度高，耐冲击性及耐磨、耐腐蚀、耐气候性好，尺寸稳定，使用寿命长等优点，而且简化了车厢结构和制造工艺，自重减轻，成本降低，很受各汽车制造厂的欢迎。

汽车车厢最简单的固定方式是采用特制的钉子直接固定于钢制的底板框架横梁上，因此要求竹篾积成胶合板具有良好的可钉性和握钉力。应用后证明，钉子在距竹篾积成胶合板边缘 10mm 处钉入，未见开裂现象，且握钉力大于木板。竹篾积成胶合板按汽车生产厂要求尺寸生产，不需再加工即可直接进入装配工序，与木材相比，又简化了车厢生产工艺。

竹篾积成胶合板在汽车制造行业已得到推广和应用，而且又已扩大应用到煤矿用坑木"竹锚拉杆垫片"和建筑模板以及体育器材上。

6.5 竹片胶合板

竹片胶合板又称竹材胶合板，它是将竹筒软化展开后经一系列加工成为一定厚度的竹片或竹板，再经干燥、涂胶、热压而成的板材。这种产品的最大特点是将竹筒剖分后直接展开成平面状，再经加工成幅面较大的单体，然后直交组合成坯体热压。因此，"竹材的高温软化—展平"工艺，是该产品制造工艺的核心。竹片胶合板的构成单元为带沟槽的等厚竹片，竹片是通过展平刨削法来制造的。

与前几节所述几种竹材人造板所用竹篾基材相比，竹片的单元较大，加工要求较高，工艺相对复杂，从竹筒直接加工成竹片，手工是无法进行的，必须用专用机械。在竹片胶合板的研究、开发和生产中，南京林业大学的张齐生等人作出了很大贡献，他们进行了多年的研究与实践，开发了成套工艺与设备，使竹片胶合板的生产逐步走上工业化轨道。

竹片胶合板基材的制造与板材生产是一个连续化的生产过程，不像竹席、竹帘或竹篾的制造一般分散在工厂以外的产竹区，因此，本节将竹片的制造与板材生产工艺结合起来论述。

6.5.1 竹片胶合板生产工艺

竹片胶合板生产工艺流程如图 6-10 所示。

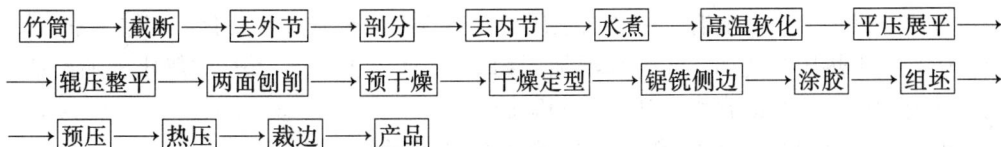

竹筒 ⟶ 截断 ⟶ 去外节 ⟶ 剖分 ⟶ 去内节 ⟶ 水煮 ⟶ 高温软化 ⟶ 平压展平 ⟶

⟶ 辊压整平 ⟶ 两面刨削 ⟶ 预干燥 ⟶ 干燥定型 ⟶ 锯铣侧边 ⟶ 涂胶 ⟶ 组坯 ⟶

⟶ 预压 ⟶ 热压 ⟶ 裁边 ⟶ 产品

图 6-10 竹片胶合板生产工艺流程

按各工序可分为 4 个工段：竹筒展平、竹片成型、涂胶与组坯、板材压制与后处理。以下分 4 个工段分别说明。

6.5.1.1　竹筒展平

竹片需经刨削加工，故一般需用胸径 9cm 以上的竹材，长度 7 ~ 9m，去掉尖梢与端头。截断时第 1 段宜作横向短竹片，2、3 段作纵向长竹片，4 段以后作横向短竹片，这样有利于提高竹材利用率。截断一般用圆锯机。去外节采用铣刀除去竹节凸起处。

展平前需将竹筒剖分成 2 ~ 3 块，剖竹采用剖竹机进行。剖竹原理是传动链条强行带动竹筒通过固定的 2 把或 3 把劈切刀，使竹筒被劈裂成 2 ~ 3 块。

去内节同样采用铣型形式，将内节凸起的竹膈等去除。曾经采用过镗簧机，但机具较复杂，没有剖竹机的工艺与结构简单。

软化是该工段的关键工序。随软化后竹材塑性的提高，展平的竹片质量有很大提高。塑性与含水率和温度密切相关。因此，软化分两个阶段进行：第一阶段为水煮，主要是提高竹材含水率与初始温度；第二阶段采取高温加热，使竹材温度提高到 140 ~ 150℃。水煮工艺是将竹筒在 70 ~ 80℃ 热水中浸泡 2 ~ 3h，竹材应完全浸入水中。高温加热可在回转式干燥窑（炉）中进行，炉中温度 180 ~ 200℃，每隔 25 ~ 30s 间断式进出料一次，截断后的高含水率半圆竹筒在此过程中温度提升到规定工艺。

竹筒的展平紧接高温加热后进行。首先用单层平压机强行压平半圆竹筒，其进出料过程配合高温软化的回转输送。由于竹筒展开后的竹片厚薄不一，平压并不能使竹片成为较好的平面状。因此，紧接着平压之后，采用了 4 对辊筒的辊压展平机，平压后的竹片再经 4 次辊压展平，基本去除了竹片趋圆的应力。辊压机的主要参数为：线速度 8m/min，线压力 3.0 ~ 5.0MPa。

6.5.1.2　竹片成型

展平后的竹片应立即进行刨削，以利用其余温下的塑性，降低加工中的功耗、噪声与刀具磨损。刨削采用压刨机，由于竹材硬度高，刚性大，表面光滑，故进料、刀轴、刀具及工作台面等应适当进行改造。刨削后的竹青与竹黄应完全去掉，以免影响胶合。

刨削后的竹片含水率一般高达 30% ~ 50%，必须经过干燥。竹片的干燥存在两个难题，一是竹片是在高温高湿状态下强行被压平的，干燥中必然会产生弹性恢复，因此需采用强制定型下的干燥；二是竹片有一定厚度且含水率较高，短时间下干燥不易达到含水率要求，而强制定型下长期干燥在生产上难以实现。因此，采用预干燥和定型干燥两段工艺进行。先将竹片在干燥窑内预干 10 ~ 12h，使其含水率达到 12% ~ 15%。然后，预干燥的竹片在间歇式多级压板干燥机内进行强制定型干燥。

竹片干燥定型机一般有 7 ~ 10 对热压板，热压板交替张开与闭合，传输钢带将竹片依次送入上下热压板之间，闭合加温加压约 2 ~ 5min，再进入下一对热压板加温加压。经干燥定型后，竹片的含水率达 8% ~ 12%。

干燥定型后的竹片经锯（铣）边机，按规定要求对侧边进行齐边。

6.5.1.3　涂胶与组坯

竹片成型后的厚度一般在 3 ~ 8mm，采用普通辊筒涂胶机涂胶。涂胶量与普通木单板相同，为 300 ~ 350g/m² (双面)。由于其厚度大，竹片胶合板的每 1m³ 板材耗胶量是较低的。

组坯采用直交，按奇数层原则。与木材胶合板相比，其组坯有以下特点：

①表、背面的竹片选择较严。由于竹片是强行压平的，内表面裂隙、断纤维现象较严重，为保持板材外观与平整度，应将竹青面朝外，竹黄面朝内。

②5 层及 5 层以上的板材，芯部竹片的竹青、竹黄的朝向应依次交替排列，尽量做到结构对称，减少变形的可能性。

③竹片的厚度大而宽度小，涂胶后的横向膨胀率不大，组坯时片间不必留间隙，可紧密排列，降低板材的缝隙度。

6.5.1.4　板材压制与后处理

竹片的刚性、弹性及硬度较普通木单板大，预压压力采用 0.8 ~ 1.0MPa，预压时间一般 90 ~ 120min 为宜。

普通竹片胶合板热压工艺与木材胶合板热压工艺的作用机理、工艺过程等相差不大，只是参数有所变化。通常热压温度 130 ~ 145℃ (酚胶) 或 115 ~ 120℃ (脲胶) 为宜，单位压力为 3.0 ~ 3.5 MPa，板坯的压缩率为 13.0% ~ 16.0%，时间约为 1.1min/mm。

竹片胶合板硬度较高，应采用硬度高的合金锯片锯边。作为结构用材，一般不进行砂光。

6.5.2　竹片胶合板的特点与性能

(1) 竹片胶合板的特点

竹片胶合板与其他竹材人造板相比，其特点如下：

①产品板面较平整，力学结构合理，强度高而稳定性好；

②用胶量较竹席胶合板、竹帘胶合板和竹篾层积材等低，每 1m³ 板材仅为 30 ~ 35kg；

③生产的机械化、连续化程度较上述几种板材高，基材的厚度较易控制，厚度公差较上述板材小；

④竹材径级要求较大，因刨削产生的废料多，出材率低，仅为 45% 左右；

⑤工艺相对复杂，设备投资大。

(2) 竹片胶合板的性能

根据张齐生等人的研究，竹片胶合板的力学性能与其结构有关 (表 6-20)，根据不同要求，可通过调整竹片胶合板组坯结构和竹片厚度，改变板材某一方向的力学性能。

表6-20　不同结构与厚度的竹片胶合板力学性能

性能 \ 结构与厚度	‖⊥‖⊥‖ 2 4 2 4 2 12mm 五层	‖⊥‖ 3 8 3 12mm 三层	‖⊥‖⊥‖ 2 4 4 4 2 15mm 五层	‖⊥‖ 4.5 8 4.5 15mm 三层	⊥‖⊥‖⊥‖⊥ 2 4 3 2 3 4 2 18mm 七层	‖⊥‖⊥‖ 3 6 3 6 3 18mm 五层
纵向静曲强度（MPa）	120.0	107.5	103.5	108.7	100.9	104.5
横向静曲强度（MPa）	70.3	40.2	70.0	36.3	72.2	53.8
纵向弹性模量（MPa）	10 357.2	10 135.5	9 785.1	10 735.3	9 315.4	9 134.8
横向弹性模量（MPa）	5 193.9	3 970.0	5 753.2	3 235.4	5 945.7	4 852.4

注：表中‖表示纵向竹片，⊥表示横向竹片；‖、⊥下面的数值表示该竹片的厚度(mm)。

6.5.3　竹片胶合板的应用

6.5.3.1　在汽车工业中的应用

竹片胶合板主要用做车厢底板，先后在我国解放牌、东风牌、跃进牌等载货汽车和客车上作车厢底板使用，结果非常成功，目前已在全国各地汽车行业得到广泛应用。1991年，林业部发布了"汽车车厢底板竹材胶合板"行业标准，使该产品成为人造板行业的又一个正式品种。某生产厂家的产品性能及行业标准见表6-21。

表6-21　车厢底板用竹片胶合板物理力学性能

结构 \ 性能		密度（g/cm³）	静曲强度（MPa）	胶合强度（MPa）	冲击韧性（J/cm²）
板厚 15mm	三层	0.78	113.3	3.68	8.7
	五层	0.85	105.5	3.52	9.1
板厚 22mm	五层	0.85	126.1	3.50	9.1
	七层	—	—	—	12.4
行业标准	板厚≤15mm		≥98	≥2.5	—
	板厚>15mm	—	≥90	≥2.5	—

竹片胶合板要作车厢底板，其长度应与车厢长度相一致，而压制的板材较短故需进行接长。考虑到接头的强度、接头加工工艺与设备的难易程度，认为采用斜面涂胶搭接的形式较好。此外，为提高车厢板表面的耐水、耐腐蚀和抗老化性能，需要在板材两表面涂刷酚醛树脂胶，使之热压固化而形成牢固的树脂保护层。并在热压之前，在板材的正面加覆一张钢丝网，通过热压使表面形成一定形状和深度的网痕，以增加车厢底板与装载货物之间摩擦力，防止货物的滑移。

（1）铣斜面热压接长工艺

竹片胶合板的铣斜面热压接长工艺，是常用的工艺，其工艺流程如图6-11所示。

竹片胶合板 → 端头铣斜面 → 斜面涂胶 → 斜面搭接、加钉 → 热压接长 →

→ 锯边 → 表面涂胶 → 压网痕、表面胶固化 → 成品

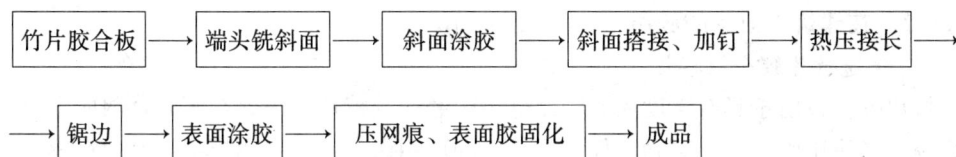

图6-11 竹片胶合板铣斜面热压接长工艺流程

该工艺竹材消耗量大，工艺比较繁琐，连同热压在内两次进行长时间加温、加压，对产品的质量有一定影响。接长时，两块竹片胶合板端头铣成斜率为1:5.5以上的斜面即可满足要求，斜面涂胶后再热压接长。接头的强度受斜面的平整度影响很大，通常接头处的强度只能达到竹材胶合板本体强度的70%，因此接头处是竹片胶合板车厢底板强度的薄弱环节。为了安全可靠，车厢底板的接缝处往往都要与车架横梁相重合。另一方面由于两块板的厚度有误差，因而接缝处容易产生高低不平，卸货时容易引起损坏。因此，生产不接长的超大幅面竹片胶合板具有十分重要的意义。

（2）一次热压成型大幅面竹材胶合板工艺

随着汽车制造业不断开发新产品和完善汽车结构，要求竹材胶合板底板能够适应不同车型的车架结构，并且整板各处强度比较均匀，幅面的长度能达到3000～4300mm。现有竹材胶合板幅面最大只有2 440mm×1 220mm。而铣斜面热压接长工艺劳动强度大，消耗高，产品质量也不稳定。因此，南京林业大学的张齐生等人研究采用了竹片铣斜面后搭接组坯一次成型的方法，克服了上述缺点。

该工艺采用竹片铣斜面后涂胶组坯成大幅面板材。竹片的斜率以1:7.5～10为宜。组坯时，面、背板竹片采用斜面搭接加长，但板材任一横截面只允许存在一个搭接头，其板坯结构如图6-12所示。一次热压成型工艺较为简单，但大型热压机及其相配套的装、卸板机设备投资较大。

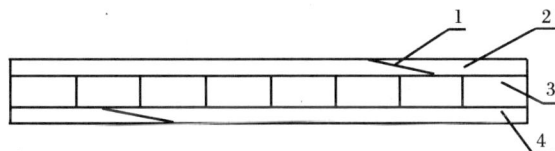

图6-12 大幅面竹片胶合板板坯结构示意
1. 斜面搭接接头　2. 面板竹片　3. 涂胶芯板竹片　4. 背板竹片

经工业化的生产证实，只要斜面的"刃口"锋利，搭接位置准确，板材静曲强度、弹性模量与抗冲击韧性与未搭接时没有大的差别。

该工艺采用的热压机总压力为2 050t，热压板幅面为4 600mm×1 400mm，热压机层数为10层，生产的板材幅面尺寸为4 500mm×1 300mm。热压工艺参数为：单位压力3.0～3.5MPa，热压温度135～145℃，时间1.1min/mm。

6.5.3.2 在建筑工业中的应用

（1）普通竹片胶合板模板

竹片胶合板由于具有强度大、刚度好、耐磨损等特点，因此在其表背两面涂上酚醛树脂胶，经热压固化形成坚硬的保护层后，即可用做普通的水泥模板，取代钢模板、木模板等。竹片胶合板模板一般可以周转使用30~50次。

（2）覆膜竹片胶合模板

作为建筑水泥模板用材，除力学强度高之外，表面质量无疑是相当重要的。竹片胶合板强度高，但表面耐磨性作为模板使用尚存在不足，因而出现了表面覆膜竹片胶合模板。与一般模板相比，覆膜竹片胶合模板施工质量高，易脱膜，重复使用次数多，可进行清水混凝土施工。

张齐生等人采用4种不同覆膜方式对竹片胶合板及竹片—木单板复合板进行了覆膜试验（表6-22）：覆膜方式①，以竹片胶合板为基材，表面砂光后直接胶贴酚醛树脂浸渍牛皮纸；覆膜方式②，以竹片胶合板为基材，经表面砂光后直接胶贴特制的浸渍纸塑料贴面板；覆膜方式③，以竹片胶合板为基材，经表面砂光后将涂胶木单板及三聚氰胺浸渍牛皮纸（表层）和酚醛树脂浸渍纸（底层）1次覆塑于基材表面；覆膜方式④，以竹片胶合板为基材，经表面砂光后将涂胶单板及酚醛树脂浸渍纸1次覆塑于基材表面。试验结果见表6-22。

表6-22　覆膜竹片胶合板物理力学性能（板厚12mm）

性　能　＼　覆膜方式	①	②	③	④
密度（g/cm³）	0.834	0.850	0.784	0.800
含水率（%）	8.2	6.3	4.8	7.5
胶合强度（MPa）	2.8	3.2	3.5	3.1
纵向静曲强度（MPa）	138.2	121.3	108.5	109.7
横向静曲强度（MPa）	31.5	38.4	73.4	75.9
纵向弹性模量（×10³MPa）	12.784	13.678	10.382	11.253
横向弹性模量（×10³MPa）	3.358	3.796	7.047	6.782
表面耐磨性（露底转数）	2 400	>3 700	>3 300	2 000
磨耗值（g/100r）	0.053	0.072	0.024	0.043

根据表中结果，③方案物理力学性能较优，表面质量较高。生产中可具体根据使用要求选择覆膜方案。

据称，覆膜竹片胶合模板的质量已达到或超过世界一流的芬兰舒曼公司生产的Wisa水泥模板。

6.6　竹席波形瓦

竹席波形瓦又称竹席瓦楞板，其生产工艺与竹席胶合板相类似，但由于它的特殊表面，其设备与工艺参数都有一些变化。例如，热压曲线、胶合剂黏度等对不同波形和不同尺寸的板材，在成型工艺和产品质量上都有不同影响。

6.6.1　材料与设备

(1)竹席

其加工方法和要求与竹席胶合板同。规格 950mm×2 000mm，重量 1.5~2.0kg。

(2)酚醛树脂

酚醛树脂主要指标为：

黏度	0.320~0.875Pa·s
固体含量	44%
游离酚含量	<0.5%

(3)波形瓦压机

总压力 600t 以上。热压模板波形按"中华人民共和国建筑工程部《建标 24—61》"及"中华人民共和国建筑工程部《JG66—63》"标准设计制造。前者生产大波瓦，后者生产中波瓦。具体数据见表 6-23。

表 6-23　竹席瓦楞板压机模板波形尺寸

波形参数	大波瓦模板	中波瓦模板
波距(mm)	170	131
波高(mm)	50	36
波峰夹角 θ(°)	125	125
波数(个)	6	6
模板尺寸(mm)	900×2 000	1 050×2 000

(4)波形垫板

用 0.5mm 厚不锈钢板或白铁皮板预先在波形瓦压机中压成模板的波纹。

6.6.2　竹席波形瓦生产工艺

专用的波形瓦涂胶、铺装、组坯的设备目前还没有，大部分工作由手工操作。

将竹席放入烘房中，使竹席含水率在 12%~15%。用手工在竹席上涂刷酚醛树脂胶，单面涂刷，涂胶量每 1m^2 控制在 400g 左右。再用手工撒上薄薄一层锯末作填料。覆盖 1 张未涂胶的竹席，再用手工刷胶，再撒一层锯末。

按上述操作重叠放置 4 张竹席后，上下用波形垫板夹住，组成热压板坯，热压参数见以下有关对产品质量影响因素的讨论。

6.6.3　影响竹席波形瓦质量的因素

6.6.3.1　波形瓦尺寸和波形的选择

竹席波形瓦主要用做建筑屋面防水材料，因此按国家有关标准制造，具体尺寸见表

6-24。

表 6-24　大波或中波竹席波形瓦尺寸规格

规格	长(mm)	宽(mm)	厚(mm)	波距(mm)	波高(mm)	波数(个)	边	边
符号	L	B	S	P	H		C$_1$	C$_2$
大波瓦	2 800	994	6	170	50	6		
	1 650	994	8	170	50	6		
大波瓦公差	+10 −5	±5	+0.5 −0.3	±3	±1	±1		
中波瓦	2 400	745	6.5	131	33	5.5	45	45
	1 800	745	6	131	33	5.5	45	45
	1 200	745	6	131	33	5.5	45	45
中波瓦公差	±10	±10	+0.5 −0.3	±3.0	±1.5		±5	±5

在同一面积内，波形越大，波峰数减少，展开面积相应减小，因此成型较容易，静曲强度也高，但有效利用面积减小；反之，波形偏小，波峰较低，波峰数增多，展开面积相应增大，成型比较困难，静曲强度降低，但有效利用面积增大。两种波形各具特色，只要严格控制生产工艺，都能生产出合格产品。

6.6.3.2　胶合剂性能对竹席波形瓦质量的影响

胶合剂的黏度对竹席波形瓦的质量影响较大。当胶的黏度在 0.195 ~ 0.255Pa·s 时，胶的黏度小，流失多，造成胶的浪费，产品胶合质量差；当胶的黏度在 0.255 ~ 0.325Pa·s 时，黏合质量一般，胶分布不均匀；当胶的黏度在 1.225Pa·s 以上时，则胶的黏度太高，流动性太差，胶的分布极不均匀，不仅有局部缺胶现象，而且有胶锅巴存在于表面。因此，实际生产对胶合剂的黏度一般控制在 0.445 ~ 0.875Pa·s，胶合质量好，胶分布均匀，对大波或中波竹席波形瓦都较为适宜。

由于板材的特殊外形，除胶的黏度要控制外，其他指标也应进行控制。表 6-25 是酚醛树脂胶采用 130℃、热压 12min，脲醛树脂胶采用 120℃、热压 8min，压力均为 2.97MPa 的条件下，不同胶种对竹席波形瓦的胶合影响情况。

表 6-25　胶合剂种类对竹席波形瓦板的影响

胶种	树脂胶主要指标			胶合结果		水煮试验
	黏度 (Pa·s)	固体含量 (%)	游离酚(醛)含量 (%)	效果	颜色	
酚醛树脂胶Ⅰ	0.320 ~ 0.445	44	<0.5	胶合好	深色	正常
酚醛树脂胶Ⅱ	0.320 ~ 0.445	50	1 ~ 2	胶合好	较浅	正常
酚醛树脂胶Ⅲ	0.320 ~ 0.445	58	1 ~ 2	胶合欠佳	浅色	欠佳
脲醛树脂胶	0.445 ~ 0.610	60	—	胶合不良 脱层断裂	无色	—

表 6-25 指明，采用Ⅰ号酚醛树脂胶的效果好，脲醛树脂胶不适于竹席波形瓦的

生产。

6.6.3.3 热压条件对竹席波形瓦性能的影响

由于产品是波形的，实际尺寸小于产品的展开尺寸，按照一般的竹席胶合板的热压方法有一定困难，因此应找出合适的热压工艺参数。根据郭先仲等人的研究（表6-26），热压应采用多段加压和缓慢加压的方法，使竹席向各波沟中延伸，避免加压时竹席的拉断，造成次品。

表6-26 竹席波形瓦板热压曲线对照

热压方式 波形	热压曲线（$P=2.45\sim3.92MPa$，$T=130\sim150℃$，$t=10\sim15min$）		
	I	II	III
竹席大波瓦	流胶严重，有鼓泡现象，胶分布不均	流胶现象少，胶合好，胶分布均匀	流胶现象少，胶合好，胶分布均匀
竹席中波瓦	胶流失严重，有鼓泡现象，胶分布不均匀，波峰边缘有崩裂现象	波峰两边有崩裂、拉断现象发生	胶流失少，分布均匀，产品胶合质量好

中波竹席波形瓦与大波竹席波形瓦相比，同一面积上大波瓦的波距大，波峰少，展开面积小；而中波瓦波距小，波峰多于大波瓦，相应的展开面积大于大波瓦，波峰内的竹席受延展力和扩张力更大，加压时容易拉断和拉裂，因此压制中波瓦时加压应当比较缓和。根据表6-20，第I种曲线的压力起伏较大，不适于波形瓦的压制。第II种曲线对展开面积较小，对受延展力与扩张力较小的大波瓦波形瓦适合。第III种曲线加压更加缓和，板材的受力变化均匀，适合于展开面积大的中波瓦和展开面积小的大波瓦。

6.6.4 竹席波形瓦的性能与应用

竹席波形瓦的物理力学性能见表6-27及表6-28。

表6-27 竹席波形瓦物理力学性能指标（平均值）

指标名称	大波竹席瓦	中波竹席瓦
静曲强度（MPa）	37.64	32.56
密度（g/cm³）	0.859	0.763
吸水率（%）	41.77	46.94
含水率（%）	13.45	13.2
水煮试验（24h）	正常	正常
耐热试验22周期		正常

注：水煮试验是在沸水中连续水煮时间；耐热周期，在105℃下烘3h，将试件放入常温水中浸泡10min为一周期。

表 6-28 竹席波形瓦(大波瓦)水煮、烘干伸长收缩变化表(平均值)

第一周期			第二周期		
长(%)	宽(%)	厚(%)	长(%)	宽(%)	厚(%)
1.06	-1.8	5.46	1.37	-0.21	7.94

注:试件在110℃下烘3h,再在沸水中煮4h为一周期,试件经再次循环处理后完全正常。

竹席波形瓦强度高,纵横方向物理力学性能差异小,价格便宜,重量轻,隔音、隔热、耐冲击性能好,并且大方、美观,是活动房屋、车站月台、凉棚等的优良屋面材料。

国内类似的大幅面波形瓦有石棉水泥瓦、菱苦土瓦、玻璃钢瓦、塑料波形瓦、木质纤维波形瓦、金属瓦等等。但石棉水泥瓦、菱苦土瓦静曲强度低,脆性大,只能用做固定屋面材料。而玻璃钢瓦和金属瓦的隔音、隔热性能差,成本高,易于老化或腐蚀,用做活动房屋的屋面材料有局限性。根据上述竹席波形瓦的一些优良性能,它在各类波形瓦中具有较大的竞争力,是一种很有发展前途的工程建筑材料。

6.7 竹材碎料板

竹材种类繁多,有许多竹种径级小,不适宜生产竹片或竹篾为基材的人造板。同时,在用大径级竹材加工产品的生产过程中,会产生大量剩余物,这些剩余物往往单元较小,也不适宜生产单元要求较大的产品。因此,利用上述小径竹材和竹加工剩余物生产碎料板是开发利用多种类竹材和提高竹材利用率的一条重要途径。

6.7.1 竹材碎料板的种类、性能与应用特点

我国目前已开发出几种不同单元结构的竹材碎料板,分别为普通竹碎料板、竹丝碎料板、竹大片碎料板和定向竹碎料板,其基本性能见表 6-29。

表 6-29 几种竹材碎料板的性能特点

性能 种类	碎料形态	施胶量 (%)	密度 (g/cm³)	静曲强度 (MPa)	弹性模量 (MPa)	平面抗拉强度 (MPa)	吸水厚度膨胀率 (%)
普通 竹材碎料板	粉碎杂竹 或竹下脚料	8~12	0.7~0.9	25.0~32.0	2 000~3 500	0.4~0.9	<15
竹丝碎料板	竹制品下脚料	14	0.83	29.2	—	0.84	3.5
竹丝碎料板	竹片竹丝	14	0.81	22.4	—	0.62	4.3
竹大片 碎料板	竹大片 径向刨花	10	0.73	≥35.0	≥4 300	≥0.45	≤18
定向竹 碎料板	长形径向刨花	9	0.75	60~75 ‖ 30~35 ⊥	6 000~7 500 ‖ 3 000~3 500 ⊥	>0.4	<4

普通竹材碎料板主要利用小径杂竹或竹制品下脚料经破碎后加工而成。由于竹的种类和下脚料的来源、材性、形态结构等情况不同,生产出的板材性能差别也较大,一般

与木材刨花板性能差不多，应用方面也相类似。

竹丝碎料板是利用加工工艺品、竹凉席、牙签、冰棒棍等产品时刮削下来的丝状竹碎料加工而成的板材。由于碎料厚度薄，长细比大，板材表面质量较高，断面结构也细致均匀，可制成厚度较薄的装饰装修用材料。

竹大片碎料板是以一种特制竹碎料为单元的新型板材。它的基本特点在于：①采用纵向径面取材法获得其单元材料，这样最大程度地防止因竹材缺乏横向细胞而造成的竹碎料的后续破碎，竹青与竹黄被置于竹大片碎料（或刨花）的两侧面而避免了对胶合性能的影响，提高了竹材的利用率。同时，也避开了纹理交错严重的竹节弦面而使带节径面刨花有可能保持应有的厚度偏差和表面粗糙度。此外，采用这种碎料可使不同壁厚、不同竹种、不同部位（从根到梢）的竹竿均可得到充分而合理的利用；②竹大片碎料板以长约60mm，宽3~40mm，厚约0.55mm的竹大片碎料为单元原料，有可能最大限度地保持和发挥竹材的纵向抗弯性能，使得主要依靠大片碎料本身刚度和强度的竹大片碎料板有条件满足工程结构用材的要求。从表6-24中可以看出，竹大片碎料板的各项性能比较优良，如果采用酚醛树脂胶，其性能应当达到某些工程结构用材的要求。

竹材定向碎料板是一种正在研究开发的新型板材。由于竹子中绝大多数纤维是纵向排列，竹子的纵向强度和横向强度之比要大于一般木材。采用竹子制造定向碎料板，可以大大提高板材在定向方向的强度，即制造竹定向碎料板可以更充分地利用竹材纵向强度大的优势。从已研制出的板材性能看，有着十分广泛的应用前景。

6.7.2 普通竹碎料板的工艺特点

（1）备料

竹材碎料板的原料一般为竹材加工剩余物和野生杂竹。原竹采伐后应在阴凉通风的场地竖直堆放2~3个月，待竹材外表由青转黄以减少竹青蜡质的影响。当其含水率在25%~30%时，即可通过切竹机切成2.0~3.0cm的短节。如果贮放太久含水率过低，则应适当喷水以减少粉尘。切竹机进料辊同时有压破竹茎的作用，切下的竹材已成纵向剖开了的竹片，经风送设备送入粗料仓中。

之后，竹片经进一步用锤式粉碎机或双鼓轮刨片机，加工成长20~30mm、宽1~5mm、厚0.1~0.5mm规格的碎料及部分微型竹纤维。竹材的顺纤维抗拉、抗压强度大、压破后用切削方法容易切断，而纤维横向强度较低，容易分离。所以在备料阶段其能量消耗比木材小，班产6m³竹材碎料板车间，其备料部分装机容量为70~90kW。

备料工段中所得部分微细纤维，可作为竹材碎料板的表层，使产品表面光滑平整，有利于进一步表面加工。

（2）干燥与成型

竹材碎料在备料后一般含水率在25%~35%，必须进行干燥。竹材碎料板所用干燥机可以是气流直接干燥或蒸汽间接干燥，目前主要采用辊筒式干燥机，干燥温度为150~180℃，辊筒转速8~12r/min。竹材内管胞组织通直，很容易干燥。经干燥后的碎料含水率控制在4%~6%。

干燥后竹材碎料的筛选、施胶、铺装、预压及板坯截断等工序，与普通木材刨花板相应的生产工艺和设备相同。但是，由于竹材中所含单糖类物质及果胶素、热水抽提物成分比木材多，这一部分物质热压时在高温高压下有部分会转化成有黏接性的物质，并兼有对树脂胶的改性作用。所以，施胶时胶结剂的用量可稍微偏低。平压法渐变结构的竹材碎料板施胶量为 6% ~7%（干基）。喷胶后碎料中总含水率为 10% ~16%，即可达到胶合前要求。

由于竹纤维的抗拉强度和抗压强度大，为了充分发挥其材料的物理力学性能，竹材碎料板多以生产薄型板为主，一般为 4 ~6mm。因此，为了保证质量，对铺装机的技术特性亦应有相应的要求，即铺装板坯的线速度应相对较快，预压机也应以相同的线速度同步运行。

（3）热压

热压设备一般采用间歇式多层压机。对于热压工艺条件的确定，除以产品的厚度规格、密度要求、胶结剂种类及性能，设备条件等因素为依据外，在这里还要考虑竹材的结构特点。

竹材的组织结构不同于木材，它具有较大的可压缩性和热塑性，所以与木材刨花板相比，热压时要求的单位压力稍微偏小。一般在热压温度为 155 ~165℃，压力为1. 18 ~ 1. 44MPa 时，板材的密度即达（0. 7 ± 0. 05）g/cm^3。采用脲醛树脂胶，热压时间约0. 4min/mm。

6.7.3　竹丝碎料板的工艺特点

（1）原料

竹丝碎料的形态直接影响碎料板的性能。从竹工艺品、竹席、牙签等竹制品生产中所得下脚料竹丝尽管长度不大，但其厚度小，宽度较大，因此胶合作用的总面积大，竹丝与竹丝之间交织好，有利于板材强度的提高。同时，这种竹丝形态决定了其柔性好，易压缩，结合紧密。从表中也可看出，这种竹丝碎料板的性能优于用竹片制成的竹丝。

（2）施胶量

施胶量对碎料板的性能影响很大。对于竹丝碎料板，这一点更为突出。这主要是由于竹丝尺寸相对较小，厚度薄，比表面积大，单位面积上的胶料较少，故当施胶量变化时，板材的力学性能变化特别明显。实验指出，当施胶量从 12% 增加到 14% 时，板材的静曲强度和平面抗拉强度分别增加 65% 和 28%，而相同条件下的木材碎料板变化较小。

（3）热压工艺

竹丝易于压缩，热压压力不宜过大，以免产生卸压时的鼓泡和分层以及表芯层密度差过大。比较适宜的工艺为：温度为 160℃，第一段压力为 2.0MPa，热压时间为0. 5min/mm，第二段压力为 0.4MPa。

6.7.4　竹大片碎料板的工艺特点

（1）备料

竹大片碎料的形态中，厚度对板材性能的影响最大。厚度实质上反映了碎料自身强度、胶合状态和热塑定型效应的综合作用对板材性能的影响。据张宏健等人的研究，大片碎料厚度小于0.55mm时，静曲强度随厚度的增加而增加；大于0.55mm时，静曲强度随厚度的增加呈下降趋势。与静曲强度不同的是，静曲弹性模量和内胶合强度则随碎料厚度的增加而下降。由此可知，竹大片碎料的厚度不宜太薄也不宜太厚，考虑到成品板的综合力学性能，竹大片碎料的厚度在0.55~0.60mm较为合适。

张宏健等人用云南4种典型的丛生竹，即龙竹、甜龙竹、黄竹和油勒竹对竹大片碎料的制造及板材制作进行了较为详细的研究，认为竹大片碎料的形态以长60mm，宽30~35mm，厚0.55~0.60mm为宜。为此，刨片机的刀门间隙以2~3mm、切削角以16°~20°为宜。

（2）施胶量

施胶量的增大可有效提高板材的物理力学性能，但考虑到成本，可以利用竹材表面浸润性差的特点，来有效降低耗胶量。一般酚醛树脂胶用量为2%~4%，脲醛树脂胶用量为8%~10%，即可分别满足室外和室内条件对竹大片碎料板物理力学性能的要求。

（3）热压工艺

由于竹材具有比木材更好的热塑定型的效应，热压中温度这一作用对竹材来说更为突出。随热压温度的提高，竹大片碎料板的静曲强度和内结合强度随之提高。在140~170℃，随热压温度的升高，有可能使胶黏剂固化过度或碎料热解，导致板材力学性能下降，吸水厚度膨胀率提高。因此，注意到上述几点，则温度可在此区间选取。压力与时间可参照其他几种竹碎料板。

6.7.5　定向竹碎料板的工艺特点

（1）备料

定向竹碎料板的碎料形态比较特殊，是一种扁平状长形碎料，长50~90mm、宽5~20mm、厚0.3~0.7mm。采用鼓式短材刨片机或盘式短材刨片机加工，无论是链条进料还是液压进料，加工出的碎料都为长度不一的细小碎料，得不到所要求的长碎料。这是由于竹筒表面光滑，摩擦系数小，刨切过程中竹材受切削力的作用容易转动，难以形成稳定的切削面。同时竹节处纤维方向改变，其切削阻力明显大于节间处，使竹筒长度方向切削力不均匀，加剧了刨切过程的不稳定，致使竹筒长度方向与切削平面呈一定夹角，竹纤维被切断。此外，竹材中缺少横向细胞，切削时易破碎成不规则的短碎料。因此，要获得合适的长碎料，进料是关键一环。

据王思群的研究，采用新研制的一种环式长材刨片机进行定向碎料的制造，取得较好的效果，其特殊的夹紧装置确保了竹筒在刨切过程中的稳定，而且使竹纤维方向始终与切削面平行，从而制出适合机械定向碎料板制造的长形碎料。该机的参数为：刀环内径250mm，刀环转速950r/min，刨刀数量20把，割刀数量10把，刨刀刃磨角35°，刨刀伸出量可调。

（2）定向铺装

定向铺装无疑是定向碎料板的关键工序之一。定向碎料板在我国开发得较晚，以木材为原料的定向刨花板于20世纪90年代末期才在我国正式建厂投产，而且仅有两家。因此，竹材定向碎料板至今仍是研究中的开发性产品，铺装也是正在研究的工艺之一。

木材碎料板的定向铺装方式有机械与电场两种方法。目前的生产中主要采用机械方式，机械方式又以栅板式与圆盘式为主。这里特别介绍向涌泉、罗民设计的一种圆盘式竹大片碎料定向铺装机，该机的基本结构原理如图6-13所示。

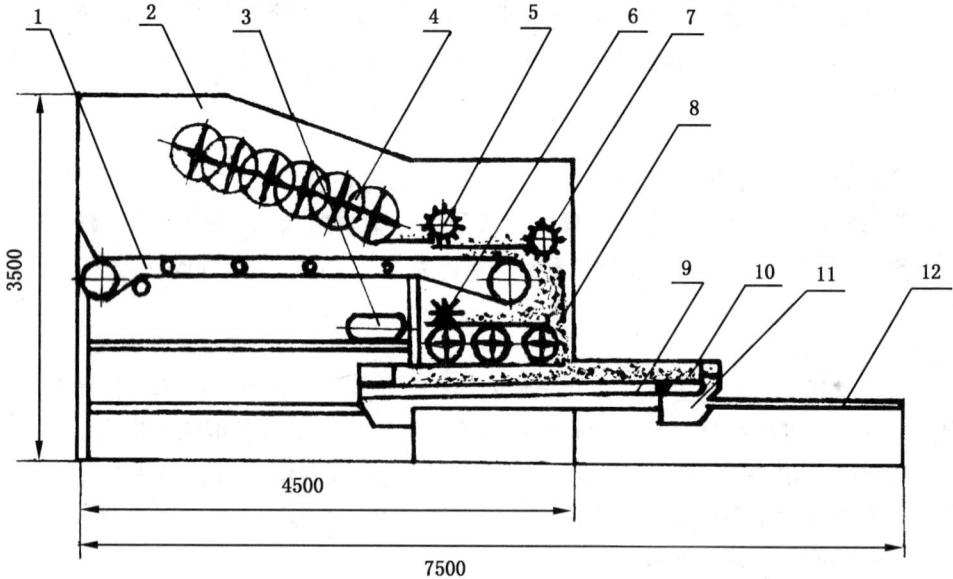

图6-13 竹大片碎料定向铺装机示意图
1. 仓底传送带运输机 2. 料仓 3. 动力装置 4. 料耙组 5. 均平辊 6. 疏理轴组 7. 拨料轴
8. 圆盘轴组 9. 鱼头垫板 10. 翻斗 11. 带辊筒运输小车 12. 小车轨道

该机由两大部分组成，即定向铺装头和铺装台。定向铺装头由均匀给料系统和铺装机构组成。整机固定安装在地面上，铺装是周期式进行的。铺装头下有一铺装台，一台带锥型制动的摆线针轮减速电动机驱动的、装有辊筒运输机的小车，沿轨道作纵向往复运动。该机布置在和多层压机相配套的垫板回送机边，小车上辊筒运输机的高度及线速度与垫板回送系统保持一致。

当已拌胶的竹大片由顶部进入铺装机后，首先通过均匀给料系统，再通过铺装机构，从圆盘的缝隙之中降落到行走小车辊筒上的鱼头垫板上。鱼头垫板位置的四周设置有4个高约200mm的矩形翻斗，当铺料结束时，转下翻斗即可得到一块规格合格的板坯。这时只要将小车开离机架，起动辊台运输机和相邻的垫板回送机，铺就的板坯即随鱼头垫板进入压机。然后，使垫板回送机和辊筒运输机反转，可将待铺垫板送入铺装机进行下一块板的铺装。

实际使用情况和经该机铺装后压制成的产品测试数据表明，该机完全适用于竹大片定向板的中、小批量生产。该机的特点是：结构紧凑，运行平稳，不损伤竹片，消耗功率小，噪声低，定向效果良好。如果对该机稍加改进，如增设往复投料装置、适当增加圆盘轴、采用气压或油压转动翻斗等，可与年产 5 000 ~ 10 000m³ 竹大片生产线配套使用。

这台圆盘式定向铺装机的主要缺点是，圆盘间距调整不方便，有待对此作进一步的研究和改进。

6.8 竹材纤维板

从本章第一节的分析可知，竹材的纤维形态，化学成分等，均适合于制浆和制造纤维，它已广泛用于造纸行业。竹材用于纤维板生产，其生产工艺与设备均可借用木材纤维板的工艺设备，但具体的工艺参数，由于材性差别，也有一些变化。

6.8.1 备料与纤维分离

竹材的表层比较坚硬，结构比较紧密，木质素含量较阔叶材高。因此，蒸煮软化和解纤的工艺参数要与其适应。

根据许秀雯等的研究，竹片用 0.6MPa 的蒸汽压力，在规定时间内汽蒸，软化极差，纤维解离困难；当用 0.8MPa 的汽蒸 15min 后，竹片软化较好，热磨机启动平稳，纤维分离较好，比较均匀，浆色泽较浅；当用相同压力的蒸汽蒸煮 20min 时，浆料质量无多大变化，但色泽加深。混合阔叶材片在压力 0.8MPa 下汽蒸 15min，纤维分离程度高于竹浆。可见竹材比阔叶材较难解纤，这是由于其木质素含量高和表皮坚硬的原因。

在采用较好的蒸煮条件蒸煮后，热磨 4 ~ 5min，纤维大部分被解离，其浆料得率为 80% ~ 86%，而同样条件下木材的热磨浆得率为 92% 左右。竹浆得率偏低，是因为竹材的热水抽提物含量高和薄壁细胞含量高的缘故。

徐咏兰的另一项研究也得到与上述类似的结果。该研究采用的毛竹纤维分离工艺与纤维质量见表 6-30。所采用的预热蒸汽压力为 0.7 ~ 0.75MPa。

表 6-30　毛竹纤维分离工艺与纤维质量

原料种类	预热时间(min)	研磨时间(min)	纤维滤水度(s)	纤维得率(%)
4年生毛竹	10	3	10 ~ 12	97.1
		4	12 ~ 13	86.3
		5	13 ~ 14	85.7
4 年生毛竹	15	3	11 ~ 13	84.8
		4	13 ~ 15	84.2
		5	15 ~ 17	83.6
木　材	10		15 ~ 18	92.3

6.8.2 浆料处理或纤维施胶干燥

湿法生产竹材硬质纤维板和中密度纤维板(MDF)时，与木材纤维板一样，需在浆料中添加一定量的防水剂和酚醛树脂胶。

采用干法生产竹材中密度纤维板时，施胶量明显影响板材的静曲强度和内结合强度。但在 4% ~8%，其他各项指标如吸水率、厚度膨胀率和线膨胀率等无明显的规律性变化。另据王天佑等人的研究，固化剂用量越多，对板材的静曲强度与内结合强度越不利，而采用直施石蜡方法要优于施加石蜡乳液，施蜡量的适宜量为 2%。

6.8.3 成型与热压

竹材硬质纤维板与中密度纤维板的成型方法与木材基本相同，工艺条件也差不多。但热压工艺条件有所变化。

据研究，湿法竹纤维板的热压曲线可参考图6-14，优化后的热压工艺参数可参考下述值：

(1) 硬质纤维板(施胶 1%，1% 石蜡乳液，板厚 4mm)

热压温度	210℃
热压压力	5.9MPa
热压时间	6min

(2) 中密度纤维板(施胶 5%，1% 石蜡乳液，板厚 10mm)

热压温度	200℃
热压压力	3.4MPa
热压时间	16min

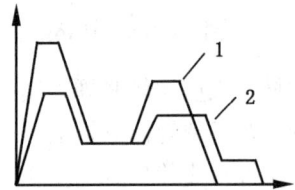

图6-14 竹材湿法纤维板热压曲线
1. 硬质纤维板 2. 中密度纤维板

干法竹材中密度纤维板热压曲线可采用二段降压法，最高压力 3.5 ~4MPa，热压时间 0.8 ~0.9min/mm，压制一半时间时卸压至 1.75 ~2MPa，再压制一半时间时卸压至 0.2 ~0.4MPa，之后卸压至零出板。

采用上述热压工艺生产的竹材纤维板性能见表6-31。

表6-31 竹材纤维板性能

类 别	施胶量 (%)	密度 (g/cm³)	静曲强度 (MPa)	弹性模量 (MPa)	内结合强 度 (MPa)	含水率 (%)	吸水厚度 膨胀率 (%)	板 面 握钉力 (N)
湿法硬质板	1	0.98	46.0	—	—	5.3	—	—
湿法中密度纤维板	5	0.71	30.2	2 350	0.48	5.66	6.86	1 370
干法中密度纤维板	11	0.76	26.8	2 960	0.85	6.20	5.42	1 520

6.9 竹材复合板

竹材可以分解成多种不同的单元，如竹篾、竹条、竹片、竹丝、竹刨花、竹碎料等。这些单元中，有的是根据要求必须加工而成的，有的是加工中的剩余物。怎样合理地重新组合这些单元，充分发挥竹材的优良特点，提高竹材的利用率，成为竹材人造板加工中的重要课题。其中，竹材复合板的研究与开发是一条有效的途径。

6.9.1 竹材复合板的结构与性能

据有关文献介绍，目前我国已研究开发出竹片—竹帘复合板、竹片—竹碎料复合板、竹席—竹碎料复合板、竹单板—竹帘复合板等几种竹材复合人造板。

竹片—竹帘复合板是根据竹材的尖削度，如全竹用于竹片加工，梢部壁过薄难以利用，而根部壁过厚加工量大。因此，利用竹竿中部加工竹片，头尾部加工篾片后编织成竹帘。这种复合板与竹片胶合板相比，出材率可提高20%以上。

竹单板—竹帘复合板是由大径竹材经旋切制成的竹单板，或是将竹材经过一系列工序胶合成竹方材，经水煮软化后刨切制得的刨切竹单板，覆贴于竹帘两面制成。这样大大提高竹帘胶合板的表面质量，在做模板时可不用覆膜，产品也可拓宽到家具、装修等行业。

竹片—碎料复合板与竹席碎料复合板都是以竹碎料为芯材，以竹片或竹席为表材的复合结构板材，两者显然是为了利用加工剩余物和小径杂竹，提高竹材的综合利用。

以上几种板材有的已进行正式生产，有的正在研制和试生产。这些产品的物理力学性能见表6-32。

表6-32 几种竹材复合板的物理力学性能

板材名称	密度 (g/cm^3)	含水率 (%)	纵向静曲强度 (MPa)	横向静曲强度 (MPa)	纵向弹性模量 (MPa)	横向弹性模量 (MPa)	内结合强度 (MPa)	吸水厚度膨胀率 (%)	备注
竹片—竹帘复合板	—	—	131.0	56.0	10 993	6 786	2.8	3.6	表面经覆膜
竹片—竹碎料复合板	0.955	8.2	115.4	42.2	5 298	4 152	≥2.51	—	施胶量10%
竹席—竹碎料复合板	1.09	5.1	70.8	—	7 000	—	—	1.0	表面经覆膜
竹单板—竹帘复合板	—	—	95.0	45.0	9 000	4 500	—	< 8	—

从表中的数据看，几种板材在表中所列性能均已达到或超过竹胶合板国家标准GB/T13123—1991、GB/T13124—1991以及建筑工业行业竹编胶合模板标准JG/T3026—1995中规定的要求。

6.9.2 竹片—竹帘复合板工艺特点

朱一辛研究了竹片—竹帘复合板的工艺特点。竹片采用软化—展开工艺制成，干燥至含水率低于8%。公称厚度4mm，自然宽度。竹帘采用竹帘胶合板所用竹帘，厚3.5mm，篾片间隙不大于3mm，无重叠现象。

采用酚醛树脂胶，固体含量48%~52%。

竹帘经干燥后含水率小于6%。采用涂胶机涂胶时，涂胶量高达675g/m^2，热压时胶液大量外溢，会造成浪费，所以还是以浸胶为好。浸胶时将胶液稀释成浓度为42%，浸胶时间一般 2 ~ 4min。

　　浸胶竹帘一般进行二次干燥，根据地区与季节不同，可采用长时间陈化的方式，节省二次干燥能源。经试验，冬季陈化 7 ~ 8h，含水率可达 12% ~ 15%，热压工艺控制得好，可不出现分层鼓泡现象。

　　组坯顺序：竹片(竹青面朝下)→竹帘→竹片(竹青面朝上)。

　　热压温度 135 ~ 140℃，时间 1.1min/mm，单位压力 3.0 ~ 3.5MPa，分二段升压，当压力升至规定压力的 1/2 时，保压至板坯略有胶液溢出再升至规定压力。降压分二段降压，有利内部排气。

　　表面覆膜时可参见前述几节。该种板材不覆膜时，其横向力学性能与纵向力学性能相差较大，表面覆膜后则有所改善。

6.9.3　竹片(竹席、竹帘)碎料复合板工艺特点

　　采用竹片、竹席或竹帘作表面材料，中间夹以竹材碎料，经一次成型或二次贴面工艺，即成为上述的复合板。

　　竹片、竹席或竹帘均可采用前述的制造方法。竹碎料一般采用小径杂材经辊压、切断、粉碎而成，也可用竹加工的剩余物经粉碎，制造工艺与普通竹碎料板相类似。

　　采用二次贴面工艺，是先将竹碎料压制成竹碎料板，然后再将竹片、竹席或竹帘压贴于碎料板表面，工艺成熟，易于掌握，易于实现流水线作业。采用一次成型工艺，则在成型中需采取措施，使表、芯层合理配置，同时在热压中要同时考虑表芯层材料的含水率、透气性和不同结构等因素的影响，工艺稍复杂一些。该复合板的工艺均可参照本章其他板材，在此不作分析论述。

6.9.4　竹单板—竹帘复合板工艺特点

　　竹单板—竹帘复合板可用做高档竹模板或工程结构材和装饰材料，其主要特点是表面采用了幅面较大而又美观、平整的竹单板，故主要工艺特点也就是竹单板的制造。

6.9.4.1　旋切竹单板

　　(1)选材

　　选用 3 ~ 5 年生、竹竿粗大、圆满通直的竹材，竿段直径一般在 80 ~ 120mm 以上，竹壁厚度在 10 ~ 12mm 以上，没有虫孔和破裂。最好选择竹竿的中下部位，节间较长的段落。

　　(2)蒸煮

　　选好的竹材截成 150 ~ 200cm 长的竹段，用 80 ~ 120℃ 的水蒸煮，加入 10% 的碳酸钠，可以加速竹材的软化和提高竹材含水率，有利旋切加工，并可清除竹材中部分淀粉和糖类，有助于防霉防蛀。

　　蒸煮的时间依竹材品种不同而变化，一般在 8h 以上。

　　(3)旋切

　　经软化处理的竹材，按需要截成 130cm 以下的竹段，目前采用两种方式旋切。

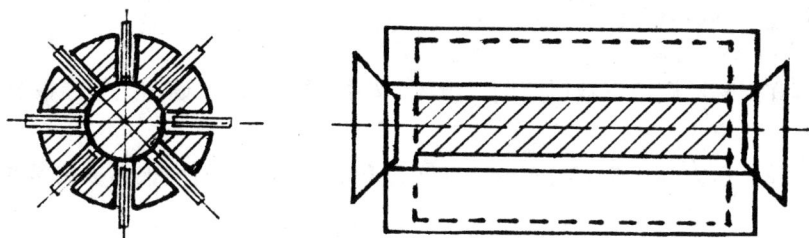

图6-15 竹材单板旋切夹具

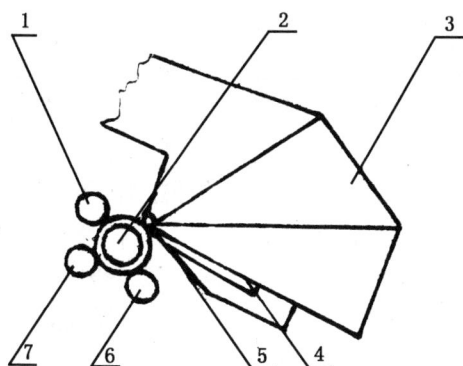

图6-16 三辊式无卡竹材旋切机工作原理图
1. 驱动器 2. 竹段 3. 摆动刀床 4. 旋刀
5. 辊筒压尺 6. 驱动辊 7. 压紧辊

图6-15是竹材单板旋切夹具。由于竹材中空，竹壁厚度又有限，其夹具不同于旋切木材的设备。它采用由内向外推胀的六边支撑特殊夹持方式，以利扭力传递，便于旋切。

由于竹材外径不大，刀架移动不必加角度变化，主刃高度对旋切水平轴线可不提高或降低，又因直径变化小，可不用补充角。旋切时可使用以下两个参考角度：①旋切研磨角 $\beta = 20°$；②由于旋切直径较小，后角采用 $\alpha \leqslant 1°$，考虑到刃口的耐用度，旋切角不能过小，因此取用切削角 $20° < \delta < 22°$。

采用此种旋切机的技术指标如下：旋切单板厚度0.35~0.80mm，旋切单板宽度<130cm，旋切时竹材温度50~70℃，旋切转速50~70r/min。

图6-16是三辊式无卡竹材旋切机工作原理图。该设备采用呈三角形布置的3个摆辊抱住竹段，其中两个驱动辊起驱动竹段旋转的作用，另外一个装有铣刀的压紧辊先将竹段削去外节和表皮并圆直竹段，然后起压紧作用。3个摆辊的两端分别通过滚动轴承安装在装有扇形齿条的摆杆上，扇形齿条同时与一中间齿轮啮合。当液压缸的活塞杆推动中间齿轮时，通过中间齿轮与扇形齿条的啮合作用，摆杆可分别带动3个摆辊绕回转轴摆动，同步靠近或远离竹段。旋切时，竹段置于3个摆辊之间，3个摆辊始终压紧竹段，并随竹段的直径逐渐减小，同步向竹段进给。其中2个驱动辊驱动竹段始终逆着旋刀旋转，装有铣刀的压紧辊先与竹段同向旋转，将竹段铣削去外节、青皮并圆直后，再随同竹段逆向旋转。此时，装有旋刀及辊筒压尺的摆动刀床在液压缸的活塞杆拉力作用下，向竹段进给连续旋切竹单板。

（4）干燥与施胶

竹单板与竹帘需经干燥，竹帘干燥后含水率为8%~12%，为保证旋切竹单板的横向强度，其干燥后含水率可适当较高。

竹帘施胶同竹帘胶合板。用于表层的竹单板一般不用施胶。如作为水泥模板，亦可涂胶或浸胶,以提高表面耐磨性。

(5)组坯热压

组坯遵守对称原则或奇数层原则。组坯应根据用户要求,确定组坯层数及各层竹帘和厚度搭配。

热压的单位压力为 2.5~3.5MPa,温度为 160~180℃,时间根据板材厚度而定。

6.9.4.2 刨切竹单板

针对竹材旋切制得的竹单板幅面小、易开裂、生产效率低、产品附加值低等缺点,我国开展了刨切竹单板(也称刨切薄竹)的研究。浙江林学院的李延军、杜春贵、刘志坤等人,在刨切竹单板的研究、开发和生产中,作出了较大贡献,他们采用"干—湿复合胶合工艺"实现了刨切竹单板的工业化规模生产。该项工艺主要由竹板制造、竹方材制造、竹方材软化与刨切、刨切竹单板后续加工4大部分组成。

(1)竹板制造

竹板由竹片在径向面或弦向面胶拼而成。选用竹龄 5~6 年,竹径在 10 cm 以上的竹材,采取锯截、开条、粗刨、蒸煮、干燥等工序,制成定宽定厚的竹片(图 6-17)。竹片厚 4~8 mm,宽 18~25 mm,长 1 000~2 600 mm,含水率控制在 7%~9%。之后进行竹片挑选,使同一竹板上竹片的色泽均匀,并去除带青、带黄、严重翘曲、有钝棱、腐朽和虫蛀等缺陷的竹片。

将挑选后的干竹片,辊涂研发的耐湿、耐温、有柔韧性的刨切竹单板专用胶黏剂,按竹片的径向面或弦向面组坯,经热压后制成干竹板(图 6-18)。竹片单面施胶量约 150g/m²。

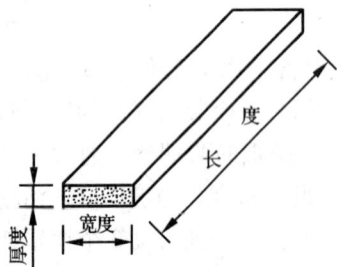

图 6-17 竹片示意图

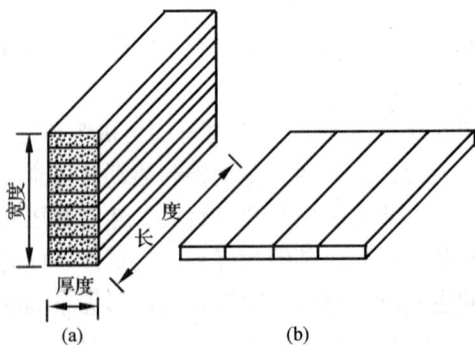

图 6-18 竹板示意图

(2)竹方材制造

采用干的竹板制造干的竹方材的常规工艺,无法实现刨切竹单板的工业化生产。因此,采用将干竹板增湿到含水率 30% 以上,再将湿竹板层积湿胶合制成湿竹方材的方法,成功地实现了刨切竹单板的工业化生产。

竹方材制造的具体方法是:①将干竹板置于密闭容器中,通入冷水或温水,使用空气压缩机向密闭容器中施以脉动压力进行浸注。时间 3~5h,压力 0.2~0.4MPa;②竹板增湿后，用风机将其表面处理到无明显水迹、板面露白后施胶，在高含水率条件下，将竹板在厚度方向上层积冷压胶合制成湿竹方材（图6-19）。单面施胶量约180g/m²，单位压力1.0~2.0MPa，冷压时间2~4h。

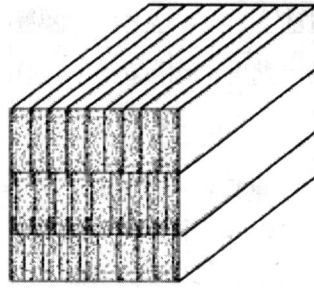

图6-19 竹方材示意图

（3）竹方材软化与刨切

竹方材刨切前必须软化，以减少刨切时的切削阻力，减少刨刀的磨损和提高产品质量。但是，竹方材与木方不同，是由竹片经一系列工序胶合制成的，不能采用类似木方的水煮工艺（70~80℃），否则竹方材在水煮时易开胶，难以顺利生产。竹方材软化工艺为：升温速度1.5~2℃/h，水温50℃左右，时间为24~48 h。当竹方材心部得到软化时，方可取出并趁热刨切加工。

竹方材的刨切工序是刨切竹单板制造过程中重要环节，它对刨切竹单板的质量有着较大影响。由于竹方材有别于木方的特殊结构与材质，现有木材刨切机的刨刀、电动机功率等难以适应竹方材刨切的要求，对现有的木材刨切机及其刨切工艺参数进行了改进与调整，实现了竹方材的顺利刨切。竹方材刨切工艺为：刨切后角1°~2°，切削角18°±1°，刃倾角5°左右。

（4）刨切竹单板的后期处理

工业化生产中，刨切竹单板幅面一般为2 500mm×430mm，该尺寸尚不能完全满足人造板等的贴面要求。因此，采用拼宽、接长技术将刨切竹单板横向拼宽、纵向接长制成大幅面刨切微竹单板。同时，在刨切竹单板的背面黏贴柔韧的纸质或布质材料进行强化处理，以克服其脆性大、易开裂等缺陷。此外，也可对刨切竹单板进行染色、阻燃处理，使其颜色多样化和增加防火性能。

6.10 重组竹

重组竹是根据重组木的制造工艺原理，以竹材为原料加工而成的一种新型人造竹材复合材料。重组木是先将木材疏解成通长的，相互交联并保持纤维原有排列方向的疏松网状纤维束，再经干燥、施胶、组坯成型后热压而成的板状或其他形式的材料。重组木的最大特点是充分合理地利用植物纤维材料的固有特性，既保证了材料的高利用率，又保留了木材原有的物理力学性能。澳大利亚于20世纪70年代首先开发与研究重组木，随后日本与我国也相继开展了研究。在此基础上，我国科研人员利用本国丰富的竹材资源，特别是尚未得到合理利用的大量小径杂竹资源，开展了重组竹的开发与研究。

在前述的各种竹材人造板中，竹材基本均需要剖篾、刨切、刨片、旋切等切削过程加工成某种单元而后压制板材，而重组竹则基本上没有切削过程，其生产工艺有其特殊性，材性及应用也有其特点，在此作初步介绍。

6.10.1 重组竹基本生产工艺

重组竹基本生产工艺流程如图6-20所示。

竹材截断 ⟶ 软化 ⟶ 疏解 ⟶ 竹束水洗 ⟶ 竹束干燥 ⟶ 施胶 ⟶ 2次干燥 ⟶ 组坯 ⟶
⟶ 热压 ⟶ 锯边 ⟶ 产品

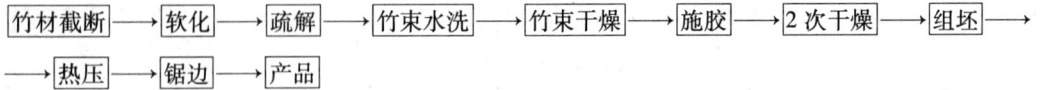

图6-20 重组竹生产工艺流程

重组竹一般采用小径杂竹为原料，如苦竹、淡竹、龙竹等，这些竹材的直径一般在5~50mm。竹材首先按板材长度要求截断。为了便于竹材疏解成纤维束，必须进行软化处理。软化可采用碱液蒸煮或浸泡的方式。碱液蒸煮可采用pH值为9.2~9.4的碱液，在80~100℃下蒸煮2~4h。采用pH值为8.5~9.0的碱液，在75~80℃下浸泡12h。

竹材软化处理后，采用锤击或辊压法进行纤维疏解。疏解后的纤维应呈网络状，在纤维垂直方向，纤维间多数仍相互黏连不完全分开，且能自然铺展，不卷曲。实践证明辊压效果更好，且易于实现连续化作业。

由于软化处理中采用的碱液对竹材有一定影响，疏解后可对竹束进行水洗，即在清水中浸渍后立即取出，去除部分水解产物和降低表面碱性。

竹束在100℃左右温度下进行干燥，使含水率达5%左右。

施胶可采用喷胶和浸胶两种方式，胶料一般采用酚醛树脂胶，施胶量为6%。浸胶法由于竹束含水率过高，达50%~80%，需经2次干燥。干燥温度在50℃左右，使施胶后组坯前的竹束含水率在15%左右。喷胶法的竹束可不进行2次干燥。

施胶后的竹束整齐排列，定向均匀铺装，经一定时间预压后即可热压。根据产品性能要求，可单层平行铺装，也可三层直交铺装。

热压的温度可控制在160~180℃，压力3~4MPa，每1mm厚竹束热压时间50~70s。热压曲线可采用两段。

以下对重组竹生产中的关键工序作重点介绍。

6.10.2 软化与疏解的影响

疏解无疑是重组竹最关键的工序，疏解竹束的质量优劣直接关系到板材的外观和物理力学性能。而疏解的质量又与软化有关。软化和疏解的优劣取决于：①疏解后竹材自身强度的变化大小；②疏解后的竹束是否均匀，有无硬块或过多细小纤维及色泽深浅；③最终的重组竹产品性能与原先的竹材强度相比有无明显差别。

汪国孙等对苦竹的软化工艺进行了研究，结果见表6-33。

表6-33 软化工艺对苦竹强度的影响

工艺条件 性能	处理前	水煮2h	1% NaOH 溶液 煮2h	3% NaOH 溶液 煮1.5h	3% NaOH 溶液 煮2h	3% NaOH 溶液 煮3h	3% NaOH 溶液 煮6h	5% NaOH 溶液 煮2h
顺纹抗压强度（MPa）	56.2	53.8	51.6	50.8	47.9	42.5	36.3	40.1
弦向静曲强度（MPa）	118.3	106.7	102.3	99.2	93.4	86.7	71.6	85.6

可以看出，水煮对苦竹的强度有一定的削弱作用，碱性蒸煮则对苦竹强度的降低作用更为显著。碱浓度愈大，强度下降愈快。时间愈长，强度下降亦愈明显。

研究还表明，软化处理还会降低竹材中有反应活性的自由基数量，从而影响胶合性能。因此，建议对疏解后的竹束进行水洗，可以提高自由基含量。实验证实，水洗后的竹束压出的重组竹，在力学性能上有明显提高。

汪国孙等采用如下 3 种软化工艺压制重组竹。工艺 1 号：3% NaOH 溶液蒸煮 2h，pH 值为 7.05；工艺 2 号：3% NaOH 溶液蒸煮 6h，pH 值为 9.61；工艺 3 号：3% NaOH 溶液蒸煮 3h，pH 值为 7.52。所测物理力学性能见表6-34。

表6-34 软化工艺与重组竹物理力学性能关系

性能 工艺号	密度 （g/cm³）	含水率 （%）	弹性模量 （MPa）	静曲强度 （MPa）	平面抗拉强度 （MPa）	吸水厚度 膨胀率（%）	握钉力 （MPa）
1	0.884	7.6	4 900	138.7	0.55	16.0	149
2	0.842	6.2	4 r00	128.7	0.41	18.4	115
3	0.802	7.3	4 900	138.7	0.67	14.5	188

在 3% NaOH 溶液中，蒸煮时间愈长，pH 值愈高，对应的重组竹性能愈低。说明重组竹物理力学性能直接受竹材自身物理化学性能的影响。研究表明，采用 3% NaOH 溶液蒸煮 2~3h 可以获得较为理想的竹纤维束。

6.10.3 水洗与施胶的影响

过高的碱性无疑会促使竹材在软化和后续的热压中发生水解与降解，因此水洗的作用值得研究。同时由于竹束的特殊单元构造，施胶方式的影响也是研究的课题之一。竹束的水洗及施胶方式对重组竹性能的影响试验结果见表6-35。结果表明，施胶方式对静曲强度和含水率有影响，对握钉力影响较显著，对其余指标则无显著作用。

表6-35 竹束水洗与施胶方式对重组竹性能的影响

性能 试验条件	密度 （g/cm³）	含水率 （%）	弹性模量 （MPa）	静曲强度 （MPa）	平面抗拉 强度（MPa）	比握钉力 （N/mm）	吸水厚度 膨胀率（%）	吸水率 （%）
水洗竹束浸胶	0.952	6.7	4 300	122.6	0.66	151	5.6	13.2
未水洗竹束浸胶	0.951	6.6	2 000	102.5	0.56	141	4.2	15.2
水洗竹束喷胶	0.980	5.4	4 500	102.8	0.57	123	5.4	15.9
未水洗竹束喷胶	0.947	4.6	4 400	86.4	0.44	148	6.0	16.5

浸胶比喷胶均匀，这对增强平面抗拉强度应当有利，但由于浸胶会使部分胶液渗入细胞腔，对胶合不产生明显作用，在施胶量一定的条件下，留存在纤维表面起胶合作用的胶量就会相对减少，这或许就是平面抗拉强度变化不显著的原因。渗入腔中的胶料虽不能发挥胶合作用，但在一定程度上对强化竹纤维性能是有益的，从而使静曲强度和握

钉力相应提高。

由于采用两种施胶方式压出的产品性能均较好，多数指标无显著差别，从简化工艺、降低成本出发，生产中可考虑采用喷胶。

水洗对吸水率、吸水厚度膨胀率无显著作用，对弹性模量也无明显影响，但对内结合强度和比握钉力有一定影响，对静曲强度则影响显著。

水洗一方面使竹束表面碱性减弱，同时还去除了水解后的一些产物，使竹束表面暴露出更多的活性基团，使胶合性能得到提高。碱性的降低更重要的还在于削弱了热压过程中竹材组分的热降解，保持了自身性能，这正是比握钉力、静曲强度和内结合强度得以提高的原因。

6.10.4 组坯与热压

组坯或铺装直接影响到重组竹的密度均匀性，而密度均匀性是重组竹研究中的难题之一。造成重组竹密度不均的原因有：①重组竹由许多纤维束这种较大单元体构成，虽然长度相同或相近，但其宽度、厚度有一定差别，客观上造成铺装或组坯上达到均匀一致的困难；②竹材本身不同部位密度的差别，从根部到梢部，从外表皮到内层，其密度均不相同，需在铺装中相互搭配，才能将差异减小；③热压过程中板坯沿垂直纤维方向的挤压，使竹束相对集中到边部，造成板面上的密度差异，由于竹束与小单元的刨花、纤维不同，它的移动总是大片一齐进行，因而也会造成密度的变化。综上所述，重组竹的铺装是今后生产上需重点解决的问题。

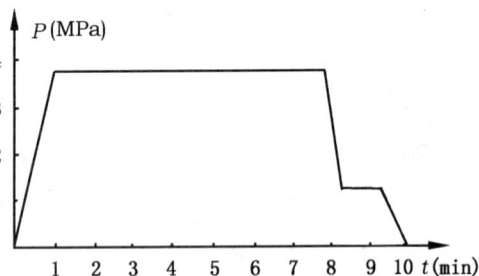

图6-21 重组竹热压工艺曲线

热压工艺条件基本遵循其他竹材胶合板的规律，可参考前述的有关几节。据专题研究报道，重组竹的热压工艺曲线可采用图6-21的曲线（板厚为10mm）。

6.11 径向竹篾帘复合板

针对普通竹材胶合板生产出材率低、小径竹材难以利用的情况，中南林学院赵仁杰提出了径向竹篾帘复合板的开发构想并进行了几年的探索与研究，基本解决了加工中的一些难题，为工业化生产打下了基础。人造板品种中又将出现一类高档次、高性能、低成本的结构用材。

6.11.1 径向竹篾帘复合板的结构优势

竹材胶合板生产中采用的基本单元有竹篾、竹片、竹条等，这些单元在以往都是以弦向面作胶合面来进行加工的，而竹材的弦向内外表面存在难以胶合的竹青、竹黄，必须将这部分材料加以剔除，剔除中竹材的弧形面往往又使剔除的比例加大，最终使出材率仅为25%~45%。特别是直径70mm以下的中、小径杂竹，其竹壁厚度一般仅2~5mm，若将竹青、竹黄加以剔除，所余竹壁更薄，出材率更低，甚至无法使用，这也是至今各类竹材胶合板极少使用中、小直径竹材作原料的主要原因。

对竹材进行径向剖篾，以径向竹篾帘作构成单元，并采用径向面胶合的方法来制造径向竹篾帘复合板的结构设想，将难以胶合的竹青、竹黄处于板材的非胶合部位，这样就无须剔除竹青、竹黄，从而很大程度上提高竹材利用率，也可以减少剖篾工作量，使中、小径竹材能够用做胶合板原料，克服生产对原料直径和竹种的限制，扩大原料的来源。

6.11.2　生产工艺特点

径向竹篾帘复合板系列产品的生产工艺流程如图6-22所示，主要包括径向竹篾的加工、单篾帘与束篾帘的编织、干燥与施胶、组坯与热压、后处理与锯边等几大部分。其工艺有以下几个特点：

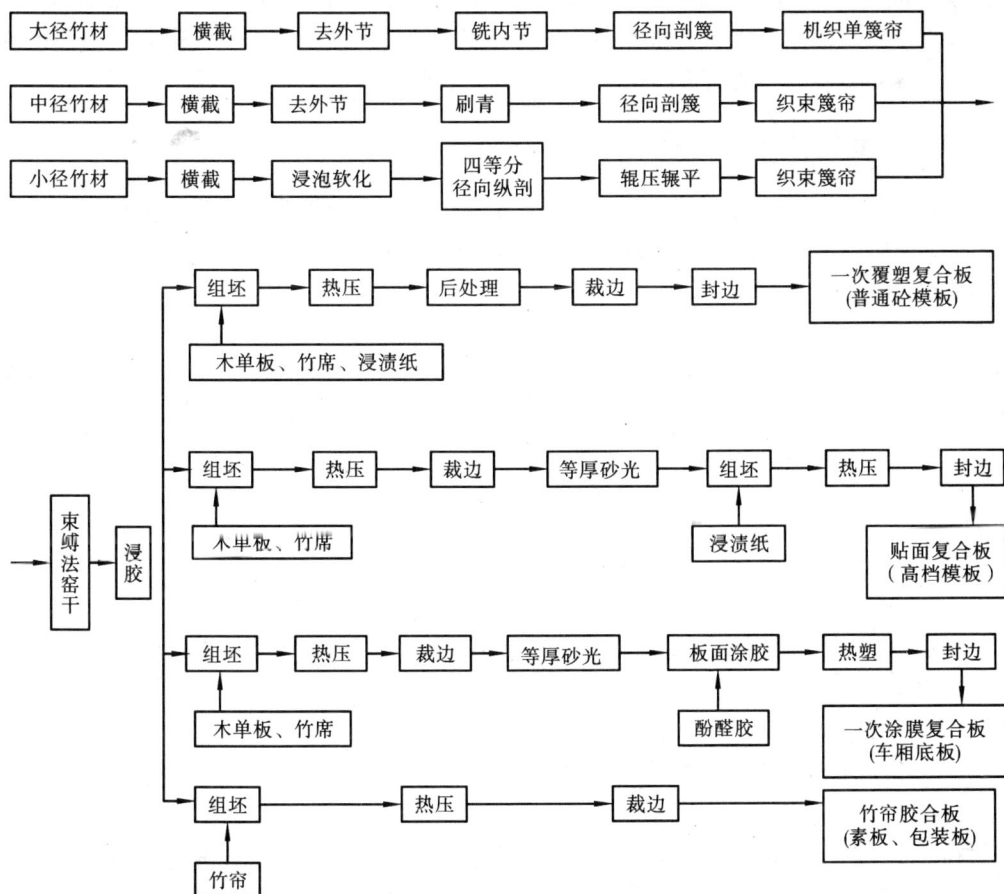

图6-22　径向竹篾帘复合板生产工艺流程

(1)竹篾加工的特点

刀具沿竹材的径向面进行纵向切削,剖出的竹篾宽度即大约为竹材的壁厚,竹青、竹黄则处于宽度的两侧,在胶合板生产中处于不胶合或离缝的部位。竹篾的厚度与长度按要求可自行设计。

(2)竹帘加工的特点

为保证径面可靠地胶合,对宽度大于7mm的径向竹篾,采用缝拼法轧制成单(层)篾帘;宽度小于7mm的径向竹篾,则采用编织束篾帘的方式,以避免由于竹篾宽度太小而降低缝拼效率的缺点,保证生产操作方便和产品质量。

(3)竹帘干燥的特点

径向竹篾干缩后易于纵向弯曲,这是它的缺点,也是径向竹篾帘复合板生产中的关键难题。因此,研究出新的干燥工艺——束缚法窑干工艺。用竹帘卷窑干方式取代现行的竹帘单张平铺机干方式。竹帘卷束缚法窑干工艺干燥效率高,能耗低。

(4)压制工艺的特点

压制工艺采用周期短、能耗低的热—热工艺。根据产品的性能与用途需要,可以分别采用一次覆塑热压制板和基材二次加工热压制板方式。后者又可分为贴面热压和涂膜热压两种制板方式。基材二次加工热压制板可以消除一次覆塑热压制板存在的板面色差和厚度偏差大的缺点,从而可以生产出高档出口板材。

6.11.3 产品的性能与用途

径向竹篾帘复合板系列产品的性能见表6-36,从表中数据分析表明,板材的性能指标分别达到或超过 JG/T 3026—1995《竹胶合板》标准和 LY 1055—91《汽车车厢底板用竹材胶合板》的相关指标。

表6-36 径向竹篾帘复合板性能

性能 品种	密度 (g/cm³)	含水率 (%)	静曲强度(MPa)		弹性模量(10³MPa)		冲击强度 (kJ/m²)
			纵向	横向	纵向	横向	
一次覆塑砼模板	0.93	4.4	103.7	103.9	10.7	17.0	72.6
浸渍纸贴面模板	0.80	3.2	73.3	70.7	10.2	11.2	63.8
涂膜车厢底板	0.92	3.6	110.1	86.8	9.5	11.0	63.8

根据径向竹篾帘复合板的性能,可以广泛用做水泥模板、车厢底板、包装板及其他工程结构用材。

6.12 竹材人造板的发展方向

竹材加工业是一个劳动密集型产业,劳动生产效率低,劳动力成本占产品成本的比重较大,随着我国社会经济的发展,工资水平不断提高,因此劳动力成本不断上升的趋势将难以遏制。另一方面,由于竹材原料价格上涨和制造胶黏剂的化工原料价格上涨,导致产品成本进一步增加。此外，我国竹材加工业虽然居世界领先地位，但与国外木材加工业的企业规模、劳动生产效率、现代化水平相比较，差距甚远。因此，我国的竹材加工业面临着巨大的挑战。

竹材人造板是竹材加工业的主导产品，主要用于工程结构材料和装饰材料，它面临着以木材、钢材、塑料为主要原料的各种产品的严峻挑战，由于性能、价格比的变化，产品相互取代的事情时有发生。而竹材人造板若以简单的"以竹代木"，无论在价格、性能、资源等方面的优势越来越小，因此，一定要生产那些充分利用和发挥竹材特点，使产品具有单纯用木材生产难以具备性能的"以竹胜木"产品，只有这样竹材人造板才能在市场竞争中有立足之地。展望未来，中国竹材人造板需要在如下几个方面继续发展。

6.12.1　竹材人造板将由单一结构材料向多元复合材料发展

目前，竹材人造板多为不同形态的竹材构成单元胶合而成，属于单一结构材料，其性能相对较差。多元复合材料是由两种或两种以上物理和化学性质不同的材料复合起来的多相固体材料。由于复合效应使复合材料具有优良的物理力学性能，当今许多高性能的材料都属于复合材料之列。

竹材复合人造板是竹材各种形状的构成单元与其他材料复合的产品。竹材复合人造板内各种材料的性能优势可以得到合理的利用与发挥，某一材料的不足之处可以由另一种材料的优势来弥补，因而使其具有优良的特性。这种特性可以通过合理的结构设计和先进的制造工艺来保证。例如，竹材人造板可以用竹材与木材、原纸、玻璃纤维布等多种原材料进行复合，从而得到多品种、高性能的竹材复合人造板，其中竹木复合人造板既能最大限度地利用竹材和木材的优势，又能节约大量珍贵的木材资源，特别是竹材与速生小径木复合制造的竹木复合人造板，市场前景十分广阔。

竹材复合人造板的生产，不但可以提高产品性能，而且扩大了可供利用的原材料范围，提高竹材利用率，甚至可以降低产品成本。因此，它将是竹材人造板的发展方向之一。

6.12.2　研究新工艺，提高竹材利用率

现有的覆膜竹帘胶合板、竹篾层积材等，均采用能耗高、产量低的冷—热—冷胶合工艺，而竹材人造板的浸渍纸贴面工艺，均为高压长周期贴面工艺。因此，在现有工艺的基础上，研究新的生产工艺将是竹材人造板发展的方向之一。随着中温固化型酚醛树脂胶的开发与推广应用，现有的冷—热—冷胶合工艺将被热—热胶合工艺所替代；高压长周期贴面工艺也将被低压短周期贴面工艺所替代；热—热胶合工艺将是竹材人造板最主要和普遍应用的工艺；同时对于高档次的板材来说，一次热压成型工艺也将被二次加工工艺所替代。

由于竹材弦向存在难以胶合的竹青、竹黄，因此在竹材人造板的生产中均将其剔除，导致我国多数竹材人造板的竹材利用率不超过50%，这不仅浪费了竹材资源，而且增加了产品的生产成本。因此大力研发竹材利用率高的产品，是竹材人造板今后的发

展方向之一。为此，以下几种产品值得大力推广与应用。

(1)径向竹篾帘复合板

目前竹胶合板均采用弦向剖篾、弦向面胶合的方法，竹材利用率低。中南林业科技大学的赵仁杰等采用径向剖篾、径向面胶合法研制的径向竹篾帘复合板，则可保留竹青、竹黄，大大节约竹材资源。径向剖篾的竹材利用率比弦向剖篾高25%～30%，但必须克服径向竹篾在干燥过程的变形，才能保证产品的质量和顺利生产。

(2)重组竹

近些年来，有学者又致力于重组竹工业化生产的研究。重组竹的竹材利用率可达90%以上，因此值得进一步深入系统研究并尽早实现工业化生产。

(3)竹材碎料板

竹材碎料板的竹材利用率可达90%以上，且可利用大量的小径杂竹。但竹材碎料板的生产工艺需加以完善，尤其是竹材碎料板的防霉、防虫问题尚需研究解决。此外，西南林学院的张宏健等人研发了竹大片定向刨花板，采用竹材径向刨片法制得竹大片刨花，使竹青、竹黄位于竹大片刨花的两侧从而避免了其对胶合性能的影响，大大提高了竹材的利用率。

6.12.3 竹材人造板由高密度型向中密度型转变

人造板密度的大小往往决定了人造板的其他物理力学性能。各类竹材人造板产品的密度，无一不在 0.85g/cm^3 以上，有的甚至高达 1.1g/cm^3，无疑都属于高密度型人造板。这种高密度型竹材人造板，虽然有较高的力学强度，但也存在如下缺点：①增加了产品的原材料消耗，当板材的密度由 0.95/cm^3 下降到 0.75g/cm^3 时，每 1m^3 产品即可减少20%的竹材与胶料的消耗量；②由于板材密度高，在使用过程中因吸湿、吸水易造成较大的厚度膨胀，进而影响板材的尺寸稳定性和形状稳定性，若降低密度，则可以大大改善这种不良状况；③由于密度高，板材笨重、硬度大，给施工现场的锯剖、刨切和钉钉子带来了困难，增加了操作难度与劳动强度。

因此通过工艺研究，使现在的高密度型竹材人造板成为中密度型板材，不但可以降低产品成本，而且可以改善使用性能。所以，中密度竹材人造板是今后的发展方向之一。

6.12.4 竹材加工的机械化、连续化程度不断提高

竹材人造板的半成品加工，如剖篾、织帘、织席等工序，在20世纪80年代几乎全是手工加工，效率低下。由于剖竹机、去节机、剖篾机、纵向进料织帘机、横向进料织帘机和织席机等竹材加工专用设备的研制开发，目前它已呈手工、半机械化加工态势。随着劳动力成本的提高，机械化、连续化加工半成品呈必然趋势。而竹材人造板成品的生产设备，大多借助木材人造板工业的现有装备，其机械化、连续化已有相当水平，但是要提升竹材人造板产品档次，提高生产效率，扩大生产规模，还必须进一步加强竹材人造板加工设备的研发，提高竹材人造板生产的机械化、自动化水平。

6.12.5 胶黏剂新品种的开发与改性研究

目前竹材人造板使用的胶黏剂大多为甲醛系列胶黏剂。甲醛为有毒物,酚醛树脂胶中游离甲醛虽然含量较低,但还存在游离酚,对环境有污染,所以无毒或低毒新品种胶黏剂的开发与应用也是竹材人造板需要解决的问题。

酚醛树脂胶的改性研究的另一个目的是降低固化温度和提高固化速度,要求在不降低其性能和不增加成本的条件下,使其具有脲醛树脂胶的固化温度和固化时间。这样不但可以减少热压时的蒸汽耗量和缩短热压时间,而且可以减少卸压时产生鼓泡和翘曲变形的可能性。目前酚醛树脂胶的改性研究已取得一定成效,但仍需继续努力。

6.12.6 重视竹材精深加工技术的研究与开发

竹材人造板要在原有产品的基础上,大力开发技术要求高、有自主知识产权的精深加工产品,进一步扩大应用领域,增加附加值。目前我国竹材人造板产品的技术一般都不太复杂,多数属劳动密集型产品。目前各地正在开发的刨切微薄竹和旋切竹单板齿形接长无纺布强化技术,都具有较高的技术含量和加工深度,可以使竹材成为薄形装饰材料应用于人造板、家具和室内装修领域,具有较好的开发应用前景。此外,还应大力开发轻质、高强的结构用和装饰用竹材人造板产品,只有这样竹材人造板市场才能越来越宽广。

6.12.7 加大科技投入,实现资源整合

国内大多数竹材人造板加工企业,由于生产规模小、资金薄弱,科技投入少,导致企业的自主创新能力差。此外,我国竹材人造板企业大都分布在较偏远的竹产区,管理人员和劳动者的素质普遍较低,专业技术人员极少,大多数企业长期在低水平上徘徊,难以发展。因此,加强企业在科技创新方面的投入,提高企业员工素质、管理水平和科技创新能力,是所有竹材人造板企业都必须高度关注的问题。由于小型企业生产规模小、工艺落后、品种单一,面临破产倒闭。进行资源整合,使资本逐步流向大型和效益好的企业,使之规模迅速扩大,增加市场份额,不仅挽救了一批企业,而且还可盘活一批存量资本,是竹材人造板今后的发展方向。

思考题

1. 竹材横断面的材性有什么区别?对板材加工有什么影响?
2. 与木材相比,竹材的加工特性怎样?
3. 为什么竹编胶合板热压前的板坯含水率较一般木材胶合板可以高一些?而涂胶量则较大?
4. 竹席胶合板、竹帘胶合板、竹片胶合板、竹席波形瓦、竹材复合板、重组竹等竹材人造板的结构及定义。
5. 比较竹席胶合板、竹帘胶合板、竹席波形瓦、竹纤维板、重组竹的热压曲线。
6. 竹材碎料板的原料为什么要堆放?
7. 径向竹篾帘复合板的单元特点。
8. 刨切竹单板的制造工艺。

第7章

麻屑人造板

麻屑人造板是利用原麻茎秆经浸渍、压碾并剥取麻皮后剩余的麻秆碎料加工而成的人造板材。麻皮为纺织工业的纤维原料，麻屑则为其副产物，是生产碎料板和纤维板的优质非木材纤维原料。我国种植的麻种主要为亚麻和苎麻。亚麻主要分布在东北的黑龙江，甘肃、内蒙古、新疆等地也有种植，产量仅次于俄罗斯，居世界第二位，亚麻屑年产量达 25 万 t 以上。苎麻在我国秦岭、淮河和江南丘陵山地均有分布，尤以长江流域的湖南、湖北、四川、江西、安徽等地更为集中。据不完全统计，在种植苎麻的高峰年，麻秆产量高达 30 万 t 以上。因此，麻屑是人造板工业不可忽视的原料之一。

亚麻屑的几何形状较均匀、规则，多呈瓦片状结构，其物理与化学性能接近于木材，是比较合适的人造板原料。人们早就注意到它的这些特点。早在 1940 年，德国就已开始试生产麻屑碎料板，1948 年比利时建成世界上第一家工业化亚麻碎料板厂，此后欧洲相继建成一些亚麻屑碎料板厂，到 1973 年，欧洲的亚麻屑板产量已达 144 万 m^3。

我国于 20 世纪 70 年代开始研究与开发麻屑人造板。80 年代我国从波兰引进一条亚麻屑碎料板生产线，随后又相继建成数条国产生产线，这些生产线在工艺与设备方面各有特点，也各自存在一些问题。至 90 年代初，我国已有 10 余家亚麻屑碎料板生产线，年设计能力近 10 万 m^3。加上后来引进的几条生产线，到 90 年代末期，我国亚麻屑碎料板年设计能力已达 20 多万 m^3。

苎麻屑的利用由于国际市场苎麻纤维的需求波动较大，种植苎麻的情况极不稳定，仅在 80 年代末期进行过研究与开发，产品为硬质纤维板和碎料板，此后由于原料问题没有建成生产线，仅在已有的湿法纤维板生产线上完成试产。

本章主要介绍亚麻屑碎料板的生产工艺与设备特点。对于苎麻纤维板的研究与开发成果，另进行简单介绍。

7.1 亚麻屑的特性及对板材加工的影响

7.1.1 亚麻屑的生物特性与组织结构

亚麻是我国的主要经济作物之一。亚麻同属植物有百余种，常见的有长茎麻、中茎麻和多枝麻。其中纤维用亚麻为长茎麻，麻茎高 60~125cm，茎粗 0.5~1.8mm。亚麻外皮所制纤维可纺纱，剥皮剩余的秆屑为亚麻屑。

亚麻生长条件喜温暖和长日照，一般 4 月底至 5 月上旬播种，生长期为 66~75 天，秋季拔麻收获。亚麻由根、茎和梢组成，在茎高4cm以下，韧皮纤维含量为11%～12%，在茎高12～24cm处，韧皮纤维含量为26%～30%，梢部韧皮纤维含量约为15%以下。

不同生长地的亚麻性能有一定差异。从黑龙江省拜泉县的亚麻秆茎的分析来看，根的重量比为19.36%，秆的重量比为59.00%，梢的重量比为21.64%。随亚麻秆直径的增加，秆的重量从0.09g增至0.30g，根所占重量比从22.20%减至18.70%，秆所占重量比从61.10%减至46.7%，梢所占重量比从16.70%增至35.00%。

亚麻秆高40～100cm，秆平均直径为1.22mm（根部粗而梢部细），壁厚为0.3～0.6mm，髓腔平均直径为0.5mm，为中空状，根部髓腔较小，约0.1～0.2mm。秆壁由下而上变薄。亚麻秆直立，分枝，无毛。叶互生，线形或线状披针状，茎部渐窄。从横切面看，亚麻由表皮层（包括薄皮、表皮、薄壁）、韧皮层（韧皮纤维）、形成层、半木质层和髓质层组成。正常成熟的亚麻秆中半木质层重量比为65%～70%。

（1）表皮层

它是秆茎的保护组织，最外一层粗糙的角质层由原生质体分泌角质渗入细胞壁，形成光滑的脂肪性蜡物质，而且还分布着石化细胞，起到保护亚麻秆的作用，防止水分过分蒸发和病菌的侵入。

（2）形成层

它位于韧皮层与半木质化部分之间，是由一些柔软、细小而不坚实的细胞组成，细胞排列十分紧密，是分生细胞在亚麻生长过程中向内分生木质细胞、向外分生韧皮纤维细胞，使麻秆变粗，形成韧皮层和木质层。

（3）半木质部

它位于形成层与髓质层之间，在亚麻秆中所占相对密度最大，主要由木纤维、导管、轴向薄壁组织组成。此部分是生产麻屑板的较优材料。

（4）髓质层

在亚麻成熟时，高度木质化的薄壁细胞形成空腔，该部位不仅强度差，吸水性强，而且对麻屑板的胶合也不利。

（5）亚麻秆纤维形态（表7-1）

表7-1 亚麻纤维形态

形态参数 \ 材料或部位	亚麻根	亚麻秆	亚麻梢	白桦
长（mm）	1.48	1.96	1.91	1.21
宽（μm）	56.25	61.25	50.00	18.70
长宽比	26.30	32.00	38.20	65.00

亚麻秆纤维主要是指木纤维，亦包括起纤维作用的细胞。由表7-1可知，纤维长度以茎秆部的最长，根部最短，但比白桦纤维长。纤维的宽度茎秆部最大，梢部最小，均比白桦纤维宽。长宽比为26.3～38.2，低于白桦。从形态上看，亚麻秆适合作人造板原料，其长度、宽度都较大，有一定的强度。

7.1.2 亚麻屑的密度

亚麻秆的一般含水率在 10% 左右。选取浸泡养生前麻秆和浸泡养生后麻秆为测量对象，在秆的不同部位随机取样，采用水银浸泡法和卡尺测量法分别测量麻秆的密度，结果见表 7-2。

表 7-2 浸泡养生前后亚麻秆各部位密度   单位：g/cm^3

状态	部位	平均值	标准差	变异系数	平均误差	精确度指标
浸泡养生前	根	0.445	0.023	5.08	0.006	1.31
	秆	0.417	0.019	4.54	0.005	1.18
	梢	0.386	0.023	6.05	0.006	1.56
浸泡养生后	根	0.432	0.018	4.16	0.005	1.07
	秆	0.402	0.028	6.86	0.007	1.77
	梢	0.391	0.022	7.08	0.007	1.83

从表中可以看出，由卡尺测量法得知浸泡养生前麻秆根部密度最大，梢部最小，秆部平均气干密度为 $0.417g/cm^3$。浸泡养生后的麻秆也有同样的规律，只是测得的平均密度略低于浸泡养生前麻秆，原因可能是麻秆浸泡过程中水提取物部分损失所造成。

采用水银浸泡法测量，根部平均气干密度为 $0.470g/cm^3$，秆部平均气干密度为 $0.440\ g/cm^3$，梢部平均气干密度为 $0.400g/cm^3$，与卡尺测量法相比，测量结果略大。这是因为亚麻秆横切面上密度分布不均匀，靠近韧皮部密度较大，靠近髓心部密度较小，采用卡尺测量法因损失一些靠近韧皮部的木质部分，故测量结果小。

由于亚麻屑组成成分复杂，自身结构疏松，故堆积密度小，约为 $100\sim150kg/m^3$。亚麻屑体积干缩率为 7.5%～8.2%。麻屑中根部的绝干密度为 $0.428g/cm^3$，秆部绝干密度为 $0.401\ g/cm^3$，梢部绝干密度为 $0.364g/cm^3$。以上性能参数与制板工艺和板材性能都有较大的关系。

7.1.3 亚麻屑的成分

亚麻屑中混有许多杂物，经测量，麻纤维团占 8%～10%，杂草占 0.5%～1.0%，麻根占 8%～10%，圆秆段占 10%～11%，合格麻屑占 57%～63.5%，粉尘和细沙石占 10%～11%。从麻屑的筛分值测量结果可知，通过 20 目网的麻屑约占 38%，去掉 10% 细沙石和粉尘，如将麻根和大的圆秆打磨后，均变为细小麻屑，这样会使麻屑中的细料增多，故建议采用 30 目网筛分离表芯层麻屑，这样可保证表芯层麻屑比为 33:67。

在 4 目(5.5mm×5.5mm)网筛上的麻屑大部分为麻纤维团。这些纤维互相缠绕，结成纤维团，影响拌胶与铺装质量，不适合制板直接使用，应当除去或切断分离后再用，或者分离出来供纺织用，降低原料成本。另外还有较大的圆秆段、草叶和麻根等，麻根的直径为 0.11～0.22mm，长度为 3～5mm，圆秆段长度为 1.48～4.82mm，直径为 0.17～0.22mm，壁厚多为 0.06～0.12mm。在 6 目(3.5mm×3.5mm)网筛上的麻屑多为短粗根，长度为 1.73～4.50mm，直径为 0.20mm，还有少量的麻屑。在 8 目(2.5mm×2.5mm)网筛上一半为麻根，长度为 0.51～3.96mm，直径为 0.16～0.25mm；另一半为麻屑。在 12 目(1.6mm × 1.6mm)网筛上有少量的短麻纤维和根。在 16 目(1.2mm × 1.2mm)网筛上大部分为合格的芯层麻屑,多在直径方向上破开,形态较为理想。在 20 目(0.89mm × 0.89mm)网筛上为合格的表层麻屑。通过 50 目网筛多为粉尘和细沙土。

据测量,合格麻屑可在 1.98 ~ 2.12m/s 的悬浮速度气流下分离出来。若采用气流分选机,应在此悬浮速度下将混在麻屑中的大圆秆段分离出来,送打磨机再碎或其他碎茎设备再碎,制成形态适宜的碎料。由于麻根木质化程度较高,外面韧皮纤维质地脆弱,在再碎过程中多变为碎屑,是制板可以采用的原料。合格亚麻屑的筛分值见表7-3。

表7-3　合格亚麻屑的筛分值 　　　　　　　　　　　单位:%

筛　目 亚麻屑产地	+4	−4/+6	−6/+8	−8/+10	−10/+16	−16/+20	−20/+60
呼兰	0	0.37	0.79	3.77	12.50	39.30	42.50
拜泉	0	0.70	0.24	0.59	4.99	22.10	69.99
克山	1.40	1.13	2.11	1.90	9.65	34.29	48.48

在制板过程中,粉尘与细沙土等应最大限度地除去,这些杂物比表面积大,吸胶严重,自身强度低,吸水膨胀性大,会影响板材的力学性能和耐水性。

麻屑中的麻纤维团是打麻过程中残留在麻屑中的短麻,此部分原料尽管纤维素含量较高,强度也较好,但因容易交织结团,影响施胶和铺装的均匀,会降低产品质量,因此必须除去。表7-4是李凯夫等对麻根、麻纤维和不同产地的麻屑对板材性能影响的研究结果。从表中的数据看,麻纤维含量对内结合强度影响显著,就是麻纤维结团引起的施胶与铺装不均匀产生的结果。从理论上讲,麻纤维是制板的好原料,如果在工艺上能使之不结团,均匀混合于板坯中,则会提高板材的性能。故麻纤维的有效利用是生产中可以研究的问题。

表7-4　麻根、麻纤维和不同产地对板材性能影响

影　响　因　素	性　能	静曲强度 (MPa)	弹性模量 (MPa)	内结合强度 (MPa)	吸水厚度膨胀率 (%)	弯曲应变 (%)
麻根在板材 中的含量(%)	0	19.94	3 150	0.44	6.80	0.62
	2	18.02	2 860	0.39	8.36	0.61
	4	17.82	2 860	0.33	7.11	0.60
	6	18.58	2 910	0.42	8.91	0.62
	8	16.66	2 730	0.37	9.05	0.60
	10	17.49	2 890	0.37	9.90	0.60
短麻纤维在板材 中的含量(%)	0	17.52	2 990	0.40	8.56	0.60
	2	18.09	2 880	0.47	7.90	0.60
	5	18.64	2 900	0.34	8.60	0.62
原料产地	呼兰	17.56	2 830	0.39	9.24	0.61
	拜泉	18.21	3 030	0.38	8.64	0.59
	克山	18.49	2 840	0.43	7.19	0.63

麻根对板的各项性能影响比较显著，随麻根在板材中含量的增加，静曲强度、弹性模量下降，内结合强度略有降低，吸水厚度膨胀率则明显上升，弯曲应变则变化不大。因此，降低麻根含量是提高麻屑板尺寸稳定性、刚性和强度的有效途径。麻根表面残留着质地脆弱的外皮纤维，自身为中空状，直径较大，施胶时胶液无法进入空腔中，部分胶滴落在结合较弱的外皮表面上，在热压过程中形成内应力，影响胶合，故对板材的性能影响大。用于木材刨花打磨用的设备不易将麻根加工成形态合适的碎料，因此研究适宜的打磨或再碎麻根的设备，以充分利用木质化较高的麻根，也是生产中应研究的问题。

不同产地的原料构造与成分有一定差别，制出的板材性能也有一定差异。从表7-4中的结果看，黑龙江克山县所产麻屑比较好一点，但总的差别不是很大。

7.1.4 亚麻屑的形态

用30目网筛分离表层和芯层亚麻屑，分别随机取样，测量50片亚麻屑的长、宽、厚，结果见表7-5和表7-6。

表7-5 表层亚麻屑的形态分析

形态参数	平均值	标准差	变异系数	平均误差	精确度指标
长（mm）	0.95	0.26	27.85	0.04	3.95
宽（mm）	0.09	0.02	27.59	0.03	4.16
厚（mm）	0.18	0.06	31.19	0.01	4.70
长宽比	12.30	4.33	35.23	0.61	5.00
长厚比	56.69	20.77	35.92	2.88	5.08

表7-6 芯层亚麻屑的形态分析

形态参数	平均值	标准差	变异系数	平均误差	精确度指标
长（mm）	1.66	0.43	26.19	0.06	3.76
宽（mm）	1.37	0.03	2.27	0.05	3.45
厚（mm）	0.37	0.08	38.34	0.01	3.09
长宽比	11.94	3.83	32.09	0.58	4.84
长厚比	45.48	11.81	25.97	1.78	3.94

麻屑表面较为光滑、平整，形状多为矩形，呈细长片，厚度多为秆的壁厚。因为麻屑在厚度方向上一面为质地密实的半木质化部分，一面为结构疏松靠髓腔部分的薄壁细胞组织。

从表7-5可知，表层麻屑长0.95mm，宽0.09mm，厚为0.18mm，长厚比为56.69，形态优于木材刨花。因此，用此种材料制作渐变结构的麻屑板，板面质量比较理想。

从表7-6可知，芯层麻屑长1.66mm，宽1.37mm，厚度0.37mm，长厚比为45.48，说明亚麻屑较细碎，长度小于木材刨花。用此种材料制作的板材断面构造较为均匀。

7.1.5 亚麻屑的化学特性

与其他植物纤维材料一样，亚麻屑的化学成分主要为纤维素、半纤维素和木质素。其中纤维素以微纤丝形式存在，构成细胞壁的骨架。据资料介绍，黑龙江兰西麻屑板厂麻屑的化学成分经检测为：灰分5.04%，热水抽提物3.76%，木质素28.28%，聚戊糖25.36%，纤维素48.46%。说明其灰分高于木材，热水抽提物与某些阔叶材相似，纤维素、聚戊糖和木质素含量也与阔叶材相近。

原料的pH值与缓冲容量对板材的胶合会产生较大影响。亚麻屑的pH值与缓冲容量见表7-7。

表 7-7 亚麻屑的 pH 值与缓冲容量

麻屑产地	pH 值	缓冲容量（mg·N）	
		酸	碱
呼兰	5.6	0.130	0.042
拜泉	5.8	0.125	0.038
克山	5.4	0.132	0.045

麻屑中的pH值呈弱酸性，它含有的酸类主要是甲酸和乙酸等低分子脂肪酸。由于亚麻屑板一般采用脲醛树脂胶制板，而脲醛树脂胶是在酸性条件下固化，故原料的弱酸性在一定程度上有利于麻屑碎料板的生产。

根据上述的分析，亚麻屑与木材是有一定区别的。从形态上看，作为碎料板原料，它比木材刨花似乎更理想，厚度较为均匀，品种单一，制板工艺易于控制；从结构上看，亚麻屑半木质化部分没有木射线细胞，导管与木纤维上有发达的纹孔。因此，当胶黏剂分子链较小时，胶的黏度较低，胶液易从发达的纹孔中向麻屑内部渗透，从而减少了胶合界面上的胶液。这不利于提高麻屑碎料板的胶合强度。从这一点看，应当研制亚麻碎料板专用胶黏剂，提高胶液的黏度和其他有利于麻屑碎料板胶合的指标性能。从密度方面看，亚麻屑的根部密度最大，梢部最小，秆的气干密度为 $0.440g/cm^3$，与针叶材接近；从化学成分看，亚麻屑与阔叶材接近。因此，亚麻屑作为碎料板的原料是较为理想的。

7.2 亚麻屑碎料板的备料工艺特点

麻屑碎料板与木材碎料板制造工艺中最明显的区别在备料工段。亚麻屑在备料工段无需削片、刨片等切削加工，备料的主要任务是清除尘土、麻纤维和麻根等杂物。细沙石和粉尘不仅会影响板材质量，还会损坏设备。麻纤维易于结团，气力输送时缠绕在风机叶片上。拌胶时常有结团或缠绕在拌浆机上，造成拌胶不匀，铺装不均，严重影响生产的进行和产品质量。麻根本身质地脆弱，且保持圆柱状的小段，形态较差，还常带有未除尽的韧皮纤维，对板材性能产生影响。以上问题在干燥施胶前均要解决。目前工厂采用的亚麻屑备料工艺与设备有所不同，大致可分为以下几种类型，分别介绍它们的流程与特点。

7.2.1 亚麻屑碎料板的几种备料工艺

7.2.1.1 比利时的 Linex-Verkor 工艺或称波兰工艺

麻屑送入滚筒式筛选机除去细沙石、粉尘等细小杂物。滚筒式筛选机长 8 200mm，宽 2 100mm,高 2 950mm,内筒为 0.4mm×0.4mm 网眼的筛网，呈 3°斜角。筛选后的麻屑送入第一台纤维分离器以除去麻纤维团。纤维分离器呈筒状，长 8 000mm，宽 2 000mm,高 3 150mm,内有转动的金属搅拌桨，头部有橡皮以增加摩擦力。在上半部，桨与外筒壁有一定间距，下半部为紧密配合。设备为负角安装，麻纤维在搅拌中结团悬浮，被分离出来，外筒壁下部为 3mm×25mm 的长孔网，合格麻屑从这些网眼落下。为了最大限度清除麻纤维，将清理后的麻屑再送入第二台纤维分离器，该机长 7 600mm，宽 2 600mm,高 3 100mm,结构与第一台相同。洁净的麻屑经刮板运输机送入气流分选机清除麻根。这种工艺与装备在波兰、蒙古和前苏联应用效果较好，国内的黑龙江克山县从波兰引进一套，年产量为 1 万 m³。

7.2.1.2　振动式残麻精选机组

这套设备由河南新乡卫南工矿机械厂研制，安装于张家口市亚麻碎料板厂，年产量为 7 000m³。该套设备可自动进行舒弹、分选、排出细沙石和尘屑以及精选整形，分离出麻纤维后，整形成一定厚度的麻棉，以便包装。麻屑首先进入舒弹机，使其成为疏松状以便分离。之后麻屑进入初级分离机，清除细沙石等小杂物，在直线振动筛选机中筛除麻屑。用次级分离机清除纤维中的粉尘等杂物，再用直线振动筛选机清除麻屑。麻纤维团进入精选机的振动筛，除去其中杂物，用整形机压成一定厚度的麻棉。该工艺是将麻纤维作为一种产品分离出来。

7.2.1.3　圆形摆动筛清除工艺

这套工艺由中国林业科学研究院设计，四川东华机械厂和苏州林机厂制造设备，在黑龙江兰西安装使用，年产量为 1.5 万 m³。圆形摆动筛的结构在棉秆人造板一章中已有介绍。麻屑由传送带运输机通过金属探测器送入 BF1626 圆形摆动筛，机器由二层网筛组成，第一层网筛网孔尺寸 8mm×8mm,作用是清除麻纤维。第二层网筛网孔尺寸 2mm×2mm,作用是分离芯层麻屑。留在筛网上的麻屑由传送带运输机送入风选机，清除麻根。通过 2mm×2mm 网孔的细料，用传送带运输机送入 BF1613 圆形摆动筛，这台机器只有一层筛网，网孔尺寸 0.3mm×0.3mm,作用是清除尘土和细沙石。表层细料由皮带运输机送入打磨机，然后风送至表层干燥机干燥，粗麻屑送入芯层干燥机干燥。

7.2.1.4　国产滚筒筛与纤维分离机组

由东北林业大学在多年实践和研究的基础上，根据国产亚麻原料的特性，参考波兰部分设备的工作原理而设计的一套工艺与设备，用于黑龙江拜泉县，年产量为 1 万 m³。

该工艺的流程图如图 7-1 所示。

用负压的方式将库中的亚麻屑原料吸送至原料仓。原料仓的螺旋送料装置定量地把亚麻屑送到脱麻机中，经过脱麻机剔除亚麻屑中麻纤维的大部分(这部分纤维的回收有很好的经济效益)，约占纤维的 70%以上。麻屑经脱麻后再经过风机、旋风分离器、下料器送到滚筒筛中，在滚筒筛中除掉全部灰尘，约占亚麻屑重量的 10%左右。原料接着落进纤维分离器中，经过纤维分离器去掉其余 30%左右的亚麻纤维。已经去掉了亚

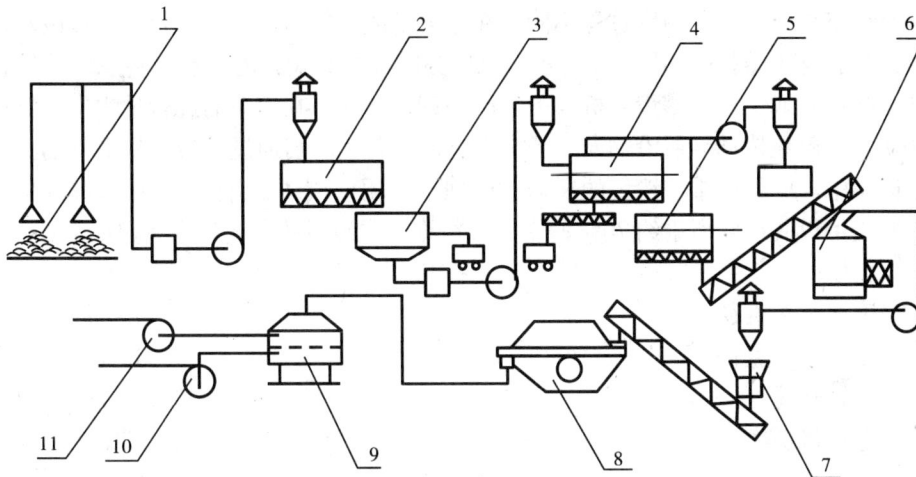

图 7-1　亚麻屑碎料板备料工艺流程

1. 亚麻屑　2. 料仓　3. 脱麻机　4. 滚筒筛　5. 纤维分离器　6. 风选机　7. 碎茎机
8. 干燥机　9. 圆形摆动筛　10. 表层料仓风机　11. 芯层料仓风机

麻纤维和灰尘的亚麻屑用刮板运输机运至风选机中选除麻根，然后风送到碎茎机中碎茎。经碎茎的原料用螺旋输送器送到流化床式干燥机中干燥，去掉大约近8%的水分，使原料的含水率小于3%。接着用螺旋输送器或传送带运输机将干燥后的原料送至圆形摆动筛中进行粗、细料分选，分出的粗、细料分别送至芯、表层料仓。至此，两料仓中存放的即为合格的理想麻屑。若表层料达不到细度或供量不足，则可在前面适当位置增设一台破碎机，如锤式粉碎机等碎料机械。

从上述 4 种工艺流程可以看出，亚麻屑备料工段中关键的工序是麻纤维的分离、粗屑的碎茎、麻根的处理以及粉尘杂物的去除。这几道工序需采用专用设备，以下分工序作扼要介绍。

7.2.2　麻纤维的分离

用传统的木材刨花筛选方法分离麻屑中的纤维，经生产实践证明，麻纤维在分离过程中不仅结团聚集，而且堵塞筛孔，很难将其与麻屑分离。曾有厂家采用波兰产的纤维分离器，进行两级分选，分选效果仍不理想，尚有30%以上的麻纤维未能分离。经过多年的研究与实践，总结出一种两步脱麻工艺，经生产证明是有效的。第一步采用打麻过程中脱麻机的原理。亚麻屑本是亚麻在长麻机及脱麻机制取麻纤维过程分离出的产物，脱麻机的作用就是分离短麻纤维与麻屑，这一过程与制板过程中的脱纤极为相似。现在应用脱麻机的原理变除屑为除纤。由于亚麻纤维在麻屑中

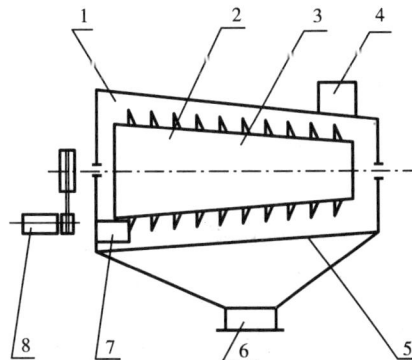

图 7-2　脱麻机结构

1. 机壳　2. 圆棒齿　3. 内部圆筒　4. 进料口
5. 筛板　6. 麻屑出口　7. 纤维出口　8. 电动机

的比率及形态构成与制取短麻过程不同，在原设备的结构与尺寸上进行了大量改动。用于麻屑板的脱麻机结构，如图7-2所示。机器为卧式圆筒状，内部有一转动的滚筒，滚筒上镶有圆棒状或锥形的镶齿，机体下半圆是钢板筛网。在滚筒的旋转过程中，镶齿随滚筒转动，不停地拨动麻屑沿轴向、径向上下翻滚，使麻屑通过筛板落到下部的料斗或螺旋输送器中。中长纤维在镶齿的搅动、梳理下结团或成缕，并从侧面出口被甩出来。用此种方式可以脱掉麻屑中约70%的中、长纤维。脱纤机的主要技术参数如下：

长度	300mm
滚筒大头直径	500mm
滚筒小头直径	300mm
主轴转速	280r/min
电动机功率	20kW
镶齿长	100mm
齿尖到筛网间距	30mm

筛网是用直径为14mm的圆钢制成，间隙为8mm。

第二步脱纤采用纤维分离机，将麻屑中残留的中、短纤维分离出来。纤维分离机的结构如图7-3所示。机器也为卧式圆筒状，内部也有一转动的滚筒，滚筒外壁上镶有与滚筒轴向成一定角度的橡胶丁字耙，它与下部半圆形筛板间有一定的过盈，在滚筒旋转时，丁字耙一方面带动亚麻屑沿轴向、径向运动，使麻屑由筛孔中漏出，麻绒则在麻屑翻滚过程中被搅起，从上方的除尘风口被吸走。另一方面丁字耙与筛板间的过盈对纤维及麻屑产生一种挤压、搓揉、梳理作用，从而使麻纤维与麻屑被强制分开，较短的麻纤维汇聚成纤维团从侧面出口被甩出来。这样残存有30%左右的麻纤维得以去除。该机的主要技术参数如下：

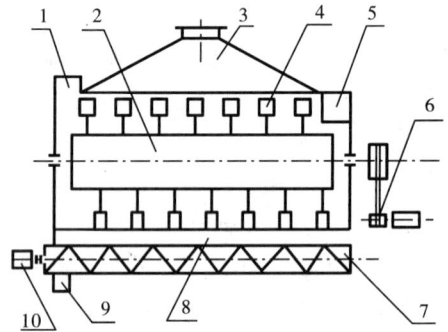

图7-3 纤维分离机结构

1. 进料口 2. 内部滚筒 3. 吸尘器 4. 丁字耙
5. 纤维出口 6、10. 动力装置 7. 螺旋输送器
8. 筛板 9. 麻屑出口

筛孔尺寸	4mm×33mm
滚筒外径	1 700mm
滚筒长度	5 940mm
滚筒转速	60，87r/min
装机功率	4kW
螺旋运输机直径	370mm
螺旋运输机长度	6 860mm
螺旋运输机转速	79r/min
螺旋运输机功率	1.5kW

通过上述两级脱纤，可以除去90%以上的麻纤维，基本可以满足亚麻碎料板生产的需要。

7.2.3　麻屑的碎茎

亚麻屑是圆棒形麻秆被破碎而形成的矩形瓦片状碎料。其凸面光滑，密度较大，强度较好。凹面粗糙，密度较小，强度较差。麻屑长短不一，折断处平齐。亚麻在气流铺装时，方向性和填充性较好，水平地铺在铺装带上，其长度大小对板材表面质量影响较小。但由于亚麻屑呈瓦片状，宽度与厚度成正比，麻屑愈厚瓦楞的突起愈大，板材的表面愈粗糙。反之瓦楞突起愈小，板材表面愈光滑，这是与木材刨花不同的特性。此外，瓦楞状材料的胶合当然也不如平面状的材料。一些厂家由于没有对麻屑的性能进行详细分析，亚麻不经碎茎直接制板，胶合性能与表面质量不高。另外一些厂家采用木材碎料板的打磨方法，结果亚麻屑打磨一般不佳或打磨成粉末，影响了板材的质量。

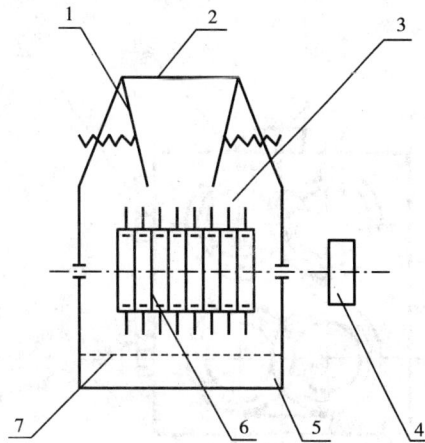

图7-4　刀式碎茎机结构

1. 调节板　2. 进料口　3. 刀片　4. 动力机构
5. 麻屑出口　6. 辐板　7. 箅子

从上述分析看，在细碎亚麻屑时，主要应沿亚麻屑的宽度和厚度方向进行劈裂，即如纤维分离中的分丝帚化，在长度方向折断是次要的，更不能碎成粉末。同时，还要保证麻屑细碎的程度和细料所占比例，根据生产不同厚度碎料板对细料数量的要求，随时调整细料的产量。为了达到这一工艺要求，需要特殊的碎茎设备。

图7-4是海伦麻屑板厂研制的一种碎茎设备。在转动轴上固定有一定间隔的一组辐板，在辐板上用圆钢铰接有刀片。通过刀片的高速旋转，产生一定的动量，使麻屑分劈与折断，再通过箅子的分隔作用使原料达到要求的尺寸。辐板两侧空隙是使部分物料不经过刀片作用，直接送到下道工序。上边的调节装置是调节物料下落的位置，控制细料的产量。该机的主要技术参数如下：

产量	2 000kg/h
刀片外端直径	850mm
辐板直径	600mm
箅子间隔	6mm
转速	960r/min
电动机功率	22kW
外形尺寸	1 300mm × 1 050mm × 2 300mm

经过该机细碎后的麻屑经筛分，20目以下的麻屑占总麻屑的30%～43%，其平均长度为7.87mm，平均厚度为0.125mm。经生产实践证明，用这种麻屑做表层效果很好，板材表面光洁，贴面时砂光量较少。

另一种碎茎设备如图7-5所示。该机主要由几对螺旋（螺拉）辊构成。当螺拉辊转动时，夹在两齿顶间的亚麻屑被折断，而进入两螺拉辊齿间内部的麻屑，受到横向挤压和错动而被劈裂。这种碎茎机既能满足细料的形态和数量要求，在碎茎过程中又可保证麻屑不被碎成粉末状而造成损失。

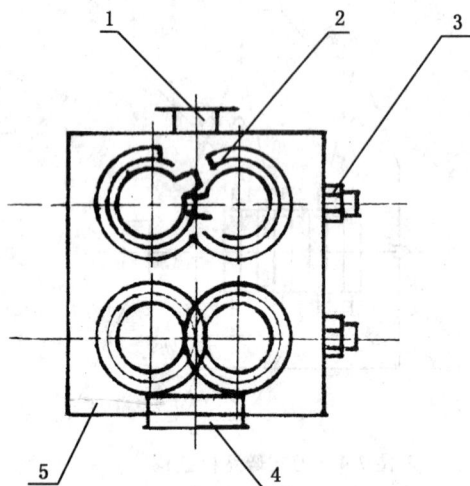

图7-5 啮合式碎茎机结构

1. 进料口　2. 啮合机构　3. 间隙调整螺栓
4. 出料口　5. 机体

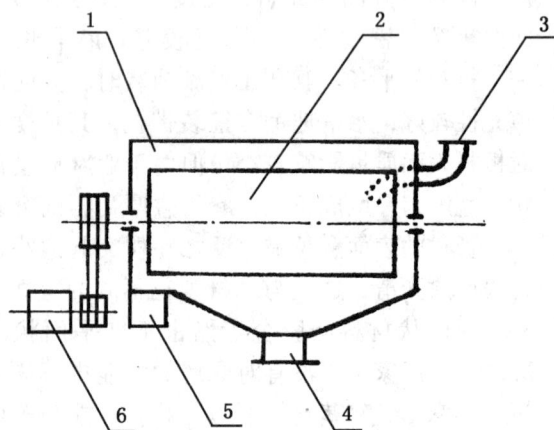

图7-6 滚筒筛选机结构

1. 机壳　2. 筛选筒　3. 进料口　4. 出灰口
5. 麻屑出口　6. 动力装置

7.2.4 粉尘的去除

麻屑中粉尘形态很小，按尺寸大小进行分离是较容易的事。但是，由于麻屑中含有麻纤维易结团和阻塞网孔，普通圆筛和直线振动筛等均不适用。从国内外生产实践看，麻屑除尘设备以滚筒筛为好。图7-6是滚筒筛选机结构。进入滚筒筛选机的亚麻屑，在滚筒转动过程中沿轴向、径向运动，呈波浪式翻滚摩擦，粉尘脱离麻屑的表面从筛网中漏到下边的漏斗中，亚麻屑则从筛选机的另一端出来，从而达到从亚麻屑中除去粉尘的目的。该机的主要技术参数如下：

生产能力	2t/h
装机功率	5.5kW
圆筒筛直径	1 400mm
圆筒筛长度	5 700mm
转速	17~22.9r/min
筛孔尺寸	0.42mm×0.42mm
外形尺寸	7 360mm×2 112mm×2 680mm

7.2.5 麻根的处理

麻根本身质地脆，并呈圆柱状小段，形态较差，直接用做制板原料会影响板材性能。但麻根木质化程度较高，如将其制成合适形态，仍然可以用做制板原料。因此，工艺要求将麻根从麻屑中分离出来经打磨或细碎后加以利用。由于亚麻屑中麻根的密度较大，在气流中的悬浮速度不同，可采用气流分选方式。经研究与实验，采用 BF212A 型气流分选机分选麻根时，分选仓内气流的悬浮速度为 2.67m/s 时，麻屑与麻根的分离效果十分明显。采用该机的分选能力可以达到 1 500kg/h，可满足年产 5 000 ~ 10 000m³ 麻屑碎料板生产要求。据国外资料介绍，用气流分选方法分离麻屑与麻根是比较成熟的工艺，在前苏联、波兰等国早有应用。国内的生产实践也证实了这一点。

7.3　亚麻屑碎料板制板工艺特点

从亚麻屑的备料来看，与木材刨花板的备料和其他非木材植物纤维人造板的备料都有一定差别。亚麻碎料板的制板工艺与普通木材刨花板制板工艺相差没有备料工段那么大。但由于原料的结构和性能的差异，仍有其自身特点。

国内刨花板或碎料板的生产一般采用先干燥后施胶，但国内引进的波兰产麻屑板生产线为先施胶后干燥，即麻屑先拌胶后用转子式热风干燥机干燥，干燥温度 75℃，拌胶后的麻屑含水率 17% ~ 19%，干燥后 12% ~ 13%，普通脲醛树脂胶无法适应此工艺，需采用特殊胶种。以下根据常用的先干燥后施胶工艺，分工序介绍麻屑碎料板制板工艺特点。

7.3.1　干燥与分选

与木材刨花干燥前高达 30% ~ 60% 的含水率相比，亚麻屑的初含水率较低，仅为 10% ~ 15%，这是它的特点之一。一些厂家为了节省工序与能源，往往不进行麻屑干燥，以至造成板材的质量问题。实际上，不同来源的麻屑含水率有差别，同一批麻屑之间也存在含水率差别，是极不均匀的。加上胶料所带入麻屑的水分，不经干燥的麻屑所成板坯的含水率不仅偏高而且均匀性极差。因此，麻屑的干燥是必须进行的。

木材刨花板工业常用的回转滚筒式干燥机、转子式干燥机、热风干燥机均可用于麻屑的干燥。但根据麻屑初含水率低的特点，应采用干燥速度快、热效率高的机型。回转式干燥机虽然操作方便，调整滚筒转速即可方便地调整麻屑的干燥时间，使麻屑均匀干燥，但该机热效率低，仅为 20% ~ 30%。转子式干燥机则适宜于含水率变化大，物料形态变化大的碎料或刨花干燥。热风干燥机则会因麻屑中夹杂的纤维产生挂纤现象而引起火灾。

流化床式干燥是 20 世纪 70 年代发展起来的新型干燥技术，已在各个领域得到广泛应用。振动流化床干燥机于 80 年代问世。这种干燥机是由振动电动机产生激振动力使机器振动，被干燥的物料在给定方向的激振力的作用下跳跃前进，同时从流化床底部输入的热空气使物料处于流化状态，热空气与物料主要依靠对流传热，由于热空气与物料正交接触，热空气使物料处于沸腾状态。图 7-7 是振动流化床干燥机结构简图。整机由振床、振槽、槽盖、加料口、出料口、底座、减振器等组成。振动流化床干燥机干燥麻屑的特点为：

①振动使麻屑具有一个抛掷和松动的作用，可比无振动时先达到流化状态，对麻屑来说增加了一定的定向流动，有利于麻屑流化而不被磨损，对于易碎的麻屑来说无疑是

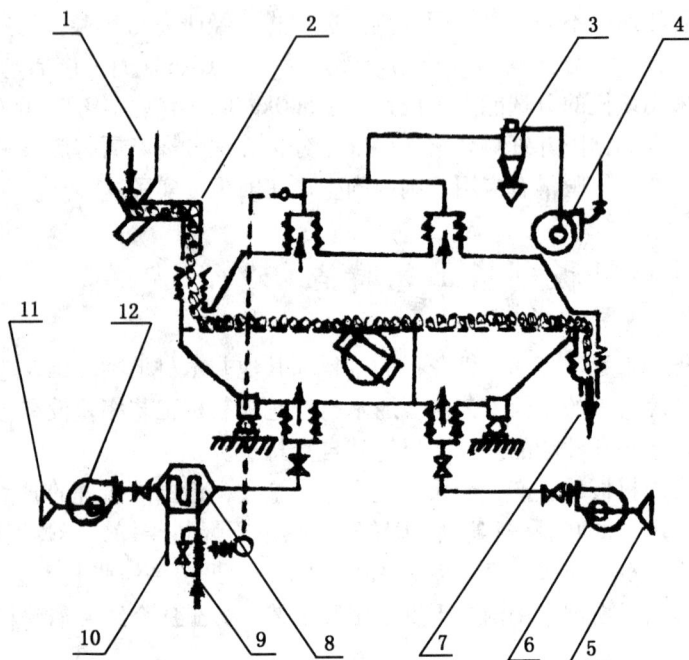

图7-7 振动流化床干燥机结构

1. 进料斗 2. 振动给料器 3. 集尘器 4. 引风机 5. 空气过滤器 6. 送风机 7. 制品出口
8. 加热器 9. 蒸汽入口 10. 蒸汽出口 11. 空气过滤器 12. 送风机

有利的。

②床层内热空气和麻屑充分混合，温度分布均匀，无局部过热现象，麻屑不易变色。

③麻屑由于充分流化，使麻屑之间空隙率大为增加，和热空气接触面积增大，从而提高了界面的传质传热效率。此外，流化床中还存在麻屑与热空气分流板的传热作用，因而充分利用了热能，比一般干燥设备节能30%以上。

④振动源为振动电动机驱动，运转平稳，维修方便，使用寿命长。调整振动电动机的安装角度或偏重块，就可调整激振角与振幅，从而调整麻屑的料层厚度、移动速度和终含水率。

振动流化床干燥机的主要技术参数见表7-8。干燥后的亚麻屑含水率小于3%。

干燥后的分选目的是提供表层用和芯层用的不同粒度的麻屑。目前工厂主要采用两种分选方式。一种是气流分选，借助气流悬浮和流动过程，细小亚麻屑悬浮起来送入施风分离器分离，落入表层干料仓。粗大麻屑沉降下来被拨料器送至悬浮筒侧边出料筒中，经回转下料器风送至芯层干料仓。另一种是采用干燥后的麻屑经圆形摆动筛进行粗、细料筛分，被分出的粗、细料分别风送至芯层和表层干料仓。

分选后如果表层细料不足或细料不够细，一般在适当位置增设一台粉碎机或碎茎机，增加表层料仓的细料或增加其细度。

表7-8 振动流化床干燥机的主要参数

序号	主要参数	型号	
		GZQ9×60	GZQ15×75
1	生产能力（t/h）	0.8	1.8
2	振动电动机功率（kW）	2×2.2	2×5.5
3	流化床尺寸（mm）	6 000×850×150	7 500×1 450×150
4	给风风机功率（kW）	5.5	2×5.5
5	引风风机功率（kW）	7.5	2×13
6	外形尺寸（mm）	6 510×1 830×2 110	8 010×2 850×2 450
7	质量（t）	3.54	6.43
8	振幅（mm）	1.4～3.2	1.4～3.2
9	激振角（°）	0～90	0～90
10	频率（Hz）	16.67	16.67
11	空气过滤器	LC-90	LC-90
12	给风风量（m³/h）	4 860	2×4 860
13	引风风量（m³/h）	7 800	2×14 720
14	除尘器	SC-03	SC-03

7.3.2 施胶

施胶是影响碎料板性能最为显著的工艺因素之一。由于麻屑与木材碎料在结构与性质上的差异，对施胶工段的用材、用量和施加方式等均有不同要求。其中用材包括胶料、防水剂、固化剂和其他增强剂，随用材的不同，用量与施加方式也有所变化，很大程度上影响到麻屑碎料板的质量与成本，是应当高度重视的工段。

7.3.2.1 胶料

脲醛树脂胶是制造麻屑板最主要的用胶之一。虽然酚醛树脂胶与异氰酸酯胶用做麻屑碎料板有较好的效果，但由于目前麻屑碎料板的用途和成本等方面还无法适应这些胶料，大部分厂家仍采用脲醛树脂胶。经过多年的研究与生产证明普通脲醛树脂胶生产麻屑碎料板的质量并不理想，需适当的改性。一般来说，生产麻屑碎料板对脲醛树脂胶有如下几点要求：

（1）黏度较低

麻屑的形态相对于木材刨花而言比较短小或细碎，单位重量的麻屑表面积或者说比表面积很大，而碎料板施胶量一般为8%～12%，胶液在麻屑表面的分布不可能很多，往往呈点状的不连续分布。因此，当黏度过大时，会造成施胶困难。如施胶不均，局部胶液过多会造成麻屑板的局部缺胶。当然，胶液如果黏度过低，使胶液渗入麻屑内部过多，也同样会引起局部缺胶现象。为保持胶液有良好的流动性、均布性和湿润性，实现均匀施胶，用于麻屑碎料板的脲醛树脂胶黏度在200～400mPa·s。

（2）固体含量高

麻屑的结构疏松比表面积大，特别是其髓质层部分，吸水性较强。当胶液的水分含量较高时，较多水分被带入麻屑，在热压时产生分层、鼓泡和延缓胶液的固化。因此，麻屑碎料板的芯层胶料固体含量应大于60%，以利于芯层的胶料固化和排气。表层麻屑胶料的固体含量可适当低，但也不能低于55%。因为表层含水率较高有利于热量的传递。

（3）固化速度快

麻屑碎料形态细小，在高压下排气不易，胶液在这种条件下应固化快速而充分。调胶后的混合胶液的固化时间即温度到达100℃以上时，对于芯层来说应为30s，对于表层来说应为110s左右。但胶液的固化时间与其适用期又息息相关，即固化时间短，适用期短。生产中一般要求胶液适用期应大于120min，因此应从胶黏剂配方、制胶工艺、胶黏剂聚合度、固化剂种类、室内温度与湿度以及施胶工艺等各方面综合考虑。表7-9是东北林业大学研制的几种适合于麻屑碎料用脲醛树脂胶的性能。

表7-9　麻屑碎料板用脲醛树脂胶性能

性能＼树脂牌号	DN－1	DN－6	DN－9	DN－11
摩尔比（F/U）	1.288	1.05	1.05	1.15
固体含量（%）	60~65	60~65	62	65
游离甲醛含量（%）	< 0.3	< 0.1	< 0.1	< 0.3
pH值	7~8	7.5	7.8	7.6
黏度（20℃，mPa·s）	150~200	200~400	115~200	635
固化时间（s）	45~60	60~70	60	75
适应期（min）	> 480	> 240	> 180	> 480
贮存期（d）	60	30	50	50
板内甲醛释放量（mg/100g）	< 30	< 10	< 10	< 20

7.3.2.2　调胶与施胶

麻屑碎料板一般采用表、芯层碎料分别施胶工艺。调胶与施胶与普通木材刨花板大同小异，基本要领如下：

（1）各种添加剂施加量

碎料板的各项性能一般随施胶量的增加而提高。但胶黏剂费用占碎料板生产总成本较高，达25%~40%，因此在保证麻屑碎料板的各项性能指标符合要求的条件下，应尽量减少用胶量，据报道，麻屑碎料板施胶量高于12%时，其性能变化较小，故施胶量应控制在9%~12%以内。

麻屑的吸水性较木材原料强，防水剂是必须施加的。随防水剂施加量的增加，麻屑板的耐水性大幅度提高，比木材原料更为敏感。根据需要，麻屑碎料板的防水剂施加量在0.8%~1.5%。防水剂一般采用石蜡，制成乳液与胶液混合加入麻屑中。据李凯夫等人研究，防水剂用量对麻屑碎料板吸水率和吸水厚度膨胀率的影响如图7-8所示。

固化剂用量与胶料的性质有关，如胶液的游离甲醛含量低，则应多加固化剂，反之则少加。固化剂一般采用氯化铵，施加量在1%~3%，随胶液的性质、作业温度和适

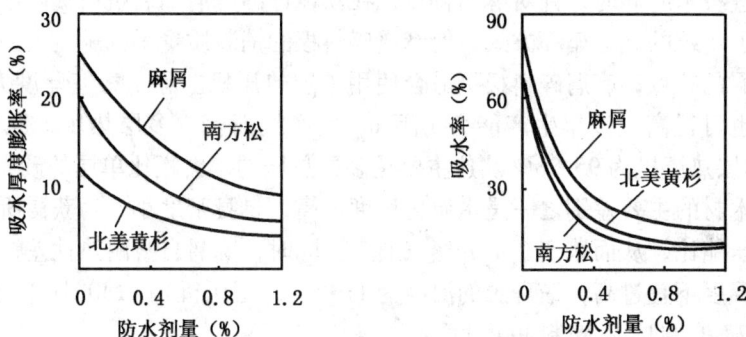

图 7-8　防水剂用量对麻屑板吸水厚度膨胀率和吸水率的影响

用期长短等因素有所变化。

（2）调制与施加

调制方法与普通木材碎料板相同，可采用类似的拌胶机如 BS1206 表层拌胶机和 BS1208 芯层拌胶机。有些厂表层不加固化剂。

施胶工艺中，石蜡乳液及氯化铵溶液均会将一定量的水分带入板内，使胶液的固体含量相对降低，提高了板坯含水率，据研究会严重降低麻屑碎料板的各项物理力学性能甚至造成废品。因此，施胶工艺中采取直施熔融石蜡，以减少压制前板坯含水率是一条提高麻屑碎料板质量的有效途径。实际上，有些厂已经采用了这种工艺。

7.3.3　铺装与热压

麻屑碎料比较蓬松，其板坯铺装厚度与压制后板材厚度之比关系见表7-10。一般木材碎料板的铺装厚度与板材厚度之比为 $3:1 \sim 5:1$，可见生产相同厚度的板材时麻屑的铺装厚度较大，约为木材碎料板的两倍。因此在铺装与热压中均应注意这一点。

表 7-10　19mm 厚麻屑碎料板密度、厚度与板坯铺装厚度关系

序号	板材密度（g/cm³）	板坯铺装厚度（mm）	板坯厚度：板材厚度
1	0.55	129.2	6.8:1
2	0.60	133.0	7.0:1
3	0.65	138.7	7.3:1
4	0.70	148.2	7.8:1
5	0.75	155.8	8.2:1

铺装方式与设备均雷同于木材碎料板，可采用机械式、气流式或机械气流联合式。据称气流式效果较好，根据不同情况，对用于木材碎料板的铺装机可作某些改造，使之适合于麻屑板铺装。例如国产气流式铺装机风栅下底面净空高度较低，而麻屑堆积密度小，铺装较厚，难以适应麻屑碎料板的铺装。此外，残存于麻屑中的麻纤维在铺装中易

附着在风栅管路中，胶液固化后很难除掉，影响铺装质量。目前国内厂家在采用德国比松公司的先进技术的同时，针对麻屑特点，在新设计的麻屑铺装机中提高了风栅的净空高度，改变了传统的气流循环方式，使麻屑碎料板的铺装质量得到了较大的提高。

根据麻屑的特点，麻屑碎料板更适合使用单层热压机。除了板坯厚度大的理由外，原料利用率也可提高。按年生产能力 1 万 m^3 生产线而言，多层热压机原料利用率为 91.56%，单层热压机为 95.28%。这主要是多层热压的碎料板比单层的砂光量大 30%。

麻屑与木材的主要差别之一是木质化程度不高，自身密度小，为获得所需强度，必须增加板坯压缩比，从而堵塞了部分蒸汽通道。同时，麻屑自身耐热性差，导热性也不好，故热压温度不宜过高，最理想的温度为 170℃（多层压机）和 180℃（单层压机）。

为较精确控制麻屑碎料板厚度，生产中常采用厚度规。目前已有用电气控制系统代替厚度规。图 7-9 是理想的麻屑碎料板热压压力—时间曲线。整个曲线可分为 11 段即 T_1—T_{11}。

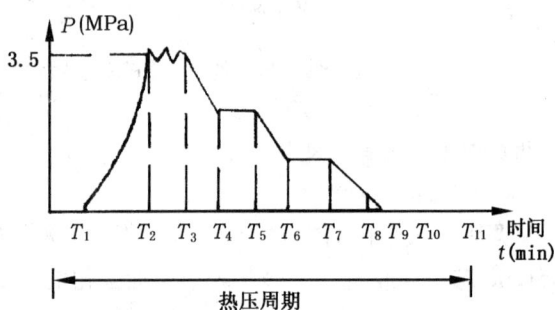

图 7-9 麻屑碎料板理想热压曲线

T_1：压机启动和压板运动直至接触板坯上表面的时间，以 19mm 厚板为例，板坯厚 82mm，上压板距板坯上表面距离为 168mm，首先，压机慢速启动闭合，然后快速闭合，当上压板与板坯距离达到预定值时，碰到行程开关，上压板转为慢速闭合，以免气流吹跑表面麻屑。这一段时间最好小于 20s。

T_2：为压机升压至最大的时间，这一段时间可根据不同厚度板材和性能要求有所改变，但总的不应超过 15s。板面最高压力为 2.5MPa（系统压力约为 18.7MPa）。

T_3：压机升压、保压时间，当压机四角位置控制器未闭合时，系统反复充压工作，直到四角位置控制器闭合，结束加压。一般将 T_2、T_3 统称为闭合时间，要求小于 30s，以避免板坯表面预固化。

T_4：第一次卸压时间，当压力下降至 14.5MPa 时结束。这段时间以 30s 为宜。

T_5：第一次保压时间，根据热压周期不同而不同，一般可在 10~30s。

T_6：第二次卸压时间，当压力下降至 7.8MPa 时结束。这段时间以 30s 为宜。

T_7：第二次保压时间，同 T_5。

T_8：第三次卸压时间，当压力降至 1.5MPa 时结束。这段时间以 30s 为宜。

T_9：第三次保压时间，同 T_5，这段时间至关重要，为了使板子内部的蒸汽能自由排出，防止分层和鼓泡，T_9 时间最好大于 20s。

T_{10}：板子在压机内无压状态下保持的时间，应为全部热压时间的 10%~15%，目的是最大限度地防止板材回弹、分层和鼓泡。

T_{11}：上压板开启时间和装卸板时间，由于网带运输机最高速度为 30m/min，故运行一个行程需 0.26min，因此 T_{11} 小于 0.5min 为宜。

7.4 提高麻屑碎料板质量的研究

麻屑是碎料板工业中采用的新材料，由于它与木材性能上的差异，在生产工艺与技术方面还未达到完全成熟的阶段。从 20 世纪 80 年代末至 90 年代末，生产人员和研究人员进行了 10 多年的研究探索，至今仍在不断完善工艺和设备，提高麻屑碎料板的质量。以下根据李凯夫、陆仁书等人的研究成果进行整理并介绍如下。

7.4.1 密度对板材质量的影响

密度对任何人造板材的影响都是明显的。随板材密度的增加，各项物理力学性能一般随之上升。但密度不仅会影响产品成本，也会影响某些方面的应用。如家具工业不希望密度过大的板材。从表 7-11 中可以看出，板材密度增加 $0.2g/cm^3$，内结合强度从 $0.31MPa$ 增至 $0.47MPa$，抗弯强度从 $13.16MPa$ 提高至 $23.66MPa$，弹性模量从 $2\,330MPa$ 提高至 $3\,440MPa$，吸水厚度膨胀率也从 8.37% 下降至 7.95%，耐水性能也有所提高。考虑产品的成本和使用需要，并从各项性能指标综合考虑，当板材密度取为 $0.65g/cm^3$ 时比较合适。

表 7-11　麻屑碎料板密度与麻屑含水率对板材性能影响

性　　能		静曲强度（MPa）	弹性模量（MPa）	内结合强度（MPa）	吸水厚度膨胀率（%）	弯曲应变（%）
板材密度（g/cm³）	0.55	13.16	2 330	0.31	8.73	0.58
	0.65	14.17	2 930	0.42	8.38	0.59
	0.75	23.66	3 440	0.47	7.95	0.65
麻屑含水率（%）	1.2	18.98	2 940	0.60	7.05	0.62
	5.2	18.30	2 900	0.40	7.28	0.62
	10.8	16.97	2 850	0.16	10.74	0.59

7.4.2 麻屑含水率对板材性能的影响

麻屑含水率对板材的静曲强度、内结合强度和吸水厚度膨胀率影响显著。随麻屑含水率从 1.2% 增加到 10.8%，静曲强度下降了 $2.01MPa$，内结合强度下降了 $0.44MPa$，吸水厚度膨胀率提高了 3.7%，弹性模量下降了 $90MPa$。从表 7-11 中的数据看，当麻屑的含水率在 $1.2\% \sim 5.2\%$ 时，板材的各项指标变化不大，均能满足一般使用时对性能的要求。从上述研究看，麻屑的干燥是必要的，干燥后含水率在 $2\% \sim 4\%$ 为宜。在施加胶料和防水剂后，麻屑的含水率还将有所提高，如麻屑不经干燥，对板材的性能和施胶工段造成不利，这一点将在后面的施胶工艺对板材性能的影响再一次提到。

7.4.3 胶料对板材性能的影响

7.4.3.1 胶料的黏度

麻屑碎料板主要采用脲醛树脂胶。脲醛胶的黏度是影响胶液渗透性和流动性的重要因素，尤其麻屑的吸湿性高，将直接关系到麻屑碎料板的吸水厚度膨胀率和内结合强度。为此，改变 No. 3 和 No. 4 两种牌号树脂黏度，研究了黏度对麻屑的吸水厚度膨胀率和内结合强度的影响，试验结果见表 7-12。

表 7-12　脲醛胶黏度与麻屑碎料板性能关系

性能 树脂	脱水后黏度 （mPa·s）	酸性反应终点黏度 （mPa·s）	吸水厚度膨胀率 （%）	内结合强度 （MPa）
No. 3	660	60. 0	34. 0	0. 42
	355	63. 3	30. 5	0. 52
No. 4	230	67. 5	28. 4	0. 58
	155	72. 3	25. 2	0. 62
	166	85. 5	23. 0	0. 49

从表中可以看出，麻屑碎料板吸水厚度膨胀率随酸性反应的终点黏度的升高而降低，内结合强度提高。当黏度超过 72. 3mPa·s 时，内结合强度下降。麻屑碎料板的吸水厚度膨胀率与脱水后的黏度关系不大。

酸性反应的终点黏度，标志着树脂的反应程度，而脱水后树脂的黏度，主要由于树脂浓度的提高而导致黏度升高，而反应程度一般增加不大，因为脱水温度一般为 60 ~ 65℃，pH 值为弱碱性或中性，缩聚反应速度很慢，反应程度增加不大。酸性反应终点黏度高，反应程度高，即分子量大的树脂，堵塞了麻屑被破坏的导管和纹孔，使部分小分子树脂渗入麻屑内部，这两部分树脂与麻屑发生吸附，产生分子间作用力，使麻屑碎料板吸水厚度膨胀率下降，内结合强度提高。但酸性反应的程度过大，反使内结合强度下降，可能是由于渗透量过低，胶层增厚，内结合强度下降，但吸水厚度膨胀率较低。

7. 4. 3. 2　脲醛树脂胶的耐水性与胶合性

理论与实践都证明，脲醛树脂胶的耐水性和胶合强度随树脂摩尔比的降低而降低，也随制造技术条件的不同而异，如果再考虑亚麻吸湿特性，则使提高脲醛树脂胶麻屑碎料板的耐水性的研究变得较为复杂。因此，研究低摩尔比脲醛树脂胶与麻屑碎料板吸水厚度膨胀率和内结合强度的关系，不是改变黏度就能搞清楚和达到满意结果的，影响的因素较多，如何平衡这些关系十分重要。

提高脲醛树脂胶耐水性和胶合强度比较简单易行的措施是采用三聚氰胺、苯酚、间苯二酚等环状化合物进行改性，效果较明显，其幅度随改性剂的用量而异，缺点是提高了胶的成本。在尽可能低的成本下提高脲醛树脂胶耐水性和胶合强度的研究，不论从技术角度还是从经济角度都有重要的现实意义。

根据上述分析出发，从各反应阶段采用不同的摩尔比，减少树脂分子中的亲水基团如—CH_2OH、—NH_2、—NH—等，适当提高黏度，特别是酸性反应的黏度，降低脲醛树脂胶的渗透性，使施在麻屑表面的有限胶量保持在胶接界面和麻屑的表面，封闭麻屑的导管和纹孔。从降低麻屑板吸水性出发，研制了两种低毒脲醛树脂胶进行比较试验，两种脲醛树脂胶的制造条件如下：

①脲醛树脂：采用2次尿素与3次尿素加后的尿素与甲醛的摩尔比降低的程度较小，并在酸—酸—碱的pH值和较高的反应温度下反应到一定程度，脱水制成固体含量60%~64%的脲醛树脂。

②脲醛树脂：在①树脂制造中添加1%的三聚氰胺改性剂，其他条件同①树脂。

两种脲醛树脂制成的麻屑碎料板吸水厚度膨胀率和内结合强度比较试验结果见表7-13。

表7-13　两种牌号脲醛树脂的耐水性与胶合性

树脂牌号	防水剂施加量（%）	施胶量（%）	板材密度（g/cm³）	吸水厚度膨胀率（%）	内结合强度（MPa）
①	0.75	9	0.65	7.9	0.59
	0.89	9	0.66	5.4	0.55
	1.05	9	0.64	4.1	0.57
②	0.75	9	0.65	6.4	0.64
	0.89	9	0.66	3.8	0.63

从表中可以看出，在防水剂添加量相同的条件下，两种脲醛树脂胶麻屑碎料板的吸水厚度膨胀率和内结合强度均能达到国家标准的要求，但脲醛树脂胶麻屑碎料板的两项性能②优于①。从添加防水剂的量来看，生产麻屑碎料板的防水剂施加量高于木材碎料板。每增加0.16%左右的防水剂，板材的吸水厚度膨胀率和内结合强度均可达到添加1%三聚氰胺板材的水平，即达到刨花板国家标准对一级品的要求。因此，改进制造脲醛树脂胶的技术条件和适当增加防水剂的施加量，既可以降低低摩尔比脲醛树脂胶麻屑碎料板吸水厚度膨胀率，又能大幅度降低成本。

7.4.3.3　施胶量

施胶量很大程度上影响着碎料板的性能，麻屑碎料板也不例外。表7-14是施胶量对麻屑碎料板的影响试验。随施胶量的增加，吸水厚度膨胀率明显下降，内结合强度、静曲强度和弹性模量提高。当施胶量从8%提高到10%时，吸水厚度膨胀率从19.44%下降至16.28%，内结合强度从0.66MPa提高到0.70MPa，静曲强度从19.74MPa提高21.83MPa，弹性模量从2 940MPa提高到3 070MPa。但当施胶量进一步提高到12%时，吸水厚度膨胀率进一步下降到10.94%，其余的性能变化不大。根据板材的一般性能要求和成本出发，施胶量一般控制在10%。

表7-14　施胶量对麻屑碎料板性能的影响

施胶量（%）	静曲强度（MPa）	弹性模量（MPa）	内结合强度（MPa）	吸水厚度膨胀率（%）	弯曲应变（%）
8	19.74	2 940	0.66	19.44	0.66
10	21.83	3 070	0.70	16.28	0.68
12	22.23	3 200	0.71	10.94	0.66

7.4.4 防水剂对板材性能的影响

7.4.4.1 防水剂种类

麻屑碎料板必须施加防水剂，否则耐水性很差。防水剂一般采用石蜡、松香及其他疏水性物质。不同的防水材料和不同的配制方法所得的防水剂效果是不相同的。表7-15是几种防水剂用于麻屑碎料板时的性能对比。对比中的固定条件为施胶量10%，固化剂施加量2%，防水剂施加量1%，热压温度160℃，时间0.4min/mm。

表 7-15　不同种类防水剂麻屑碎料板性能

防水剂种类	密度 （g/cm³）	含水率 （%）	静曲强度 （MPa）	弹性模量 （MPa）	平面抗拉强度 （MPa）	吸水厚度膨胀率 （%）
空白	0.618	7.13	19.91	2 300	0.84	25.53
Ⅰ号石蜡乳液	0.628	6.72	20.42	2 460	0.71	11.13
Ⅱ号石蜡乳液	0.690	3.46	25.64	3 270	0.64	10.22
试验 DTL-2	0.600	3.33	24.34	3 240	0.76	11.76
工厂 DTL-2	0.710	3.30	22.26	3 040	0.70	15.62

研究结果表明，施加防水剂后对板材的耐水性能有很大提高，对内结合强度则有一定不利影响。空白试件静曲强度和弹性模量的偏低估计是板材含水率偏大引起的检测上的差别。因为防水剂的加入一般不会提高板材的力学强度。Ⅰ号石蜡乳液与Ⅱ号石蜡乳液的麻屑碎料板性能出现的差别，表明相同用材不同配制方法的防水剂有不同效果。两种 DTL-2 号防水剂的应用结果也同样证明了这一点。

另据试验观测，DTL-2 号防水剂用量为 0.5% 时，可与 1% 石蜡乳液施加量所得结果相近。比不加防水剂时，吸水厚度膨胀率下降13% ~ 14%。如果 DTL-2 号防水剂施加量为 1.5% 时，吸水厚度膨胀率为 7% ~ 8%。

7.4.4.2 防水剂施加量

采用 DTL-2 号防水剂，施加量分别为 0.5%、1.0% 和 2.0% 时，板材的性能见表7-16。

表 7-16　防水剂施加量不同时麻屑碎料板性能

防水剂施加量 （%）	静曲强度 （MPa）	弹性模量 （MPa）	内结合强度 （MPa）	吸水厚度膨胀率 （%）	弯曲应变 （%）
0.5	21.56	3 030	0.73	21.39	0.69
1.0	21.62	3 140	0.75	13.94	0.67
2.0	20.60	3 140	0.58	11.33	0.65

DTL-2 号防水剂施加量对吸水厚度膨胀率及内结合强度影响显著。随用量的增加，吸水厚度膨胀率与内结合强度均下降，而静曲强度和弹性模量变化不大。当施加量从

0.5%提高到1.0%时，吸水厚度膨胀率从21.39%降至13.94%，内结合强度变化极小。当施加量从1.0%提高到2.0%时，吸水厚度膨胀率降至11.33%，内结合强度降至0.58MPa，静曲强度仅下降1MPa。这说明防水剂的施加量增加愈大，对内结合强度影响愈大。虽然对板材的耐水性总是有利，但考虑结合强度，防水剂的施加量不应超过2%，如有必要，需从胶种方面进行考虑，采用改性胶或耐水胶如酚醛树脂、三聚氰胺树脂和异氰酸酯胶等。

7.4.5 固化剂对板材性能的影响

固化剂对板材性能的影响见表7-17。固化剂施加量对麻屑碎料板的吸水厚度膨胀率、内结合强度和静曲强度影响显著。随固化剂用量增加，吸水厚度膨胀率明显下降，内结合强度、静曲强度和弹性模量提高。施加量从0.5%增至1.0%时，吸水厚度膨胀率从22.25%降至14.46%，内结合强度增加0.06MPa。施加量提高至2.0%时，吸水厚度膨胀率为9.95%，内结合强度提高至0.80MPa，静曲强度提高至22.78MPa，弹性模量提高到3 180MPa。采用低游离甲醛胶制板时，适当增加固化剂用量是必要的。NH_4Cl不仅与胶中的游离甲醛反应生成HCl，而且自身受热分解出HCl或者与水反应生成HCl，这都有利于降低胶层的pH值，加速胶的固化。

表7-17　固化剂用量不同时麻屑碎料板的性能

固化剂用量 （%）	静曲强度 （MPa）	弹性模量 （MPa）	内结合强度 （MPa）	吸水厚度膨胀率 （%）	弯曲应变 （%）
0.5	19.71	3 030	0.61	22.25	0.64
1.0	21.31	3 100	0.66	14.46	0.67
2.0	22.78	3 180	0.80	9.95	0.70

7.4.6 施胶工艺对板材性能的影响

麻屑碎料板一般采用低游离甲醛的脲醛树脂胶，而且对胶液中的水分又十分敏感，这就对调胶工艺提出了要求。脲醛树脂胶所添加的固化剂和防水剂是两类化学性质及其作用完全不同的物质，无疑在混合调制中会改变原来脲醛树脂胶（原胶）的物理、化学等性质。例如，原胶的pH值为7.8，防水剂的pH值为8.6，化学纯氯化铵水溶液（浓度20%）pH值为5.5左右，或工业氯化铵的水溶液pH值为5.8左右，或农用氯化铵水溶液的pH值为6.8左右，三种成分混合后胶液（调制胶）的pH值为7.2~7.5，热压胶合中氯化铵与胶液中的游离甲醛反应生成盐酸，使pH值再降低。由于低游离甲醛含量的脲醛树脂胶生成的盐酸甚少，pH值下降幅度较小，这就不能保证胶料在pH值为6.7时（加入固化剂后）的固化时间在58s之内的要求。又如添加防水剂和固化剂均为液体而且浓度不高，加在原胶中必然降低原胶的固体含量和黏度，在施胶量一定的情况下，增加了板坯的含水率，会严重降低麻屑碎料板的性能。根据上述分析，对原胶与调制胶的性能进行了比较，结果见表7-18。

表 7-18　原胶性能与调制胶性能比较

脲醛树脂胶 种 类	固体含量 （%）	黏度 （mPa·s）	pH 值	固化时间 （s）	麻屑板性能	
					内结合强度 （MPa）	甲醛释放量 （mg/100g）
原胶	63	230	6.5	56	0.65	6.96
调制胶	59	250	6.9	98	0.55	7.46
原胶	64	235	6.7	58	0.64	7.29
调制胶	55	205	7.2	128	0.45	8.44
调制胶	46	85	7.6	192	0.35	13.40

　　麻屑碎料板的内结合强度随脲醛树脂胶固体含量的提高而提高，甲醛释放量随固体含量提高而下降。固体含量低，板坯含水率增加，胶液的固化速度减慢，长时间在高温、高压和水及氧气作用下，胶液渗胶量增加。与此同时，树脂分解程度提高，导致内结合强度下降，甲醛释放量增加。

　　由此可以认为，脲醛树脂胶原胶的理化特性不是直接影响麻屑碎料板各项物理力学性能的条件，而起直接影响作用的是调制胶的特性。但调制胶是以原胶特性为基础的，无此基础就不可能有好的调制胶，二者均很重要。

　　根据上述研究所得规律，生产中在施胶工段应设计多种调胶方案，根据工厂实际情况，采用最佳的调胶工艺和施加方式。

7.4.7　热压工艺对板材性能的影响

　　由于麻屑形态较木材碎料均一，表芯层差异不大，当板材密度和闭合时间一定时，板材的剖面密度分布均匀，表芯层的密度差不大，因此板中蒸汽传导阻力较大，热量传至芯层所需时间加长，加之麻屑自身热解温度较低，因此对温度和时间的要求与木材碎料板有一定差别，其规律见表 7-19。

表 7-19　热压温度和时间与麻屑板性能的关系

工艺条件		静曲强度 （MPa）	弹性模量 （MPa）	内结合强度 （MPa）	吸水厚度膨胀率 （%）	弯曲应变 （%）
温度（℃）	140	20.92	3 040	0.67	20.33	0.67
	160	22.04	3 140	0.72	13.16	0.68
	180	20.83	3 120	0.67	13.17	0.66
时间 （min/mm）	0.29	20.71	3 050	0.64	18.98	0.66
	0.40	21.67	3 110	0.72	15.23	0.67
	0.60	21.47	3 150	0.71	12.45	0.67

　　热压温度对吸水厚度膨胀率和静曲强度影响显著，时间对吸水厚度膨胀率影响显著。随温度提高，吸水厚度膨胀率下降。温度为 140℃ 时，吸水厚度膨胀率高达 20.33%，内结合强度为 0.67MPa，静曲强度为 20.92MPa，弹性模量为 3 040MPa，而到 160℃ 时，各项指标均达到最好值，分别为 13.16%、0.72MPa、22.04MPa 和 3 140MPa。吸水厚度膨胀率下降了 7.17%，内结合强度提高了 7.5%，静曲强度提高了 5.4%。当

温度为 180℃ 时，各项指标下降。因此，采用脲醛树脂胶制麻屑碎料板时，温度以
160℃ 为宜。温度过低，热量传导过慢，胶料固化不充分，板材耐水性与强度均较差。
温度过高，表层麻屑部分热解，芯层产生的大量蒸汽又难以排除，产生较高蒸汽压，削
弱部分胶合力，板材强度下降。

随热压时间延长，吸水厚度膨胀率下降，内结合强度、静曲强度和弹性模量提高。
当时间为 0.29min/mm 时，各项指标最差。时间延长到 0.40min/mm 时，吸水厚度膨胀
率下降 3.75%，内结合强度提高 12.5%，静曲强度提高 4.6%，弹性模量提高 2.0%，
当时间延长至 0.6min/mm 时，各项指标变化不大，因此，麻屑碎料板热压时间以
0.40min/mm 左右为宜。

7.5 苎麻人造板

苎麻属草本植物，其主要产品麻皮是纺织工业的优质原料，是我国重要的出口物资
之一。苎麻的种植分布于秦岭、淮河和江南丘陵山地，20 世纪 70 年代我国种植面积约
20 万 hm^2。随国际苎麻市场的涨落，种植面积有所变化。

采麻后的剩余物有麻叶、麻根和麻秆，麻叶可作饲料，麻根经浸提可作药用原料，
麻秆则可作人造板原料。

7.5.1 苎麻秆的特性及对板材加工的影响

剥皮后的苎麻秆茎平均长约 1.2m，重 7g 左右，每公顷产量约 30 万根，可获麻秆
2 100kg，每年收割 3 次则每公顷有麻秆 6 300kg。

根据采集的试件测试分析，苎麻的特性如下：

（1）宏观成分（按重量比计算）

麻秆表面麻丝残量	3.76%
秆段	89.24%
髓芯	7.00%
有效可用成分	93.00%

由上述成分可以看出，秆段占绝大部分，如生产纤维板，麻丝与秆段均可制浆用做
原料。如果生产碎料板，则麻丝需有效切断才能用做原料，否则应加以除去，以免影响
后续工序的施胶和成型。髓芯含量较少，虽然对制板有质量上的不利影响，一般可不考
虑去除。

（2）苎麻秆纤维微观尺寸

将苎麻秆经化学处理离解成纤维，然后进行显微测量，结果如表 7-20（表中数据为
测试 250 根纤维平均值）。

表 7-20 苎麻秆纤维尺寸平均值

纤维类型	细胞直径（μm）	细胞长度（mm）	长宽比
纤维细胞	18	0.540	30:1
管状薄壁组织	87	0.372	4.3:1

由表可知苎麻纤维细胞长度较短，宽度与长宽比类似阔叶材中细胞直径较小的材种。

（3）苎麻化学成分

苎麻秆的化学成分含量见表1-6，与部分阔叶材相近。

7.5.2 苎麻纤维板

郑睿贤、李年存等人对苎麻纤维板进行了实验室小试和工业化试验，基本完成了苎麻纤维板的全套工艺研究，使苎麻纤维板工业化生产成为可能。

（1）工艺条件

①原料处理。麻秆经切断机切断成 25~40mm。剥皮后的麻秆茎表面残留有约4%的麻丝，对切断有不利影响，应当采用切刀锋利、底刀间隙小的设备，实现有效切断，充分利用麻丝这部分好的纤维。如不能进行有效切断，则会影响热磨的进料。

切断后的麻秆在热磨前应进行加湿处理，使麻秆的含水率达到 30%~50%。

②热磨制浆。增湿后的麻秆经热磨机制成粗浆，使用蒸汽压力为 0.5~0.6MPa，排料次数调节为 68 次/min。剥皮后的苎麻秆茎呈中空管状，质量小而体积大，因此热磨机进料压缩比应加大。

③洗浆。麻秆的芯部含有约7%的髓芯，这是一种非纤维细胞的薄壁组织，存在浆料中会降低板坯脱水性能和产品的耐水性，同时浆料中还有相当多的泥沙，这对生产和产品质量同样不利。因此，有必要进行洗浆工序。可采用侧压式洗浆机去除部分髓芯与泥沙。

④精磨。将热磨后经一次洗浆后的浆料进行精磨，使浆料的滤水度达到20s。

⑤浆料处理。将精磨后的浆料稀释到要求的成型浓度，一般为 1.5%~2%，加入化学添加剂，根据需要有石蜡乳液、酚醛树脂、硫酸铝或酸、碱等。

⑥成型与热压。可采用定型的湿法硬质纤维板设备；工艺过程大致相同。热压工艺为：

湿法硬质纤维板

热压温度	200~205℃
单位压力	5.5MPa
热压周期	9~10min

湿法中密度纤维板

热压温度	200~205℃
单位压力	0.5~1.0MPa
热压周期	25~30min

（2）产品性能

在其他工艺参数经优化选择的基础上，使用的增强剂用量不同，产品性能有所差异，板材的性能见表7-21与表7-22。

表 7-21　苎麻秆湿法硬质纤维板物理力学性能

性　能 ＼ 添加剂	增强剂用量（%）			防水剂用量（%）
	0	0.5	1.0	
板材厚度（mm）	3.0	3.0	3.0	0.5
密度（g/cm³）	0.86	0.89	0.82	0.5
含水率（%）	1.41	0.34	1.51	0.5
24h 吸水率（20℃±2℃,%）	26.4	25.1	20.7	0.5
静曲强度（MPa）	30.7	37.6	40.9	0.5

表 7-22　苎麻秆湿法中密度纤维板物理力学性能

性　能 ＼ 添加剂	增强剂用量（%）		防水剂用量（%）
	2.0	4.0	
板材厚度（mm）	10.0	9.0	0.5
密度（g/cm³）	0.71	0.68	0.5
含水率（%）	7.8	6.7	0.5
24h 吸水率（20℃±2℃,%）	35.7	18.6	0.5
吸水厚度膨胀率（%）	3.5	2.7	0.5
内结合强度（MPa）	0.50	0.65	0.5
静曲强度（MPa）	23.1	28.4	0.5

从表中的数据可知，在采用相同的防水剂用量时，随增强剂用量的增加，明显提高了纤维板的力学性能与耐水性能，产品可满足不同使用领域的要求。

7.5.3　苎麻碎料板

苎麻秆密度小，茎秆易于破碎和干燥，是生产轻质板材的合适原料。如果再用刨切薄木或装饰纸等覆面材料贴面，可用于用途广泛的家具用材和室内装修用材，其工艺与其他种类的碎料板大致相同。

（1）工艺条件

①原料制备。采用锤式破碎机，调节机内筛网的孔目，即可调节原料的形态大小。但需考虑原料的干湿程度、脆韧程度和其中泥沙杂质的影响。

锤碎后的碎料应进行分选，筛选、风选均可沿用木材碎料板设备。

②干燥与施胶。锤碎后的苎麻碎料极易干燥，可采用普通碎料板干燥设备，振动流化床式干燥比较适于这种碎料的干燥。

采用普通脲醛树脂胶，施加量为 12% 左右，石蜡防水剂施加量为 1% 左右。

③铺装与热压。苎麻秆碎料形态较均一，可采用气流式铺装机。热压工艺条件为：温度 140～150℃，单位压力 2.5～3.0MPa，时间可按 1min/mm 计。

生产密度为 0.68g/cm³ 板材，当年产量设为 1 万 m³ 时，所需原料约为 9 000t，需要约 2 000hm² 麻田的剩余麻秆。

（2）产品性能

在上述工艺条件下，苎麻碎料板的性能为：密度 $0.6g/cm^3$，静曲强度 17MPa，在水温18℃时浸泡2h的吸水厚度膨胀率为8%。

思考题

1. 从亚麻屑的横断面出发，说明其组织结构以及它们在制板中各自的主要作用。

2. 纺织工业剥离纤维后的剩余物亚麻屑中有哪些成分？在板材生产中各起什么作用？

3. 亚麻屑碎料板备料有哪几种较特殊的工艺与设备？

4. 试述振动流化床沸腾式干燥的特点。

5. 亚麻屑碎料板采用的脲醛树脂胶为什么要黏度较低而固体含量较高？

第 8 章

芦苇人造板

我国每年生产芦苇近 200 万 t，占世界总产量的 6% 左右，在我国的中南、华东、华北、东北和西北地区均有芦苇分布。芦苇耐盐碱，品种很多，南方的粗高，北方的细矮，20 世纪 90 年代以前除做造纸原料外，尚无其他工业用途。

我国从 90 年代初开始研究用芦苇生产碎料板，到 90 年代末期已在新疆、黑龙江等地建有数条芦苇碎料板生产线。由于芦苇的性能与木材及其他非木材植物有一定的差异，故生产工艺和产品质量也有一定差别。到目前为止，研究人员与生产部门对芦苇碎料板的生产技术与设备仍在进行不断的研究与改革，产品质量也在不断提高。

8.1 芦苇特性及对板材加工的影响

8.1.1 芦苇的生物特性与组织结构

芦苇别名苇子，学名 *Phragmites communis*，英文名 Reed，系单子叶植物，属禾本科，禾本亚科，芦苇属。它为多年生草本，密集、簇生，茎高达 1～5m，生长在南方的较高大、粗壮，而生长在东北地区的较矮小，茎高一般不超过 2m，水上或地上部分为 1 年生。芦苇主要分布在我国的湖南、湖北、江苏、河北、辽宁、黑龙江和新疆等地的江河、湖泽、低洼水域地带。芦苇品种很多，耐盐碱，常与荻混生，有"北芦南荻"之称，即长江以北产苇，江南产荻，长江至黄河间苇荻混生。荻茎秆上下部直径相差较大，芦苇相差则较小。荻节部分出枝丫，芦苇则无枝丫，而节部包有鞘叶。荻花穗易散落，芦苇花穗则不易散落。荻和芦苇的另一项主要区别是荻的非纤维细胞较少而体积较大，荻的表皮细胞也较少。

芦苇的整个植株可分为根、根状茎、茎、叶、花和种子 6 个部分，人造板应用的主要是茎秆部分。芦苇的茎秆直立，平均直径为 0.4～1.0cm，茎秆壁厚平均为 0.41mm，高为 2～3m。芦苇管壁由梢部至根部是逐渐加厚的，壁厚由梢部 0.10～0.20mm 逐渐加厚到中部的 0.20～0.30mm，最后至根部变为 0.40～0.50mm。

芦苇茎秆的显微构造，在横切面由外向内分为：表皮→薄壁细胞层→纤维组织带→维管束→基本薄壁组织→髓腔 6 个部分。芦苇茎秆各类组织的百分率为：芦苇纤维 41%，基本组织 49.4%，导管 6.2%，韧皮部 2.4%。

芦苇茎秆的表皮由长细胞和短细胞组成，长细胞长 65～190μm，宽 10μm，纵向壁呈波浪形。短细胞由栓质细胞和硅质细胞组成。芦苇茎秆表皮具有光滑的含蜡层和较高的硅物质含量，这虽然对所制板材的耐水性有利，但极大的妨碍了芦苇之间的胶合，从而成为芦苇碎料板生产中的关键难题之一。

靠近芦苇茎秆内壁有一层薄膜,俗称笛膜,芦苇破碎后笛膜大部分脱落,混入碎料中,施胶时这层薄膜吸附大量胶液,产生胶团,严重影响胶液的均匀分布,使芦苇碎料吸附的胶液相对减少,从而降低胶合强度。因此,备料时应尽量将这些笛膜分离出去。

8.1.2 芦苇的纤维含量与纤维形态

由第一章中表1-4和表1-5中可以看出,芦苇的纤维含量为64.5%,与蔗渣的64.3%相近,故与蔗渣一样可用做造纸原料。因此也同样可用做纤维板的生产。据称已有厂家将芦苇作为中密度纤维板的原料。芦苇的纤维形态中的长度、宽度和长宽比类似于材质较差的阔叶材,壁厚则较大,因而强度较好,这也许是芦苇碎料板的力学性能有时高于某些木材碎料板的原因。

8.1.3 芦苇的密度与吸湿性

整株气干芦苇的密度从梢至根是逐渐变化的。梢部密度最小,为 $0.55 \sim 0.66g/cm^3$,中部密度最大,为 $0.66 \sim 0.89g/cm^3$,根部密度居中,为 $0.63 \sim 0.80g/cm^3$。芦苇秆管壁的平均密度为 $0.65 \sim 0.72g/cm^3$,高于兴安落叶松的 $0.64g/cm^3$。

原料自身密度大是利用芦苇制造碎料板的另一个难题。我国刨花板国家标准(GB/T 4897—1992)规定刨花板最大密度为 $0.85g/cm^3$,按此标准制造的芦苇碎料板,其压缩比应小于 $1.20 \sim 1.30$,对压力下的胶合会造成一定困难。

芦苇按木材密度分级标准属中等,但由于其自身结构疏松,碎料堆集密度在 $0.1 \sim 0.2 \ g/cm^3$,导致芦苇碎料在铺装时厚度仍大于木材碎料,一般铺装比为 $1:12$,而木材刨花约为 $1:4$。

芦苇茎秆的最大吸湿率为24.4%,最大吸水率149%,均低于木材与棉秆。因此芦苇碎料板的吸水厚度膨胀率明显低于木材刨花板。

8.1.4 芦苇的化学成分

碎料板原料的化学组成和物理特性与制板工艺及碎料板的物理力学性能都有极其密切的关系。芦苇的化学成分和解剖结构与木材有较大差别。造纸行业对芦苇的化学组成情况进行了较多的研究。表8-1给出了芦苇和其他几种原料的化学成分分析结果。从表中可以看出,芦苇的化学组成特点是,灰分含量高,溶液抽提物含量高;木质素含量低,接近阔叶材中的杨木;戊聚糖含量较高,相当于阔叶材的桦木;纤维素含量近似于木材。

芦苇的灰分含量高,分别为棉秆、甘蔗渣和亚麻屑的2.10、2.48和3.17倍,是木材的 $4 \sim 12$ 倍。灰分的主要成分为 SiO_2。芦苇中的 SiO_2 严重妨碍脲醛树脂胶对芦苇的胶合。轻工部造纸研究所采用扫描电镜——X射线能谱研究了芦苇细胞组织中硅的分布情况。芦苇不同部位的灰分和硅含量差别很大(表8-2)。值得注意的是苇叶部的硅占总硅量的百分比是相当可观的。

表 8-1 芦苇和其他几种原料的化学成分分析结果 单位:%

原料名称	产地	灰分	溶液抽提物				木质素	纤维素	综纤维素	戊聚糖
			冷水	热水	苯醇	1% NaOH				
芦苇	黑龙江	3.74	3.63	5.21	2.90	35.68	17.23	50.31	79.56	25.24
芦苇	湖北	4.40	4.52	5.69	2.63	32.29	21.17	56.30	75.40	21.17
荻	湖北	2.75	10.82	12.52		40.12	18.88	48.52		21.79
甘蔗渣	广东	1.51		2.80	1.56	33.26	20.69	46.35	75.40	24.21
棉秆	河北	1.86	2.52	3.80	1.54	19.70	21.23	41.45	74.10	18.82
亚麻屑	黑龙江	1.18	1.49	2.89	1.51	22.63	28.92		76.31	22.26
桦木	黑龙江	0.82	1.69	2.36		21.20	23.91	53.43		25.90
杨木	河北	0.32	1.38	3.46		15.61	17.10	43.24		22.61
红松	黑龙江	0.42	2.69	4.15		17.55	27.69	53.12	69.60	10.45
红松	黑龙江	0.31	0.96	2.35		10.68	29.12	48.45	73.00	11.45

表 8-2 芦苇不同部位的硅含量 单位:%

部位	灰分含量	硅含量	各部位总量比	各部位硅量比
苇叶	8.29	7.22	20	44
苇茎	3.51	2.19	70	47
苇节	4.48	3.65	8	9
全苇	4.07	3.18	100	100

苇叶和茎秆中硅的分布也是不一样的。在茎秆中,除表皮细胞外,其他细胞基本上不含硅,而苇叶却不然,除表皮细胞含硅量较高之外,在纤维细胞和导管细胞中也含有少量硅。总之,芦苇中的硅主要集中在表皮组织和叶部。另外,苇膜中硅含量也较高。因此,在制造碎料板时,苇叶和苇膜应尽量除去。芦苇中的硅质细胞降低了脲醛树脂胶与芦苇碎料间的胶合强度,阻碍了热压时板坯向外排气速度,延长了热压时间。

8.2 芦苇碎料板生产工艺

芦苇碎料板生产工艺及设备与木材碎料板相差不大,但由于原料特性,生产中存在一定技术难题,必须在工艺中进行调整。本节介绍芦苇碎料板的一般生产工艺与设备及其各种因素对板材性质的影响。有关进一步提高芦苇碎料板质量的研究与采取的措施,将在其后的两节中作专门介绍。

8.2.1 生产工艺流程及特点

图 8-1 是芦苇碎料板生产工艺流程。从流程图中可知,芦苇碎料板与木材碎料板生产工艺及设备没有大的区别,只是在备料工段有不大的变化。但在具体运行中,工艺上仍有一些要注意的问题,故在此按流程作简要介绍。

8.2.1.1 备料

收购的芦苇原料是成捆的。首先将成捆的芦苇进行开捆与切断,制成一定长度的碎

原料 → 传送带运输机 → 切苇机 → 传送带运输机 → 双鼓轮刨片机 → 风送系统

摆动筛 ← 螺旋运输机 ← 干燥机 ← 传送带运输机 ← 湿料仓

传送带运输机 → 打磨机 → 风送 → 料仓(表层) → 螺旋运输机

风送 → 料仓(芯层) → 螺旋运输机

调胶系统 → 磁选器

拌胶机 ← 冲量计 ← 振动给料器

铺装机 ← 传送带运输机 ← 拌胶机 ← 冲量计 ← 振动给料器

磁选器

回收装置 ← 板坯打碎装置

板坯运输机 → 磁选机 → 连续预压机 → 横截锯 → 加速运输机

辊台运输机 ← 卸板运输机 ← 卸板机 ← 热压机 ← 装板机 ← 推板运输机

排气罩

冷却翻板机 → 出板辊台 → 纵横锯边机 → 升降台 → 堆垛检验人库

排气罩

锯边除尘

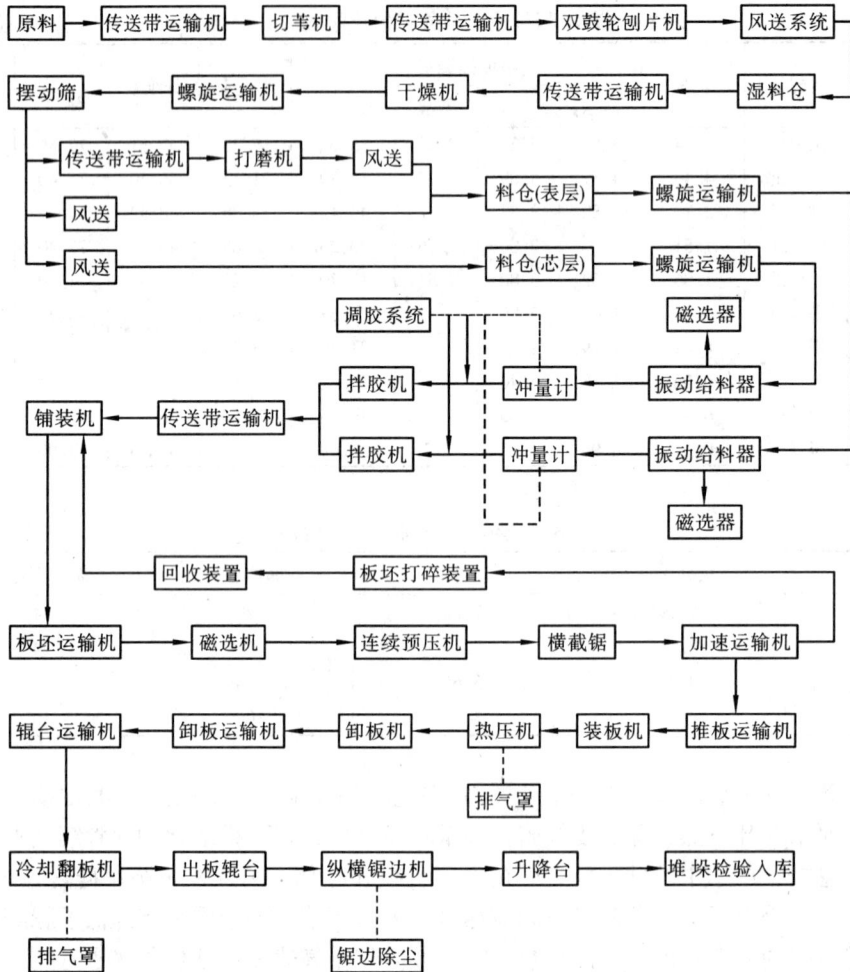

图 8-1 芦苇碎料板生产工艺流程

料段。切断可采用刀辊式切草机，也可用刀盘式切苇机。ZCO$_2$G 刀辊式切草机的主要性能为：生产能力 5～7t/h，切断长度为 10～30mm，刀辊转速 363r/min，电动机功率 34kW。为了使切出的苇段长度均匀，应采取均匀进料，并尽量减小进料压辊与刀辊之间的距离，加大压辊的压力。否则，切苇的质量会不稳定，影响以后工序的加工质量。切苇机之后应设有除尘设备，用以除去苇穗、苇膜及沙土灰尘等，以利胶黏剂与芦苇碎料的结合，同时减少耗胶量。

切断后的芦苇秆段通过传送带运输机送至双鼓轮刨片机，该机设有磁选器，清除铁屑杂物，将芦苇秆段刨片成 0.3～1mm 针状碎料，并进一步通过风选除去苇芯、苇膜，风送至湿料仓。料仓容积比相同设计生产能力的木片料仓要大一些，以适应芦苇碎料堆集密度小的特点。该工序也可采用环式刨片机，如 BX468 型环式刨片机，生产能力 1.5～3.0t/h，电动机功率 150kW。由于芦苇的切削阻力远小于木材，用于木片刨片的环式刨片机动力显得过剩，应制定适合芦苇刨片的机型。国内已有厂家生产适合这类原料的刨片机。

原料破碎是芦苇碎料板生产的关键工序，在一定程度上加大芦苇碎料表面硅质的破坏程度，增大比表面积，有利于胶黏剂与芦苇的胶合，提高板材的内结合强度，这一点已被生产实践所证明。因此，碎料形态及刨片设备和参数的选择对增强芦苇碎料板的物理力学性能起着非常重要的作用。

由于芦苇碎料长宽比大于木材碎料，所以在料仓的贮存过程中易于"搭桥"，影响正常生产。在对料仓内壁形状及角度设计改进的同时，应增加振动或搅拌装置，用以扰乱料仓中芦苇碎料之间产生的应力平衡，防止"搭桥"现象产生。

8.2.1.2 干燥及分选

一般芦苇碎料干燥前含水率远低于木材碎料，仅为18%左右，而木材碎料往往高达40%~60%。根据这一特点，可采用振动流化床式干燥。其工作原理已在第七章麻屑人造板中介绍过。此种干燥方式可节能30%以上。通过调整振动电动机偏重块和安装角度及改变振动频率，可无级调节芦苇碎料层的厚度和干燥物料移动速度。

干燥后的碎料可采用BF1626型圆形摆动筛进行筛选。此筛有三层筛网，网孔径目数可设计为：上网5目/in①，中网9目/in，下网16目/in。筛选过程中，上层网上的不合格碎料经风送至筛环式打磨机，如BX566型，对其进行再碎，然后风送至表层料仓作为表层原料。中网上的粗碎料风送至芯层料仓作芯层原料。下层网上的细碎料风送至表层料仓作表层原料。下层网下的灰尘风送至集尘室。此外，当表层碎料不够时中网上的芦苇碎料也可风送至筛环式打磨机进行再碎，再风送至表层料仓作表层，用以调节表、芯层料的比例。这一点在生产薄板时是必需的。

8.2.1.3 施胶

由于芦苇的结构特点，施胶中除施加胶料、固化剂和防水剂外，还需加入特殊的复合剂，用以活化芦苇表面，在胶黏剂与芦苇碎料之间起偶联作用，以增强内结合力。需要指出的是，如果生产耐水性要求较低的产品，如国家标准二级品以下的板材，不加防水剂即可达到要求，这也体现了芦苇原料的特性。

芦苇的灰分含量高，灰分中SiO_2严重阻碍了脲醛树脂胶对芦苇的胶合，使胶合成为芦苇碎料板生产中的最大难题。目前采取的措施有：①备料工段尽量去除含SiO_2较高的苇叶与苇膜；②加大芦苇碎料的细料比例，增大其比表面积，增加结合面与结合点；③对芦苇碎料进行改性处理，以改变表层的胶合性质；④加入杨木或亚麻屑，改善胶合性能；⑤采用改性脲醛树脂胶，提高胶合剂胶合能力；⑥加入活化芦苇表面的复合剂，增加表面结合性；⑦采用新的胶种如异氰酸酯胶。上述措施中的③~⑦条将在专节中阐述。

实践证明，依靠增加脲醛树脂胶施胶量来提高芦苇碎料板的胶合强度是不理想的，不仅提高了成本和板材密度，效果也并不明显。一般脲醛树脂胶施加量应控制在10%~

---

① 1英寸=2.54cm

12%，防水剂根据需要控制在 0.5% ~1%。

以某厂生产中的施胶为例，采用 AD - 10 号脲醛树脂胶，其主要技术指标为：黏度
417 ~473mPa·s，固体含量 62% ~64%，水溶性 3 ~4 倍，摩尔比(F/U)1:1.05，调胶
时以固体氯化铵为固化剂，为使与固化剂均匀混合，采用的调胶罐较小，每次调胶约
100kg，搅拌浆适当加大，速度 300r/min。用固体氯化铵的目的在于尽量减少胶中所含
水分。调胶后固体含量为 60% ~63%，pH 值 6.0 ~6.2，施胶量 12%，拌胶后芦苇碎料
含水率约为 9%。

拌胶后碎料充分陈化，时间大于 20min，以利于芦苇有一定时间吸收胶液，然后再
进行铺装。

8.2.1.4　铺装与热压

芦苇碎料铺装宜采用气流式，针对芦苇的特点需对用于木材碎料的机型进行改进设
计，如改变气流循环方式，提高风栅净空高度，以保证铺装质量。预压与麻屑碎料板相
同，可实现无垫板运输工艺。预压是无垫板装卸的关键。采用 VY51 型连续式预压机，
其主要技术参数为：板坯压缩量 1/2 ~1/3，工作压力 1.0 ~1.8MPa，板坯厚度回弹率
15% ~25%，带速 0.7 ~7m/min，设计总压力 100t，压辊数 8 个。预压工艺参数为：工
作压力 1.4 ~1.8MPa，带速不能过高，以 2.5 ~3.5m/min 为宜，以便有 50s 以上的预压
时间，控制板坯回弹，增加板坯强度。

芦苇碎料板与麻屑碎料板一样，最好采用连续式平压热压机，这样可提高出材率，
自动化程度高。热压曲线一般可设置为多段，由于当前热压机均有厚度自动控制，压力
变化已与厚度自动控制过程同步进行。热压中的温度则随胶种的变化而变化，与普通碎
料板的参数没有大的差别。

8.2.2　芦苇碎料板生产中影响因素

8.2.2.1　原料破碎程度的影响

用筛分值不同的原料压制芦苇碎料板，考查原料破碎程度对板材性能的影响，其结
果见表 8-3 和表 8-4。

试验结果表明，芦苇的破碎程度对板材的影响很大，尤其对板材的内结合强度影响
十分显著。芦苇的细碎程度愈大，板材的各项物理力学性能就愈好。这是因为芦苇表面
组织光滑，分布着硅细胞与蜡质，当加大细碎程度时，破坏了其光滑的表面，增大了结

表 8-3　芦苇碎料的筛分值

孔径(mm) 试验号	-4.76	+4.76/ -2.00	+2.00/ -1.00	+1.00/ -0.25	+0.25/ -0.125	+0.125
Ⅰ	0.65	31.61	54.76	12.90	0.07	0
Ⅱ	0.05	3.79	62.25	33.18	0.72	0
Ⅲ	0	0.50	20.84	68.53	8.17	1.94

表8-4 原料粉碎程度对芦苇碎料板性能影响试验结果

测试项目 试验号	含水率 （%）	密度 （g/cm³）	静曲强度 （MPa）	内结合强度 （MPa）	吸水厚度膨胀率 （%）
I	5.23	0.90	23.6	0.23	8.0
II	5.80	0.88	20.3	0.32	4.1
III	5.60	0.88	23.7	0.42	3.1

合面与结合点，改善了胶合条件，使胶黏剂与芦苇碎料结合性变好，从而提高了胶合强度。由此可见，原料破碎是芦苇碎料板生产工艺的关键工序之一。

8.2.2.2 板材密度的影响

在相同制板工艺条件下，压制不同密度的芦苇碎料板，板材的物理力学性能见表8-5。

表8-5 不同密度的芦苇碎料板性能

测试项目 试验号	密度 （g/cm³）	含水率 （%）	静曲强度 （MPa）	内结合强度 （MPa）	吸水厚度膨胀率 （%）
1	0.68	0.57	15.62	0.16	13.4
2	0.76	0.54	18.78	0.27	9.1
3	0.85	0.56	16.20	0.37	4.1
4	0.89	0.60	18.80	0.44	2.6

密度对芦苇碎料板性能的影响较大，试验表明，当芦苇碎料板密度低于 $0.7g/cm^3$ 时，板材的各项性能都较差，尤其是内结合强度。

随板材密度的增加，内结合强度提高，吸水厚度膨胀率下降。由于芦苇碎料的堆集密度较低，当板坯压缩比较小时，碎料间的空隙度较大，接触不紧密，导致板材的内结合强度较低，吸水厚度膨胀率较高。提高板材密度，压缩比增加，碎料之间达到较好的接触，板材性能有所提高。

从表8-5中可以看出，依靠增加芦苇碎料板的密度来提高其物理力学性能是行不通的。国家标准中规定刨花板密度在 $0.5 \sim 0.85g/cm^3$，过大的密度不仅会不符合国家标准，也会在应用和市场开拓方面遇到困难，必须从其他方面入手来提高芦苇碎料板的性能。

8.2.2.3 施胶量的影响

施胶量对芦苇碎料板的性能有着明显的影响（表8-6），随施胶量的增加，板材性能提高，但内结合强度提高不显著，而内结合强度低正是芦苇碎料板的薄弱环节。研究发现，施胶后的芦苇碎料板初黏性很好，但大部分胶液只分布在碎料光滑的表面上，很少渗入到碎料内部，当施胶量大于15%时，施胶后的碎料易结团，板坯铺装困难。因此对芦苇碎料板来说，提高施胶量并不是提高板材性能的有效途径，而成本升高的幅度却很大。

表8-6 不同施胶量对芦苇碎料板性能的影响

施胶量 （%）	含水率 （%）	密度 （g/cm³）	静曲强度 （MPa）	内结合强度 （MPa）	吸水厚度膨胀率 （%）
10	5.5	0.91	15.4	0.35	6.9
13	5.5	0.85	16.2	0.37	4.1
15	7.4	0.90	21.6	0.40	3.0

生产实践与研究都表明，利用普通脲醛树脂胶生产芦苇碎料板，其各项物理力学性能都较差。要使芦苇碎料板的各项性能都达到国家颁布的刨花板标准要求，必须采用特殊的胶黏剂。

8.3 优化芦苇碎料板工艺的研究

如前所述，由于芦苇原料的特殊性，采用普通脲醛树脂胶和一般生产工艺难以生产质量较高的芦苇碎料板，特别是内结合强度高的板材。对此，研究人员从各个角度出发进行了大量研究试验，取得了卓有成效的结果，为指导芦苇碎料板的生产提供了有力的依据。

李凯夫、谭海彦等人对影响芦苇碎料板的主要因素作了较系统的研究，得出了经优化的工艺。研究从热压温度和时间、防水剂用量、施胶量、改性剂用量、密度、混合其他种类碎料的比例等方面，全面考察了它们对芦苇碎料板的影响，探讨其中影响各项性能的最主要因素。试验采用正交试验，选择的因素与水平见表8-7。

表8-7 因素与水平

因素 水平	温度 （℃）	热压时间 （min/mm）	防水剂用量 （%）	施胶量 （%）	改性剂用量 （%）	密度 （g/cm³）	碎料混合比 （%）
1	150	0.4	1	8	0	0.6	0
2	170	0.5	2	10	0.5	0.7	50
3	190	0.6	3	12	1.0	0.8	100

试验基本条件为：板材厚度12mm，固化剂施加量1.5%，防水剂为DTL-2，胶种为DN-9UF，固体含量60%。所混合碎料为麻屑。

8.3.1 各因素对板材吸水厚度膨胀率的影响

芦苇碎料板的吸水厚度膨胀率(TS)分析见表8-8。从表8-8可见，施胶量对板材的TS影响最明显。当施胶量为8%时，TS为36.90%，而当施胶量提高为12%时，TS为11.20%，即施胶量增加4%，TS降低25.70%，要使TS<10%，必须在12%的基础上再加大施胶量。这在生产中将对成本造成很大影响。必须研究其他降低TS的方法。

表8-8　各因素对板材吸水厚度膨胀率(TS)影响　　　　　单位:%

项目 \ 因素		温度	热压时间	防水剂用量	改性剂用量	密度	施胶量	碎料混合比
水平	1	35.64	35.22	35.22	25.91	27.54	36.90	19.11
	2	21.28	19.17	27.59	23.95	21.24	26.57	21.25
	3	17.75	20.27	11.85	24.81	25.89	11.20	34.31
极差		17.89	16.05	23.37	1.06	6.30	25.70	15.12
影响次序		3	4	2	7	6	1	5

防水剂施加量对板材 TS 影响居第二，随施加量增加，TS 从 35.22% 降至 11.85%，但考虑防水剂成本，加入量不应大于 3%。

热压温度对 TS 影响较明显，居第三。随温度升高，TS 下降，当温度从 150℃ 升至 190℃ 时，TS 从 35.64% 降至 17.75%，适当提高温度有利于降低产品的 TS。

随芦苇混合比增加，TS 明显增加，当混合比从 0 增至 100% 时，TS 从 19.11% 增至 34.31%。可见在芦苇中混入麻屑等碎料有利于板材的 TS 降低。

改性剂用量与板材密度对 TS 影响不太明显，可见施加改性剂对 TS 降低效果不大。

8.3.2　各因素对板材静曲强度(MOR)的影响

各因素对板材的静曲强度(MOR)影响的强弱见表8-9。由表中可知，芦苇混合比对 MOR 影响最明显，随混合比增加，MOR 明显降低，可见在芦苇碎料板中施加一定比例的麻屑等碎料可提高板材的静曲强度。

表8-9　各因素对板材静曲强度(MOR)影响　　　　　单位：MPa

项目 \ 因素		温度	热压时间	防水剂用量	改性剂用量	密度	施胶量	碎料混合比
水平	1	11.35	10.68	10.52	11.96	9.49	9.57	13.18
	2	11.34	13.62	10.08	11.46	12.41	10.39	12.25
	3	10.86	9.24	12.93	11.64	11.64	13.58	8.11
极差		0.49	4.38	2.85	0.50	2.92	4.01	5.07
影响次序		7	2	5	6	4	3	1

热压时间对 MOR 影响较明显，热压时间从 0.4min/mm 延长至 0.5min/mm，MOR 从 10.68MPa 增至 13.62MPa，继续延长时间，MOR 又开始下降。说明时间过长产生热解，使板材强度下降。

施胶量对板材影响也较明显，随施胶量增加，MOR 明显增大。但施加量为 12% 时，MOR 也仅为 13.58MPa，如果要使 MOR 达到 15MPa 以上时，还需加大施胶量。

8.3.3　各因素对板材内结合强度的影响

由表8-10 可见，芦苇的混合比对板材内结合强度(IB)影响最大。随芦苇混合比的增加，IB 明显下降，由 0.16MPa 降为 0.10MPa，这主要是芦苇的外表皮光滑的含蜡和含硅层阻碍了胶合。研究认为，尽管外表皮含有石化细胞，但分布较疏，因此采用硅烷偶联剂效果不明显。另外，由于含蜡含硅层的存在，加之气孔分布稀疏，增加施胶量效果也不明显。较为适用的措施有 3 个：一是进一步改进粉碎工艺，缩小宽厚比，减少光滑层占胶合面的比例；二是采用蒸汽处理芦苇，减少蜡质与半纤维素，提高强度和尺寸稳定性；三是采用活性胶黏剂，如异氰酸酯等，但成本较高。

表 8-10　各因素对板材内结合强度(IB)的影响　　　　单位：MPa

项目 \ 因素		温度	热压时间	防水剂用量	改性剂用量	密度	施胶量	碎料混合比
水平	1	0.12	0.09	0.09	0.12	0.11	0.07	0.16
	2	0.09	0.13	0.08	0.08	0.11	0.10	0.11
	3	0.11	0.09	0.15	0.12	0.11	0.15	0.06
极差		0.03	0.04	0.06	0.04	0.00	0.08	0.10
影响次序		6	5	3	4	7	2	1

随施胶量和防水剂加入量增加，IB 均呈增大趋势。分析原因主要是所加 DTL-2 防水剂中除含石蜡成分外，还含有萜烯类化合物，这些成分在某种程度上提高了板材结合性。

8.3.4　各因素对板材弹性模量(MOE)的影响

板材的静曲弹性模量(MOE)受各因素的影响分析结果见表 8-11。

表 8-11 中的芦苇混合比又是对 MOE 影响最大的因素，其次是热压时间与板材密度。

表 8-11　各因素对板材弹性模量(MOE)的影响　　　　单位：$\times 10^3$ MPa

项目 \ 因素		温度	热压时间	防水剂用量	改性剂用量	密度	施胶量	碎料混合比
水平	1	2.147	2.178	2.223	2.432	2.093	2.138	2.606
	2	2.249	2.675	2.117	2.461	2.580	2.099	2.624
	3	2.284	2.074	2.588	2.034	2.256	2.584	1.804
极差		0.137	0.610	0.471	0.427	0.487	0.485	0.800
影响次序		7	2	5	6	3	4	1

8.3.5　优化工艺的板材性能

根据以上分析，结合板材所需达到的最低指标和产品成本，确定的较佳工艺条件为：板材密度 0.70g/cm³，施胶量 13%，固化剂 1.5%，防水剂 3%，芦苇—麻屑混合比 30%，热压温度 170℃，热压时间 0.5min/mm，闭合时间小于 40s。

采用优化后的工艺，压制的芦苇—麻屑碎料板性能见表 8-12。如果板材经恒重处理，各项性能有所提高。

表 8-12　优化工艺压制的芦苇碎料板性能

序号	密度 （g/cm³）	含水率 （%）	静曲强度 （MPa）	弹性模量 （×10³MPa）	内结合强度 （MPa）	吸水厚度膨胀率 （%）
1	0.688	2.41	16.80	3.164	0.21	8.80
2	0.700	2.52	16.84	3.262	0.25	6.10
3①	0.697	7.21	17.92	3.331	0.31	5.10

①为恒重处理后的板材。

8.4　提高芦苇碎料板质量的几项措施

从上述几节对原料和生产工艺的分析以及对工艺的优化等情况看，在一般条件下芦苇碎料板的各项物理力学性能难以达到理想的程度。从提高板材密度，加大施胶量和改变热压工艺等方面入手，并不能从经济角度和技术角度上有效地提高芦苇碎料板的性能，特别是内结合强度。因此，有必要采用新的措施来提高芦苇碎料板的质量。濮安彬、陆仁书、李凯夫等人研究了以下几种措施来提高芦苇碎料板的质量：添加硅烷偶联剂、对芦苇碎料进行改性、采用特殊脲醛树脂胶种、混合麻屑或杨木碎料。

8.4.1　硅烷偶联剂强化胶合

在脲醛树脂胶中施加一定量的硅烷偶联剂可以强化脲醛树脂胶对芦苇的胶合。其作用机理是：硅烷偶联剂一般含有 3 个可水解基团和 1 个反应官能团。可水解基团能与二氧化硅表面的羟基发生水解缩合，反应性官能团则可与脲醛树脂发生化学反应，从而提高芦苇碎料板的胶合强度。

表 8-13 给出了当芦苇碎料板密度为 $0.80g/cm^3$，施胶量为 12%，固化剂施加量为 1.2% 和防水剂施加量为 1.0% 条件下，硅烷偶联剂施加量分别为 0，2.5%，5.0% 时板材的物理力学性能。表中硅烷偶联剂施加量是以液体胶（固体含量 61%）为基数计算。

表 8-13　硅烷偶联剂施加量不同时芦苇碎料板性能

硅烷偶联剂施加量 （%）	实测密度 （g/cm³）	含水率 （%）	静曲强度 （MPa）	弹性模量 （×10³MPa）	内结合强度 （MPa）	吸水厚度膨胀率 （%）
0	0.79	8.07	9.15	1.32	0.08	17.72
2.5	0.81	7.48	13.84	2.64	0.12	10.48
5.0	0.80	0.80	14.26	2.89	0.19	7.07

从表 8-13 可以看出，随着硅烷偶联剂施加量的提高，板材的各项物理力学性能均有改善。当施加量由 0 提高至 5.0% 时，静曲强度由 9.15MPa 提高至 14.26MPa，弹性模量由 1.32×10^3MPa 提高至 2.89×10^3MPa，内结合强度由 0.08MPa 提高至 0.19MPa，吸水厚度膨胀率由 17.72% 降低至 7.07%。从目前的研究结果看，虽然硅烷偶联剂能提高芦苇板材的各项性能，但在一定的施加量范围内仍然不能使芦苇碎料板的性能达到或超过有关国家标准，而进一步提高施加量，又将使芦苇碎料板的成本过高。因此，有必

要进行更深入的研究，探讨效率更高的添加剂和提高添加剂在板材内所发挥的作用。

8.4.2 芦苇碎料改性

芦苇碎料板的技术关键是胶合问题，从芦苇的结构分析可知，破坏表皮薄膜层可以提高胶合性能。为此采用了 4 种处理方案：A. 水煮 0.5h；B. 水煮 1h；C. 1% NaOH 水煮 0.5h；D. 1% NaOH 水煮 1h，同时作了空白试验 E 和生产性试验 F 作比较，F 的处理条件为蒸汽处理 4min，水煮 1h。制板工艺条件为：混合 10% 黑杨碎料，施胶量 12%，固化剂 2%，防水剂 1.5%，热压温度 160℃，时间 7min，板材设计密度 0.85g/cm³，厚度 12mm。板材各项性能见表 8-14。

表 8-14　不同处理方案的芦苇碎料板性能

板材性能\处理方案	密度（g/cm³）	静曲强度（MPa）	弹性模量（×10³MPa）	内结合强度（MPa）	吸水厚度膨胀率（%）
A：水煮 0.5h	0.845	9.36	1.578	0.14	2.46
B：水煮 1h	0.885	13.53	2.421	0.22	6.91
C：1% NaOH 水煮 0.5h	0.895	7.94	2.392	0.06	71.93
D：1% NaOH 水煮 1h	—	—	—	—	—
E：未处理(空白试验)	0.819	9.32	1.659	0.08	8.30
F：蒸汽处理 4min(生产试验)	0.821	21.56	2.310	0.38	5.03

注：D 鼓泡，无数据。

从表 8-14 中数据可知，用 1% NaOH 水煮芦苇碎料在常规的热压中难以成板，原因是板材偏碱性，pH 值为 9(0.5h) 和 10.19(1h)，脲醛树脂胶在这种条件下难以快速固化，胶的固化程度差，吸水厚度膨胀率高。因此，1% NaOH 水煮方案不可取。

为分析处理前后芦苇碎料的表面特征，采用电子自旋能谱仪测定了碎料表面的自由基浓度，结果见表 8-15。

表 8-15　处理前后芦苇碎料的表面变化

项目\处理方案	E	A	B	C	D
重量(g)	0.004 0	0.001 8	0.003 0	0.003 1	0.000 4
吸收谱线强度	800	1 083.33	1 233.33	1 941.94	1 900.00
自由基比	1	1.35	1.54	2.43	2.38
pH 值	5.1	5.35	5.15	9.00	10.19

从电子自旋能谱的分析结果可知，芦苇碎料表面未配对电子的分子或原子经不同处理产生较大变化，原分子中的键合受到损坏，产生自由基，导致表面化学结构和表面化学性质产生变化，直接影响到表面胶合性能。尽管 1% NaOH 水煮处理效果较好，自由基比较高，但由于常规的脲醛树脂胶热压工艺无法使胶料固化，因此用水煮 1h 效果较佳，板材内结合强度明显提高。

芦苇碎料采用 1.15MPa 蒸汽处理 4min 的效果与水煮 1h 的效果相同，当采用 DN-12 号脲醛树脂胶压板时，工艺条件为：施胶量 12%，防水剂用量 2%，固化剂用量 1.5%，麻屑加入量 10%，板材设计密度 0.85g/cm³，热压温度 150℃，热压时间 0.5min/mm，板材的各项性能为表 8-14 中的 F，各项物理力学性能已达到国家标准 GB/T 4897—1992 规定的 A 类二级水平。

8.4.3 脲醛树脂胶改性

研究人员对适合于芦苇碎料板的胶料进行了研究开发，开发新胶种的着眼点如下：

（1）黏度适宜

黏度的大小直接影响工艺性能，即影响胶液在芦苇碎料表面的渗透性和流动性。黏度过小，在热压过程中胶液向板边缘流动，并过度渗入碎料内部，造成碎料界面缺胶，胶合性能下降；黏度过大，胶液流动性差，难以在短时间内分布均匀，胶合条件不好，板材胶合性能也会下降。

考虑到芦苇碎料一侧表面由角质薄膜所覆盖，该膜由长细胞与短细胞组成，部分表皮细胞矿质化，其中硅细胞中充满 SiO_2，另一侧为薄壁细胞构成的"笛膜"组织，结合力较差。因此，采用胶黏剂黏度应略大些为宜，使胶液保留在胶合界面内，黏度在 250～280mPa·s 较为适宜。

（2）较高固体含量

胶黏剂的固体含量直接影响胶黏剂的黏度与胶合性能，提高胶黏剂的固体含量可减少施胶时带入板坯内的水分，有利于提高胶黏剂的黏度和胶合质量，减少热压时的缺陷。

（3）改善胶黏剂的胶合性能与耐水性

摩尔比较低，胶的胶合性能和耐水性有所下降，采用改性剂和改进工艺技术措施来改善这一点。

（4）较低游离甲醛

采用适宜的摩尔比和尿素分次参加反应，并加入少量改性剂，合理控制反应条件。

不同脲醛树脂胶种对芦苇碎料板性能的影响见表 8-16。

表 8-16　不同脲醛树脂胶种对芦苇碎料板性能的影响

胶牌号	摩尔比（F/U）	密度（g/cm³）	含水率（%）	静曲强度（MPa）	弹性模量（×10³MPa）	内结合强度（MPa）	吸水厚度膨胀率（%）	施胶量（%）
DN-7 号	1:1.3	0.805	4.87	13.33	2.730	0.07	7.34	13
UF-1	1:1.4	0.830	5.12	7.07	1.520	0.07	27.07	14
某厂用胶	1:1.25	0.832	4.51	12.28	1.672	0.09	33.47	14
DN-9 号	1:1.05	0.804	4.05	11.90	2.437	0.05	10.02	12
DN-12 号	1:1.25	0.832	3.30	25.59	2.613	0.39	4.53	13

从表 8-16 中可以看出，采用的 DN-12 号脲醛树脂胶制造芦苇碎料板，其性能较为理想。该胶的主要性能指标为：

摩尔比(F/U)	1:1.25
固体含量	62% ~ 64%
黏度(25℃)	255 ~ 276mPa·s
固化时间	52 ~ 70s
pH 值	7.5 ~ 8.0
游离甲醛	< 0.3%
适用期(20℃)	> 5h
贮存期(20℃)	> 50d

8.4.4 不同种碎料的加入

由 8.3 节的优化方案中可知,在芦苇碎料中混入一定量其他种类的碎料如麻屑等对板材的性能有很大影响,对板材的静曲强度、内结合强度和弹性模量的影响,在 7 个影响因素排序中均居第一,说明在芦苇碎料中加入其他种类的碎料是提高板材性能的有效措施。目前已对在芦苇碎料板中加入麻屑和杨木碎料进行了初步研究。表 8-17 是在设计密度 0.80g/cm³ 的条件下,芦苇和杨木的不同混合比例对碎料板物理力学性能的影响情况。结果表明,在试验范围内,随芦苇混合比例的下降,碎料板的各项物理力学性能均有改善。当芦苇在混合料中所占比例降至 60% 时,碎料板的物理力学性能可达到 A 类刨花板二等品的国家标准水平。只有芦苇所占比例降至 50% 时,碎料板的物理力学性能才达到 A 类刨花板一等品的国家标准要求。

表 8-17 混合不同比例杨木时芦苇碎料板性能

芦苇:杨木	实测密度 (g/cm³)	含水率 (%)	静曲强度 (MPa)	弹性模量 (×10³MPa)	内结合强度 (MPa)	吸水厚度膨胀率 (%)
1:0	0.79	8.07	9.15	1.320	0.08	17.72
8:2	0.80	7.69	11.97	1.800	0.19	15.42
7:3	0.79	7.74	13.82	2.230	0.24	11.11
6:4	0.81	7.62	16.08	2.740	0.32	9.17
5:5	0.80	7.47	16.15	2.810	0.41	6.93

根据试验结果,应用计算机进行回归分析,寻找原料混合比例与碎料板各项物理力学性能的相互关系,建立数学模型,相关方程见表 8-18。

在试验范围内,碎料板的各项物理力学性能与混合原料芦苇所占比例呈显著的线性

表 8-18 芦苇的混合比例 X 与碎料板性能 Y 之间的相关方程

物理力学性能	相关方程	相关系数
静曲强度(MPa)	$Y = 26.87 - 0.18X$	-0.994 2
弹性模量(MPa)	$Y = 4.51 - 0.032X$	-0.983 2
内结合强度(MPa)	$Y = 0.71 - 6.47 \times 10^{-3}X$	-0.991 5
吸水厚度膨胀率(%)	$Y = -4.22 + 0.23X$	0.979 8

关系。芦苇所占比例每提高 10%，静曲强度下降 1.80MPa，弹性模量下降 0.3×10^3MPa，内结合强度下降 6.47×10^{-2}MPa，吸水厚度膨胀率上升 2.3%。

8.5 异氰酸酯芦苇碎料板

由前述几节可知，提高芦苇碎料板的性能目前从两方面入手。一方面是对原料的处理，包括芦苇碎料的改性、增大芦苇碎料的比表面积即细碎程度和混合不同种类碎料，已取得一定的效果。另一方面是从胶黏剂方面改善胶合性能，包括对脲醛树脂胶改性、加入活性剂改善胶合性能和采用新胶种。在采用新胶种的研究中，一种有效的方法是采用异氰酸酯胶，这种胶的胶合机理与工艺条件在前述的章节中已有介绍，本节根据濮安彬等人的研究从工艺、产品性能和影响因素以及产品成本角度出发，对该胶用于芦苇碎料板时的情况作介绍与分析。

8.5.1 异氰酸酯芦苇碎料板的试制

采用二苯基甲烷二异氰酸酯胶黏剂（MDI），外观为红棕色液体，密度 1.24g/cm³，黏度 450mPa·s，贮存期 1 年。芦苇原料同普通芦苇碎料板。

MDI 有很强的黏板性，故采用外脱膜技术防止黏板发生。

采用 0.40MPa 气压将胶液喷洒于芦苇碎料后拌胶，铺装成板坯后以 1.5MPa 压力预压，再热压成 12mm 厚板材。

热压工艺为：温度 160℃，压力与时间如图 8-2 所示曲线。

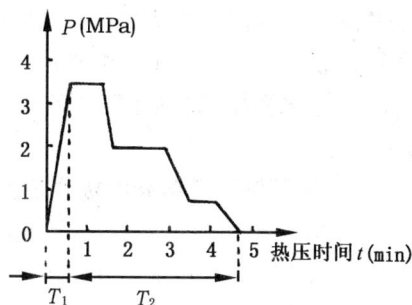

图8-2 MDI 芦苇碎料板热压曲线

试制中采用 DU-101 脲醛树脂胶与之对比，该胶技术指标为：固体含量 61%，游离甲醛含量 0.1%，黏度 240mPa·s，固化剂施加量 1%，石蜡防水剂施加量 0.5%。

8.5.2 影响 MDI 胶芦苇碎料板性能的因素

8.5.2.1 密度对芦苇碎料板性能的影响

从表 8-19 中可以看出，当密度由 0.70g/cm³ 提高到 0.81g/cm³，MDI 胶芦苇碎料板的 2h 吸水厚度膨胀率由 4.01% 提高到 5.01%，当密度达到 0.84g/cm³ 时，吸水厚度膨胀率又下降到 4.48%；而当密度由 0.70g/cm³ 提高至 0.84g/cm³ 时，MDI 胶芦苇碎料板的 24h 吸水厚度膨胀率随密度提高而提高，由 6.51% 提高至 13.04%，由此可以推断 MDI 胶芦苇碎料板的长期耐水性不如 PF 胶芦苇碎料板。

随着密度提高，MDI 胶芦苇碎料板的静曲强度（MOR）、弹性模量（MOE）、内结合强度（IB）和水煮 2h 内结合强度（IB）均有提高。当密度由 0.70g/cm³ 提高到 0.84g/cm³ 时，MOR、MOE 和 IB（水煮 2h）分别由 30.72MPa、3.18×10^3MPa、0.41MPa 和

表 8-19   不同密度的 MDI 胶和 UF 胶芦苇碎料板性能

胶种	设定密度 （g/cm³）	实测密度 （g/cm³）	含水率 （%）	静曲强度 （MPa）	弹性模量 （×10³MPa）	内结合强度 （MPa）	吸水厚度膨胀率 （2h,%）	内结合强度 （水煮2h） （MPa）	吸水厚度膨胀率 （24h,%）
MDI	0.70	0.70	6.85	30.72	3.18	0.41	4.01	0.06	6.51
	0.75	0.75	6.31	38.59	4.07	0.45	4.34	0.08	6.56
	0.80	0.81	6.15	45.32	4.69	0.48	5.01	0.10	9.45
	0.85	0.84	5.78	47.56	4.48	0.53	4.48	0.11	13.04
UF	0.75	0.74	8.39	3.76	0.37	0.05	21.03	—	—
	0.80	0.79	8.07	9.15	1.32	0.08	17.72	—	—
	0.85	0.84	7.72	11.43	2.22	0.11	13.11	—	—
	0.90	0.89	6.55	16.27	2.48	0.19	9.61	—	—

0.06MPa 提高到 47.56MPa、4.84×10³MPa、0.53MPa 和 0.11MPa，从表中还可以看出，在施胶量为 5% 条件下，板密度为 0.70g/cm³ 时，MDI 胶芦苇碎料板的物理力学性能已达到我国 A 类刨花板优等品的指标要求。而使用 UF 胶，即使密度达到 0.89g/cm³，板材的物理力学性能仍难达到 A 类刨花板二等品的指标要求。这说明，芦苇这种原料本身强度比较好，制造芦苇碎料板的困难在于其难于胶合。在整个试验范围内，MDI 胶芦苇碎料板的物理力学性能未能达到德国室外级刨花板标准 DIN68763V100 的指标要求。

8.5.2.2   施胶量对芦苇碎料板物理力学性能的影响

表 8-20 给出了在设定密度为 0.70g/cm³ 的条件下，施胶量从 4%～6%，MDI 胶芦苇碎料板的物理力学性能变化情况。可以看出，当施胶量由 4% 提高到 6% 时，板材的物理力学性能均呈变优的趋势，静曲强度、弹性模量、内结合强度和水煮 2h 的内结合强度分别由 29.56MPa、3.06×10³MPa、0.37MPa 和 0.04MPa 提高到 32.17MPa、3.35×10³MPa、0.5MPa 和 0.10MPa，分别提高了 8.83%、9.48%、38.89% 和 150.00%；2h 吸水厚度膨胀率和 24h 吸水厚度膨胀率分别由 6.42% 和 8.25% 下降至 3.43% 和 6.04%，分别下降了 46.57% 和 26.79%。从试验结果还可以看出，在 0.70g/cm³ 条件下，当施胶量分别达到 4% 和 5% 时，MDI 胶芦苇碎料板的物理力学性能分别达到 A 类刨花板二等品和优等品的性能指标要求，继续提高施胶量到 6%，MDI 胶刨花板的物理力学性能仍不能达到德国室外级刨花板标准 DIN68763V100 的指标要求，主要是水煮 2h 的内结合强度达不到要求，再继续提高施胶量，在经济上是不合适的。这可以认为，MDI 胶的干强度优于 PF 胶，但耐湿热性能不如 PF 胶。

表 8-20   不同施胶量对 MDI 胶芦苇碎料板性能的影响

施胶量 （%）	实测密度 （g/cm³）	含水率 （%）	静曲强度 （MPa）	弹性模量 （10³MPa）	内结合强度 （MPa）	吸水厚度膨胀率 （2h,%）	内结合强度 （水煮2h） （MPa）	吸水厚度膨胀率 （24h,%）
4	0.70	6.75	29.56	3.06	0.37	6.42	0.04	8.25
5	0.70	6.58	30.72	3.18	0.41	4.01	0.06	6.51
6	0.71	6.47	32.17	3.35	0.51	3.43	0.10	6.01

8.5.3 MDI 胶芦苇碎料板成本

MDI 胶的价格远高于 UF 胶的价格，在 2000 年初时，前者价格约为后者价格的 8 倍。MDI 胶芦苇碎料板的性能虽远高于 UF 胶芦苇碎料板，但成本成为普遍关心的问题，因此分析其成本有重要的意义。

为便于在同等条件下对比，将 UF 胶芦苇碎料板密度定为 $0.84g/cm^3$，施胶量 12%；MDI 胶芦苇碎料板密度定为 $0.70g/cm^3$，施胶量定为 4%。

UF 胶板材和 MDI 胶板材热压工艺类似，产量相当，所以成本中的燃料动力、工资福利、制造费用等可大约视为相同。

按 2000 年初的市场价格计算，两种胶料所制造芦苇碎料板的成本差别见表 8-21。

表 8-21　两种胶料制造芦苇碎料板的成本差别

胶种	成本项目	每 $1m^3$ 板材耗胶量（ kg/m^3 ）	单　价（元）	每 $1m^3$ 板材耗用金额（元）	原、辅材料成本合计（ 元/m^3 ）
UF	1. 原料——芦苇	1 000	0.15	150	599
	2. 辅助材料			449	
	①UF 胶	148	2.5	370	
	②固化剂	1	4	4	
	③防水剂	15	2	30	
	④助剂	4.5	10	45	
MDI	1. 原料——芦苇	900	0.15	135	671
	2. 辅助材料——MDI	26.8	20	536	

根据比较，MDI 胶芦苇碎料板比 UF 胶芦苇碎料板每 $1m^3$ 板材高 72 元。按 MDI 胶价 20 元/kg 计算，如果将其单价降至 17.3 元/kg，即降价 12% 左右，则 MDI 胶芦苇碎料板成本将与 UF 胶芦苇碎料板成本持平。随着化学工业的迅速发展及国内一些大型 MDI 胶生产基地的建设，MDI 胶将有望代替 UF 胶，成为芦苇碎料板工业的一种高质量的新型用胶胶种，从而根本解决芦苇碎料板生产中的胶合难题。

此外，从 MDI 胶芦苇碎料板的各项性能看，其各项指标均大大优于 UF 胶芦苇碎料板材，特别是耐水性方面，MDI 胶芦苇碎料板的应用必然具有较强的市场竞争力，其售价会高于 UF 胶板材，即使成本较高也仍然有着广阔的生产前景。

思考题

1. 根据芦苇的性能，对芦苇碎料板生产有明显影响的因素有哪些？影响最大的是什么？

2. 根据芦苇的性能，在备料和施胶工段可以采取哪些措施来改善芦苇碎料板的性能？其原理何在？

第 9 章

复合人造板

非木材植物人造板的原料种类繁多，材性差别大，价格也各不相同，如何高效利用这些材料，合理配置资源，成为非木材植物人造板工业的一个重要课题。复合人造板的开发是一条十分有效的途径，它可以达到以下目的：

①高效而合理地利用材料，改善制品的结构，提高产品的物理力学性能，拓宽产品的应用领域。例如竹材的强度高，木材的加工性好，采用竹木复合结构可有效提高制品的力学性能。又如芦苇密度较大，胶合性差，混入麻屑后不仅使胶合性能提高，板材密度也可降低。

②降低生产成本。如夹芯细木工板，芯材由木材改变为高粱秆、玉米秆或其他植物茎秆，使产品成本大幅度降低。又如竹木复合层积材，不仅使产品表面性能提高，成本也有所下降。

③提高产品应用功能。如复合空心板，板材的隔热隔声效果提高，比强度高，可用做高档门和船舶跳板等产品的材料。又如竹片复合定向碎料板，由普通用途向水泥模板、车厢底板和集装箱底板方向发展。

我国很早就开始了复合人造板的研究与开发，20 世纪 90 年代发展加快，特别是竹、木复合结构人造板。到 2000 年初期，我国已研究和开发几大类数 10 个品种的复合板材。按其结构不同，可分为以下 7 大类：夹芯复合细木工板、复合定向碎料板、复合层积板、夹芯复合板、复合胶合板、复合空心板和径向竹篾帘复合板等。本章根据这 7 大类按节作介绍与分析。

9.1 夹芯复合细木工板

夹芯复合细木工板是在木框内填放葵花秆、玉米秆或其他非木材植物茎秆（束）的横截段，两面各有两层纵横交错的单板经热压而成的人造板（图 9-1）。这种板材重量轻、结构强度大。目前，我国的吉林、陕西、山西等地有不同规模的生产厂家。

9.1.1 材料的制备与要求

9.1.1.1 芯料

芯料是夹芯复合细木工板的主要构成材料。芯料一般有下述几种：

（1）作物茎秆横截段

原料为玉米秆、高粱秆、葵花秆、玉米芯等，要求表面无泥沙杂物，秆段挺直呈圆柱形，含水率不超过 8% ~ 15%。含水率过高时，需要进行干燥，否则水分集中在茎秆芯部的海绵状纤维物内，在热压时会形成大量蒸汽而外泄，在卸压时易产生开胶鼓泡现象。

将上述材料在转速大于 4 000r/min 的锯机上锯截成短圆段。转速过低时，锯截的端面质量较差，不利于胶合。采用的锯片不宜厚，以免降低出材率。一般用厚 2mm 的合金锯片，齿尖锋利，这样加工出的短圆段不崩渣，破损率小。

切割的短圆段的长度应根据板材的厚度、热压压力确定，其长度误差不超过 1mm。过短会影响胶合，过长会使板面有突起。

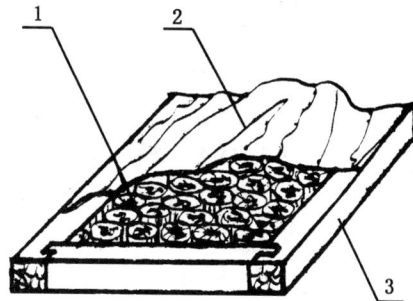

图 9-1　复合细木工板

1. 葵花(玉米)秆段　2. 单板　3. 木框

（2）作物茎秆束横截段

原料为直径较细的作物如稻麦秆、油菜秆、麻秆、芦苇等，要求洁净无霉变。将这些原料捆绑成束，捆绑要紧密扎实，成一定直径的圆柱。也可将这些原料平行铺装成一定厚度，在压机中压实成块状。然后用锯机将束状茎秆圆柱或块状茎秆板材横截成短圆段或长方块段。锯截方式同上述作物茎秆横截段。

（3）竹材横截段

原料为各种径级的竹竿。锯截方式同前。由于锯截后成圆圈状，在铺装时可大圈内套小圈，以减小板材内空隙度。

9.1.1.2　面材与边框

面材包括面板、背板与中板。面板要求用材质较好的木材刨切单板，如水曲柳、楸木、黄波罗、榆木、蒙古栎等。背板和中板可用一般旋切单板，但油脂过多，节疤过大的不宜用，否则会影响胶合。

单板厚度应根据板材的特点确定。为了保证板面平整，便于加工，单板厚度不宜太薄，中板可较厚，厚度范围 1~3mm，表板与背板可较薄，在 0.25~0.6mm，这样对表面质量有利，还可节约珍贵的表板木材。

边框用材最好用软杂木，条件允许时，要求同一批产品，同一部件尽量做到树种一致。

含水率的要求根据软硬材种不同可适当选择标准，一般要求单板和框子的含水率为 8%~15%，烘干后的单板质量要达到表面平整不变形。

对面材与边框的材质要求见表 9-1。

表 9-1　夹芯复合细木工板面材及边框材质要求

缺　陷	背　板	中　板	表　板	边　框
活节	$d \leqslant 80mm$	$d \leqslant 80mm$	$d \leqslant 12mm$ $\leqslant 3$ 个/m^2	$d \leqslant 30mm$

（续）

缺　陷	背　板	中　板	表　板	边　框
死节	$d \leqslant 80mm$ 必须修补后使用 $\leqslant 4$ 个/m²	$d \leqslant 10mm$	$d \leqslant 3mm$ $\leqslant 3$ 个/m² 标准面不许有	$d \leqslant 25mm$ 必须修补后使用
干裂	宽度 $< 1mm$ 长度 $\leqslant$ 板面长的1/4	宽度 $< 2mm$ 长度 $<$ 板面长的1/2	宽度 $< 0.5mm$ 长度 $\leqslant$ 板面长的1/6， 修补	$< 20\%$ 必须修补后使用
眼	$d \leqslant 3mm$ $\leqslant 3$ 个/m²	$\leqslant 6$ 个/m² 必须挖补后再用	不许有	$\leqslant$ 料宽度的2/5
树脂囊	不许有	不许有	不许有	不许有
腐朽	不许有	允许初朽 $\leqslant$ 板面 的1/3	不许有	初朽不限
陷壳	不许有	不许有	不许有	不许有

9.1.1.3　胶合剂

采用脲醛树脂胶，指标如下：

树脂含量	$60\% \sim 65\%$
pH 值	$7.0 \sim 7.2$
黏度	$800 \sim 1\,200mPa \cdot s$
游离甲醛	$\leqslant 2.5\%$

9.1.2　夹芯复合细木工板生产工艺

9.1.2.1　生产工艺流程

材料按要求准备好后，板材的加工工艺如图9-2所示。

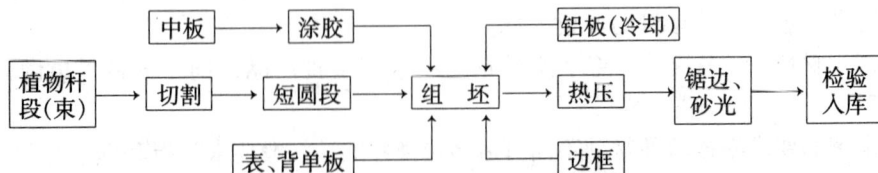

图9-2　夹芯复合细木工板生产工艺流程图

组坯前对中板与表板必须进行选择，表板要拼缝严密，色泽一致，涂胶可用双面涂胶机，涂胶量为 $280 \sim 350g/m^2$。胶内加入固化剂，配比为胶重量的 $2\% \sim 4\%$，pH 值为 $5.0 \sim 5.5$，根据气温、湿度和树种可调整。涂胶后芯板陈放 $10 \sim 25min$。

组坯时放一块铝板，然后放上一块背板，再放上一块涂胶中板。将边框放在涂胶中板上后，将切割好的植物的短圆段（束）或长方块整齐密实的立式铺放在框内。铺满后，盖上一层涂胶中板，再放一块表板，盖上铝板后，送入压机。

9.1.2.2 热压工艺

将组坯后的板坯放入多层压机要一定的时间，但装板时间不能过长，超过1min时，未经压制黏合的胶层容易固化，引起热压后脱胶现象，热压采用一段热压曲线，温度控制在120～150℃。温度过高，会引起胶层早期固化、开胶、剥离、脆化等。过低会延长热压时间，或引起固化不良，制品质量达不到规定要求。压力控制在2～2.6MPa，压力过大会引起茎秆圆段的倒伏、破碎而降低机械强度和产品性能。过低则胶合效果不佳，结合强度降低。

表9-2是某生产单位的具体热压工艺条件。

表9-2　夹芯复合细木工板热压工艺要求

板材厚度（mm）	中板厚度（mm）	表、背板厚度（mm）	芯料长度（mm）	边框厚度（mm）	热压条件		
					单位压力（MPa）	温度（℃）	时间（min）
19	1.5	0.7	15	15	2.2～2.5	120～150	7～10
39	1.5	0.7	35	35	2.5～2.7	125～150	8～12

卸板时分两段卸压，应缓慢进行。第一段由全压降至零，第二段才完全张开，这段时间大约要10～20s。如时间过短，易产生开胶鼓泡现象，特别是各种材料的含水率过高时。如果含水率不易保证，建议在边框周边留出足够的排气孔，以在热压过程中随时排气，减少蒸汽产生的内应力。

9.1.2.3 影响产品质量的因素及防止方法

造成夹芯复合细木工板质量问题的原因及防止方法见表9-3。

表9-3　夹芯复合细木工板质量调查及处理

板材缺陷	产生原因	处理方法
鼓泡	上压慢、卸压快	上压加快、卸压减慢
大小头	板坯放入压机时没有对正	板坯上下应对齐
表面不平	涂胶量大，压力大	控制涂胶量及压力
表面有框子压痕	框子厚薄不均，芯料尺寸小，压力人	框子厚薄公差控制在±0.1mm，心料控制在0.5mm，随时控制压力大小
板材开胶	铝板太热，温度太高，压力小，含水率高	铝板必须冷却，温度控制在100℃以下，压力随时调整，含水率不超过8%～15%
弓形弯曲	含水率不一致，树种不一致，中、表、背板不对称	调整含水率，树种尽量搭配一致，中、表、背板厚度对称

9.1.3　夹芯复合细木工板的性能及用途

（1）性能

夹芯复合细木工板通过有关质量监督检验单位的检验，其数据见表9-4。

表9-4　夹芯复合细木工板与普通木材细木工板及刨花板性能比较

板　种	静曲强度 （MPa）	最大挠曲度 （mm）	平面抗拉强度 （MPa）	气干密度 （g/cm³）	吸水厚度膨胀率 （%）
玉米芯细木工板	15.04	86	0.39	0.316	5.67
葵花秆细木工板	13.02	74	0.47	0.260	1.86
木材细木工板	22.08	77	—	0.555	—
刨花板	19.89	—	0.62	0.610	4.66

（2）用途

目前夹芯复合细木工板主要用做家具材料，其优点是外形美观、体轻、成本低、不易变形、耐候性好，可广泛用于木家具的面板、门、侧板等。如按家具各部位尺寸直接压制出零件的门、面板等，再进行装配，则效率与质量更高，并可适应于机械化板式家具生产。

在建筑行业，夹芯复合细木工板也可用做墙壁板、天花板、门、装饰板等。根据它的性能，在包装工业、交通运输行业也可以开拓其应用市场。

9.2　复合胶合板

复合胶合板目前主要是竹—木复合结构。它是在组坯中交替使用木单板、竹帘或竹席，用以改善表面平整度和外观，提高板材强度和胶合性，降低产品成本。其工艺特点是：根据力学要求和外观设计结构层次，采用的压力较全竹板低，平整度与厚度公差与木单板的厚度与使用层数关系较大。其产品特点是：外观较全竹板有所改善，表面平整度和厚度公差较全竹板提高，胶合强度则较全木或全竹板差。

本节介绍较早生产与应用的单板覆面竹席胶合板和近年来发展较快的单板-竹席-竹帘复合胶合板以及竹片覆面复合胶合板的生产与开发情况。

9.2.1　单板覆面竹席胶合板

单板覆面竹席胶合板是在编织的竹席两面覆以木材单板，经热压而成的产品。该板材于1986年在我国试制成功，并在四川、浙江等地批量生产。

9.2.1.1　材料的制备及要求

（1）竹席规格及质量要求

规格：1 220mm×2 440mm，长宽各留50~80mm加工余量。

竹席的篾条要求：应用黄篾，厚度为0.7~0.8mm，1.0~1.2 mm两种，根据工艺要求选择；宽度为10~15mm，应均匀一致，节子削平。篾条含水率应在20%以下。

竹席质量要求：编织要紧密，直编、斜编均可，挑三押三，直编不用扭插边。竹席要求干净，无霉变，无色变。竹席干燥后含水率应在8%~12%范围内。

（2）单板规格及质量要求

单板规格：1 220mm×2 440mm，长宽各留50~80mm加工余量；单板厚度0.8~

1.25 mm，公差范围在 ±0.05 mm。

单板树种：用于制造胶合板的树种均能用于竹木复合板的覆面材料，如水曲柳、柳桉、萝卜树、马尾松、桦木、椴木、云杉、冷杉、落叶松、枫木等。

单板质量：单板加工缺陷，如拼缝宽度及条数、毛刺沟、压痕、节子、变色、孔洞等均应符合胶合板国家标准。阔叶材按 GB/T 738—1975 检验；针叶材按照 GB/T 1349—1978 检验。

单板含水率：单板干燥后含水率在 8% ~ 12%。

（3）胶黏剂

竹木复合板所用的胶黏剂与胶合板所用的水溶性脲醛树脂胶相同或类似，其技术指标可参照如下：

外观	乳白色或淡黄色黏稠液体
树脂含量	60% ±2%
黏度	$500 \sim 700 \times 10^{-3} Pa \cdot s$
pH 值	7.1 ~ 8.0
固化速度	34 ~ 35s
相对密度	$1.20 \sim 1.23 g/cm^3$
游离甲醛含量	2% ~ 3%

9.2.1.2　板材生产工艺

（1）生产工艺流程

单板覆面竹席复合胶合板生产工艺流程如图9-3所示。

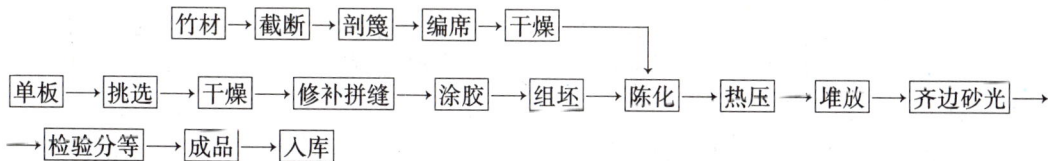

竹材 → 截断 → 剖篾 → 编席 → 干燥

单板 → 挑选 → 干燥 → 修补拼缝 → 涂胶 → 组坯 → 陈化 → 热压 → 堆放 → 齐边砂光 →

→ 检验分等 → 成品 → 入库

图9-3　单板覆面复合胶合板生产工艺流程

（2）涂胶工艺

涂胶量的大小是胶合板工艺中一个极重要的因素，直接影响胶合质量。涂胶量大小的确定原则是：在保证胶合质量的前提下，采用最少的涂胶量。一般情况下，涂胶量越大，胶液黏度的增加越慢，流动性越好，因而向竹席编织面流动的距离和扩散的范围越大，胶合强度越高。但涂胶量增大到一定值时，强度增大不明显甚至有下降趋势。同时由于涂胶量过大会引起透胶鼓泡及成本增加等问题。经研究，采用双面涂胶，涂胶量在 $440 \sim 500 g/m^2$ 时，板材的胶合质量较好。此涂胶量值较普通 Ⅱ 类胶合板涂胶量大，主要是因为竹席是由篾条编织而成，篾条之间有间隙，要形成连续胶层，保证胶合质量，胶液需进入间隙，这样就增加了胶液用量。

根据工艺要求，在胶黏剂中加入 4% ~ 14% 的填料，并根据气温加入适量固化剂。

一般固化剂采用 NH_4Cl，加入量根据室温有所变化，一般在 $0.2\% \sim 2\%$。加入固化剂后需将胶液充分搅拌均匀，胶液活性期应不小于 3h。

（3）组坯与陈化

组坯应按所需生产的品种结构及用户要求进行，单板覆面竹木复合板有单面覆面和双面覆面两种。组坯工作一般采用手工。

板坯的涂胶量不同时，胶液黏度的改变速度也就不同。通过陈化处理，可使板坯中各层材料得到较好的湿润，挥发出部分水分，这样可提高胶合质量，缩短热压周期。

陈化方式为闭合陈化。陈化是以手摸胶层有黏手的感觉时为理想，应较严地掌握陈化时间，防止局部干胶。研究与实践认为，当不加 NH_4Cl 固化剂时，陈化时间为 $90 \sim 120min$。当加入固化剂时，陈化时间为 $20 \sim 60min$。

（4）热压工艺

板坯经陈化后上下衬以垫板，送入压机中部，上下应对齐，无论机械装板或手工装板的压机，板坯在进入压机前往往要停留一段时间。因此垫板温度不能高于40℃以上，以防止提前固化。

研究与生产证明，热压温度、压力和时间对单板覆面竹木复合板的质量影响很大。

①温度。同普通人造板一样，在一定范围内，随温的上升，胶合质量逐渐上升，但温度过高则板材的强度会下降。这是高温引起胶黏剂的降解，产生热能，加速胶层老化，使胶合性能变坏。实践证明，竹木复合板热压温度控制在 $110 \sim 125℃$ 较好。超过125℃时，胶合强度开始下降。

②压力。一般认为，竹材胶合应采取较大的压力。因竹材硬度高，压缩性小。但据研究认为，较低的压力能保证竹席交结处的竹片与竹片之间有较大的间隙，利于胶液进入其间，同时由于竹材在高温下有良好的塑性，较低的压力不会影响各层的充分接触。如果压力过高，对板坯内水分的移动产生阻碍作用，因为被黏物的接触面增大，使水分移动的道路减少，阻力增大，从而使水分移动所需时间延长，气泡残留在胶层中机会增多，对固化胶层起不良作用，同时压力过高时会产生透胶，木材表板的压缩过大，使板面平整度下降。当单位压力超过 1.6MPa 时，这种情况就比较明显了。因此建议最高压力在 $0.8 \sim 1.5MPa$ 为好。

研究表明，由于单板与竹席的特殊性，一般采用三段逐段降压工艺：第一段先将压力升至 $P_1 = 0.8 \sim 1.5MPa$，保压时间根据板材厚度而定，按每 1mm 板厚 $2 \sim 2.5min$ 计算；第二段将压力降至 $P_2 = 0.3 \sim 0.4MPa$，保压 $1 \sim 2min$；第三段将压力降至 $P_3 = 0.1 \sim 0.2MPa$，保压 $0.5 \sim 1min$；最后将压力卸至零，完成一个热压周期（图9-4）。

③时间。要保证各胶层充分固化及水分的充分排出，热压需要一定的时间。热压时间的长短与涂胶量大小及填料加入量有关。涂胶量过大时，竹席之间水分增多，缩聚反应进行的时间加长，因而固化胶层的时间延长。如果过早卸压，将造成"竹-木"之间与"竹-竹"之间胶层内的水蒸气无法排出，

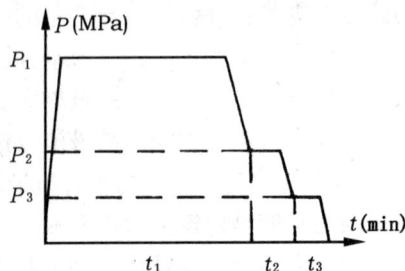

图9-4　竹木复合板热压曲线

引起鼓泡和胶层的胶合强度下降。

填料的加入对胶层的固化速度起抑制作用，并且对胶合强度有一定的不良影响。因此，热压时还需根据填料加入量具体确定。填料较多时，时间加长一些。研究表明：热压时间在上述施胶量及填料加入量的条件下，可按板厚 1mm、2～2.5min 粗略计算。

（5）后处理

板材热压后需堆放 24h 方可进行加工。板材堆放时应平整，不加隔条，上面再加压铁，目的是让板材中的水分分布和内应力趋于均匀。

堆放后的板材可进行锯边和砂光。

9.2.1.3　单板覆面竹席胶合板性能及存在问题

单板覆面竹席胶合板由于复面材料不同，相同层次的板材性能也不一致，目前还无正式标准。有关研究者提出的标准见表 9-5。单板覆面竹席胶合板目前还存在一些问题，总结如下：

表 9-5　竹木复合板物理力学性能标准（草案）

检验项目	性能指标
1. 表面质量与尺寸精度	阔叶材单板覆面时按 GB/T 738—1975 检验； 针叶材单板覆面时按 GB/T 1349—1978 检验。
2. 含水率	＜15%
3. 胶合强度 　a. 硬质材覆面 　b. 软质材覆面	 一等品：＞1.2MPa；二等品：＞1MPa 一等品：＞1MPa；二等品：＞0.8MPa
4. 静曲强度 　a. 硬质材覆面 　b. 软质材覆面	 一等品：＞100MPa；二等品：＞80MPa 一等品：＞80MPa；二等品：＞60MPa
5. 耐干湿循环	3 个周期后通裂长度和分层长度不超过 1/2

（1）板面平整度不高

由于竹席是编织而成，篾条交织处不可避免地凹凸不平，而且竹节不易削平，在热压时会产生表面不平，尤其在油漆后可明显地看到印纹。采用低压胶合有明显改善，但还不能完全满足作为家具材料的表面质量要求。

（2）胶合强度不均匀

由于竹席表面不平，热压时板面各点受力不均，胶合强度也不一致。

9.2.2　单板覆面竹帘竹席复合胶合板

单板覆面竹帘竹席复合板是用竹席、竹帘和木材单板组合而成的板材，可用于混凝土模板和包装、家具等行业。

9.2.2.1　生产工艺特点

板材的生产工艺与单板覆面竹席胶合板大致相同。不同处在于：

（1）组坯

板材表、背面各用二层木单板，纵横组坯或平行组坯，根据力学要求而定。竹席与竹帘则依对称原则，交替组坯。由于竹席无纵横方向性，可依层间对称，而竹帘有方向性，组坯时应注意直交对称。

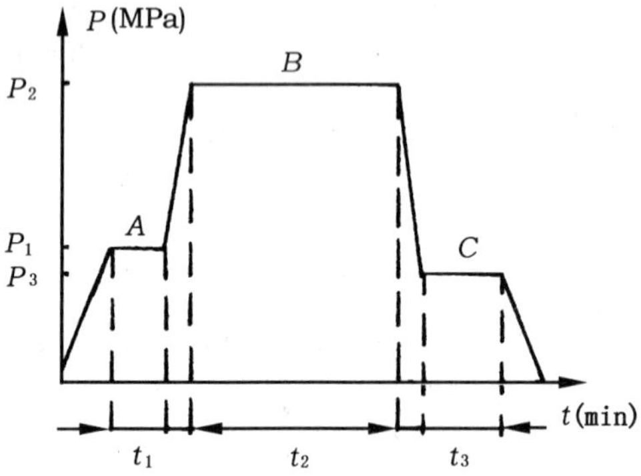

（2）热压工艺

陈化 50 ~ 60min 后的板坯按图 9-5 的热压曲线热压。A 段为加热预排汽阶段，其压力 $P_1 = 0.5 ~ 1MPa$，保压时间 t_1 为 1 ~ 2min，主要是考虑在较短的时间内使胶黏剂均匀流展于竹篾表面，并部分挤入篾片缝隙，同时使板坯中水分加热，部分汽化并排出，若这时 P_1 过高，t_1 不足，成品密度低，强度达不到要求。B 段为塑化压实阶段，这时压力 P_2 = 3 ~ 5MPa，保压时间 t_2 为 1min/mm 厚板，若 P_2 过低，t_2 不足，成品密度低，强度达不到要求。C 段为降压排汽段，其 P_3 根据热压温度不同而相应变化，P_3 值应稍低于热压温度下的饱和气压，以保证板坯内水分顺利排出，t_3 应根据板坯含水率和结构而定，一般为 2 ~ 3min。

图 9-5　单板覆面竹帘竹席复合胶合板热压曲线

热压温度：脲醛树脂胶热压温度为 110 ~ 125℃，酚醛树脂胶热压温度为 135 ~ 150℃。

9.2.2.2　产品性能与应用

单板覆面竹帘竹席复合板的物理力学性能受组坯形式、胶种及热压工艺的影响较大，选用 UF 胶压制出 3 层及多层产品的物理力学性能见表 9-6。

表 9-6　单板覆面竹帘竹席复合胶合板物理力学性能

性　能		竹帘竹席层数			
		三层	五层（A）	五层（B）	九层
密度（g/cm³）		0.72	0.70	0.74	0.74
含水率（%）		8.0	8.1	7.8	6.8
剪切强度（MPa）		1.38	1.51	1.67	1.60
静曲强度（MPa）	顺纹	62.3	84.7	89.5	87.7
	横纹	29.4	32.1	43.2	65.6
弹性模量（10³MPa）	顺纹	7.2	10.1	9.4	8.5
	横纹	2.6	5.4	6.1	6.9
抗压强度（MPa）	顺纹	44.3	48.8	49.6	51.2
	横纹	17.6	38.4	38.5	29.7
	斜纹	14.2	25.2	27.1	24.3

注：1. 三层、五层、九层分别为竹席和竹帘互相组坯而成的基材，不包括木单板；

　　2. 组成板坯若有 2 张是竹帘，3 张是竹席时，该板定为 A 型，若仅有 1 张竹帘，4 张竹席时，该板定为 B 型。

从表9-6中可以看出，单板覆面竹帘竹席复合板有较低密度，但力学性能并不差，冲击强度表现突出，超过某些竹材人造板，静曲强度和弹性模量值也较高，所以单板覆面竹帘竹席复合板是一种较低密度较高强度的产品，又由于竹片表面进行单板贴面，这样也保持了木材自然纹理，表面平整，因此板材不仅可用做水泥模板等工程结构材，也可应用于家具、建筑和装修行业。

9.2.3　竹片覆面复合胶合板

竹片覆面复合板是以软化展平的竹片为外层材料，多层木单板为芯层材料的复合胶合板。以下是孙丰文等人的研究结果。

9.2.3.1　材料与结构设计

（1）材料

①竹片。5～8年生毛竹经软化展平工艺制成，厚度2.5～4.0mm，含水率6%～8%。

②木单板。意杨旋切单板，厚度1.6mm，含水率4%～6%。

③胶黏剂。水溶性酚醛胶，固体含量43%～47%，pH值10～12，黏度400 mPa·s。

（2）结构设计

具体的组坯参数见表9-7。其中结构Ⅰ为表、背各一层纵向竹片，内层为纵横木单板。结构Ⅱ为表、背各二层纵向竹片、一层横向竹片，内层为纵横木单板。结构Ⅲ为表、背各一层纵向竹片，内层为夹有横向竹片的纵横木单板。对照组中的a为全竹片胶合板，b为全杨木胶合板。

表9-7　竹片覆面复合胶合板的结构参数

项　　目		结构形式					对照组	
		Ⅰ	Ⅱ-a	Ⅱ-b	Ⅱ-c	Ⅲ	a	b
竹片厚度（mm）	∥	3.5	4.0+3.0	2.5+2.5	2.5+2.5	3.5	竹片纵/横厚度比为0.462	杨木胶合板
	⊥	0	2.5	2.5	2.5	3.0		
木单板横/纵厚度比		0.727	0.8	0.857	0.889	0.5		0.643
板坯层数（层）		21	15	19	23	19	9	23
板坯厚度（mm）		37.4	33.4	35.8	42.2	37	38	36.8
板坯压缩率（%）		23.8	14.7	23.2	33.6	23.0	22.4	23.7

9.2.3.2　板材压制工艺

成品设计厚度为（29±1）mm，芯层木单板涂胶量（双面）350～400g/m²，芯层竹片涂胶量（双面）300～350g/m²。热压工艺曲线如图9-6所示。热压最高压力2.8～3.2MPa，热压温度130～150℃，加压固化时间以板厚度1.1min/mm计算。

9.2.3.3 性能与分析

试验依据 LY1055—1991，GB/T 4897—1992，JAS 结构胶合板与 JAS I 类结构胶合板标准分别对不同结构形式的竹片覆面复合胶合板的含水率(WC)、相对密度(r)或密度(D)、静曲强度(MOR)、弹性模量(MOE)以及胶合强度(MSS)、静载荷抗弯比强度(R/r)和比模量(E/r)作了检测与分析。结果见表9-8。

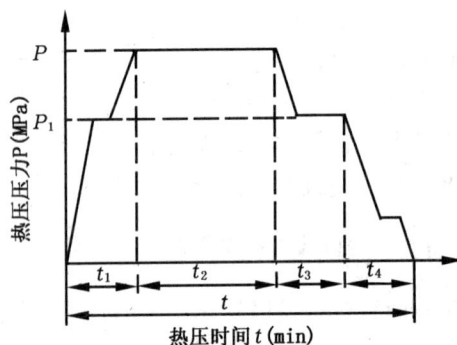

图9-6 竹片覆面胶合板热压工艺曲线

$P_1 = (2/3)P$；$t_1 = (1/5)t$；$t_2 = (2/5)t$；
$t_3 = (1/5) - (3/10)t$；$t_4 = (1/10) - (1/5)t$

表9-8 不同结构竹片覆面复合胶合板的性能与分析

项 目		结构形式					对照组	
		I	II-a	II-b	II-c	III	a	b
WC(%)		7.4	7.9	8.1	9.0	7.8	6.4	8.9
D(g/cm³)		0.77	0.71	0.78	0.86	0.76	0.78	0.69
MOR (MPa)	//	104.7 (6.7)	110.0 (5.1)	105.3 (7.8)	109.5 (10.8)	112.5 (15.7)	124.4 (12.3)	72.2 (12.9)
	⊥	38.4 (19.9)	41.3 (12.6)	52.5 (12.5)	62.6 (14.4)	54.8 (9.9)	48.3 (23.1)	36.1 (19.0)
MOE (MPa)	//	10 399 (6.5)	9 092 (8.6)	9 803 (5.1)	10 048 (4.4)	10 201 (6.8)	9 218 (7.3)	9 197 (4.9)
	⊥	3 416 (8.5)	2 424 (4.9)	3 410 (6.4)	4 720 (3.9)	3 072 (7.7)	3 151 (9.8)	3 219 (7.5)
MSS (MPa)		1.72 (17.3)	1.52 (20.8)	1.16 (19.4)	2.12 (35.7)	1.81 (21.5)	2.35 (23.3)	2.04 (34.0)
R/r (MPa)	//	136.0	154.9	135.0	127.3	148.0	159.5	104.6
	⊥	49.9	58.2	67.3	72.8	72.1	61.9	52.3
E/r (MPa)	//	13 505	12 806	12 568	11 684	13 422	11 818	13 329
	⊥	4 436	3 414	4 372	5 488	4.42	4 040	4 665

注：表中括号内的数据为相应指标的变异系数。

表中对照栏中的 a 为竹材胶合板，表面用 2 层纵向竹片（厚度为 7.0mm），热压温度为135～140℃，热压压力 3.5～4.0MPa；b 为杨木胶合板，表面采用三层纵向单板，其余各层纵横交错组坯，热压温度 130～135℃，热压压力 2.8～3.2MPa。结果表明：在多层木单板表面覆以竹片加强层后，产品的机械强度有较大提高。在板坯压缩率基本相同的条件下，竹片覆面杨木胶合板的静曲强度和弹性模量优于杨木胶合板，而静曲强度与竹材胶合板相近。

分析数据显示了竹片覆面胶合板的结构形式、外层纵向竹片厚度、板坯层数和板坯压缩率等参数对产品力学性能的影响趋势。

首先，板坯外层纵向竹片厚度增大有利于提高产品的纵向静曲强度；而板坯压缩率增加，产品的纵向静曲强度和弹性模量则随着芯层木单板层数的增加、横向木单板所占比例的增大以及压缩程度的增大而明显提高。但压缩率过大，产品密度显著增加，其比强度和比模量有下降趋势。在试验范围内，纵向竹片厚度为 3.5~5.0mm，板坯压缩率在 23% 左右时，产品的综合性能比较理想。

其次，板坯结构形式对产品的力学性能影响显著。在试验研究的 3 种结构中，Ⅲ 型结构的胶合板表现出较高的静曲强度和比强度，而 Ⅰ 型结构产品的弹性模量和比模量超过 Ⅱ、Ⅲ 两种结构产品的相应指标值。

9.3 复合定向碎料板

复合定向碎料板是采用定向方式对碎料进行铺装，使板材的性能随定向方向变化的板材。表芯层可采用不同材料，如木单板覆面非木材植物定向碎料板，也称定向夹芯胶合板，竹覆面定向碎料板，也有混合结构的，如竹材-杨木复合定向碎料板。

9.3.1 非木材植物碎料定向夹芯胶合板

非木材植物碎料定向夹芯胶合板是利用稻草、麦秸、高粱秆、玉米秆等植物纤维，经机械或电场定向铺装作芯层，以木材或竹材单板为表层材料而压制成的一种复合板材。该板材起初是以木材刨花、碎料或纤维作芯层，目的是为提高木材利用率，并使芯板整张化和简化工艺，板材的性能与普通胶合板非常相似(表9-9)，后来发展成各种非木材植物碎料作芯层，使成本进一步下降，而产品基本保持原有性能。

表 9-9 夹芯胶合板与普通胶合板物理力学性能比较

项　　目	夹芯胶合板	普通胶合板
板厚(mm)	15.9	15.9
含水率(%)	5.1	5
密度(g/cm^3)	0.591	0.610
纵向抗弯强度(MPa)	56.90	69.16
横向抗弯强度(MPa)	16.87	16.48
纵向弹性模量(×10^{3}MPa)	8.368	9.329
横向弹性模量(×10^{3}MPa)	2.158	1.913
垂直于板面抗拉强度(MPa)	5.79	6.38
平行线膨胀值(%)	0.05	0.05
垂直线膨胀值(%)	0.16	0.07
厚度膨胀(24h 吸湿后,%)	3.9	3.9
吸水率(24h,%)	24.6	23.4

无论是木材或非木材植物碎料定向夹芯胶合板，在我国均是正在研究与开发的新产品，虽有少数单位研究和生产，但还未发展成大规模生产和使用的阶段，是一种很有潜

力的产品。

夹芯胶合板的生产工艺有两种，即1次压制法与2次压制法。1次压制法的主要特点是拌胶后的碎料直接在单板带上进行铺装而后进行热压。2次压制法的特点是芯板由单独的生产线加工，而后芯板再经覆面制成板材。

根据我国情况，采用2次压制法生产夹芯胶合板较为适宜，其质量易于保证。

9.3.1.1 碎料的制备与处理

（1）断料

稻草、麦秸等非木材植物原料因其外形特点只需切断即可。棉秆、玉米秆和高粱秆等除切断外还需破碎成片材，但不需进一步分离成纤维状。板材的质量特点是物理力学性能与碎料的长细比即长度与宽度之比和材料本身质量有很大关系。原料太长、太宽则定向困难，太短力学特性变差，稻草的长度以50～70mm为宜。

（2）预处理

稻草、麦秆、玉米秆、高粱秆等表面常有一种蜡状物，湿润性差，对于胶的吸附不利，需进行预处理，其目的是使碎料和胶料的拌和均匀，减少用胶量和提高胶合强度，处理方法是用机械打磨或化学药剂。

虽然预处理能提高碎料的胶结强度，但也会使工序成本增加。所以是否进行预处理也应视材料品种和产品力学性能要求而定，或采用较简单的花费少的方法进行预处理。

此外，采用改性的胶料也可收到较好的效果。

（3）拌胶

根据板材的强度与耐水性要求，可选用脲醛胶或酚醛胶，芯料施加量为8%～12%。

拌胶可采用喷雾式连续拌胶机或其他类型的搅拌机，应达到树脂用量少，分布均匀，对碎料损伤小的目的。由于芯层碎料较长，有一定宽度，大小也不一致，故拌胶的质量要高度重视。

9.3.1.2 表、背单板的制备

制备方法同胶合板生产工艺，表板要求纹理美观，色泽好，木材、竹材旋切或刨切均可。

9.3.1.3 碎料的定向铺装

碎料定向铺装方法与木材刨花板相同，有机械式定向、静电场定向和机械—电场联合定向。

1次压制法和铺装是直接在单板上进行。目前，静电分层铺装机是较先进的铺装设备，铺成的板坯层次均匀。气力和机械联合铺装机也可1次铺装成渐变结构的多层结构板坯带。

在连续单板带上铺上一层一定厚度的芯料后，一层连续表层干单板带在铺装机上方供料，直接覆盖在铺装好的芯料上，组成夹芯板坯带，然后送入连续式辊压预压机预

压,再经横切后进行热压。

2 次压制法是碎料先铺装制成芯板后,再复以单板进行热压。

芯料定向板有如下优点:

(1)定向芯板具有胶合板芯板的各向异性质,因此与表单板组合后的板材性能类似于胶合板,力学性能比不定向时高。

(2)芯层定向铺装的板材与不定向铺装的板材在力学性能相同时,前者板材厚度可减小,而且定向效果愈好,厚度减小越大。因此,定向铺装可节省材料消耗,即在不影响板材力学性能的条件下,可减小厚度,减少碎料的胶料用量。同时也使重量减轻。

(3)芯层定向铺装可以设计在某一方向有较强力学性能的板材,而普通胶合板、纤维板和任意铺装的碎料板无法做到这一点。

9.3.1.4 热压工艺

热压工艺条件根据夹芯胶合板的厚度和胶种来确定。热压温度应控制在 135 ~ 145℃,温度过低会延长热压时间,过高则会产生树脂早期固化,产生表、背板开胶或剥离等现象。为保证板坯的质量,采用具有同时闭合装置的压机或连续式单层压机较好。

热压时的单位压力对产品质量有很大影响,夹芯胶合板的压缩率与碎料形状、单位压力、拌胶碎料含水率、热压温度等有关。夹芯胶合板的密度是根据产品用途确定的。用途广泛的是中等密度板材,密度在 0.7 ~ 0.8g/cm^3,其单位压力为 1.8 ~ 2.2MPa(图 9-7)。

热压时间主要取决于热压温度,板坯厚度及拌胶芯料的含水率和单位压力等因素。热压时间直接关系到夹芯板的设备生产率和产品质量,拌胶后芯料的含水率对胶合质量也有很大影响。由于选用胶种不同,碎料的含水率各不同,拌胶后芯料的含水率应控制在 6% ~ 14% 。含水率较低时($W = 6\% \sim 10\%$),可采用一段热压工艺,含水率较高时($W > 10\% \sim 14\%$),可采用三段热压工艺(图 9-8)。

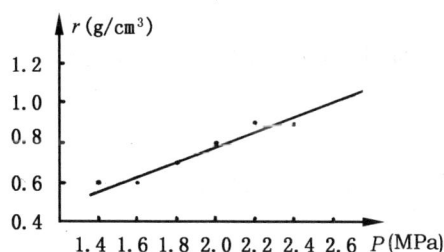

图 9-7 单位压力与夹芯胶合板
密度的关系

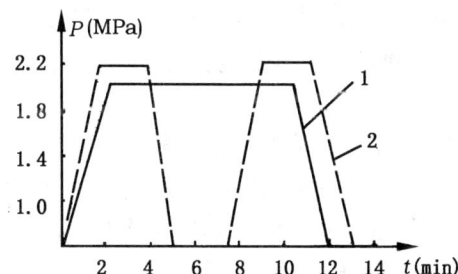

图 9-8 夹芯胶合板热压曲线

胶的固化速度取决于胶种和固化剂的种类、用量和热压温度等因素。在相同温度下,热压时间主要取决于板材厚度,如夹芯胶合板厚 4 ~ 6mm,热压温度为 140℃,热压时间则为 3 ~ 5min,板厚 12 ~ 14mm,在同样温度下,热压时间为 10 ~ 12min。可按

50s/mm 计。

9.3.2　竹材覆面定向碎料板(OSB)

用竹席和竹帘对定向碎料板(OSB)基材进行覆面处理即成为竹材覆面定向碎料板。OSB 单向强度明显高于普通碎料板而与胶合板接近。用各种增强或装饰材料对 OSB 进行覆面处理制造复合 OSB 板材,可提高和改善 OSB 的物理力学性能及外观质量,拓宽 OSB 的用途。

殷苏州等人对竹材覆面 OSB 进行了研究试验。

9.3.2.1　试验材料

(1)芯层材料

采用单层结构 OSB,树种为意大利杨,板厚 10mm,表面砂光,密度 0.74g/cm³,含水率 8%。

(2)覆面材料

编织竹席,厚度 0.75mm,含水率 7.6%。竹帘厚度 2.4mm,含水率 8.4%。

(3)胶料

酚醛树脂胶,固体含量 43%,pH 值 11.2,固化时间 12.45min。

9.3.2.2　结构与工艺设计

(1)结构设计

为保证结构平衡,OSB 上下两面均以同样材料覆面,采用的组坯方式有:竹席覆面、竹帘与 OSB 平行覆面和竹帘与 OSB 垂直覆面。

(2)工艺设计

覆面材料采用涂胶与浸胶两种施胶方式。液体胶单面涂胶量为 200g/m²,陈化时间 20min;浸胶时间 30min,浸胶量约 800g/m²。由于热压中一部分胶液被挤出,实际参与胶合的胶黏剂小于此值。

热压工艺参数为:温度 160℃,压力 1.5MPa,时间 6min(包括 1.5min 卸压时间)。

9.3.2.3　影响竹材覆面 OSB 的因素

竹材覆面 OSB 按有关标准检测,其性能见表 9-10。从表中可以看出,不同结构的竹材覆面 OSB 性能有不同程度的变化。

(1)密度

各种覆面 OSB 的密度基本相同,为 0.80~0.83g/cm³,比基材 OSB 增加约 8%~12%。密度增加主要是由于表层竹材密度较大以及在覆面过程中加入了胶黏剂所致。

(2)内结合强度(IB)

竹席覆面 OSB 的 IB 均高于基材 OSB,涂胶和浸胶时分别比基材高 5.7% 和 14.5%;而竹帘覆面 OSB 涂胶和浸胶的 IB 差异较大,前者为 0.81MPa,比基材 OSB 高 17%,后者为 0.62MPa,比基材 OSB 低 16%。观察试件的破坏形式,发现所有 IB 试件都是在基

表 9-10 竹材覆面 OSB 的主要物理力学性能

性 能	竹席覆面		竹帘平行覆面		竹帘垂直覆面		基材
	涂胶	浸胶	涂胶	浸胶	涂胶	浸胶	
密度(g/cm³)	0.80	0.83	0.81	0.82	0.81	0.82	0.74
IB(MPa)	0.73	0.79	0.81	0.62	0.81	0.62	0.69
MOR∥(MPa)	67.3	78.6	110.1	105.5	92.6	84.2	42.0
MOR⊥(MPa)	44.0	43.6	9.7	11.8	34.9	32.8	19.8
MOE∥(MPa)	7 306	7 876	8 602	9 317	7 579	7 571	6 040
MOE⊥(MPa)	4 071	4 154	1 423	1 670	3 839	3 908	2 030
沸水煮2h MOR∥(MPa)	41.1	47.3	49.7	49.1	38.9	34.52	28.1
沸水煮2h MOR⊥(MPa)	29.0	35.1	9.2	11.3	25.3	22.3	12.0
吸水厚度膨胀率(%)	4.8	4.8	4.5	5.5	4.5	5.5	14.80

材 OSB 芯部被拉断。这说明覆面材料与基材间的胶合强度超过了 OSB 芯部刨花的胶合强度，覆面板的 IB 取决于基材。因此，各种覆面 OSB 之间 IB 的差异只是基材 OSB 内结合强度变异性的反映。统计分析结果也表明，覆面 OSB 与基材 OSB 以及各种覆面 OSB 之间，内结合强度无显著差异。

（3）静曲强度（MOR）和弹性模量（MOE）

多层复合材料承受弯曲载荷时，承载能力和刚性与其结构有着密切关系。如果表层材料的 MOR、MOE 较大，整体的承载能力和刚性就会高于同等厚度的芯层材料，反之亦然。从表 9-10 和图 9-10 可知，覆面材料（竹席或竹帘）、组坯形式（平行或垂直）、承载方向（平行或垂直）不同，则 MOR 和 MOE 有很大差异。

竹席由于其中的篾条纵横交错，两个方向强度相同。因此，竹席覆面 OSB 的 MOR 和 MOE 比基材 OSB 均有所增加。根据试验结果，涂胶竹席覆面 OSB 的 MOR∥比基材增加 60%，MOE∥增加 21%；浸胶竹席覆面 OSB 的 MOR∥增加 87%，MOE∥增加 30%。与平行方向相比，垂直方向上 MOR⊥和 MOE⊥提高更为显著。无论涂胶还是浸胶，覆面 OSB 的 MOR⊥和 MOE⊥都比基材的相应指标高出 1 倍以上。

竹帘中的竹片均按同一方向排列，相互之间仅以细线连接，因此竹帘的纵向强度很高，而横向强度几乎为零。当竹帘与基材 OSB 平行配置时，覆面 OSB 的 MOR∥和 MOE∥最高，而 MOR⊥和 MOE⊥则最低。根据试验结果，涂胶竹帘平行覆面 OSB 的 MOR∥比基材 OSB 增加 162%，MOE∥增加 42%；浸胶竹帘平行覆面板的 MOR∥增加 151%，MOE∥增加 54%。竹帘平行覆面 OSB 在垂直方向承受载荷时，基本上只有内部的 OSB 基材起作用。因此覆面 OSB 垂直方向的承载能力和刚性很低，涂胶竹帘平行覆面 OSB 的 MOR⊥比基材低 51%，浸胶板低 40%；板的 MOE⊥涂胶时低 30%，浸胶时低 18%。从以上结果可以看出，竹帘与基材 OSB 平行配置适合于单向强度要求特别高的应用场合。

竹帘和 OSB 垂直配置可以使两种材料不同方向的强度得到互补，较大程度地发挥各自的优势。在平行方向弯曲时，由于 OSB 与竹帘垂直配置，应力基本集中在表层的竹帘上；在垂直方向弯曲时，由于竹帘的横向强度几乎为零，应力主要由内部的 OSB 承受。根据表 9-10，无论平行方向还是垂直方向，竹帘垂直覆面板的 MOR、MOE 都比基材 OSB 的相应指标高。涂胶竹帘垂直覆面板的 $MOR_{/\!/}$ 比基材 OSB 高 120%，$MOE_{/\!/}$ 高 25%，$MOR_{\perp}$ 比基材 OSB 高 76%，$MOE_{\perp}$ 高 89%；浸胶竹帘垂直覆面板的 $MOR_{/\!/}$ 比基材 OSB 高 100%，$MOE_{/\!/}$ 高 42%，$MOR_{\perp}$ 比基材 OSB 高 65%，$MOE_{\perp}$ 高 93%。

两种施胶方法相比，一般说来浸胶覆面板的 MOR 和 MOE 略高，只有个别例外，如竹帘覆面时的 $MOR_{/\!/}$。统计分析表明，本试验中两种施胶方法对 MOR 和 MOE 的影响差异不显著。虽然浸胶时的用胶量很大，但大部分胶黏剂在热压过程中被挤出，胶黏剂的实际利用率很低。从覆面板性能及生产成本两方面考虑，涂胶方法比较适合于竹材对 OSB 的覆面处理。

(4)耐老化性能

耐老化性能可以用多种方法测试，本试验按加拿大标准选择沸水煮 2h 的简单方法，以水煮后的 MOR 作为评价覆面板耐老化性能的指标，计算时试件的尺寸取老化处理前的数值。试验结果表明，覆面板的耐老化性能优于基材 OSB。

沸水煮 2h 后的竹席覆面 OSB 与同样条件下的 OSB 基材相比，涂胶竹席覆面 OSB 的 $MOR_{/\!/}$ 高 46%，$MOR_{\perp}$ 高 142%，浸胶竹席覆面板的 $MOR_{/\!/}$ 高 68%，$MOR_{\perp}$ 高 192%。这表明竹席的增强作用在老化后仍然非常显著。此外，从测试结果还可以看出竹席浸胶覆面板耐老化性能高于涂胶的竹席覆面板。原因可能是浸胶时有较多的胶液进入到篾条搭接处，使搭接部位在沸水煮后仍保留了较高的胶合强度。

竹帘平行覆面 OSB 两个方向的耐老化性比基材 OSB 都有提高或改善。沸水煮 2h 后，浸胶与涂胶的竹帘平行覆面 OSB 的 $MOR_{/\!/}$ 基本相同，都比基材约 75%。在垂直方向覆面的 $MOR_{\perp}$ 降低的程度比老化前有所减小，涂胶的比基材 OSB 低 23%，浸胶的低 6%(老化前分别低 51% 和 40%)。

竹帘垂直配置覆面 OSB 的耐老化性能也优于基材 OSB，沸水煮 2h 后，竹帘垂直覆面 OSB 的 $MOR_{/\!/}$、$MOR_{\perp}$ 仍比基材 OSB 同方向的相应性能高。根据表 9-10，涂胶竹帘垂直覆面 OSB 的 $MOR_{/\!/}$ 比基材高 39%，$MOR_{\perp}$ 高 110%；浸胶竹帘垂直覆面 OSB 的 $MOR_{/\!/}$ 比基材高 23%，$MOR_{\perp}$ 高 85%。

(5)吸水厚度膨胀率(TS)

各种覆面 OSB 的 TS 基本相同，但都明显低于基材 OSB。竹席覆面 OSB 的 TS 仅为基材 OSB 的 32%，竹帘覆面 OSB 的 TS 涂胶与浸胶时分别为基材 OSB 的 31% 和 37%。

厚度方向尺寸稳定性明显提高的主要原因是竹席或竹帘阻碍了水分向试件内部的渗透。根据吸水率测试结果，基材 OSB 浸水 24h 后的吸水率为 37%，而覆面 OSB 的吸水率为 20% ~26%，吸水率降低导致由此引起的厚度膨胀率减小。原因之二与压缩率有关，竹席或竹帘在覆面过程中虽然也受到压力作用产生一定程度的压缩，但由于竹材本身密度较大，其压缩率远低于 OSB 内部杨木刨花的压缩率，因此覆面材料吸水后的厚度反弹也较小。第三个原因是覆面板表面较为平整。基材 OSB 浸水后大刨花会凸出于表面，导致表面粗糙度增加而产生较大的附加厚度膨胀率，而覆面板表面粗糙度浸水前后变化不大，由表面不平整引起的附加厚度膨胀率较小。

从上述研究可以认为，竹材是一种很好的增强 OSB 性能的材料，而覆面处理是较优的工艺方式。试制几种竹材覆面板的力学性能各有特点，在实际生产和应用中，可以根据具体使用要求，选择合适的覆面竹材和组坯方式对 OSB 进行增强处理。

9.3.3 竹木复合定向碎料板

竹材密度一般高于 $0.75g/cm^3$，制出的竹定向碎料板密度偏大，而意大利杨密度低，仅为 $0.35g/cm^3$ 左右，但其压缩比大，出材率低。如采用竹木复合结构制造定向碎料板，可有效提高板材的强重比。王思群等人对竹材—杨木混合碎料制造复合定向碎料板进行了研究。以下是研究结果。

9.3.3.1 试验材料

（1）碎料

采用毛竹竹梢和胶合旋切杨木芯。竹材用环式长材刨片机加工成长 50mm 的竹碎料。意大利杨木芯先剖成 20mm 厚板材，再经刨片机加工成长 50mm，宽 20mm 的碎料。

（2）胶料及添加剂

采用酚醛树脂胶与脲醛树脂两种胶料。脲醛树脂胶加入 1% 的氯化铵和 1% 的熔融石蜡。酚醛树脂胶施胶量 6%，脲醛树脂胶施胶量 8%。

9.3.3.2 试验设计

（1）试验 I

胶种变化：脲醛树脂胶、酚醛树脂胶。

碎料厚度变化(mm)：0.3，0.5，0.7。

竹材比率变化(%)：0，25，50，75，100。

板材密度变化(g/cm^3)：0.48，0.6，0.75，0.9，1.0。

板坯结构变化：单层结构(混合)；三层结构：表层定向竹碎料、芯层非定向木碎料。表层为纵向定向竹碎料、芯层为横向定向木碎料。

（2）试验 II

施胶量变化(%)：5，7，9。

竹材比率变化(%)：0，25，50，75，100。

压缩比(理论值)：1.05~2.0。

9.3.3.3 热压工艺

热压温度：150℃(脲醛树脂胶)和180℃(酚醛树脂胶)

热压压力：3.5MPa

热压时间：9min

9.3.3.4 产品性能与影响因素分析

产品的强重比性能见表9-11。采用多元线性逐步回归法，得到回归方程后经分析结果如下：

表 9-11　几种碎料板的强重比

强重比 [MPa/(g·cm³)]	杨木 OSB	竹—木 OSB(比率1:1)	竹材 OSB	竹材碎料板
MOR $\parallel/r$	70.6	60.0	49.1	29.9
MOE $\parallel/r$	6 890.9	6 340.9	5 256.5	3 180.6

(1)平面抗拉强度

由分析可知，酚醛胶定向碎料板的平面抗拉强度(IB)略高于脲醛胶板；使用薄型刨花有利于胶合；随板材密度增大，IB 直线增大；当板材密度一定时，随竹材比率增大，碎料总面积减少，相同施胶量下，碎料表面得胶量相对增多，也可使板材 IB 增强。板材结构对 IB 的影响表现为：三层结构优于单层结构，尤其以芯层横向定向者为佳，原因在于芯层碎料定向后，碎料接触更加紧密。

(2)静曲强度

通过回归分析，脲醛胶定向碎料板的静曲强度(MOR)略高于酚醛胶板，说明使用酚醛胶可以改善板材的耐水性，但强度并不一定比脲醛胶板好；板材的 MOR 与碎料厚度呈反比关系；单层结构板强于三层结构板，其原因在于单层结构板中木、竹碎料为混合铺装，由于杨木的易压缩性，在同样的密度下碎料之间相互接触更好。

(3)弹性模量

由分析得知，脲醛胶定向碎料板的弹性模量(MOE)稍高于酚醛板。结合前面的结果，脲醛胶定向碎料板的 MOR、MOE 稍高于酚醛胶板，而 IB 却低于酚醛胶板，但差别甚小。因此，可以认为在脲醛胶施胶量8%、酚醛胶施胶量6%的情况下，胶种对板材的强度影响不显著。

板材的 MOE 与碎料厚度呈反比关系。板材横向 MOE 随板材密度增大而显著提高，而纵向 MOE 几乎不变化。板材结构仍是以单层结构为宜。随竹材所占比率和压缩比提高，板材的 MOE 明显提高。

(4)强重比

密度偏大是碎料板应用的主要问题之一，尤其以高密度材料(如竹材)制造的碎料板为甚。因此板材的强重比是研究的重点。

脲醛胶板静曲强度、弹性模量强重比均大于酚醛胶板；刨花厚度对强重比无显著影响。竹材所占比率对弹性模量强重比的影响如图 9-9 所示。无论脲醛胶板，还是酚醛胶板，在竹材所占比率为45%左右时，弹性模量强重比达到最大值。竹材所占比率对静曲强度强重比无显著影响。

弹性模量强重比随压缩比增大而降低，而静曲强度强重比几乎呈线性上升，如图9-10 所示。单层定向结构有利于提高板材强重比。

结果表明：静曲强度强重比与压缩比呈正比，而弹性模量强重比与竹材所占比率、压缩比成反比关系。施胶量对强重比影响不显著。表9-11 中定向碎料板的数据取自试验Ⅱ。3 种定向碎料板的强重比远高于普通竹材碎料板。在竹材碎料中加入木碎料可明显改善板材的静曲强度强重比和弹性模量强重比。

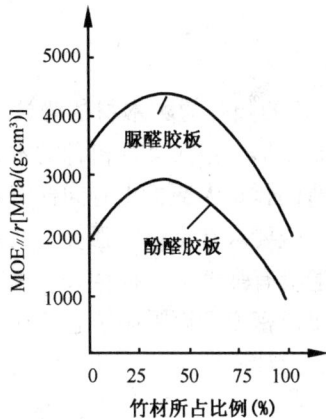

图9-9 竹材所占比率对单层定向刨花板弹性模量强重比的影响（压缩比为1.3）

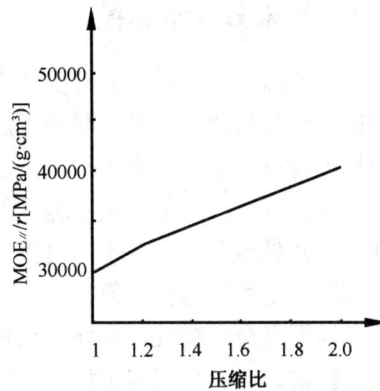

图9-10 压缩比对单层定向刨花板强重比的影响

（5）原料酸性对板材强度的影响

原料 pH 值对酚醛胶定向碎料板强度的影响如图9-11 所示。板材静曲强度、弹性模量与原料 pH 值呈正比，说明原料 pH 值高有利于酚醛树脂胶的固化，因此胶合强度高。原料结合酸含量对酚醛树脂胶定向碎料板强度亦有影响，如图9-12 所示。板材静曲强度、弹性模量与原料结合酸含量呈反比关系，说明结合酸对酚醛树脂胶固化起阻碍作用。

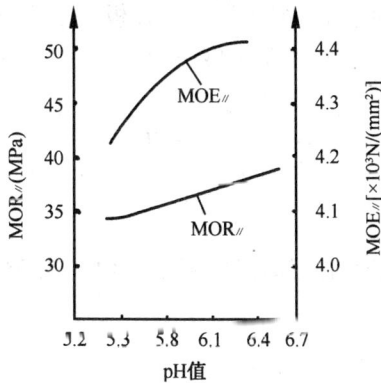

图9-11 原料 pH 值对竹木定向刨花板抗弯性能的影响

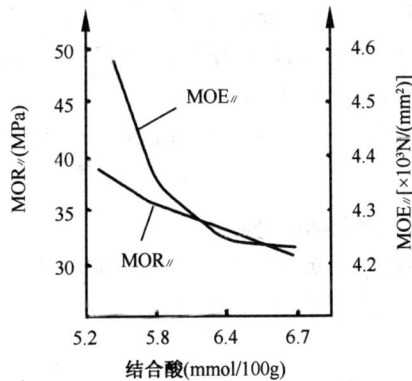

图9-12 原料结合酸含量对竹木定向刨花板抗弯性能的影响

9.4 复合空心板

复合空心板是采用不同材料、不同结构形式单元组合热压胶合而成的内部有大量空隙的复合板，其特点是强重比大，厚度大，成本低且运输方便。根据不同结构和力学性能，可用做家具、装饰装修和工程结构用材，有着广阔的发展前景。

9.4.1 竹木复合空心板

竹材的静曲强度高，只有少数密度大于 $0.8g/cm^3$ 的阔叶树种木材的静曲强度可与之相比。但竹材缺乏刚性，受荷重后拱度增加，容易变形。绝大多数树种的木材弹性模量均超出竹材且密度也小于竹材。以竹材为原料制造的竹材人造板也有同样特性。

作为工程结构用材，主要承受外力的作用，因此既要求有足够的强度，又要求有一定刚度，并且尽可能有较小的自重。竹材人造板普遍具有强度大，韧性好，耐磨损的优点，可用于工程结构材。但在某些领域则因刚性不足及密度大而限制了它的应用。张齐生等人根据复合结构设计原理以及竹、木材的性能，设计制造了如下几种结构的竹木复合空心板材，以满足特定工程的需要。

9.4.1.1 试验材料

①表背材。采用竹帘胶合板或竹片胶合板，厚度根据需要而定，一般 5～10mm。

②芯条材。马尾松木材，锯制成厚度 4.5mm，宽 7.5、11.5、15.5、19.5mm 的木条。

③胶黏剂。水溶性酚醛树脂胶，固体含量 50%±2%，黏度 260～440mPa·s，pH 值 10～12，游离酚 <2.5%。

9.4.1.2 制作工艺

在木条厚度两面涂以酚醛树脂胶，涂胶量 $400g/m^2$（双面），陈化 1～2h。

用同一宽度木条作中间层，间隔放置，上下面用竹帘或竹片胶合板组成空心率（指空心板内部空心部分对表板的投影面积占整个表板面积的百分率）为 70%，54%，38%，22% 的竹木空心板坯。

热压工艺：温度 140～145℃，热压时间 10min，单位压力 2.5MPa，采用厚度规。

9.4.1.3 检测与计算

热压后陈放 36h 后，按 ZB 70006—1988 测定空心板的静曲强度（MOR）和弹性模量（MOE），其中 MOE 的测定值按公式（1）计算。

$$E = \frac{L}{48J_{ler}} \cdot \frac{p}{r} \tag{1}$$

式中：E——空心板 MOE 实测值（MPa）；

L——支座距离（mm）；

$\dfrac{p}{r}$——压力-挠度曲线的斜率值（N/mm）；

J_{ler}——空心板截面对中性轴的惯性矩（mm^4）。

根据复合材料力学原理，按（2）式计算竹木复合空心板的 MOE 值。

$$E' = \frac{L}{J_{ler}} \sum_{i=1}^{n} E_i J_i \tag{2}$$

式中：E'——空心板 MOE 的计算值（MPa）；

E_i——第 i 层的 MOE 值（MPa）；

J_i——第 i 层关于自身对称面的惯性矩（mm^4）；

n——总的胶合层数。

9.4.1.4 结果与分析

试验检测与计算的结果见表9-12。

表9-12 竹木复合空心板性能

空心率 K（%）	芯层惯性矩 J_2（mm^4）	空心板惯性矩 J_{ler}（mm^4）	MOE 计算值 E'（MPa）	MOE 实测值 E（MPa）	MOR 实测值（MPa）
70	96.51	16 931.08	9 168.17	9 435.63	53.4
54	147.99	16 982.57	9 170.44	9 441.93	76.8
38	199.47	17 034.05	9 172.66	9 466.09	92.0
22	250.95	17 085.53	9 174.87	9 477.74	108.5

由表可知，随空心板空心率的减小，空心板的刚度和强度呈上升趋势，如图9-13 所示。进一步对 MOE、MOR 作方差分析表明，空心板对刚度的影响不显著，对强度的影响极其显著。

MOE 的实测值均大于计算值，这是计算时未考虑工艺上的压缩率、胶黏剂以及热压后板材含水率的减小等因素的影响。事实上，木、竹材料受压缩后及含水率减小都会使 MOE 增加；而胶黏剂

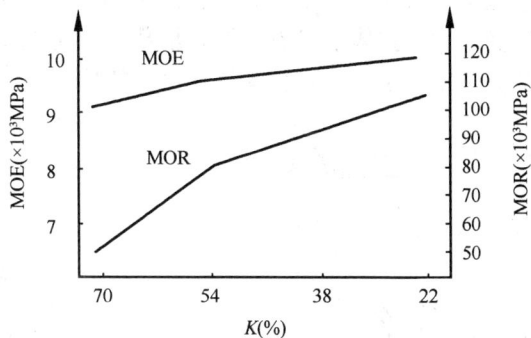

图9-13 空心率对刚度和强度的影响

作为复合材料的一个重要组成单元，固化后的胶层也具有相应的 MOE，但由于部分胶液渗入竹、木材之中，其胶层形状复杂，难以确定其惯性矩，故在计算时是省略的。

空心率对刚度的影响不显著，根据计算，空心率为 70% ~ 22%，空心板的空心层的惯性矩为 96.24 ~ 253.71 mm^4，其抗弯刚度 E_2J_2 只占空心板抗弯刚度 Ej_{ler} 的 0.61% ~ 1.60%，故在实际应用中，可忽略空心芯层对空心板刚度的影响。

空心板的强度随空心率的减小而增加，且极其显著。在试验中观察到，破坏均发生在竹木胶合层上，这可能是应力集中引起的效应。因为空心率愈大，截面形状变化愈急剧，产生应力集中也愈大，导致强度降低；而空心率愈小，则胶黏面积增大，使平均剪应力降低，承载能力则得到提高。

竹木复合空心板的力学性能，其刚度由 MOE 表示，当与同样规格尺寸的实心竹、木材料刚度相比时，由于惯性矩不同，故不能以 MOE 值来直接比较，应转换为在同样压力下挠度的大小差异来衡量，或者直接比较抗弯刚度 E_j。而 MOR 的测定值直接采用

人造板标准中的公式计算，故可直接进行强度的比较。

从上述的研究可以认为，在实际生产应用中，可通过计算，预先设计竹木复合空心板的结构，使强度、刚度、自重符合使用要求后再行生产。

竹木复合空心板可用做船舶甲板、跳板等工程结构用材。

9.4.2 复合网络板

目前的竹材人造板往往相对密度过大，成本过高，因而大大限制了它在家具、建筑、包装等方面的应用。因此，大力开发具有相对密度小、强度适当、不变形的竹材与其他材料复合的新型板材，是当前面临的一个重要课题。竹材复合网络板就是这样一种新材料。它是利用竹片或木单板作表面材料，芯部采用特殊制作的网络，表、芯经胶合后制成。郑金辉作了这方面的研制。

9.4.2.1 复合网络板的结构

复合网络板结构如图9-15所示。板材的受力骨架设计成网络状。承载框架采用了桁架结构。图9-14中的箭头所指方向为竹、木材等植物纤维材料强度最大的顺纹方向，节点是用胶黏剂连结而成。由桁架的基本性质可知，结构中的片材（如竹片）都是受拉和受压的二力体或二力构件。承载力只可能沿片件两端中心连线（顺纹方向）传递，这就充分发挥了竹、木材顺纹高强度的特性。

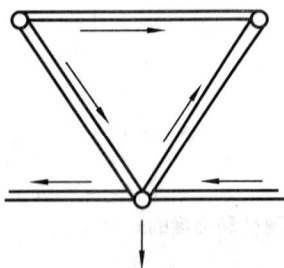

图9-14　网络承载受力

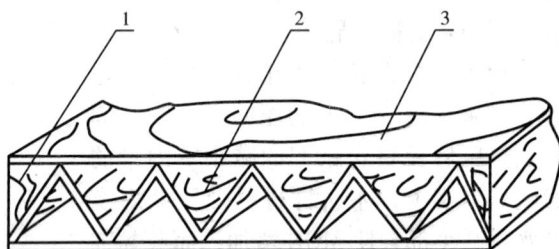

图9-15　复合网络板结构

1. 框条　2. 网络材料　3. 表面材料

由于采用承载骨架，不受力或受力效率不高处为空隙，从而使整片材料真正做到物尽其用。使组合后的板材具有轻密度、高强度、小的导热系数等特点。

由于采用桁架结构，其内力可根据"节点法"或截面法求得，从而可通过调节片材的厚度和角度得到各种不同特性的网络材料。

运用这种结构，其理论承载强度较高。以抗压强度为例，如图9-14所示。一个网络所能承受的理论线压力值可达 $103.9 \sim 138.6 \text{kN/m}$。对于一般民用材料来说，这种强度已足够。

这种结构的材料还能较好地克服竹、木材的各向异性及变形问题。

9.4.2.2 制造工艺

(1)竹(木)帘制备

将竹材制成竹条后，放入沸水中蒸煮 3 ~ 4h，或用 5% 的明矾水溶液蒸煮 0.5h，以提高竹材防蛀、防腐、防裂性能。蒸煮后的木条陈放一段时间剖制成一定厚度的竹篾片，再用手工或机器编织成竹帘。

木帘则可采用小规格单板拼缝而成，也可直接用旋切单板或刨切单板。

(2)网络成型

根据网络形式，成型方式很多。常用的是将薄竹(木)帘放入金属模具中，加温至 120 ~ 150℃ 软化，模压而成网络。也可在高温石蜡和沸水中软化后再在模具中压制而成，如要增加强度，可先将竹(木)帘浸胶后再模压而成网络。网络的断面基本形式如图 9-16 所示。

(3)干燥

将成型后网络进行干燥，使含水率降至 8% ~ 14%，以提高胶合强度。

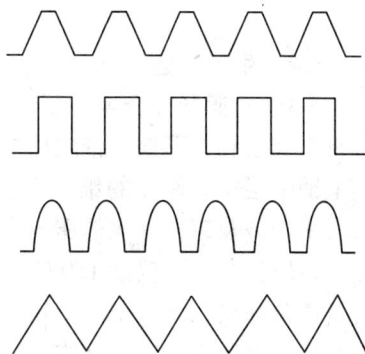

图 9-16　网络的断面基本形式

(4)组坯

在网络的节点上涂胶，在其上下面覆盖表背材料。表背材料根据力学性能、外观等要求，可选择竹片、木单板、胶合板、贴面板等多种平板状材料，可用单层也可用多层。所用胶黏剂根据需要可选择脲醛树脂或酚醛树脂。

(5)热压

板坯在热压机中热压，热压工艺为：单位压力 0.5 ~ 1.2MPa，依表材的厚度和网络形式而定。热压温度为 110 ~ 120℃(脲醛树脂胶)或 120 ~ 175℃(酚醛树脂胶)，热压时间在 1.5 ~ 4min，依板材厚度和材料而定。

9.4.2.3 性能与用途

复合网络板具有密度轻、用料省、成本低、比强度高、导热系数小等特性，其物理力学性能见表 9-13。表中所用竹材厚度为 1mm。

表 9-13　复合网络板的性能

板材种类	密度 (g/cm³)	耐压值 (MPa)	静曲强度 (MPa)	导热系数 [kcal/(m·h·℃)]	强重比
浸渍纸覆面竹网络板	0.25	> 5.45	—	0.038	—
单板覆面竹网络板	0.338	> 5.5	10 ~ 15	0.038	295 ~ 443
水泥蛭石板	0.4 ~ 0.5	> 0.25	—	0.08 ~ 0.12	—

注：1cal = 4.186 8J。

由于复合网络板具有上述特性，通过表面装饰加工后，可广泛应用于家具、活动房、天花板、隔热隔声材料、包装材料等，是一种很有开发价值和开发前途的新型材料。

9.4.3 木椽-竹碎料复合空心板

9.4.3.1 板材结构

木椽-竹碎料复合空心板结构类似于空心砼预制板。板材中部为空心竹碎料板，周边为木材框架，除起封闭、加固作用外，还有便于开榫、连结金属构件等的作用。

9.4.3.2 生产工艺

木椽-竹碎料复合空心板的板坯铺装目前由手工完成，先在木模中铺一层细碎料，再将木椽条和方形铁条依顺序排在底层碎料中，然后用粗碎料将空隙填满压实，最后在其上铺一层相应厚度的细碎料。为便于脱模，常在预埋铁条的四壁均匀地涂一层肥皂水。木椽条及碎料一次热压胶合成型。

热压工艺为：温度150℃，热压时间30min，单位压力4MPa。热压成型后用专用设备将铁条抽出，复合空心板锯成一定长度规格后，再于两端用相应规格的木椽条封闭空心孔口，最后进行修整装饰。

9.4.3.3 性能与用途

木椽条竹碎料复合空心板根据要求设计幅面和厚度，一般厚度为40mm。板材具有质轻、牢固、隔音、隔热、价格低廉等优点，可广泛用做建筑门板、隔墙板等。

9.5 天然植物纤维-塑料复合板

天然植物纤维-塑料复合板是指以木材或各种木质纤维素纤维材料为基本体，通过与塑料用不同复合途径形成的一种新型材料。

由于天然植物纤维-塑料复合板充分发挥材料中各组分的优点，克服单一材料的缺点，改进材料的物理力学性能和加工性能，降低成本，提高附加值，扩大其应用范围。该材料经特殊加工、增强处理等可以获得普通木质人造板所不具有的性能。例如，重量轻，热稳定性好、尺寸稳定性好、可以制成各种断面形状的模压制品等。因此，这种材料在许多领域已部分成为钢材、塑料等主要工程材料的代用品。

9.5.1 原料及其相容性

在天然植物纤维-塑料复合材料体系中，塑料是基体相，天然植物纤维是增强相，塑料和天然植物纤维之间的界面是界面相。因此，该复合材料的整体性能主要取决于：塑料基体的强度、植物纤维增强体的强度和这两者的界面强度。因此要提高天然植物纤维-塑料复合板的整体综合性能，就必须合理的选择塑料基体、植物纤维（增强相）以及改善二者的界面相容性。

9.5.1.1 天然植物纤维

天然植物纤维是天然纤维的一种，主要化学成分是纤维素，所以又称纤维素纤维。

天然植物纤维作为一种新的环境友好材料，资源丰富，容易获得，价格低廉，它的密度比所有的无机纤维都小，而模量和抗拉强度与无机纤维相近；天然植物纤维复合材料加工时耗能少，对加工设备的损耗小，有利于节约能源。它最突出的优点是具有生物可降解性和可再生性，这是其他任何增强材料所无法比拟的，而且在聚合物复合材料中是非常好的增强材料，常用的有木材、麻类、竹类、农作物秸秆、沙生灌木、稻壳、蔗渣、椰子壳等，它可以代替一些昂贵的而又不可再生的合成纤维以及玻璃纤维、碳纤维等。

（1）天然植物纤维的分类

①天然植物纤维根据来源可分为：韧皮纤维（如亚麻纤维、黄麻纤维、芒麻纤维、大麻纤维等），种子纤维（如棉纤维、椰纤维等），叶纤维（如剑麻纤维等），茎秆类纤维（如木纤维、竹纤维以及草茎纤维等）。

其中，韧皮纤维、木纤维和竹纤维是用做天然纤维复合材料增强体的主要材料。其中麻纤维和竹纤维的抗拉强度比其他天然纤维高，又将其称之为高性能天然纤维。

②按照天然植物纤维的形态可分为：长天然植物纤维、短天然植物纤维和天然植物纤维颗粒等。

（2）天然植物纤维的化学组成

天然植物纤维是复合材料的主要承力组分，它不仅能提高材料的强度和模量，而且能减少收缩，提高热变形温度和冲击强度等。它的主要组成成分仍然是纤维素、半纤维素和木质素。

（3）天然植物纤维特性对复合材料的影响

由于天然植物纤维表面存在有大量的羟基基团，使复合材料具有极性和吸水性，两者对复合材料的力学性能、耐热性以及吸水性都有很大影响。

首先，天然植物纤维表面的亲水性会吸附环境水分和其他杂质如灰尘等，从而在复合时形成植物纤维表面与塑料的弱边界层，降低复合材料的界面结合力。

其次，大量的羟基在天然植物纤维表面形成分子间氢键，使天然植物纤维不易于在非极性聚合物基体中分散。在复合材料的制备过程中，植物纤维趋于相互聚集，形成纤维团、束，引起应力集中以及产生缺陷的概率增大，造成材料力学性能下降。

第三，物理吸附（范德华力）是天然植物纤维表面与塑料基体间的主要机理之一，在潮湿的环境中，复合材料中的天然植物纤维表面的羟基基团将吸附水分，使材料的尺寸稳定性较差。

9.5.1.2 树脂基体

用于天然植物纤维复合材料中的树脂基体，除了要满足制品使用要求的物理化学性能，使结构能在一定的环境下正常工作外，还要考虑基体材料的成型工艺性、与天然植物纤维的物理化学相容性以及环境友好性等。树脂基体的选择对天然植物纤维复合材料制品的成本也有很大影响。基于以上因素，目前在天然植物纤维复合材料中应用较为广泛的热固性树脂基体主要有脲醛树脂、酚醛树脂、不饱和聚酯树脂等。热塑性树脂天然植物纤维复合材料制品废弃后一般可以回收利用，因此受到人们的广泛关注，使用量有逐年上升趋势，目前研究较多的有聚丙烯、聚氯乙烯等。可生物降解树脂基体将天然植物纤维剔除后可制成具有可完全生物降解性能的复合材料，是解决目前困扰人类环境污染问题的有效途径之一。

（1）树脂基体的分类

一般可分为两大类：热固性树脂和热塑性树脂。其中，热固性塑料包括环氧树脂、酚醛树脂以及不饱和聚酯等，热塑性塑料包括聚乙烯、聚丙烯、聚氯乙烯和聚苯乙烯等。目前，用来做天然植物纤维-塑料复合材料的树脂主要有聚乙烯、聚丙烯、聚氯乙烯等。

（2）树脂基体的特性

①聚乙烯。聚乙烯是产量最大，应用最广的塑料品种，是高分子量的直链烷烃。根据其制备方法不同有高压聚乙烯和低压聚乙烯之分，按密度分可以分为低密度、中密度、高密度。低密度聚乙烯的熔融温度为 108～126℃，中密度聚乙烯熔融温度为 126～134℃，高密度聚乙烯的熔融温度为 126～137℃范围。

目前在木塑复合材料中应用较多较成功的是高密度乙烯，其材料性能能够在某种程度上接近于聚丙烯，如用废旧聚乙烯塑料桶等制成的木塑复合材料制品能够满足用户对产品性能的需要，有一定的模量强度，但又不是太脆，所以得到了越来越广泛的使用。

②聚丙烯。聚丙烯是线型链烷聚合物，是一种比较典型的聚烯烃塑料，和聚乙烯有颇多相似处，聚丙烯密度较小($0.9～0.91g/cm^3$)，使用温度范围宽，机械性能优越、耐高温、耐腐蚀、无臭无味，具有优异的化学稳定性，其性能价格比较高，且树脂密度较低，易于与天然植物纤维复合形成较好性能的轻型复合材料。

聚丙烯是在木塑复合材料的应用与研究中应用较早的塑料种类。早在 20 世纪 80 年代就有用挤出热压法生产的塑料复合材料板材应用于轿车内饰件，目前木纤维聚丙烯复合材料也被用做建筑材料。

聚氯乙烯、聚苯乙烯在生物质纤维基复合材料中的应用比较多。

（3）树脂基体在复合材料中的作用

塑料基体作为连续相，把单一纤维黏结成一个整体，使纤维共同承载，才能发挥增强材料的特性。在复合材料受力时，力通过基体传递给纤维，也就是说，基体起着均衡载荷、传递载荷的作用。在复合材料的生产与应用中，基体起着保护纤维、防止纤维磨损的作用。

9.5.1.3　天然植物纤维与树脂基体的相容性

天然植物纤维-塑料复合材料尽管有好多优点，但它最大的缺点限制了它在外部的应用，那就是天然植物纤维具有较强的吸水性，原因在于天然植物纤维表面存在极性基团，而聚合体存在的是非极性基团，二者结合时界面作用较弱，很难形成良好的融合体系，所以对水分吸收的抵制作用很小。为改善天然植物纤维与聚合体的界面结合，提高其力学性能，必须解决二者界面相容性。目前，解决界面相容性的有效途径就是对天然植物纤维进行改性处理——偶联剂改性处理。

偶联剂的作用是降低异相材料的界面张力，提高润湿性能，增强界面结合力，从而改善和提高材料的性能。

偶联剂又称表面化学处理剂或架桥剂，它是具有两亲结构的物质（即分子中一端是极性基团，另一端是非极性基团）。其分子一部分基团可与天然植物纤维表面的某种官能团反应，形成强有力的化学键，另一基团可与有机高分子发生某些化学反应或物理缠绕，从而将两种性质差异的材料牢固结合起来。偶联剂能使天然植物纤维和有机高分子之间产生具有特殊结构的"分子桥"，改变了天然植物纤维的表面状态和性质。目前应用于木塑复合材料的偶联剂主要有以下几种：硅烷偶联剂、钛酸酯偶联剂和铝酸酯偶联剂等。

9.5.2 复合途径

以木质纤维材料为主要原料的木塑复合材料有多种复合途径，不同复合途径所形成的材料在品种、性能和用途上都有很大的差异。

一般情况下，天然植物纤维-塑料复合材料根据其组元形态、复合比例以及其加工过程主要分为三种复合途径：一是以塑料加工为特征的复合途径（高温捏合—挤出、注塑）；二是以人造板加工为特征的复合途径（低温混合—平压或模压成板）；三是以无纺织加工为特征的复合途径（长短纤维混杂—针刺成坯—模压成型）。现分别叙述如下：

9.5.2.1 以塑料加工为特征的复合途径

该复合途径是以塑料加工工艺为基础，通过混炼造粒、注塑成型、挤出成型而形成的生物质纤维基复合材料。

（1）原料形态、配比

此工艺适用于原料形态为植物纤维（或粉末）与粒状或片状的塑料，其中常选用木粉或其他植物粉，颗粒大小为 10～80 目，而且为保证加工过程良好的传递性，天然植物纤维材料的比例一般不超过 50%，因为生物质纤维材料的含量过高，会导致物料的流动性变差，最终影响复合材料的力学性能。因此，对于挤出或注塑模压工艺来说，物料熔融态的流变性是非常重要的。

（2）工艺流程（图 9-17）

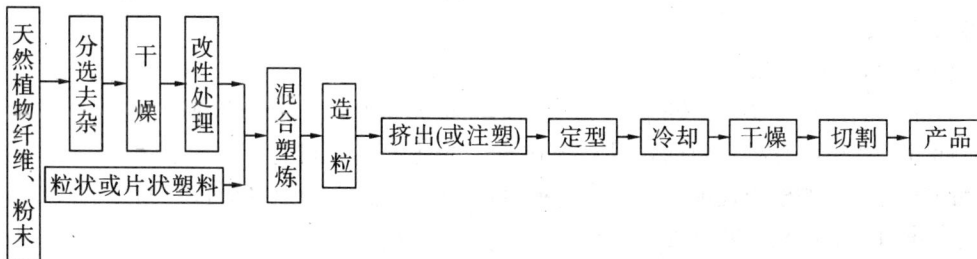

图 9-17 天然植物纤维-塑料复合板塑料成型工艺流程

9.5.2.2 人造板加工为特征的复合途径

该复合途径是将天然植物纤维材料与塑料材料经简单的常温复合方式（组坯）后再热压形成复合材料。

（1）原料形态、配比

该工艺适用于原料形态为纤维、刨花、木单板与各种粒状、片状的塑料，而且天然植物纤维材料的含量一般在50%以上，甚至可达70%。此工艺的特点是可以加工各种不同的天然植物纤维材料形态的天然植物纤维-塑料复合材料板材或型材。如木塑复合胶合板、天然植物纤维-塑料复合刨花板、天然植物纤维-塑料复合板材及模压制品等。在这种复合材料的复合过程中，塑料既可以作为传统人造板改性剂也可以完全代替传统人造板的黏合剂。

（2）工艺流程

工艺流程如图9-18所示。

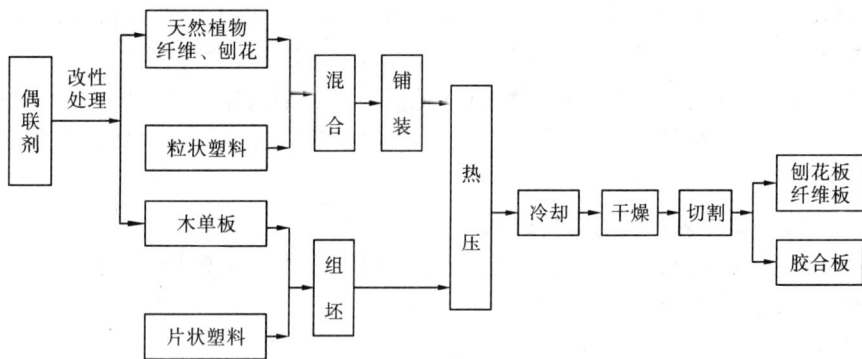

图9-18　天然植物纤维-塑料复合人造板成型工艺流程

9.5.2.3　以无纺织加工为特征的复合途径

无纺织工艺途径是20世纪80年代中期发展起来的一种天然植物纤维-塑料复合技术，适用于原料形态为天然植物纤维（如木纤维、麻纤维等）与合成纤维。这种工艺主要特征是将木纤维与合成纤维按一定比例混合（开松），然后将这种混杂纤维通过气流铺装成均匀的坯料，再经过针刺织成具有一定强度的卷材。这种卷材再经过热压模压成各种异性材。

（1）原料形态、配比

该工艺的原料形态为纤维状，天然植物纤维如木纤维、麻纤维等，塑料是合成纤维，而且天然植物纤维材料的含量一般在60%以上，甚至可达80%。这种工艺主要特征是改善了材料的模压性能，通过合成纤维的搭接，增加天然植物纤维与合成纤维之间的交织作用，提高板坯初强度，改善卷材的模压性能。

（2）工艺流程

工艺流程如图9-19所示。

9.5.3　天然植物纤维-塑料复合板性能及用途

木塑复合板由于无甲醛释放、耐水性好、强度高等特点，具有广泛的用途。根据对材料性能要求的不同，可以通过调整材料中木材与塑料配比及采取不同的板材后处理方

偶联剂　　　　　气流铺网

天然植物纤维 → 分选去杂 → 干燥 → 改性处理 → 混合 → 开松 → 混合料 ↓ 坯料 →

合成纤维　　　　　针刺

→ 卷材 → 热压 → 冷却 → 产品

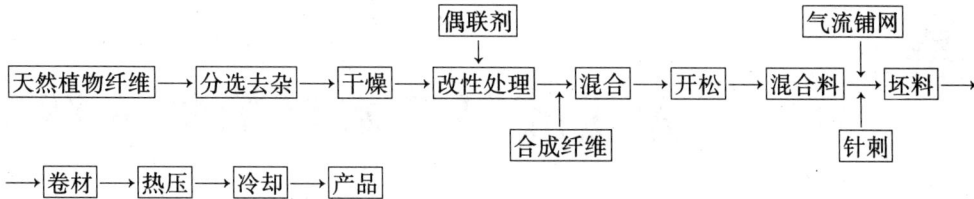

图9-19　天然植物纤维-塑料复合板无纺织成型工艺流程

法，使其适合于不同的应用领域。

根据不同复合途径形成的木塑复合材料的性能特点，其主要应用领域有：

①高尺寸稳定性、高防水性的各种室外用板材和结构板材，如室外用隔离板、公园的桌椅等设施；

②新型建筑材料，如地板、墙板、屋顶板等；

③环境安全型人造板；

④各种建筑装修装饰用装饰板材及异形装饰材料；

⑤各种新型包装材料；

⑥轿车内饰材料；

⑦其他实木替代品等，如建筑用混凝土水泥模板，货运托盘等。

思考题

1. 什么是夹芯细木工板？其芯料是由什么材料通过何种方法制成？它的边框为什么要采用软杂木？

2. 竹材覆面定向碎料板的产品特点。

3. 什么是复合网络板？其工艺特点和产品特点是什么？

4. 什么是天然植物纤维-塑料复合板？其主要原料有哪些？采用哪几种复合途径？

第 10 章

无机胶凝非木材植物人造板

胶黏剂是人造板的主要原料,人造板的性能在很大程度上依赖于胶黏剂。胶黏剂按化学组成可分为有机与无机两大类。普通人造板及前述章节的各种非木材植物人造板均采用有机高分子胶黏剂,如脲醛树脂、酚醛树脂、三聚氰胺甲醛树脂、异氰酸酯等。另一类胶黏剂如水泥、石膏、水玻璃等属无机胶黏剂,在人造板工业上也有应用。由于它的固化和胶结原理与一般有机胶黏剂不同,称为无机胶凝材料比较合适。

无机胶凝材料在人造板行业中的应用历史很早,20 世纪初即已出现水泥碎料板,其后出现了石膏碎料板、石膏纤维板、菱苦土制品等。

无机胶凝材料原料来源广、价格低廉,压制的板材除具有一定强度与刚度外,还具有尺寸稳定性高、耐火耐候性好和防腐防虫等特点,是一种较为理想的建筑材料和装修、包装用材料。

无机胶凝材料种类很多,按硬化条件可分为气硬性胶凝材料和水硬性胶凝材料。气硬性胶凝材料包括气硬性石灰、石膏、氧化镁、水玻璃等,水硬性胶凝材料主要为水泥。

人造板工业中应用的无机胶凝材料主要为水泥、石膏及氧化镁等,无机胶凝非木材植物人造板就是采用这类材料作胶黏剂与非木材植物相结合制成的人造板材。

10.1 无机胶凝材料

10.1.1 几种无机胶凝材料的性能

任何无机材料当与水或适当的盐类水溶液混合后,在常温下经过一定的物理化学变化过程能由浆状或可塑状而变为坚硬固体,并因此能将松散材料胶结为整体者,即可称为无机胶凝材料或无机胶结材料。

无机胶凝材料有气硬性胶结料和水硬性胶结料之分,区分这一点,对胶结材料的实际应用有很大意义。水硬性胶结材料,既可用于地上较干燥的地方,也可用于水下、地下、地上潮湿之处。而气硬性胶结材料一般只宜用于地上,不宜用于过分潮湿之处或水下。

10.1.1.1 石膏

(1)石膏的几种存在形式

用于建筑材料的石膏,包括天然石膏和化学石膏。天然石膏有天然二水石膏

($CaSO_4 \cdot 2H_2O$)和天然无水石膏($CaSO_4$)。天然二水石膏质地较软，天然无水石膏质地较硬，故又称硬石膏。工业生产中常用的是天然二水石膏，一般提到"石膏"大多数情况下指的是天然二水石膏。

纯净的二水石膏是透明或无色的，有纤维状、针状、片状等晶体形态。天然二水石膏矿往往含有较多杂质，从状态看，有透明石膏、纤维石膏、雪花石膏、片状石膏、泥质石膏和土石膏等。石膏中二水石膏所占的含量，常称为品位，以此来对石膏分级。一级石膏，含二水石膏95%以上；二级石膏，含二水石膏85%以上；三级石膏含75%以上。生产建筑石膏板材大都要用三级以上的石膏。

化学石膏，一般是指各种工业生产中的副产品，是工业废渣，其中含有一定数量的二水石膏，还含有较多杂质，称呼这些石膏时习惯在其前面加上原主要产品类型或石膏来源的名称，如磷石膏、氟石膏、排烟脱硫石膏、硭硝石膏等。

石膏有多种存在形态，石膏加热以后会由二水石膏逐步转化为另一种形态，吸湿以后，又会发生相反的变化。生产石膏建筑制品就是依据石膏的这种性质。用于非木材植物胶结的为半水石膏，也即建筑石膏。

(2)建筑石膏胶凝机理

建筑石膏是将天然二水石膏在380~443K的温度下煅烧成熟石膏，经磨细而成。它的主要成分是半水石膏。

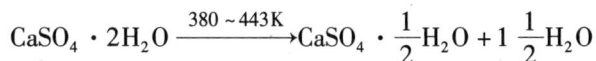

$$CaSO_4 \cdot 2H_2O \xrightarrow{380~443K} CaSO_4 \cdot \frac{1}{2}H_2O + 1\frac{1}{2}H_2O$$

建筑石膏为白色粉末，相对密度为2.60~2.75g/cm^3，堆集密度为800~1 000 kg/m^3。

建筑石膏与适当的水混合，最初成为可塑的浆体，但很快就失去塑性并产生强度，并发展成为坚硬的固体。发生这种现象的实质是：

首先，半水石膏溶解于水(溶解度为8.5g/L)，很快成为饱和溶液。溶液中的半水石膏与水化合，还原成二水石膏。

由于二水石膏在水中的溶解度(二水石膏的溶解度为2.05g/L)比半水石膏小得多，半水石膏的饱和溶液对于二水石膏就成了过饱和溶液。所以，二水石膏的析出，溶液中的半水石膏下降为非饱和状态，新的一批半水石膏又被溶解于溶液中，溶液又达到饱和而分解出第二批二水石膏，如此循环进行，直到半水石膏全部耗尽。浆料中的自由水分因水化和蒸发而逐渐减少，二水石膏胶体微粒数量不断增加，浆体变稠，颗粒间的摩擦力和黏结力逐渐增加，因而浆体可塑性逐渐减小，表现为石膏的"凝结"。其后，浆体继续变稠，并逐渐转变为晶体，晶体长大，共生和相互交错，从而逐渐产生强度。随着干燥，内部水分排出，晶体之间的摩擦力和黏结力逐渐增大，石膏强度也随着增加，直到完全干燥，强度才停止发展，这就是石膏凝结硬化过程。

(3)建筑石膏的性质

建筑石膏的凝结时间，随煅烧火候和杂质含量而定，一般只需5~30min。在室内自然干燥条件下，达到完成硬化的时间约需7天。

建筑石膏凝固时，不像石灰和水泥那样出现收缩，反而略有膨胀(约1%)。硬化时还会出现裂缝。所以，纯石膏浆可以浇注成尺寸准确，表面光滑细致的构件。

石膏硬化后，内部具有大量孔隙，孔隙率可达50%~60%，故其密度小（400~900kg/m³），导热系数较低[0.121~0.206W/(m·K)]，强度也较低。建筑石膏硬化后具有较强的吸湿性，吸湿后，晶体间黏结力减弱，强度显著下降，遇水则晶体溶解引起破坏。吸水后受冻，更易崩裂。所以，单纯建筑石膏的耐水性和抗冻性均较差。

当石膏遇火时，由于二水石膏中的结晶水蒸发，吸收热量，表面生成的无水物又是良好的绝热体，故石膏的防火性好。

（4）建筑石膏的应用

除作模型和抹面灰浆之外，建筑石膏大量用做墙体与吊顶的装修板材。目前的石膏板有：

纸面石膏板：建筑石膏粉加入增强材料和水搅拌成均匀料浆，浇注成型并覆以石膏纸板，再经凝固、切断、烘制成板材。

石膏装饰板：建筑石膏加纤维增强材料及少量添加剂，加水搅拌、成型、修边、干燥而成。可做成平板、多孔板、花纹板、浮雕板等，花色多样、造型美观，非木材植物石膏板材即属于这一类。

10.1.1.2 水泥

（1）水泥的凝结硬化

水泥的品种较多，但在讨论它们的性质和应用时，硅酸盐水泥是最基本的。非木材植物水泥板常用硅酸盐水泥为胶接材料。了解硅酸盐水泥的凝结硬化对板材的研究与生产有着重要意义。

水泥加水拌和后，成为可塑的水泥浆，水泥浆逐渐变稠失去塑性，但尚不具有强度的过程，称为水泥的"凝结"。随后，产生明显的强度，并逐渐发展成为坚硬的水泥石，这一过程称为水泥的"硬化"。凝结与硬化是人为地划分的，实际上水泥的凝结硬化是一个连续而复杂的物理化学变化过程。

①水化。水泥颗粒与水接触，在其表面的熟料矿物立即与水发生水解或水化作用，形成水化物并放出一定的热量：

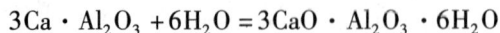

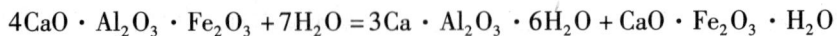

$$2(3CaO \cdot SiO_2) + 6H_2O = 3CaO \cdot 2SiO_2 \cdot 3H_2O + 3Ca(OH)_2$$

$$3Ca \cdot Al_2O_3 + 6H_2O = 3CaO \cdot Al_2O_3 \cdot 6H_2O$$

$$4CaO \cdot Al_2O_3 \cdot Fe_2O_3 + 7H_2O = 3Ca \cdot Al_2O_3 \cdot 6H_2O + CaO \cdot Fe_2O_3 \cdot H_2O$$

硅酸三钙水化很快，生成的水化硅酸钙几乎不溶于水，而立即以胶体微粒析出，并逐渐凝聚而成为凝胶。用电子显微镜观察，水化硅酸钙是大小与胶体相同、结晶较差的薄片状或纤维状微粒。水化生成的氢氧化钙在溶液中的浓度很快达到过饱和，呈六方晶体析出。水化铝酸三钙为立方晶体，在氢氧化钙饱和溶液中它能与氢氧化钙进一步反应，生成六方晶体的水化铝酸四钙。

为了调节水泥的凝结时间，水泥中掺有适量石膏，铝酸三钙和石膏反应生成高型水化硫铝酸钙（$3CaO \cdot Al_2O_3 \cdot 3CaSO_4 \cdot 31H_2O$）和低硫型水化硫铝酸钙（$3CaO \cdot Al_2O_3 \cdot CaSO_4 \cdot 12H_2O$）。生成的水化硫铝酸钙是难溶于水的稳定的针状晶体。

水泥浆在空气中硬化时，表层水化形成的氢氧化钙还会和空气中的二氧化碳反应，生成碳酸钙。在完全水化的水泥石中，水化硅酸钙约占50%，氢氧化钙约占25%，其余的为上述的其他物质。

②凝结硬化。水泥的凝结硬化过程至今还未完全弄清楚，当前的看法如下：

水泥颗粒的水化从其表面开始，水与水泥接触，水泥颗粒表面的水泥熟料先溶于水，然后与水反应，或水泥熟料在固态直接与水反应，形成相应的水化物，水化物溶解于水。由于各种水化物的溶解度很小，水化物的生长速度大于水化物向溶液中扩散的速度，一般在几秒或几分钟内，在水泥颗粒周围的液相中，氢氧化钙、石膏、水化硅酸钙、水化铝酸钙、水化硫铝酸钙等的浓度，先后呈饱和或过饱和状态，因而从液相中析出，包在水泥颗粒表面，其中氢氧化钙、水化硫铝酸钙、水化铝酸钙系结晶程度较好的物质，水化硅酸钙则是大小为 $10 \times 10^{-10} \sim 1\,000 \times 10^{-10}$ m 的粒子或微晶，比表面积很大，相当于胶体物质，胶体凝聚形成凝胶。由此可见，水泥水化物中有凝胶与晶体。

水化初期，由于水化物尚不多，包有水化物膜层的水泥颗粒之间还是分离着的，相互间引力较小。

水泥颗粒不断水化，随时间的推移，使包在水泥颗粒表面上的水化物增多，所形成的膜层是以水化硅酸钙凝胶为主体的半渗透膜层。

水分渗入膜层内的速度大于水化物通过膜层向外扩散的速度，因而产生渗透压力，膜层内部水化物的饱和溶液向外突出，使膜层终于破裂。膜层的破裂，使周围饱和程度较低的溶液有可能与尚未水化的内部接触，而使反应速度加快，直至新的凝胶体重新修补破裂的膜层为止。膜层的破裂是无定时、无定向发生的。

水泥凝胶体膜层的向外增厚和随后的破裂伸展，使原来水泥颗粒之间被水所占的空隙逐渐缩小，而包有凝胶体的水泥颗粒则逐渐接近，以至在接触点相互黏结，水泥浆体黏度就会不断增高，这个过程的进展，使水泥浆的可塑性逐渐降低，这就是水泥的凝结过程。

水泥颗粒之间不断缩小的空隙称为毛细孔，毛细孔内的溶液，其中的水分有一部分消耗于水化，而水化物数量则逐渐增多，所以溶液终于达到过饱和，形成的凝胶体进一步填充毛细孔，使浆体逐渐产生强度而进入硬化阶段。

（2）水泥的主要技术性质

①细度。水泥颗粒粒径一般在 0.007 ~ 0.2mm，颗粒越细，水化越快且较完全，早期强度和后期强度都较高，但在空气中的硬化收缩性较大，成本也较高。

②凝结时间。凝结时间分初凝与终凝。初凝为水泥加水拌和时至标准稠度，水泥浆开始失去可塑性时所需时间；终凝为水泥加水拌和起至标准稠度，水泥浆完全失去可塑性并开始产生强度所需时间。水泥的凝结时间在使用中具有重要意义。初凝不能过快，以便有足够的时间完成拌和、运输、铺装成型等工序。当这些工序完成后，则要求尽快硬化，具有强度，故终凝时间不能过长。

国家标准规定，水泥的初凝时间不得早于45min，终凝时间不得迟于12h。一般国产硅酸盐水泥的初凝时间多为 1 ~ 3h，终凝时间多为 5 ~ 8h。

（3）强度与标号

水泥的强度是指水泥硬化一定龄期后，其胶结能力的大小。水泥的标号就是根据水泥强度的高低来划分的，表10-1列出了几种常用水泥的强度指标。

表10-1 几种常用水泥的标号与强度指标

水泥品种	水泥标号	抗压强度（MPa）			抗弯强度（MPa）		
		3天	7天	28天	3天	7天	28天
硅酸盐水泥	425	18.0	27.0	42.5	3.4	4.6	6.4
	525	23.0	34.0	52.5	4.2	5.4	7.2
	625	29.0	43.0	62.5	5.0	6.2	8.0
普通硅酸盐水泥	225	—	13.0	22.5	—	2.8	4.5
	275	—	16.0	27.5	—	3.3	5.0
	325	12.0	19.0	32.5	2.5	3.7	5.5
	425	16.0	25.0	42.5	3.4	4.6	6.4
	525	21.0	32.0	52.5	4.2	5.4	7.2
	625	27.0	41.0	62.5	5.0	6.2	8.0

10.1.1.3 其他几种无机胶凝材料

（1）石灰

石灰是使用历史最久，也是目前建筑工程中应用最广泛的胶凝材料之一。它不仅可以作为单独的胶结材料使用，也可与其他矿物粉末材料混合制成建筑材料。

依硬化条件不同，石灰也有气硬石灰与水硬石灰之分。板材的生产中常用气硬性石灰。它是用主要成分为碳酸钙或含一部分碳酸钙，并含有较少黏土杂质（8%以下）的石灰岩煅烧而制成的以氧化钙为主要成分的气硬性胶结材料，通称石灰。

石灰的硬化是由于氧化钙在水中生成氢氧化钙，它由胶体转为结晶，或氢氧化钙与空气接触被空气的二氧化碳碳化成碳酸钙。

（2）水玻璃

水玻璃是将硅酸钠溶于水中而制成，在建材生产中常以液态应用，故又称液体玻璃。它与普通玻璃的区别是能溶于水，以后又能在空气中硬化。

水玻璃为一种无机胶，与有机胶相比，水玻璃不燃烧，也不腐朽。

水玻璃在空气中二氧化碳的作用下，由于干燥和析出无定形含水氧化硅而硬化。与其他胶凝材料比，水玻璃有较高的耐酸性。但它不能抵抗强酸与强碱作用，也不能抵抗水的长期作用。

（3）菱镁土

菱镁土为用菱镁矿或白云岩煅烧，磨细而成的气硬性胶结材料。它的主要成分为氧化镁或氧化镁与碳酸钙的混合物。

菱镁土用水拌和，所得浆体凝结极慢，硬化后强度极低。所以应当用多种盐类的水溶液拌和。常用的盐溶液有氯化镁、硫酸镁、硫酸亚铁等。菱镁土与这些盐溶液拌和后生成复杂的混合物。生成物从过饱和溶液中凝成胶体以后又生成结晶，即产生了菱镁土的硬化。当温度提高时，硬化过程会加快。

菱镁土与大多数植物纤维有良好的结合性，故常用来与植物纤维制成复合板材。

10.1.2 无机胶凝材料与非木材植物的结合特征

无机胶凝材料与水或适当的盐类水溶液混合后，在常温下经过一定的物理化学变化过程能由浆状或可塑状变为坚硬固体，从而能将松散的纤维材料胶结为整体。因此，无机胶结材料的胶结作用实际上就是凝结硬化。

非木材植物纤维材料同木材纤维材料一样，在与无机胶结材料结合中最突出的特点就是对其凝结硬化起阻碍作用，而且由于非木材植物中的阻凝物质含量高，其阻碍作用更加显著。

10.1.2.1 水泥

对水泥的阻凝作用主要是半纤维素、淀粉、单宁及其他抽提物，这些成分在非木材植物原料中含量较高，在水泥浆料与非木材植物纤维混合料中，其 pH 值为 11～12，呈碱性状态，形成了半纤维素的水解条件，水解出的单糖溶于水后对水泥的凝结起阻碍作用。同时，原料中的淀粉转化成糖与油脂，油脂在纤维材料周围形成一层油脂薄膜，阻止水泥浆的凝结。

对植物纤维原料与水泥结合的内在联系及机理还不十分清楚，但从实验可以肯定，糖类对水泥凝结有很大影响。此外有研究认为，有机酸吸附在参加水化固相物质表面以及 $C_4A_3\bar{S}$ 粒子(或 $C_3\bar{S}$、$C_2\bar{S}$、C_3A 粒子)已水化产物周围的表面上，使水分子及 Ca^{2+}、SO_4^{2-} 离子都较慢地进入 $C_4A_3\bar{S}$ 等粒子中去，使无水硫酸钙的消失变得缓慢。

由于植物纤维的上述作用，许多树种木材及非木材植物原料直接用于与水泥制作复合板是不适宜的，它使板材的生产周期加长，有时甚至使水泥始终不能形成起码强度。因此，对植物纤维尤其是非木材植物纤维的处理或改性以及在复合板生产中加入速凝剂就成为必不可少的工序。

10.1.2.2 石膏

对于石膏胶结料，纤维原料中的水抽物影响较大，它不仅对石膏的凝固有阻碍作用，而且对板材的强度有不同程度的影响。

在对石膏复合板强度的影响中，阻凝作用有时起提高作用，有时则起降低作用。就是说，石膏胶结纤维人造板的生产中，石膏的水化过程过快过慢均不符合工艺要求，故在生产中往往要进行与水泥复合板不完全相同的处理。水泥复合板的原料处理是单一的促使其生产过程的速凝，而石膏复合板的原料处理则有时是使其速凝，有时使其缓凝。

10.1.3 非木材植物原料的处理或改性

10.1.3.1 水泥胶结人造板中的原料处理

对原料的处理主要是减少原料中糖类和水溶性物质或限制其作用，方法有自然处理法、物理处理法和化学处理法。

(1) 自然处理法

最简单的方法就是在自然条件下氧化。将原料贮放在空气中，特别是阳光下，单宁氧化并渗入材料的细胞壁内，水溶性糖受到各种细菌作用，发酵和部分氧化，并在干燥过程中玻璃化或结晶，变成不溶性糖。半纤维素在贮存过程中，易水解的物质也会减少。

在自然水解中也可加入催化剂加快氧化过程，如某些无机盐使原料呈碱性，在碱性介质中糖类很快被氧化。

原料浸泡也可收到一定效果。不过，自然处理法一般要求过程较长，堆场过大，往往不易在生产中实现。

（2）物理处理法

纤维材料是细胞的集合体，切削后的碎料表面上分布着无数细孔，当雾状油滴与其混合时，毛细现象使油液向孔内渗入，使纤维材料具憎水性。当水、水泥、纤维材料混合后，油类会阻止抽提物向外移动与水泥接触，同时也提高板材耐水性。油处理是简单而有效的方法，一般施加量为 2% ~ 3%。种类有废油、机油、重油等。

有人用抽提方法将纤维材料中的阻凝物分离，但此法工艺复杂，成本较高，实际生产中没有正式采用。

热处理方法也进行了试验，有一定效果，但不十分显著，还有待进一步研究。

（3）化学处理法

化学处理法是应用最多而又最实用的方法，其作用是防止纤维碎料与水泥接触时有机物被分解或有机物溶于水泥浆中，有如下一些方法：

①用纤维原料重量的 0.55% $CaCl_2$ 或 $Ca(OH)_2$ 溶液与纤维材料搅拌 5min。

②加入 1% ~ 10% 的液体石蜡。

③用含量为 5% ~ 36%，pH 值 8 ~ 8.5 的甲醛溶液喷淋纤维，施加量为 1%，在 120℃ 下保持 15 ~ 20min。

④用密度为 1.06g/cm^3 水玻璃按纤维材料重量的 5%，与其搅拌 30min。

据研究，水玻璃处理原料后的板材最终强度不如氯化钙溶液处理原料的高，但氯化钙溶液对纤维原料有选择性，而水玻璃对任何原料都能得到好的效果。

此外，硫酸铝也能作为速凝剂处理纤维材料。

10.1.3.2 石膏胶结复合板中的原料处理

石膏胶结纤维复合板生产中，石膏的水化过程影响着板材的性能，为了控制水化过程，需要加入缓凝剂或速凝剂。

非木材植物原料中的水抽物本身是一种缓凝剂，它的存在推迟了石膏的凝结，延长了从初凝到终凝的时间和水化终点的时间。在生产中有时要加入速凝剂以降低其作用，有时需加入缓凝剂来助其效果。

缓凝剂一般有柠檬酸钠、硼砂、磷酸氢二钠、碳酸钠、磷酸二氢钠、磷酸二氢铵、蛋白胨、白明胶等。

速凝剂有氟化钠、硫酸钾、二水硫酸钙等。

10.2 无机胶凝非木材植物碎料板生产工艺

无机胶凝非木材植物碎料板生产工艺与无机胶凝木材碎料板的生产工艺大致相同，后者有湿法与半干法两种工艺。由于湿法生产工艺存在生产效率低、能耗大、产品质量不稳定等缺点，已为比较先进的半干法工艺所取代。在半干法生产中，根据材料不同和技术发展等因素，可分为如图 10-1 所示的 4 种工艺。图中工艺Ⅰ可称作堆垛式锁模冷压工艺，工艺Ⅱ可称为连续式冷压工艺，工艺Ⅲ可称为热压法工艺，工艺Ⅳ可称为铸模式工艺。以下分别作简单介绍。

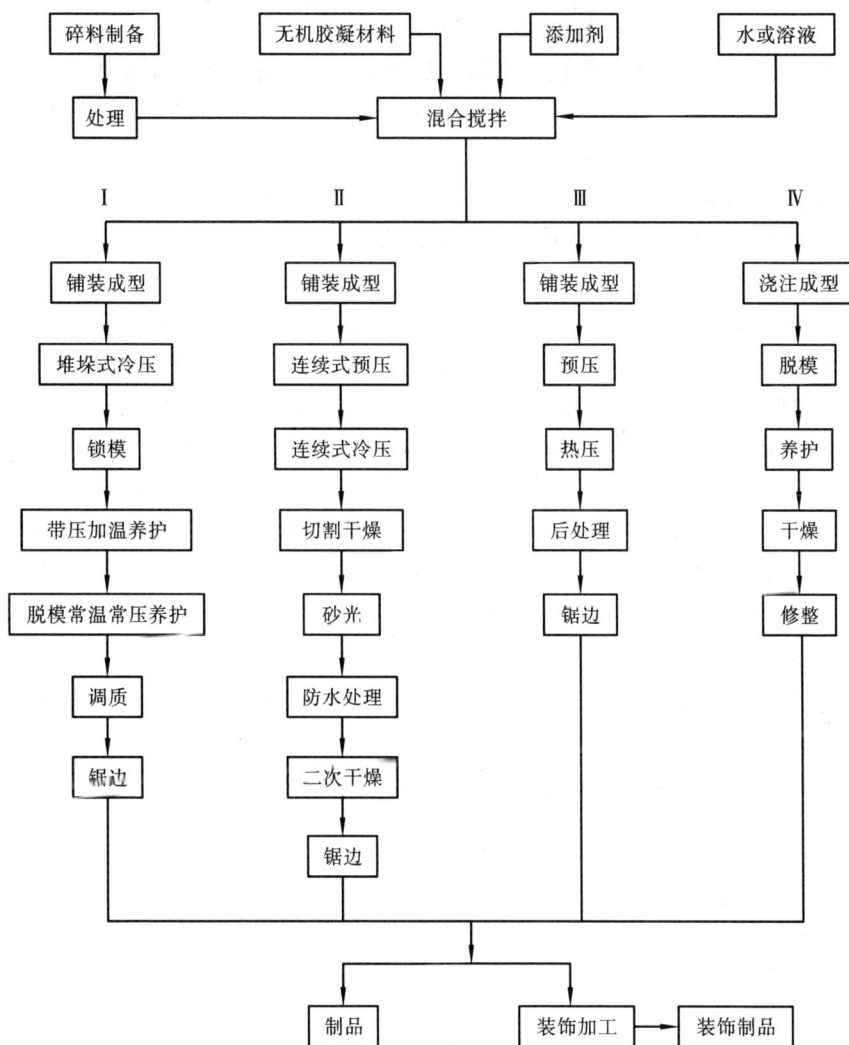

图 10-1 无机胶凝植物碎料板生产工艺

10. 2. 1　堆垛式锁模冷压工艺

这是当前最主要的生产工艺，以水泥、石膏、菱苦土为胶黏剂的复合板材均可采用此工艺。其中以水泥应用最多。现以德国比松公司生产线为例加以说明，工艺中采用的是木材为原料，当采用非木材植物纤维原料时，某些参数需作适当变化。

采用适当比例的纤维原料、水泥、添加剂均匀混合搅拌，混合后的原料含水率约在40% ~ 43% 左右，送入铺装机的 2 个表层料仓与 1 个芯层料仓。

采用气流式铺装机铺装，铺装机有 3 个铺装头，第一个铺装头在铺板坯底面，中间的铺装头在铺芯层，最后 1 个铺装头在铺板坯的表层。铺装后的连续板带被机械式拉开后分别落在垫板上，经称重后在夹紧装置的底板架上堆码成垛，板垛的高度由冷压机开档距离确定，板垛中的板材块数由板材的厚度确定。

板垛连同夹紧装置送入冷压机中加压，压机为下压式单层压机。压机所施压力随成品板材的密度而定。例如，当成品板的密度为 1 200 ~ 1 300kg/m³ 时，冷压机的单位压力为 2. 0 MPa。

加压完毕后，将夹紧装置与其底板架，用销钉锁紧，即锁模以保持板垛压力。压机缓慢卸压，张开压板，将锁模后的板垛用辊筒运输机运入隧道式加温窑，使板材在压力下加温养护。

隧道式加热窑温度为 60 ~ 80℃，此温度与水泥碎料板中水泥的水化热温度相适应。同时，水泥固化时产生的水化热，对窑内的热量也有一定补偿作用。

板垛在窑中加热时，不需输送新鲜空气，以防止水分排出，否则由于水分减少将影响板材养护及成品板的强度。

板垛在窑中加热养护 8h 后，运回冷压机中加压，压力为 2. 5 ~ 3. 0MPa，在此压力下，将板垛的锁紧销钉取掉，缓慢卸压张开压机压板，板垛卸压出板。

板材与垫板分离后堆成无垫板板垛，其高度为 640 ~ 840mm，用叉车将板垛送入贮存库进行常温常压固化。堆放过程中，必须用塑料薄膜覆盖，防止板材中水分散失而使板材发生翘曲与干裂。

板材在常温下固化时间为 7 ~ 14 天，一般情况下 10 天，但最少不能少于 7 天。固化终了时，板材含水率在 25% ~ 30%，厚板的含水率可超过 30%。

为了不使板材在使用过程中发生收缩与翘曲等缺陷，应对含水率在 25% ~ 30% 的板材进行含水率调整，即对板材进行干燥。

板材干燥在干燥窑中进行，温度为 70 ~ 100℃，干燥温度取决于板材厚度与初始含水率，板材最终含水率在 9% ±3%。干燥中应不断排出湿空气，补充新鲜空气，这与板材的加温养护不同。

板材经锯边后即为成品，锯下的板条可打碎、筛选后再用。成品板可进行表面加工，提高板材的使用性能。

10. 2. 2　连续式冷压工艺

此工艺一般用做以石膏为胶结材料的板材生产，不适用于水泥和菱苦土为胶结材料的板材。因为石膏在常温下的固化速度较快。

原料经不同配比混合后，分表、芯、底 3 层铺装，与水泥碎料板相同。铺装好的板带进入预压机。预压后的板坯均匀喷水后，进入压机冷压。

连续式冷压有如下 3 种形式：一是连续式辊压机，喂料辊线压力 2 400N/cm，压力辊线压力 120N/cm；二是随动式压机。随动式压机压下时与生产线上的板坯同速运行，经过一段时间后抬起并迅速返回，如此往复循环，使板坯全长均匀压实；三是连续式平压机，板材始终处于上下两压板的一定压力下前进。此种方法克服了辊筒式压机和随动式压机的缺点，扩大了生产规模和拓宽了产品范围。装上花型皮带时可生产浮雕板，年产量可控制在300 万 ~ 1 500万 m^2，所生产的板材质量好、能耗低、产量高。板材厚度公差 < ±0.3mm，板面光洁，一般可不砂光处理。

冷压后的板材经切割后送入干燥机干燥。干燥机分预热、干燥与冷却三部分，一般分多层，以减少干燥机长度。干燥时注意控制介质温度以免石膏脱水。

干燥后的板材经单面或双面砂光后，用涂胶机涂上防水密封胶并再次烘干。如板材要贴面加工时，则不进行防水处理和再次烘干。

10.2.3　热压工艺

上述采用的冷压法制水泥碎料板和菱镁土碎料板的缺点是显而易见的，一是加压保养时间长，占地面积大；二是需要大量的夹紧装置，锁模与拆模工序麻烦。20 世纪 70 年代起，国外一直在进行热压法水泥胶结碎料板的研究，并取得了成功。

热压工艺可将加压时间缩短到 5min，无需任何夹紧装置，与普通人造板热压工艺相近。此工艺的最大特点是在热压过程中向板坯喷射 CO_2，加快水泥的水化和硬化速度。基本原理源于反应：$CO_2 + Ca(OH)_2 \rightarrow CaCO_3 + H_2O$，此反应导致了硅酸盐水泥的硬化。在冷压法生产中，由于空气中的 CO_2 含量低，这种反应很慢。热压法板坯中的 CO_2 与石灰产生放热反应，温度超过了 120℃，因而板坯从压机出来后可得到一半的最终强度，此强度足以使运输中不损坏，热压后的板坯须堆放 14 天以获得最终强度。

在板材的生产中，由于水泥快速固化，植物中的"阻凝"物还来不及对它产生阻凝作用，就不像冷压法中受一些植物材料的限制，可扩大为更多的植物原料。

二氧化碳首先以液态形式(或粉末状)贮存于储备罐中，使用时升温使之气化，用管道将二氧化碳气体送到热压机，耗气量为水泥重量的 8% ~ 10%。

将原料混合搅拌后送入成型机，环境温度较低时可在混合料中加入一定量熟石膏。铺装后的板坯为渐变形，表层为细碎料。用特制的金属网带将板坯送入压机中，此运输带可密封板坯边部以防二氧化碳气体泄漏。二氧化碳气体从钻有小孔的热压板上喷射向板坯。测试表明，绝大部分气体在热压后的 1.5min 内被吸收，随后板材变硬，使气体渗透困难。

热压后的板材可立即锯边，可根据需要进行砂光，然后将板材堆放 14 天后出厂，出厂时板材含水率为 9%。

国内的卢晓宁等人也进行过热压法水泥碎料板的研究。研究表明，碎料形态对板材性能极其重要，薄型短状碎料适宜作热压法水泥碎料板，长厚比 40 ~ 50，宽度 4mm 左右比较适宜。试验建议，热压工艺中的温度为120℃，时间 1～3min/mm 较好。

研究认为，后期处理也有重要作用。热压法工艺由于加压时间短，压制后的板材尚有部分水泥未水化，且板材有一定温度，水分蒸发较快，3天后的板材含水率约在15%～18%，而一般水泥完全水化所需含水率应大于 25%。要使板材达到最大强度，一定方式的湿处理是必要的。图 10-2 说明了等湿处理对板材静曲强度的影响。微观分析也发现，经湿处理的板材，其水泥结晶度高于未经处理的板材，强度也提高 20%～30%。

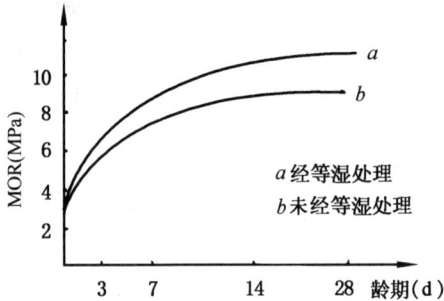

图 10-2 后期处理对板材性能的影响

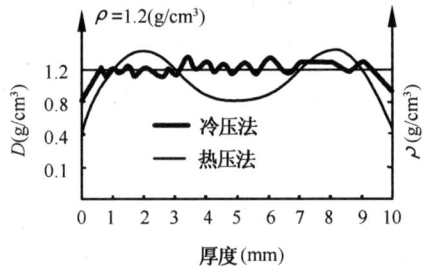

图 10-3 冷压法和热压法水泥碎料板断面密度

热压法水泥碎料板与冷压法的水泥碎料板相比有一定差别，就断面密度而言（图10-3），热压法的中部密度较低，冷压法断面密度变化小。热压法与冷压法水泥碎料板的性能比较见表10-2。

表 10-2 热压法与冷压法水泥碎料板性能比较

性能指标 制造方法	静曲强度 （MPa）	平面抗拉强度 （MPa）	吸水厚度膨胀率 （%）	握螺钉力 （MPa）	脱模静曲强度 （MPa）	冻融系数
冷压法	9～10.5	4～6	1.2～1.6	4～3	0.3～0.35	0.85～0.95
热压法	10～11	3～4	1.5～1.9	5～7	1.5～2	0.85～0.91

从表中可见，热压法的板材静曲强度较高，而冷压法的板材平面抗拉强度较高。总的看来，热压法的板材性能可达到冷压法水平。

10.2.4 铸模式工艺

这种工艺一般用做石膏为胶结料的板材。它与普通的石膏吊顶板或石膏模型的加工一样，工艺比较简单，脱模时间也短，适用于小规模的制品加工。

10.2.5 无机胶凝植物碎料板生产的影响因素

许多因素影响着无机胶凝植物碎料板的质量和工艺运行。从原料及工艺方面分析，有如下一些因素，总结如下（具体的有关情况详见本章10.2.3 与10.2.4）。

（1）原料的影响

①无机胶凝材料的性能。包括石膏产地、品位及性质；水泥标号、细度、凝结等性能；菱苦土和水玻璃等的性能。

②植物碎料的种类与形态。包括植物碎料的组织结构、纤维含量、化学成分特别是水抽物含量以及破碎后的碎料形态及这些材料与无机胶凝材料的适应性等。

③原料混合比。即无机胶结材料与植物碎料、水、添加剂等的混合比,不同的混合比对板材的性能有不同影响。

④添加剂的种类。如促凝剂、缓凝剂和其他助剂的影响,在无机胶凝植物碎料板的生产中,助剂对板材质量、工艺运行、成本高低等均有极大影响。

(2)工艺的影响

①碎料制备。碎料制备的设备、工艺参数以及设备的调节等;

②板坯铺装。板坯的铺装形式、铺装板坯的结构、铺装机的设计构造等;

③厚度与密度控制。堆垛式压制中易于出现厚度与密度的偏差;

④压制工艺。前述4种压制方式,有冷压、热压、连续式辊压、连续式平压、随动式平压等。除此之外,还有压力、温度、时间等工艺参数;

⑤养护或处理。有人工养护、自然养护、加湿处理以及养护和处理中的温度、湿度、时间等。

10.3 非木材植物石膏碎料板的研究

我国开发和生产无机胶凝植物人造板的时间不长,厂家也不多。目前仅有数家规模化的水泥碎料板厂和石膏碎料板厂。无机胶凝非木材植物人造板则正处于研究与开发阶段。以下是对石膏胶结非木材植物碎料板的一些研究。

10.3.1 碎料制备方式对非木材植物石膏碎料板的影响

V. Thole 等人对碎料制备方式对非木材植物石膏碎料板的影响进行了研究。研究将棉秆、竹材、麦秸和稻草用鼓式削片机切成 30mm 长的碎料,然后用下述方法进行再碎:

A_1:具有刀笼的十字冲击磨,刀突出量为 0.2mm;

A_2:同上的冲击磨,刀突出量为 0.4mm;

B:有筛网的十字冲击磨,网孔 6mm × 6mm;

C:锤式打磨机,筛网孔 3mm × 30mm;

D:叶轮式打磨机,筛网孔 3mm × 30mm。

原料在气干状态下制备。竹材先在水池中浸泡 24h 后制备,以改善加工性能。每种制备方法制备的碎料进行筛选分析,并将几种制备方式进行组合,由此确定植物的碎料制备方式。

结果分别见表 10-3、表 10-4、表 10-5 和表 10-6。

10.3.1.1 蔗渣石膏碎料板

从表 10-3 可知,当板材的碎料与石膏比(料膏比)为 0.20、密度为 1 150kg/m³ 时,用 A_1 或 $B + A_1$ 型制备方式中大于 0.45mm 的碎料,使用德国石膏时的静曲强度(MOR)

表 10-3 不同制备方式的蔗渣石膏碎料板性能 单位：MPa

料膏比	水膏比	碎料制备方式代号	德国产石膏				国内某地产石膏			
			$D=1\ 150\text{kg/m}^3$		$D=1\ 300\text{kg/m}^3$		$D=1\ 150\text{kg/m}^3$		$D=1\ 300\text{kg/m}^3$	
			MOR	MOE	MOR	MOE	MOR	MOE	MOR	MOE
0.20	0.40	A_1	7.24	4 562	—	—	—	—	—	—
		B	9.19	4 169	12.30	4 229	6.14	1 753	—	—
		$B+A_1$	7.30	4 988	9.82	6 131	5.71	2 868	7.49	3 687
0.25	0.40	B_0	9.97	3 141	13.16	2 531	7.81	1 642	—	—
		$B+A_1$	7.33	4 802	11.50	5 010	6.84	2 997	9.03	281

注：表中 MOR 经校正。

可达 7.3MPa。碎料为 B 型制备方式时板材的 MOR 为 9.19MPa，密度为 1 300kg/m³ 时 MOR 达 12.30MPa。

当料膏比为 0.25、板材密度为 1 150kg/m³ 时，与料膏比 0.20 时相比，MOR 增加 8%（碎料为 B 型或 B + A₁ 型），在密度为 1 300kg/m³ 时增加 7%（B 型）和 17%（B + A₁ 型）。B 型碎料所制板材比 B + A₁ 型的强度要好。密度增加，料膏比增加，板材的 MOR 提高。国产的石膏成分较差，所制的板材强度较低。

较细的蔗渣（从 A₁ 型改为 B + A₁ 型）所制的板材及密度较低的板材脱模后回弹量小。

10.3.1.2　棉秆石膏碎料板

从表 10-4 可知以不同方式制备的棉秆石膏碎料板和以不同配方制成的棉秆石膏碎料板的强度仅为蔗渣石膏碎料板的 60%（密度为 1 150kg/m³）。在三种碎料制备方法中，碎料大小不同，但制成的板材的性能没有明显的区别。棉秆中的水溶性物质影响板材的强度。当碎料较粗、棉秆用量大、板材的密度较高时，脱模后板材的回弹量达 15% 以上，降低了板材的强度。

使用德国石膏，料膏比为 0.20、板材密度为 1 150kg/m³ 和 1 300kg/m³ 时，MOR 仅为 4~6MPa，当料膏比为 0.25 时，MOR 也仅为 5~6MPa 左右。

表 10-4 不同制备方式的棉秆石膏碎料板性能 单位：MPa

料膏比	水膏比	碎料制备方式代号	德国产石膏				国内某地产石膏			
			$D=1\ 150\text{kg/m}^3$		$D=1\ 300\text{kg/m}^3$		$D=1\ 150\text{kg/m}^3$		$D=1\ 300\text{kg/m}^3$	
			MOR	MOE	MOR	MOE	MOR	MOE	MOR	MOE
0.20	0.40	A_2+A_1	4.53	2 493	—	—	4.49	2 021	—	—
		A_2+B	4.79	2 084	6.11	2 867	3.89	2 262	5.66	2 329
0.25	0.40	A_2+A_1	5.47	2 678	—	—	5.06	2 152	—	—
		A_2+B	5.10	2 297	6.27	2 112	4.66	1 798	6.26	1 587

注：表中 MOR 经校正。

用国产石膏制板时，水化终点时间比德国石膏长。提高料膏比（从 0.20 增加到 0.25），水化时间分别延长 10% ~ 15%（德国石膏）和 25% ~ 40%（国产石膏）。碎料较粗时，水化时间缩短。

10.3.1.3 竹材石膏碎料板

竹材的水抽提物对石膏强度影响很小，但由于竹材与石膏晶体的附着性能差，板材的强度不高。用德国石膏，碎料为 $A_1 + B$ 型，料膏比为 0.20，板材密度为 1 300kg/m³ 时，静曲强度仅为 5.13MPa（表 10-5）。

表 10-5　不同制备方式的竹材石膏碎料板性能　　　　　单位：MPa

料膏比	水膏比	碎料制备方式代号	德国产石膏			
			$D = 1\ 150kg/m^3$		$D = 1\ 300kg/m^3$	
			MOR	MOE	MOR	MOE
0.20	0.40	$A_1 + B$	–	–	5.13	4 218
0.25	0.40	$A_1 + B$	4.12	3 457	6.16	4 570

在碎料比为 0.20 时，板材的回弹性很小。当料膏比为 0.25 时，其回弹率也小于 10%。即使如此，板材的强度也比蔗渣石膏碎料板低。

10.3.1.4 麦秸（稻草）石膏碎料板

麦秸的内含物使板材强度大幅度下降。在板材密度为 1 300kg/cm³、料膏比为 0.20 时，静曲强度仅为 5.20MPa。在密度高、碎料较粗时，板坯脱模后回弹率大，使板材的力学性能下降。在板面常出现裂隙，造成强度明显下降。

当料膏比为 0.15、碎料为 D 型，板材回弹性小，但由于碎料少，强度也仅为 5MPa 左右。麦秸进一步粉碎，并除去较大碎料，板材回弹虽然变小，但静曲强度也仅为 5MPa 左右。

用水洗后的麦秸，虽然缩短了水化时间，且板材弹性模量增大，但静曲强度无变化。

稻草与麦秸类似，用不同方式制备的稻草碎料，当料膏比为 0.15 时，回弹性与麦秸相同。此时的静曲强度仅为 4.40MPa。同样用提高料膏比和板材密度的方法来增加板材强度也是不可能的。

表 10-6　不同制备方式的稻草石膏碎料板性能　　　　　单位：MPa

料膏比	水膏比	碎料制备方式代号	德国产石膏			
			$D = 1\ 150kg/m^3$		$D = 1\ 300kg/m^3$	
			MOR	MOE	MOR	MOE
0.25	0.40	C	5.23	1 524	—	
		D	3.60	608	–	–
0.20	0.40	C	—	—	5.26	2 359
		D	—	—	3.83	1 072

10.3.2 陈放时间与添加剂对竹材石膏碎料板性能的影响

在堆垛式冷压工艺生产石膏碎料板中，铺一块板坯的时间约 20s，对于 10mm 厚的板材，一个板堆为 50 块以上，这样从铺装第一块板坯到最后一块板坯的时间，包括装板的辅助时间至少要有 20min 以上的周期。这一段时间的陈放对板材的性能影响程度如何，怎样消除这一因素的不良影响，是值得探讨的问题。宋孝金等人对此进行了研究。

试验采用野生小竹及毛竹下脚料，经压榨粉碎成以下形态的竹碎料：留在网孔径 2mm 以上的占 40%，通过 2mm 网孔留在 1mm 网孔的占 40%，通过 1mm 网孔的细末占 20%，竹碎料平均含水率为 12%。

竹材碎料与 β 型建筑石膏及添加剂混合搅拌后铺装成板坯，加压后湿板坯经干燥，放置 48h 后按普通碎料板国家标准检测其物理力学性能。

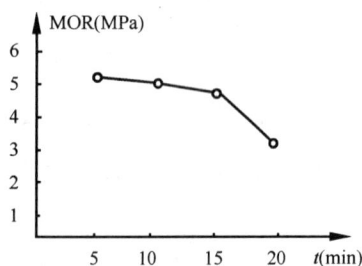

图 10-4 陈放时间对产品静曲强度的影响

工艺条件参数：竹膏比为 0.18，水膏比为 0.33，加压时间 60min，单位压力 2.5～2.9MPa，干燥时间 60min。

(1)陈放时间对产品性能的影响

板坯的陈放时间对竹材石膏碎料板性能影响极大(图 10-4)。在工艺条件与缓凝剂(硼砂)用量相同(0.45%)的情况下，随陈放时间的延长，产品的力学性能明显下降，密度也相应减小。说明板坯铺装后进入压机加压之前的这段陈放时间里，板坯内的半水石膏已完成了大部分的水化反应，即出现了预固化现象。这时再进行加压，就会把这部分已水化的石膏晶体压溃，因而也就不能达到预期的效果——板材具有一定的湿强度。为此，要避免板坯的预固化现象产生，保证竹材石膏碎料板的质量，就必须相应地改变上述的工艺条件。因此，使用缓凝剂种类与施加量是必须探讨的问题。

(2)硼砂用量对产品性能的影响

试验结果表明，硼砂用量 0.5% 时效果最好。但是陈放时间仍然对产品性能产生大的影响，当陈放时间超过 15min 后，板材的静曲强度明显降低。当硼砂用量超过 1.0% 时，对板材的力学性能影响大增(图 10-5)。这是硼砂的缓凝作用，影响了石膏网状晶体结构的形成，所以板材的力学性能大幅度下降，均达不到指标要求。因此，采用增加硼砂用量的方法不能消除陈放时间对板材的不良影响，即硼砂作缓凝剂的效果不佳。要消除陈放的不良影响，必须寻找新的缓凝剂。

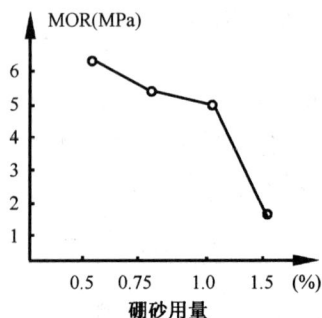

图 10-5 硼砂用量对产品静曲强度的影响

(3)BG 型有机缓凝剂对产品性能的影响

采用 BG 型缓凝剂，用量分别为 0.05%、0.063%、0.075% 和 0.10%。试验证明，

BG 添加剂是一种较理想的缓凝剂，其用量在 0.05% ~0.075% 均可获得较佳的效果，板材的静曲强度（MOR）和平面抗拉强度（IB）值均比较高且波动较小（图 10-6、图 10-7）。当 BG 缓凝剂用量超过 0.075% 时，板材的力学性能（主要是 MOR）就开始降低。这是由于缓凝剂量的增加，影响了石膏水化物晶核的形成、长大及晶体之间互相接触与连生，无法很好或完全地形成网状晶体结构，因而使竹材石膏板力学性能下降。

当使用 BG 型缓凝剂后，陈放时间对板材性能的影响趋于缓和。从图 10-8、图 10-9 中可以看出，当陈放时间超过 20min 以后，对板材的力学性能有不良影响，但下降幅度很小，陈放时间即使达到 25min，板材的力学性能仍可符合规定的指标。

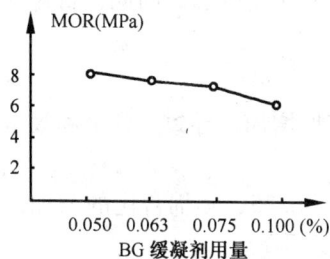

图 10-6　BG 缓凝剂用量对产品静曲强度影响

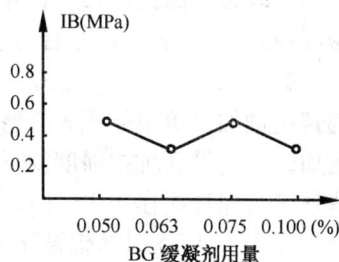

图 10-7　BG 缓凝剂用量对产品平面抗拉强度影响

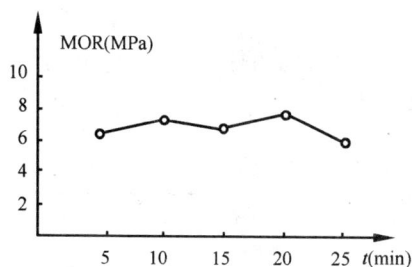

图 10-8　添加 BG 缓凝剂后陈放时间对产品静曲强度影响

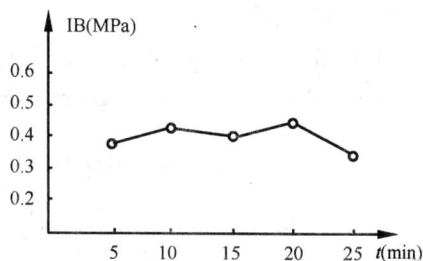

图 10-9　添加 BG 缓凝剂后陈放时间对产品平面抗拉强度影响

10.3.3　石膏棉秆碎料板工艺条件的研究

石膏碎料板生产一般采用半干法，据研究其板材生产工艺参数与板材质量的关系与石膏的水化、板材密度、棉膏比、水膏比、碎料形态、石膏性能等有关。许伟在这方面进行了较系统的研究。

（1）石膏的水化

研究发现，石膏的水化受到棉秆冷水抽提物较强的影响。它推迟了石膏的凝结，延长了从初凝到终凝和水化终点的时间。因此，在棉秆碎料板的生产中，可以添加化学速凝剂以满足半干法生产工艺要求。表 10-7 是添加硫酸钾对石膏水化的影响试验。在不添加速凝剂的情况下，需 2 个多小时才能水化完全，在添加量为 1% 时，水化时间提前一倍多，再增加用量到 5% 和 10%，效果不显著。

表 10-7 石膏水化参数表

硫酸钾添加量(%)	0	1	5	10
初凝(min)	70~72	28~30	25~26	24~25
水化终点(min)	130~132	56~57	51~52	49~50

(2)板材密度

板材的密度提高时,其静曲强度和冲击韧性也提高。但是,由于板材的回弹随密度增大而增大,且由于板材平面密度分布不均和碎料与石膏回弹性不同,结果导致板材密度的提高不能改善平面抗拉强度,并且使板材吸水厚度膨胀率增加。因此,石膏棉秆碎料板的密度控制在 $1.2g/cm^3$ 左右为好。

(3)棉膏比

随棉膏比增加,单位体积碎料增加,使板材压缩变形增加,导致反弹量和吸水厚度膨胀率增加,垂直平面抗拉强度则下降。

静曲强度与棉秆比在0.25处有一个转折点,当小于0.25,随棉膏比的增加,静曲强度上升,当大于0.25时,棉膏比的增加会使静曲强度下降。

(4)水膏比

随水膏比的增加,碎料含水率提高,塑性随之提高,板材回弹减少,从而提高了垂直平面抗拉强度和降低吸水厚度膨胀率。

(5)其他几个因素的影响

表10-8是研究石膏品位、碎料形态、抽提物对板材性能的影响进行试验得出的结果。制板参数为:密度 = $1.2g/cm^3$,棉膏比 = 0.25,水膏比 = 0.45。

表 10-8 不同性能碎料及石膏对石膏棉秆碎料板性能影响

碎料条件	石膏品位(%)	板材静曲强度(MPa)	板材垂直平面抗拉强度(MPa)	板材厚度(mm)
平均厚度0.42mm	97	5.21	0.35	13.06
平均厚度0.81mm	97	4.96	0.17	13.27
筛选0.42mm碎料得细碎料	97	5.63	0.55	12.89
筛选0.42mm碎料得粗碎料	97	4.69	0.16	14.17
0.42mm碎料经抽提	97	6.45	0.48	13.19
平均厚度0.42mm	92	5.98	0.42	12.95
平均厚度0.42mm	75	4.40	0.28	13.23

由表10-8可知,石膏品位提高,碎料形态变小,都可提高板材性能。值得特别指出来的是,碎料经冷水抽提后(冷水抽提物含量由6.52%降至0.92%),大大增加板材强度,回弹量不显著,这说明冷水抽提物不仅起缓凝作用,而且也降低强度。

由上述分析,可归纳石膏棉秆碎料板的制板工艺条件为:

①棉秆经水浸或其他方法除去大部分冷水抽提物;

②宜采用品位较高的石膏;

③可利用冷水抽提物——化学速凝剂体系达到稳定水化过程;

④板材密度应小于 $1.2g/cm^3$，棉膏比小于 0.25（重量比），水膏比为 0.4（重量比）。

10.3.4　几种非木材植物石膏碎料板制板工艺与性能

陈士英等研究了蔗渣、麦秸、稻草、竹材等几种非木材植物石膏碎料板的制板工艺及其性能。

10.3.4.1　碎料制备

各种植物原料的制备过程如下。

①采用四川产直径 150mm 左右的黄竹。首先将黄竹用削片机切成 20～30mm 长的竹片，然后用环式刨片机制成约 0.5mm 厚竹碎料，再用打磨机打磨后筛选，用 0.3～1.0mm 的碎料作为石膏碎料板的用料。

②蔗渣用两种形式：一种是将不除髓蔗渣用打磨机打磨后筛选，将 0.3～1.0mm 的碎料用于石膏碎料板用料。另一种是经除髓的蔗渣以同样方法制备的用料。

③麦秸经切碎后，再用打磨机打磨，0.3～2.0mm 的为细麦秸原料，对 2mm 以上的部分，经再次打磨后作为粗麦秸原料。

④稻草经切碎后，用打磨机打碎后直接作为石膏碎料板用料。

各种原料的筛分值结果见表10-9。

表 10-9　不同植物碎料筛分值　　　　单位：%

筛网孔径(mm) 碎料种类	> 2.5	1.43～2.5	0.9～1.43	0.56～0.9	< 0.9
细麦秸	0.2	11.9	28.7	37.1	22.1
粗麦秸	23.0	56.2	14.3	5.3	1.1
稻　草	35.0	11.8	9.8	17.2	26.2
未除髓蔗渣	0.2	4.2	19.4	48.0	28.2

10.3.4.2　工艺条件及制板

采用建筑石膏粉为胶结材料。料膏比为 0.20 和 0.25，水膏比为 0.30 和 0.40，板材厚度为 16mm，密度为 1.10～1.25g/cm³。石膏的水化终点在 1.5h 以上，故在水中加入适当缓凝剂。

板材的压制参见以上各节、段内容。

10.3.4.3　板材的性能

板材的检测结果见表10-10。

表 10-10　不同植物石膏碎料板性能

碎料种类	密　度 （g/cm³）	木膏比	水膏比	水化终点时间 （min）	静曲强度 （MPa）	平面抗拉强度 （MPa）	弹性模量 （10³MPa）
竹子	1.10	0.25	0.40	120	3.8	0.48	—
	1.20	0.25	0.30	233	4.4	0.53	—

（续）

碎料种类	密 度 （g/cm³）	木膏比	水膏比	水化终点时间 （min）	静曲强度 （MPa）	平面抗拉强度 （MPa）	弹性模量 （10³MPa）
细麦秸	1.10	0.25	0.40	50	4.1	0.18	1.70
	1.15	0.25	0.40	80	5.1	0.22	1.96
	1.20	0.25	0.40	108	5.5	0.22	2.73
粗麦秸	1.10	0.25	0.40	75	2.3	0.09	0.46
	1.15	0.25	0.40	77	3.0	0.07	0.47
未除髓蔗渣	1.15	0.25	0.40	140	4.8	0.44	2.12
	1.20	0.25	0.40	131	5.4	0.56	2.20
除髓蔗渣	1.15	0.25	0.35	—	7.1	0.83	3.23
	1.20	0.20	0.30	—	6.7	0.61	3.44
稻 草	1.15	0.25	0.40	150	3.5	0.25	1.46
	1.20	0.25	0.40	165	2.9	0.23	1.25
	1.25	0.25	0.40	145	3.7	0.21	1.74

（1）竹材石膏碎料板

用竹材制板时，由于竹材比较坚硬，而且亲水性强，当竹碎料中加水后，碎料易于结团且不易打散，需经长时间搓擦才能成为均匀的湿碎料。倒入石膏粉后，如再次结团时几乎无法打开。因此，竹材制石膏碎料板时，板材的均匀性较差，表面粗糙，其强度与用有机树脂所制板材相比，力学性能较差。因此，在用竹材制造石膏碎料板时，应充分考虑这一点。

（2）麦秸石膏碎料板

由前述章节可知麦秸表面有一层光滑含蜡质层，用普通脲醛树脂胶制板时，板材的物理力学性能较差，特别是平面抗拉强度更低。在制造石膏碎料板时发生类似情况，石膏与植物的含蜡层也不能很好结合。当用粗麦秸制板时，由于单个碎料的表面积大，在板材内形成较大面积的"断层"，造成板材力学性能下降。当用细麦秸时，含有蜡质的表面层相对减少，增加了石膏与无蜡质层的表面接触面积，使板材的强度显著提高。这与脲醛胶制麦秸碎料板时的情况相同，当采用较细的麦秸碎料时，脲醛胶麦秸碎料板的性能显著提高。

（3）蔗渣石膏碎料板

蔗渣的碎料形态好，从表 10-10 中可以看出板材的力学性能也最好。特别是经过除髓的蔗渣，除去了蔗渣中这种松软组织部分，碎料形态更好，板材的力学强度更高。

（4）稻草石膏碎料板

稻草的水抽提物使石膏的水化时间明显延长，由稻草抽提液制的石膏柱体强度也显著下降。在石膏碎料板生产时，板材中的石膏水化时间也显著延长，因此影响到板材的力学强度。此外，稻草的外表也含有蜡质，它的含蜡质层与石膏的结合性差虽没有麦秸显著，但也会有一定影响。由于这些原因，以稻草为原料的石膏碎料板强度较低。

10.4 非木材植物水泥碎料板的研究

10.4.1 棉秆水泥碎料板的研究

　　植物原料对水泥凝结硬化的阻凝作用是影响板材性能的重要因素之一。因此生产前需了解原料和水泥之间的相适应性，以便在生产中采取相应措施。陈广琪就棉秆和不同硅酸盐水泥间的相适应性进行了研究与报道。

表 10-11　水泥水化热的特征值

名　　称	最大温差(℃)	时间(h)
525# 硅酸盐水泥	42(2)	5(2.0)
425# 硅酸盐水泥	34(2.5)	9(2.0)
525# 普通硅酸盐水泥	30(3)	12(2)
425# 普通硅酸盐水泥	25(3)	19(2)
棉秆 + 525# 硅酸盐水泥	35(3)	12(3)
棉秆 + 425# 硅酸盐水泥	28(3)	17(3)
棉秆 + 525# 普通硅酸盐水泥	19(3.5)	22(2.5)
棉秆 + 425# 普通硅酸盐水泥	—	> 24
棉秆 + 525# 普通硅酸盐水泥 + $Al_2(SO_4)_3$	35(3)	10.5(2.5)
棉秆 + 525# 普通硅酸盐水泥 + $CaCl_2$	38(3)	9(3)
棉秆 + 425# 普通硅酸盐水泥 + $Al_2(SO_4)_3$	25(4)	17(3)
棉秆 + 425# 普通硅酸盐水泥 + $CaCl_2$	26(4)	15(3.5)

注：括号内数值为方差

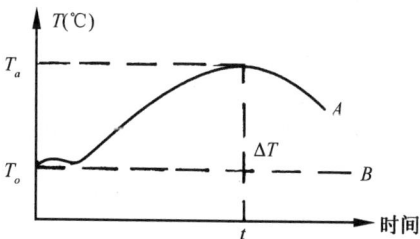

图 10-10　水化温度曲线

A. 水泥-碎料-水混合物温度曲线　*B.* 基准温度线(系指无热量计的空气)　*Ta.* 温度峰值　*t.* 到达 *Ta* 所需的时间　*ΔT. To − t* 时的基准温度　$\Delta T = Ta - To$

　　研究采用当年生棉秆经水浸泡脱皮后，用削片机制成碎料，再用粉碎机再碎。取通过 20 目而留在 40 目筛网上的碎料作原料。采用的水泥品种为 525#、425# 硅酸盐水泥和 525#、425# 普通硅酸盐水泥。化学添加剂用硫酸铝、二氯化钙。水为蒸馏水。

　　试验测定了水泥水化热和采用水泥水化温度曲线两个特征值——最大温度差及其到达时间，来判定棉秆碎料与水泥的相适应性(图 10-10)。

　　从表 10-11、图 10-11 中可见，在未加化学添加剂的情况下，棉秆对不同硅酸盐水泥的凝结硬化有不同程度的影响。由于硅酸盐水泥的水化热高，凝结速度快，因而棉秆对它的凝结硬化影响较小。相比而言，棉秆对普通硅酸盐水泥的凝结硬化影响较大，尤其是对 425# 普通硅酸盐水泥，在 24h 内没有出现放热峰。大量的研究表明，木材中的大部分抽提物如糖分、单宁等，会妨碍水泥的正常凝结硬化。由于棉秆的抽提物要比木材高，因而棉秆对水泥的阻凝作用比一般木材对水泥的阻凝作用要大。尽管生产中可以采用冷水或热水浸泡等方法来消除一部分抽提物对水泥的阻凝作用，但由于水泥浆料为碱性（pH = 11 ~ 12），在这种条件下，木质材料中的半纤维素会水解生成一部分单糖，又会对水泥的凝结硬化产生不良影响。因此，可采用加化学添加剂来加速水泥的凝结硬化，以消除原材料中各种"阻凝"物对其的影响。从表10-11、图10-12 中可见，加入化学添加剂后，普通硅酸盐水泥水化热均有不同程度的提高。从提高的程度上看，二氯化钙加入的效果要优于硫酸铝。以上表明添加剂加入后加快了水泥的凝结硬化，减弱了棉秆中各种"阻凝"物对其的影响。从表10-11 中可发现，加入添加剂后，525#普通硅酸盐水泥的 ΔT 要明显高于未加添加剂时水泥的 ΔT，但低于525#硅酸盐水泥的 ΔT；而加了添加剂的425#普通硅酸盐水泥的 ΔT 却和425#硅酸盐水泥的 ΔT 基本相同。我国绝大部分水泥厂生产的是普通硅酸盐水泥，虽然它的早期强度要低于硅酸盐水泥，但在加入添加剂后，则接近于硅酸盐水泥，尤其表现在525#普通硅酸盐水泥上。而425#普通硅酸盐水泥却要差得多。

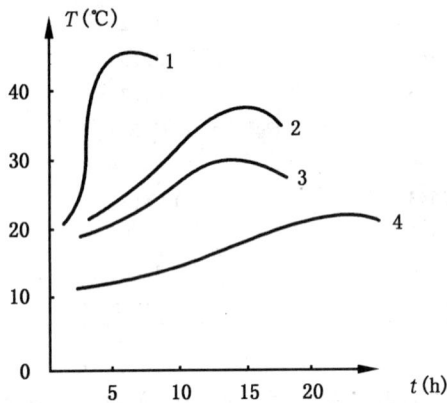

图10-11　不同水泥对水化热曲线的影响

1. 525#硅酸盐水泥　2. 525#普通硅酸盐水泥
3. 棉秆 + 525#硅酸盐水泥　4. 棉秆 + 525#普通硅酸盐水泥

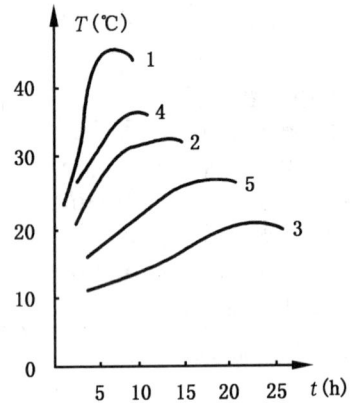

图10-12　添加剂对水化热曲线的影响

1. 525#硅酸盐水泥　2. 棉秆 + 525#硅酸盐水泥
3. 棉秆 + 525#普通硅酸盐水泥　4. 棉秆 + 525#普通硅酸盐水泥 + $CaCl_2$　5. 棉秆 + 425#普通硅酸盐水泥 + $Al_2(SO_4)_3$

以上的研究表明，在未加添加剂的情况下，棉秆对各种水泥都有很强的阻凝作用，但棉秆和硅酸盐水泥的相适应性要明显好于与普通硅酸盐水泥的相适应性。当加入添加剂后，可大大加快普通硅酸盐水泥的凝结硬化，而且 $CaCl_2$ 的效果优于 $Al_2(SO_4)_3$，525#水泥的水化热提高的效果要优于425#水泥。

10.4.2　影响竹材水泥碎料板性能的因素研究

竹材可以生产高强度的人造板材，用有机树脂生产的竹材人造板已广泛用做工程结构用材。用无机胶凝材料制作竹材碎料板的研究与开发也已进行了多年，以下是有关的研究报道。

（1）不同标号的水泥与竹材的相适应性

据有关研究，不同标号的水泥对竹材-水泥的水化热和抗压强度有显著的影响。竹材-525#水泥的最高水化温度和抗压强度分别比竹材-425#水泥高 27% 和 20%，而达到最高水化程度的时间缩短了 42%。

竹材-525#水泥的最高水化温度达 64.7℃，此温度不仅比竹材-425#水泥高出近 14℃，而且也比未添加 $CaCl_2$ 的 425# 和 525# 的纯水泥以及添加 3% $CaCl_2$ 的 425# 水泥高。有关研究人员将最高水化温度高于 60℃ 的原料列为合适的原料，低于 50℃ 的为不合适原料，而介于这两个温度之间的被认为是有条件限制的原料。尽管这种分类可能过于苛刻，但是即使用这个标准来衡量，采用 525# 水泥来作为竹材的无机胶黏剂也是完全可行的，而 425# 水泥也可在一定条件下使用。

（2）竹材的预处理对竹材水泥碎料板制造的影响

研究表明，对竹材预处理是制造竹材水泥碎料板的关键。使用未经处理的竹碎料，即使水泥-竹碎料之比（R）为 2.5，板材的设计密度为 1.02g/cm³，虽经加压多日，自然养护数月，仍不能硬化成板。而竹材碎料经冷水或沸水处理后，即可硬化成板。因此，生产竹材水泥碎料板时，必须考虑竹材或竹碎料预处理这一工序。

竹碎料的处理方法对竹材水泥碎料板的静曲强度影响极为显著，特别是以 525# 水泥为无机胶黏剂。处理方法有以下几种：

①冷水处理。将竹碎料浸泡在冷水中并经常搅拌，达规定时间后滤去水分。

②沸水处理。竹碎料在沸水中煮一定时间后滤出。

③干燥处理。将处理的竹碎料在 50℃ 温度下干燥至一定含水率。

据试验结果，以沸水处理效果最佳。

预处理对竹材水泥碎料板的吸水厚度膨胀率和吸水率也有影响。沸水处理的竹材水泥碎料板耐水性最好，冷水处理则不理想。

（3）竹材水泥碎料板密度的影响

竹材水泥碎料板的密度对板材的吸水率（TW）有显著影响。TW 随板材密度的增大而降低（图 10-13）。水泥-竹碎料之比（R）对竹材水泥碎料板的吸水率无明显影响。因为吸水率与板材内的空隙大小密切相关。板材内空隙包括竹碎料空隙、水泥空隙、水泥包

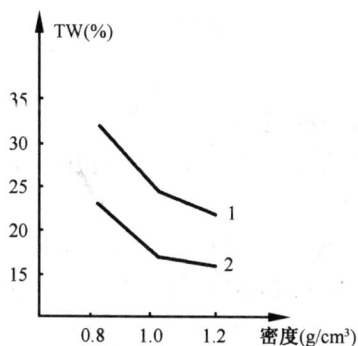

图 10-13 密度对竹材水泥碎料板
吸水率的影响
1. 0#水泥 2. 525#水泥

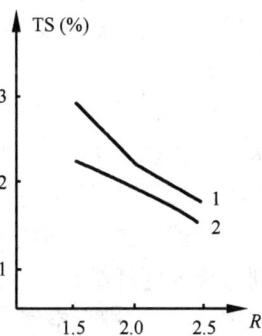

图 10-14 水泥-竹碎料比对竹材水泥碎料板
吸水厚度膨胀率的影响
1. 0#水泥 2. 525#水泥

围的竹碎料空隙的总和。当密度相同时，R 比值大，竹碎料空隙小，但水泥空隙和水泥包覆的竹碎料间空隙大。R 比值小，此项空隙比相反。实际上空隙量未发生变化。因此，不同的 R 比值制成的水泥碎料板的吸水率的差异不显著。

板材的密度对其静曲强度也有影响。一般说来，静曲强度随密度增大而增大，与普通人造板的规律相一致。但其影响没有竹碎料的预处理那样显著。

（4）水泥-竹碎料比的影响

水泥-竹碎料比即 R 对板材的吸水厚度膨胀率（TS）有显著影响。TS 随 R 的比值增大而降低（图 10-14），但与板材的密度无明显关系。在同一密度条件下，若 R 比值增大，则板材内单位体积所含的竹碎料的数量减小，以致加压成型时的压缩变形减小。水泥碎料板吸水或吸湿由内应力的释放而引起的厚度膨胀较小。

R 的比值对板材静曲强度的影响，不同标号的水泥有不同表现。用 $425^\#$ 水泥制成的板材的静曲强度随 R 比值的增大而增大，而 $525^\#$ 水泥制成的板材的静曲强度随 R 比值的增大而减小。

10.4.3　水泥胶结椰纤板的研究

有关天然纤维对水泥净浆、砂浆及砼的作用的研究已表明，掺入纤维可以提高基材的延性、抗弯及抗拉强度、劈裂韧性和抗裂性。这些性能的提高取决于一些参数的选择，例如纤维类型、形状、体积、长径比、混合比例、混合方法、成型技术和养护方法等。L. K. Aggarwal 研究了纤维含量、长度、成型压力和脱模时间对水泥胶结椰纤板性能的影响，并测定了板材的力学性能、导热性及耐火性。

10.4.3.1　板材的制作与检测

（1）原料

采用的椰子纤维为棕色，其主要性能为：长度 50 ~ 250mm，直径 0.1 ~ 0.4mm，堆集密度 145 ~ 280kg/m^3，极限抗拉强度 100 ~ 130MPa，弹性模量 19 ~ 26MPa，极限伸张度 10% ~ 26%，吸水率 130% ~ 180%。

水泥采用普通硅酸盐水泥。

（2）板材及试件制作

①板材制作。将椰纤在含有化学添加剂的水中浸泡 2h，随后取出与水泥按配比混合，水与水泥之比取 0.4，然后将水泥与纤维的混合物铺装并加压，冷压一定时间后在湿环境下养护 10 天，再置于空气中干燥。

②胶合强度试件制作。测定纤维与水泥的胶合强度试件浇注成宽厚均为 20mm 的矩形，长度则与掺入的纤维长度一致。纤维长度从 10 ~ 50mm 变化，成型的试件经 24h 后脱模，湿养护 10 天后进行空气干燥。

③测试。密度与静曲强度的测试根据 ISO 08335—1987 标准。密度测试用 100mm × 100mm 试件。静曲强度则用 300mm × 100mm 试件，采用 Zwick 测试仪测定静曲强度，加荷速度 5mm/min。吸水率的测定是在试件浸泡在水中 24h 后进行。纤维与水泥的胶结强度用 Zwick 测定仪测定，以 5mm/min 的速度抽拉纤维。

10.4.3.2 影响水泥椰纤板性能的因素

（1）成型压力的影响

图 10-15、图 10-16、图 10-17 显示了含有 15% 纤维的试样其密度、吸水性和静曲强度随成型压力增加的变化趋势。随成型压力的增加，板材的密度逐渐增加（图 10-15），当成型压力从 0.5MPa 增加到 2.0MPa 时，板材的厚度从 13.0mm 降到 10.5mm，其密度

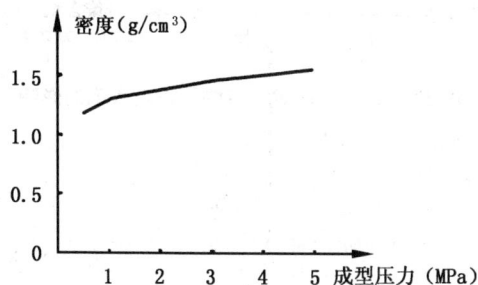

图 10-15　成型压力对水泥椰纤板密度的影响（15% 纤维）

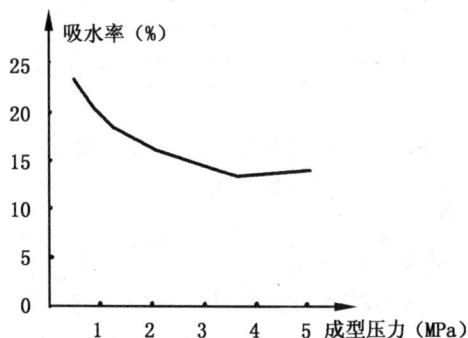

图 10-16　成型压力对水泥椰纤板吸水率的影响（15% 纤维）

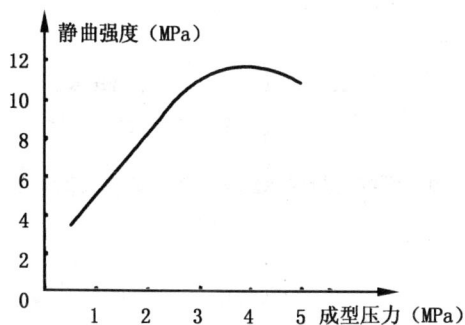

相应从 1.14g/cm³ 增加到 1.41g/cm³。成型压力越高导致板材更致密，孔隙越少。吸水性与密度和孔隙大小有关。密度大的试样吸水率低，研究结果与推论一致，即当成型压力增加时，密度增加，吸水率降低（图 10-16）。

水泥椰纤板的静曲强度随成型压力的增加而提高（图 10-17）。当成型压力为 4.0MPa 时，强度达到最大值。试验发现，成型压力从 1.0MPa 增加到 3.0MPa，静曲强度从 4.65MPa 增加到 10.62MPa，即强度增加了

图 10-17　成型压力对水泥椰纤板静曲强度的影响（15% 纤维）

100% 以上。当成型压力从 3.0MPa 增加到 4.0MPa 时，静曲强度无明显变化。当成型压力继续增加时，强度反而下降，这也许是成型压力为 3.0MPa 时，板材的密实度已达到最大，即此时纤维与水泥的胶结力已达到最大。

（2）纤维含量的影响

纤维含量的变化对板材密度、吸水率和静曲强度的影响（成型压力为 3.0MPa）如图 10-18、图 10-19、图 10-20 所示。板材密度随纤维含量的增加而下降，吸水率却随之增加。纤维含量从 5% 增加到 15%，密度从 1.75g/cm³ 降到 1.41g/cm³，吸水率从 9.2% 增加到 15.1%。原因是在椰纤水泥的混合物中，吸水性大的轻质纤维材料代替了较致密的水泥材料。也可以发现，成型压力在 3.0MPa 时，用纤维代替部分水泥导致了总体积的增加，而体积增加量与混合物中的纤维含量有关。例如，当纤维含量从 5% 增加到 15% 时，板材在压实后，体积增加了约 30%。由此可知，板材体积的增加，密度下降，

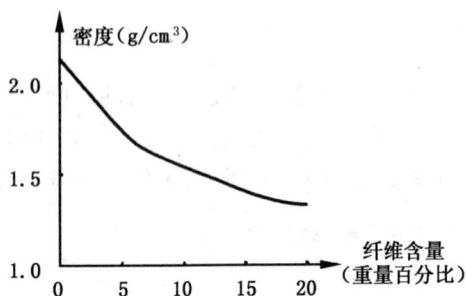

图 10-18 纤维含量对水泥椰纤板密度的影响
（成型压力 3MPa）

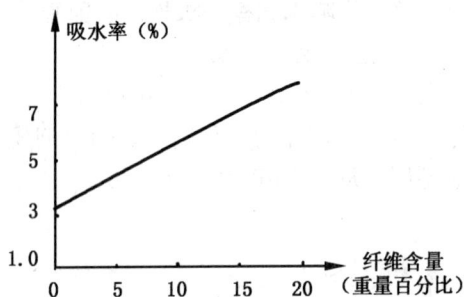

图 10-19 纤维含量对水泥椰纤板吸水率的影响
（成型压力 3MPa）

导致吸水率增加。

　　水泥椰纤板的静曲强度在一定范围内随着纤维含量的增加而提高，当纤维含量达到 15% 时，板材有最大强度（图 10-20）。继续增加纤维含量，板材强度反而下降。当纤维含量从 5% 增加到 15% 时，静曲强度从 5.3MPa 分别增加到 7.1MPa 和 10.62MPa，这种随纤维含量的增加强度增加的现象遵循有关的规律。然而继续增加纤维，如纤维含量达到 20%，静曲强度却降到了 7.2MPa。这种较高纤维含量导致强

图 10-20 纤维含量对水泥椰纤板静曲强度的影响
（成型压力 3MPa）

度下降的原因也许是纤维含量增多，形成了较多的纤维与纤维间的结合，由此减少了纤维与水泥基体间的胶结机会，导致了强度的降低。

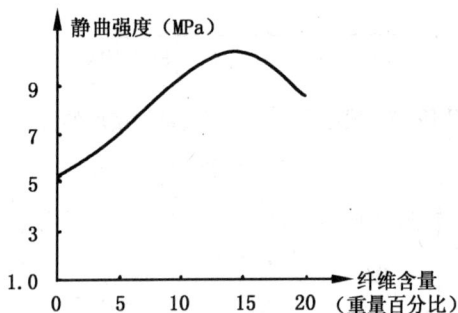

　　（3）纤维掺入长度与胶结强度

　　胶结强度的研究表明，不经任何处理的椰纤（直径 0.25±0.15mm）与水泥的胶结强度是 0.28~0.30MPa（表 10-12）。当纤维长度是 10mm 或 20mm 时，纤维可以从样品中抽出，而纤维长度为 30mm、40mm 和 50mm 时，纤维被拉断。抽出 10mm 和 20mm 的纤维所需的拉力分别是 2.05N 和 3.9N，理论上的抗拉强度相应为 53.9MPa 和 102MPa，其值低于实际的纤维抗拉强度 125MPa±5MPa。因此，掺入纤维长度为 10~20mm 时，纤维与水泥的胶结力比纤维的抗拉强度低，而当掺入长 30mm 以上纤维时，纤维经受不住 5.4~5.7N 的拉力，相应抗拉强度为 142.1~149.8MPa，其值大于纤维的实际抗拉强度，所以纤维被抽断。上述结果表明，当掺入纤维长度为 30mm、40mm 和 50mm 时，纤维与水泥基体的胶结强度大于纤维的抗拉强度。因此可以得出，制造水泥椰纤板时纤维长度的取值应大于 30mm。试件中纤维的长度从 10~30mm 直至 50mm±5mm 增加时，其静曲强度分别按 8.8MPa 到 10.6~11.2MPa 递增，与胶结强度的研究结果一致。

表10-12 纤维掺入长度与胶结强度

纤维掺入长度(mm)	拉力(N)	胶结强度(MPa)	抗拉强度(MPa)
10	2.05	0.30	53.9
20	3.90	0.285	102.6
30	5.60	—	147.3
40	5.70	—	149.8
50	5.40	—	142.1

10.4.3.3 水泥胶结椰纤板的性能

水泥胶结椰纤板的性能见表10-13。

表10-13 水泥椰纤板的性能

密 度 (kg/m³)	含水率 (%)	吸水率 (%)	膨胀率 (%)	静曲强度 (MPa)	弹性模量 (×10³MPa)	平面抗拉强度 (MPa)	导热率 [kcal/(h·cm)]
1 300~1 400	6~7	14~16	0.8~1.2	9.5~11.0	2.5~2.8	0.35~0.50	0.125

注：1cal=4.186 8J。

通过上述研究，可以得出生产水泥椰纤板的最佳工艺参数：纤维含量15%，纤维长度30mm，成型压力3MPa，脱模时间取决于环境温度与湿度，一般均大于6h。表10-13中的水泥椰纤板即为此工艺条件下制作的。从表中可知，其性能均达到ISO 8335—1987和BS5669：Part4—1989水泥刨花板的要求。因此，椰纤可用于水泥碎料板的生产，其板材性能类似于木材水泥刨花板。

10.4.4 提高麦秸水泥碎料板质量的研究

非木材植物水泥碎料板在我国还处于研究与开发阶段，在生产与应用中均存在一些问题，麦秸水泥碎料板也是其中之一。国家木工机械质量检验中心有关人员对我国自行设计制造的山东某地年产100万m²麦秸水泥碎料板生产线进行的检测鉴定认为，生产线基本能满足预定工艺要求，但也对存在的一些问题作出了分析。

（1）麦秸水泥复合板生产工艺流程

国产100万m²麦秸水泥碎料板工艺流程如图10-21所示。从图中可知，它是本章10.4.2中所述的一种工艺，即典型的冷压锁模工艺，是无机胶结植物人造板中应用最广的一种工艺。

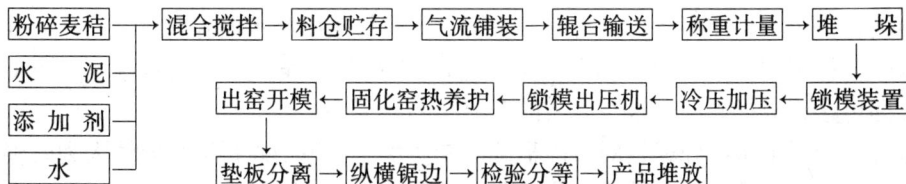

图10-21 麦秸水泥碎料板生产工艺流程

（2）生产工艺中的影响因素

如果仅从生产中不利于产品质量和工艺运行方面研究，有如下几点影响：

①麦秸原料的影响。麦秸的表皮层含有疏水性蜡质，它会影响麦秸与水泥有效胶合，工艺中缺乏有效的处理手段。此外，麦秸碎料的形态应呈纤维状，颗粒状不利于强度的形成，因此备料中应对碎料的形态加以重视。

②冷压锁模工艺的影响。采用堆垛式冷压锁模装置中难以设置厚度规，成品板材厚度没有厚度规控制，板坯的厚度精度及厚度均匀性无法保证，因此成品板厚度精度与铺装均匀性及垫板平整性的关系比普通热压型碎料板要大得多。

③生产线无砂光工序的影响。板材的厚度公差不能在此工序得到提高。

上述几条不利因素，以厚度公差最为突出，成为生产和应用中的难点。其余几条在生产中均易于实现。

（3）影响板材厚度公差及均匀性的原因与对策

①铺装的影响。板坯厚度均匀是成品厚度均匀的前提条件。在无厚度规控制加压的情况下尤其如此。要使板坯铺装均匀需注意以下几点：气流铺装机风栅口各层横向风速应均匀；风速应尽量控制在 3m/s 以内；注意原料湿度不能过大，以防结团；可用扫平辊在铺装带上多次扫平，以提高铺装平整性。

②垫板平整性的影响。由于加压中无厚度规，垫板的平整与否就显得十分重要。在毛坯与垫板分离时，垫板常遭磕碰，故会使垫板表面局部呈现凹凸不平情况，如不及时修复平整，也会影响到成品板厚度精度。所以在使用一段后，必须平整垫板，以消除加压过程中产生的单块和积累产生的厚度误差。

③干燥过程的影响。干燥过程中，板面受热及水分蒸发不均匀，使板材干燥之后板面温度不均，一般周边部分的吸湿性要大于板材中央部分，而使周边厚度膨胀率较大，由此也产生了单块板材的厚度公差。就目前的工艺来说，还较难对此作出调整。只有采取强制风吹的方式，使出窑板材尽快干燥均匀，以减小厚度膨胀率。

产品的厚度不均匀最主要的原因是在加压中无厚度控制，而使厚度变化处于自由状态。对于这一点，在今后的生产线中应从设计角度予以考虑，实现加压中的厚度控制。

10.4.5　热压法非木材植物水泥碎料板的研究

水泥胶结植物碎料板目前仍大量地采用冷压法工艺，这种工艺的缺点已如前所述，不仅生产周期长，占地面积大，而且厚度公差较大。因此，世界各国均在研究热压法工艺。德国的比松公司经多年的研究与试验，已可以提供热压法生产植物纤维水泥碎料板的工艺。该工艺采用硅酸盐水泥、铝酸盐水泥和含有硫酸盐的添加剂组成的水泥混合物作胶结剂，采用单层或多层压机的热压系统，单张快速压制水泥碎料板。

该工艺将压制温度提高到 80℃ 以加速水泥水化过程，加压时间 7～8min（板厚 12mm）即可达到板材脱离垫板时所需的 5～6MPa 的最低强度。

这种植物纤维水泥碎料板的碱性很低，能使水泥与植物碎料的相容性大为改善，从而使植物碎料与水泥的快速结合成为可能。采用此工艺生产的木材或非木材植物水泥碎料板的性能见表 10-14。

表 10-14　热压法木材及非木材植物水泥碎料板的性能

性能 植物原料种类	密度 （g/cm³）	静曲强度 （MPa）	平面抗拉 强　度 （MPa）	2h 厚度 膨胀率 （%）	24h 厚度 膨胀率 （%）	2h 吸水率 （%）	24h 吸水率 （%）
去皮杉木	1.250	15.8	0.64	0.9	1.6	13.5	19.0
带皮针、阔叶材	1.200	12.1	0.56	1.3	1.7	16.5	21.5
蔗渣	1.200	13.1	0.66	0.6	1.6	9.3	15.9
	1.350	14.6	0.87	0.7	1.2	7.0	14.2
棉秆	1.250	8.8	0.52	1.4	2.3	13.4	15.9
稻草	1.300	8.4	0.31	0.4	1.0	14.1	20.6

　　表中的数据表明，热压法水泥碎料板中，以蔗渣为原料的板材各项性能均较优，甚至超过了木材原料，特别是平面抗拉强度。棉秆为原料的板材质量稍差，以稻草为原料的板材最差。这显然与植物原料的性能有关，蔗渣和棉秆在非木材植物原料中的纤维形态、化学成分等均优于稻草。

思考题

　　1. 无机胶凝材料的特点。

　　2. 石膏的胶结原理及性能。

　　3. 水泥的胶结原理及性能。

　　4. 菱镁土的胶结原理及性能。

　　5. 什么是非木材植物的阻凝作用？起阻凝作用的是哪些物质？生产中如何克服这种作用？

　　6. 有哪 3 种无机胶凝非木材植物碎料板生产工艺？

第 11 章

其他非木材植物人造板

随着森林资源的日渐减少，木材的供应也日渐紧张。在重视生态资源与环境保护的意识下，人造板工业的生产与研究人员大力开展了非木材植物特别是 1 年生农作物剩余物的开发与利用的研究。除前述章节的非木材植物人造板外，利用植物的秸秆、茎梗以及废渣、藤草等从不同角度、不同途径、不同方式进行了人造板的研究、开发与利用。取得了较大的成效，许多板材已在各个领域得到了成功运用。实践证明，人造板工业的可持续发展中，非木材植物原料的开发是一个重要的因素。

11.1 玉米（高粱）秆人造板

利用玉米秆和高粱秆作为填夹芯生产复合细木工板（第 9 章 9.1 节），已取得良好的经济效益。从 20 世纪 80 年代到目前为止，玉米秆与高粱秆也已成功地开发应用于纤维板、碎料板和复合板的生产。

11.1.1 原料的特性及对板材加工的影响

11.1.1.1 玉米秆

玉米秆属于禾本科植物茎秆，与高粱秆一样，有明显的节间和节，每个节间为一生长单位，只有居间分生组织，没有形成层，茎的增粗和长高主要依靠初期细胞的增加。玉米秆有 10~14 个节，节子的绝干密度为 0.25g/cm^3，节间的绝干密度为 0.19g/cm^3，外皮的绝干密度为 0.271g/cm^3，髓的气干密度为 0.091g/cm^3。

由地面向上，节间密度逐步减小，这是由于由下向上，外皮的厚度逐渐减小，外皮质量比下降。

玉米秆的直径为 2~4.5cm，长度为 0.8~3m。横断面可分为 3 部分，即表皮、基本组织和维管束。表皮内有几层排列紧密和硅质化的厚壁细胞，对秆茎起保护作用，防止水分过度蒸发和病菌侵入。表皮层常角质化，分泌有脂肪性物质，形成光滑的表面，透气性较差，影响胶液的湿润和胶合。表皮以内的基本组织由薄壁细胞组成，其功能为贮存养分，进行光合作用。它的主要特点是壁薄，壁上有纹孔，在制板过程中易碎且强度很低，只能起填充作用。在基本组织内，往往有纤维分散其中，形成纤维组织带。维管束由木质部和韧皮部组成，有两个较大的对称导管，为后生木质部。下部的一二个导管被挤毁，为原生木质部，内有成束的纤维组织。韧皮部由筛管组成，周围为韧皮纤维，在碎料板中可起增强作用。

与木材相比，玉米秆的纤维较细较短，平均长度为 1.0~1.5mm，平均宽度为 10~

$20\mu m$，纤维细胞含量仅为 20.8%，大大低于木材。玉米秆灰分含量大(>4%)，木质素含量接近于阔叶材，乙酰基和糖尾酸基含量接近于阔叶材，聚葡萄糖含量低于木材，聚阿拉伯糖和聚木糖高于木材，综纤维素含量仅为 64.9%，半纤维素含量较高。

根据以上分析，玉米秆有以下几个特点：①自身密度低，各组分结构和特性差别较大，因此在制板过程中压缩比和铺装厚度较大。②热水抽提物含量和半纤维素含量较大，说明玉米秆中淀粉、低聚糖、果胶等物质含量高。特别是新鲜的秸秆，糖分含量很高，热压时容易黏板，随着秸秆贮存时间延长，水分不断蒸发糖分含量下降，但果胶、树脂和油脂含量有所增加。③玉米秆纤维素含量低，特别是髓心部分，自身强度较低，因此去掉部分薄壁细胞可提高制板性能。④玉米秆非纤维细胞含量高，制板过程中易出现粉尘，特别是叶子，在加工过程中几乎都变成细小的碎料，铺装时大部分分布在表层，形成了"隔膜"，缓解了黏板现象。⑤玉米秆的外皮强度最高，但表面光滑，有一层蜡状的树脂层，影响胶合强度。

由此可见，利用玉米秆制板必须采用特殊的工艺，否则难于达到理想的产品性能。

11.1.1.2　高粱秆

高粱秆的组织构造与玉米秆类似，其纤维形态与化学成分则有一定差别。

高粱秆纤维长度一般为 $0.26 \sim 2.23mm$，最大可达 $3.51mm$，与阔叶材差不多。宽度一般在 $8 \sim 15\mu m$。经疏解后，高粱秆纤维的长宽比可达 $90 \sim 200$，故其柔性较好，有利于纤维之间的交织。

从第 1 章的表 1-8 可以看出，高粱秆的化学组成在非木材植物原料中占有一定优势，其水抽提物含量较稻草、麦秆、玉米秆等为低。木质素含量较高，全纤维素含量也高于稻草与玉米秆。

因此，高粱秆的材质优于玉米秆，故高粱秆不仅可作为碎料板原料，甚至可经制浆作为纤维板生产的原料。

11.1.2　玉米秆碎料板

11.1.2.1　制板工艺特点

玉米秆从田间收获后去掉叶、穗，含水率约 62%，干燥至含水率 16%，再经压榨、铡碎后，经风选除去部分髓芯，制成长约 20mm 的碎料，经双鼓轮刨片机再碎，此时的组成见表 11-1。

表 11-1　玉米秆碎料的筛分值

网目(目)	6	8	10	14	20	30	40	-40
比例(%)	3.3	5.0	6.7	13.3	23.3	16.7	6.7	10.0

碎料中 10 ~ 30 目的占绝大部分。将碎料干燥至含水率 10% 后施胶。

由于玉米秆纤维短而细，粒度小，故板材的强度随施胶量的大小变化很大。同时，由于玉米秆外皮表层为光滑的角质层，分布一些硅质细胞，湿润性差，与一般的 UF 树脂的胶合性能差，如不改性，平面抗拉强度较低。此外，还含有一部分维管和薄壁细胞，在较少的施胶量下，很难保证均匀施胶，板坯中无胶碎料比例较大，也会造成平面抗拉强度降低。一般要使板材的静曲强度大于12MPa，平面抗拉强度大于0.2MPa时，施胶量至少大于10%。

玉米秆碎料易压缩，刚性差，故密度对其板材性能影响也很大。因此，应根据不同用途，压制不同密度的板材，对强度要求较高时，可提高压力，增加压缩比，用密度的增加取代胶料的增加来提高板材强度。

玉米秆预压时，低压下压机即很快闭合，厚度回弹也小。因此不需大的压力，预压压力1.5MPa即可。根据玉米秆半纤维素含量高，水抽提物多的情况，温度也不宜高。据研究，当热压温度大于170℃时，板材表面有明显的变色现象。因此，玉米秆碎料板的压制温度以140℃，压力小于2.5MPa，时间每1mm厚0.8min为宜。

热压中玉米秆碎料板还易于发生黏板现象，这也是玉米秆碎料的特性所致。玉米秆的低聚糖类远高于木材，高温下这些低聚糖进一步聚合产生高分子黏接物，因此压板时的黏板现象较木材碎料板严重。这种现象还有待进一步研究，是否可利用低聚糖的黏合作用实现玉米碎料的自身胶合，从而降低胶黏剂用量，需要摸索出最佳的热压和碎料制备工艺。

11.1.2.2 性能特点

玉米秆碎料板的物理力学性能与其密度、施胶量关系很大，其变化见表11-2。

表11-2　玉米秆碎料板物理力学性能

性能指标	施胶量8%	施胶量11%	施胶量11%	施胶量13%
密度(g/cm³)	0.649	0.650	0.590	0.661
含水率(%)	7.6	5.9	4.9	9.3
静曲强度(MPa)	9.28	12.60	9.74	12.86
平面抗拉强度(MPa)	0.06	0.19	0.13	0.25
吸水厚度膨胀率(%)	19.10	11.65	8.7	7.2

11.1.3　玉米秆碎料夹芯板

11.1.3.1 制板工艺特点

玉米秆碎料夹芯板实际是一种夹芯胶合板，其结构是玉米碎料板两面覆以木单板、塑料贴面板等，制成复合板的结构。

与夹芯胶合板一样，该板有两种生产工艺，即表芯一次成型和先压碎料板再贴表面材料的二次成型工艺。其基本生产方法见有关章节。此处介绍玉米秆碎料夹心板在建筑部门方面的应用。

11.1.3.2 性能特点与应用

板材具有轻质高比强度的特点，其密度为0.389~0.436g/cm³，静曲强度为6.0~

7. 8MPa。比强度高于钢材与塑料。

板材具有优良的保温隔音性能,其热阻为 0.575m² · K/W,隔音指数为 29dB,比同等厚度的双层纤维板网格复合空心板(其热阻为 0.391m² · K/W、隔音指数 23dB)分别提高了 47% 和 26%。

由于板材两面可覆以各种装饰材料,因而有良好的装饰效果,具有广泛的用途。

表 11-3 列出了用玉米秆碎料夹芯板制作的门与目前建筑上常用的纤维板网格复合空心板的性能对比。从表中可以看出,前者的保温、隔音、防盗、变形、装饰性等均优于后者,而成本则前者低于后者。

除门之外,根据玉米秆碎料夹芯板的性能和成本,还可广泛用做家具、建筑配套橱柜、活动房屋、隔墙板、护壁板、教具等。

表 11-3 玉米秆碎料夹芯复合板门的性能

性 能 / 门 种 类		纤维板网格空心门 1 910mm ×810mm ×35mm	玉米秆碎料夹芯复合板门 1 910mm ×810mm ×35mm
保温性(整门实测,W/m² · K)		2.56	1.74
隔音性(整门实测,dB)		23	29
使用功能	抗落球冲击(4.2kg,1m 高冲痕深,mm)	15.7	0.6
	抗刃器穿击 静压力(N)	800	1 200
	动压力(kg · cm)	101	254
	整门抗冲击(N)	—	>2 000
	抗撞击(25kg 拉簧,开启角 >90°,次)	—	7 000,无变化
	抗吊压门扇上端挂重物(kg)	160,无变化	160,无变化
	门扇强度(两端支起中间站人,人)	<4	6,无损坏
变形	抗水浸(整门泡 24h 湿胀,%) 长度	+0.1	+0.1
	宽度	+0.5	+0.2
	厚度	+8.3	+7.7
	长期观察(3 年)	无变化	无变化
燃烧性(1 200℃架起直烧,min)		7,烧穿	30,烧成深 30mm 洞
防霉虫(一般室内温湿度,5 年以上变化)		无	无
重量(整门扇称,kg)		19 ~20	20 ~22
外观(可刷漆种,平整度)		调和漆,有凸凹	透明漆,平整 调和漆,平整
安装施工使用		方便	方便

11.1.4 高粱秆帘胶合板

高粱秆帘胶合板是 20 世纪 90 年代末期开发出的一种新型非木材植物人造板。它是用高粱秆碾压浸胶后编织成帘,再纵横或平行组坯热压而成的板材。利用高粱秆帘胶合板制成的家具、隔墙及地板块等产品,显示了这种材料作为新型建材的众多优越性,其发展前景十分广阔。

11.1.4.1 高粱秆帘胶合板生产工艺

高粱秆帘胶合板的生产工艺流程如图 11-1 所示。

高粱秆 → 去叶、包皮 → 切断 → 分选 → 辊压 → 浸胶 → 干燥 → 拼帘 →

→ 涂胶 → 组坯 → 热压 → 锯边 → 砂光 → 检验 → 产品

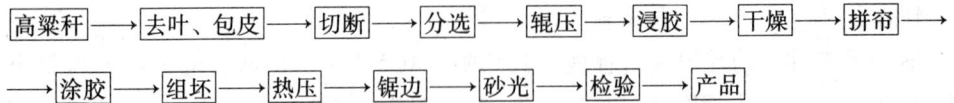

图11-1 高粱秆帘胶合板生产工艺流程

①高粱秆切断。将收购的高粱秆先除去叶子和包皮，然后通过高粱秆切断机根据产品的尺寸要求切断，按直径不同和长度大小分选待用。

②秆茎辊压。未经处理的高粱秆用水等浸透是极其困难的，必须使其破裂才能使胶液浸入内部。采用双辊式压榨机进行辊压，同时在辊压前对表皮进行纵向切割，使秆茎纵向有裂口。这种切割除有利于树脂易于浸入外，也有防止秆节部分因辊压的应力集中而折断的作用。

③浸胶。为提高高粱秆的强度，防止秆茎霉变、腐烂和提高产品的防水性能，将茎秆用酚醛树脂的初期缩合物进行浸渍。将酚醛树脂的初期缩合物按一定浓度配成溶液，然后将辊压后的高粱秆在溶液槽中浸泡。

④干燥。浸泡过树脂的高粱秆进行风干或干燥机干燥，其干燥程度会直接影响热压胶合过程的时间和产品质量，因此与普通胶合板类似，含水率应控制在一定范围内。

⑤拼帘。将干燥后的高粱秆按长度对齐平行铺放，用横向拼帘机或人工拼接成高粱秆帘。高粱秆帘的制造与胶合板生产中的单板制造一样，要求表面平整、裂缝少、厚度均匀，它对产品的内在质量和外观有十分重要的作用。

⑥涂胶与组坯。高粱秆帘表面要涂胶或喷胶，均可采用普通胶合板生产的设备或稍作改装。由于高粱秆表皮有蜡质，普通胶黏剂胶合是有困难的，因此应对胶料进行改性。

根据产品的厚度、密度、强度、力学方向和使用要求等不同情况，组坯有不同方式。例如，组坯的层间方向即垂直相交或是平行相交，应根据力学要求设计，但应遵循对称原则，否则板材将会引起变形。

组坯时，如在表面覆以其他材料如木单板、纤维板或石膏板、塑料贴面板等，可使产品的物理力学性能与外观质量提高，使产品进一步升值。

⑦热压。热压工序与普通胶合板类似。当压制厚度为10～20mm厚板材时，采用普通热压机。当压制厚度20mm以上的厚板时，为提高工效，采用具有蒸汽喷射压板的特殊热压机，即采用"蒸汽冲击法"热压，使热压周期缩短。热压时可采用厚度规或压板间隔自动调整装置以控制板材的厚度。

⑧锯边与砂光。锯边与砂光与普通人造板生产相同。

11.1.4.2 高粱秆帘胶合板的性能与应用

高粱秆帘胶合板与其他人造板的性能比较见表11-4。表中高粱秆帘胶合板第1种为仅以高粱秆为原料的板材；第2种是1.8mm松木单板贴面的板材；第3种与第1种相同，但将厚度压缩成8mm，使其密度提高。

表 11-4 高粱秆帘胶合板与几种人造板的物理性能比较

性能\板种	高粱秆帘胶合板			低比重碎料板	OSB	普通胶合板
	1	2	3			
厚度(mm)	12.1	12.0	7.9	26	11	12
密度(g/cm³)	0.42	0.55	0.57	0.47	0.67	0.55
静曲强度//(MPa)	27.3	43.9	37.6	7.7	36.0	45.0
静曲强度⊥(MPa)	10.3	25.8	15.8	—	20.0	42.0
弹性模量//(×10³ MPa)	5.3	6.3	9.7	1.0	4.8	5.3
弹性模量⊥(×10³ MPa)	0.8	2.9	1.0		2.0	4.9
剥离强度(MPa)	2.3	4.1	2.7	4.6	3.4	9.5
木螺钉保持力(kg)	23.2	44.5	35.2	30.7	50.2	60.0
吸水率(%)	83	64	51	88		29
吸水厚度膨胀率(%)	6	9	9	8	12	3
热传导率[kcal/(m·h·℃)]	0.056	—	0.076	—	0.090	0.08~0.1

由表 11-4 和图 11-2 可以看出，高粱秆帘胶合板有较高的比强度，具有绝热、保温、隔音、防水、轻便、耐用等许多优点。贴面后的高粱秆帘胶合板可应用于室内装修如房间隔墙、门、地板、天花板、也可应用于家具、车船装修等，有着广阔的市场前景。

11.1.5 高粱秆纤维板

(1)制板工艺特点

北京建筑木材厂在年产 2 000t 湿法纤维板生产线上，将工艺作部分调整后，生产了高粱秆纤维板。

原料不经削片，只需切断后用于制浆。高粱秆

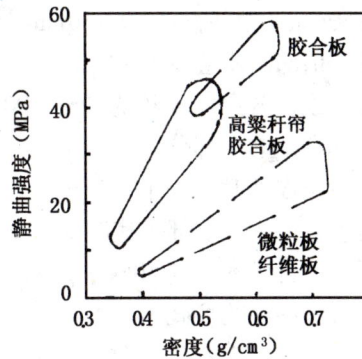

图 11-2 几种板材密度与静曲强度关系对照

压缩率比木材大，因此，需将热磨机螺旋进料器的压缩比改变，或增加螺旋进料器的转速，加大进料量。

高粱秆如不经除髓芯，在热磨时，松散的髓芯容易软化。因此，蒸汽温度不能过高，采用 0.6MPa 左右气压即可。排料次数对于 S09 型热磨机，每分钟 65 次。

制浆中的困难是：高粱秆的表皮部分较硬，组织密实，软化与研磨较难，而髓芯部分易在高温下水解和破坏成粉末状。据研究，处理的办法一是高粱秆最好除去髓芯，但目前还没有这样的专用设备；二是将磨片的齿形进行改革，如将齿宽加大，研磨区结构改变等。

浆料的滤水度一般为 10~12s，施加 2% 的石蜡。成型时浆料浓度适当提高，在 2.1% 以上。高粱秆浆的滤水性差，网上滤水速度慢，水线过长，直至压辊前仍无明显的分界线。这主要是水解的粉末状髓芯造成的。因此，加强脱水措施对高粱秆纤维板的生产也是必要的。

热压工艺还没有作单独的研究，采用温度 190~210℃，压力 5~5.5MPa。3 段热压中，脱水段为 1.5min，干燥段为 5min，塑化段为 5min。

（2）高梁秆纤维板性能

采用上述工艺，制得板材性能参看第 1 章表 1-2。

11.2 葵花秆人造板

葵花（又名向日葵）是 1 年生高大草本植物，在我国东北、山东、河北、宁夏、内蒙古等地种植面积很广。20 世纪 90 年代初期，我国即有了工业化的葵花秆碎料板生产，到目前为止，葵花秆碎料板的生产还在发展，质量也在不断提高，而且有了新的葵花秆人造板品种。

11.2.1 原料的特性及对板材加工的影响

（1）葵花秆组织结构

葵花株高 1 500～3 000mm，茎秆直而粗壮，根茎最粗可达 100mm 左右，一般为 30～50mm，梢部直径 10～30mm，秆部木质层比一般草本植物厚，根部的木质层厚 3～5mm，梢部木质层厚 1～2mm，平均厚度在 2mm 左右。葵花秆主要由表皮部、木质部和髓部组成，各占比例约为 2%、90%、8%。从葵花秆的横断面，可将其分成外表皮、木质部和髓芯 3 部分。

葵花成熟时，处于生长末期，外皮呈黄绿色，茎秆死亡枯萎，外皮迅速变色干缩为黄褐色，外皮木质部迅速脱水，髓芯部分脱水较缓慢。葵花秆收割后放置 1 个月经自然风干全秆含水率降到 50%～100%，放置 5 个月含水率为 10%～20%。如果将刚收割含水率很高的葵花秆破半，去掉外表皮和髓芯后，这种条状的葵花秆木质部经风干半个月左右，含水率为 8%～15%。葵花秆木质部的密度在 0.3g/cm³ 左右，与木材相比，葵花秆木质部粗糙而疏松，其根部材质较好，颈部较差，密度较低，横向断裂强度偏低。葵花秆的髓芯部分是轻而软似海绵状的多孔物质，吸水性较强，用于制板则不仅影响板材强度，且降低板材耐水性。

（2）葵花秆纤维及纤维形态

葵花秆纤维的长度、宽度分布见表 11-5。其纤维形态与木材相比，纤维较细短，纤维状细胞多，髓芯发达。解剖结构上的特点是主要由维管束组织、薄壁组织及外皮组织构成。纤维细胞主要生长在管束中。葵花秆维管束呈星状排列，散布在整个茎秆断面上，靠近髓部较稀。薄壁组织主要存在于髓芯部分，表皮组织主要存在于外皮部分。葵花秆木质纤维形态与阔叶材相似，平均长度为 1.01mm，纤维较细短，呈尖削状。有近 78% 左右的纤维长度在 0.5～1.5mm。所以葵花秆属于木质化程度较高的草本植物。

（3）葵花秆的化学成分

葵花秆中的灰分含量高（表 1-8），灰分中的二氧化硅对胶合有影响；水抽提物含量高，影响板材的耐水性；pH 值约为 7.1，对脲醛树脂胶的固化会产生一定影响。

葵花秆的纤维素含量低，髓芯没有木质化，多为蛋白质与低糖类化合物，对板材的强度与耐水性均有影响。但葵花秆的木质素含量较高，对板材的胶合性、强度与耐水性均有利。

表 11-5　葵花秆纤维长度、宽度在全株的分布

纤维长度(mm)	< 0.5	0.5 ~ 1.0	1.0 ~ 1.5	1.5 ~ 2.0	2.0 ~ 2.5	2.5 ~ 3.5
占全株比例(%)	5	59	19	11	2	3
纤维宽度(mm)	3 ~ 5	5 ~ 10	10 ~ 15	15 ~ 20	20 ~ 25	25 ~ 30
占全株比例(%)	5	12	38	28	12	6

11.2.2　葵花秆碎料板

葵花秆的材性与木材有较大差别，因此葵花秆碎料板的生产工艺与普通的木材碎料板工艺也有所差别。葵花秆碎料板的工艺特点如下：

(1)备料中的除髓

葵花秆原料一般是在春季收购，当时含水率约为12%，先用切草机将葵花秆切成长25 ~ 40mm 的小段，经再碎制成合格碎料。

葵花秆中的髓芯是一种强度低、吸水率高的物质，要提高葵花秆碎料板的质量，除髓是必要的工序。随除髓率的提高，板材的质量也相应提高，生产过程中的工艺问题也随之减少。但葵花秆髓芯所占比例较大，随除髓率增加，原料利用率减少，且在除髓过程中不可避免会带走一些纤维原料。因此，对除髓量应有控制，除髓方式也应有所选择。

除髓工艺一般有两种，即碎料干燥前除髓和干燥后除髓。干燥前除髓用气流分选机除髓，在经过三层振动筛后可除去30% ~ 35% 髓芯。干燥后除髓采用同样机械则可除去60% ~ 70% 髓芯。究竟采用何种方式，应根据对板材性能的要求、板材密度、施胶量大小等具体条件灵活掌握。例如，施胶量较大、板材密度较高时，在板材的最终性能相同时，除髓量可适当减少。

(2)施胶

葵花秆的水抽提物和灰分含量高，纤维素含量低，特别是髓芯的存在，都影响到板材的力学性能和耐水性，特别是吸水厚度膨胀率。为提高板材的耐水性，施胶时应采用耐水性强的胶黏剂，增加防水剂的施加量，或在碎料中加入性能较好的碎料如木材、竹材碎料。

葵花秆碎料的单位质量比表面积大，髓芯孔隙多，胶液极易被其吸收渗透到内部，减少碎料表面的胶膜，引起缺胶而降低胶合力。所以，葵花秆碎料板的胶料固含量和黏度大小、施胶的均匀性等比木材碎料有更高要求，应采用合适的胶种和拌胶方式，如喷雾式搅拌机等使胶液尽可能均匀分布于胶合面层，达到胶料的有效利用。

(3)热压工艺

普通脲醛树脂胶葵花秆碎料板热压工艺条件可定为：温度150 ~ 180℃，压力2.0 ~ 2.8MPa，时间1 ~ 1.2min/mm。

11.2.3　提高葵花秆碎料板质量的措施

(1)碎料预处理

如前所述，由于葵花秆材性原因，葵花秆碎料板的吸水性强，吸水厚度膨胀率一般

达不到国家标准。为提高其耐水性,可从两方面着手,一是对碎料进行预处理;二是采用防水性好的胶料和防水剂以及增加防水剂用量。有关研究人员采用了碱处理葵花秆碎料的方式。

碱处理的结果表明,当采用碱液浓度为1%,时间为30min,温度为20℃时,防水处理效果最好,可显著降低葵花秆碎料板的吸水厚度膨胀率(表11-6)。无论是普通脲醛树脂或是三聚氰胺改性脲醛树脂,碱处理都有相同的效果。后者的吸水厚度膨胀率更低,显然是树脂本身起了重要作用。因此可知,碱处理与树脂改性都可提高板材的耐水性。

表11-6 碱处理葵花秆碎料板吸水厚度膨胀率   单位:%

碎料处理方式 板材用胶	碱液处理		未处理	
	1	2	1	2
普通脲醛树脂	7.43	8.78	16.28	17.11
三胺改性脲醛树脂	3.56	5.87	7.17	8.69

碱液处理降低吸水厚度膨胀率的机理可能是,在一定浓度的碱液中,半纤维素与木质素发生较高程度的降解,当碎料受压时,高度软化的管胞可形成永久的塑性屈服,并形成可逆的凹陷。在较高浓度的碱液(0.8%~1.2%)处理碎料后,其细胞壁形成不可逆的塑性屈服程度高,从而降低了板材的吸水厚度膨胀率。

采用碱液预处理的碎料压制板材时,需加大固化剂的施加量,以平衡碱液的作用。上述工艺中采用的固化剂用量为4%。

(2)胶料改性

胶料改性可有效提高各种碎料板的物理力学性能。葵花秆由于材性特殊,这一点更为突出。表11-7是3种改性方法生产的改性脲醛树脂性能指标。由表中可见,3种改性脲醛树脂胶的贮存期均小于纯脲醛树脂(UF)和三聚氰胺甲醛树脂(MF),其耐水性和胶合强度随三聚氰胺单体或三聚氰胺甲醛树脂的加入量增加而增加。

表11-8是使用三种改性脲醛胶压制葵花秆碎料板的性能比较。从内结合强度看,改性胶的胶合强度明显优于普通脲醛树脂,且随改性剂加入量的增加板材的内结合强度增加。当然,板材的成本也将随之升高。

表11-7 各种胶黏剂性能指标

胶种 指标名称	UF	MF	改性UF I	改性UF II	改性UF III
pH值	7.8~8.0	9.0	7.8~8.0	8.0~8.2	7.8~8.0
黏度(mPa·s,20℃)	175~260	80~90	180~260	88~180	180~320
固含量(%)	50~62	49~56	62~65	58~62	63~67
游离甲醛(%)	<0.8	<0.2	<0.3	<0.4	<0.4
贮存期(20~25℃,d)	60	60	30	40	30

表 11-8　改性胶对板材性能的影响

胶　种	改性方式	改性剂用量(%)	内结合强度(MPa)	吸水厚度膨胀率(%)
UF		0	0.32	19
改性 UF I	合成胶料时加入三聚氰胺单体	1	0.38	14.9
		2	0.40	13.6
		4	0.42	11.8
		6	0.44	10.5
改性 UF II	配胶时加入三聚氰胺树脂	10	0.37	13.2
		20	0.41	11.8
		40	0.44	7.8
改性 UF III	固化剂中加入三聚氰胺	1	0.38	14.1
		2	0.41	13.8
		4	0.43	11.2
		6	0.45	9.6

注：施胶量为 14%。

改性 UF I 和改性 UF III 所制的葵花秆碎料板，当改性剂加入量大于 4% 时，板材的吸水厚度膨胀率才能小于 12%，达到国家标准二级品标准；采用改性 UF II 时，当改性剂加入量为 20% 时，才能达到国家标准二级品标准。

采用改性 UF III 时，改性剂加入量为 4%，施胶量为 14%，所得葵花秆碎料板性能为：含水率 5.66%，密度 0.60g/cm³，静曲强度 20.81MPa，吸水厚度膨胀率 11.20%，内结合强度 0.45MPa，握钉力 1 298.89N。上述指标除吸水厚度膨胀率在二级品水平外，其余指标均达国家标准一级品水平。

（3）浸渍纸贴面

葵花秆碎料板用改性三聚氰胺甲醛树脂浸渍纸贴面可改善板材的各种性能与外观质量。为保证贴面质量，贴面用基材生产工艺作以下调整：

①增加表层碎料比率。目的是提高表层的密度与平整度。

②增加板坯铺装厚度。板坯厚度的增加是为了使贴面基材在砂光后达到厚度公差小于 ±0.3mm 的要求。例如生产 16mm 厚板材，板坯厚度由 65mm 增加到 70mm，压机厚度规由 16.5mm 增加到 17.5mm，为基材留出约 1.5mm 的砂光余量。

③增加表层碎料的施胶量。将表层碎料的施胶量提高 2% 左右，可显著提高基材板的表面剥离强度与降低板面粗糙度。

贴面用三聚氰胺甲醛树脂同木材人造板贴面用树脂，浸渍胶膜纸浸胶量应大于 140%，挥发分含量控制在 6% ~ 8%。

贴面热压工艺为：压力 1.6 ~ 1.8MPa，温度 160 ~ 180℃，时间 80 ~ 110s/mm。

贴面葵花秆碎料板的物理力学性能为：密度 0.62g/cm²，静曲强度 20.5MPa，内结合强度 0.54MPa，吸水厚度膨胀率 12.50%，表面耐磨性 65mg/100r，平行板面握钉力 1 098N。

11.2.4　葵花秆积成板

葵花秆积成板是将葵花秆经一定加工后涂胶并同向铺装热压而成的板材，其工艺如

葵花秆 → 对剖 → 辊压展平 → 去外皮 → 去髓芯 → 自然干燥 → 人工干燥 →

→ 涂胶 → 平行组坯 → 热压 → 冷却 → 锯边 → 检验 → 成品堆放

图 11-3 葵花秆积成板生产工艺流程

图 11-3 所示。

（1）原料制备

将葵花秆去掉茎叶，用电锯剖成两半，再用对辊机将半圆状葵花秆碾压成片状，用钢刷辊去掉外皮与髓芯。此时葵秆片的宽度约为 50mm，厚度 2.5mm 左右，长度依板材需要而定。

（2）干燥与施胶

先将展平刷净的葵花秆片在自然条件下干燥一段时间，以节省人工干燥能源，然后在干燥设备中干燥至含水率 8% 左右。秆片经辊式涂胶机涂胶。胶料为脲醛树脂胶，固含量 60%，施胶量约为秆片重的 8%。

（3）组坯与热压

组坯方式同积成材方式，即平行铺装，在模框内进行。热压采用厚度规，热压温度 150℃，热压时间约为 1.3min/mm。

（4）板材性能

板材的性能见表 11-9。由表可知，葵花秆积成材的密度相当于中等密度以上的木材，在密度 0.58g/cm³ 时，顺纹抗压强度（56.9MPa）相当于红松（32.8MPa）的 173%，落叶松（52.2MPa）的 109%；静曲强度（60.1MPa）略低于红松（65.3MPa），相当于红松的 92%，相当于落叶松（99.3MPa）的 60.5%。

葵花秆积成板的握螺钉力较高，第 I 组试件已达 2 063N，相当于刨花板国家标准一等品规定的握螺钉力（≥1 100N）的 189%。

从表中可以看出，葵花秆积成板的力学性能随密度的增加而提高。根据板材的构成，其加工性和使用性应当与同密度的木材板相当或相近。

表 11-9 葵花秆积成板的物理力学性能

性能 试件组	密度 （g/cm³）	含水率 （%）	顺纹抗压强度 （MPa）	静曲强度 （MPa）	握螺钉力 （N）
I	0.58	8.85	56.9	60.1	2 063
II	0.79	10.80	62.3	70.1	2 302
III	0.86	11.54	63.3	67.4	3 558
IV	0.90	9.60	86.0	91.4	2 909

11.3 豆秸人造板

豆秸人造板的原料主要来自大豆。大豆是我国四大农作物之一，种植面积居世界前列，主要产区分布在东北、黄河流域、长江流域以及长江以南的 10 多个省（自治区、直辖市)。据不完全统计,我国大豆播种面积超过600多万 hm^2 ,年剩余物达1 000万 t 以上,由于除燃料及饲料外没有大规模工业化利用,因此成为人造板工业新的原料来源。

20世纪90年代初期,国内王天佑等人即进行了湿法豆秸硬质纤维板的研究,其后邢成、周月等人进行了豆秸碎料板的研究,基本掌握了豆秸人造板生产的工艺特点及其有关因素,为豆秸在人造板工业的利用铺平了道路。

11.3.1 豆秸的特性及对板材加工的影响

(1)组织结构

大豆是1年生双子叶草本植物,根属直根系,水平伸展半径约400~500mm,深可达1 000mm左右。收割后的豆秸茎秆坚硬粗壮,具茸毛,株高800~1 100mm,直径4~22mm,秆为中空状,10~15个分节,1~4个分枝,每株结豆荚20个左右。

气干后的豆秸含水率为15%~18%,平均每株重30~40g。不计叶子与大豆的各部分重量比为:主茎秆:分枝、梢部:豆荚壳=1:0.52:0.34。收割后的豆秸经脱粒后,除叶子和大豆被分离外,分枝及豆荚的比例也会有所减少。这是因为在脱粒过程中,细小分枝、豆荚及叶子易于破碎,与大豆混在一起与豆秸分离。

(2)纤维形态与纤维含量

从横截面可将豆秸分为韧皮部、木质化部、薄壁细胞构成的海绵部和髓腔。韧皮纤维平均长度2.3mm,长宽比约为110,纤维壁厚5.2μm,韧皮中木质素含量较低,破碎时易成纤维团,影响施胶与铺装;木质部纤维形态与阔叶材相似,平均长度约为0.99mm,长宽比64,导管细胞两端开口,还有木射线细胞和窄壁细胞,这是构成豆秸强度的主要部分;髓细胞壁薄,多呈球形,类似海绵状,所占比例很小,这部分物质是碎料板胶合的薄弱处,对板材的强度形成和耐水性也不利。

大豆秸的纤维细胞含量低于白桦等木材,而非秆状的薄壁细胞含量大大高于木材(表1-6),因此豆秸自身的强度低于一般木材。

(3)密度

豆秸的平均密度为0.287g/cm³,其中主干底部密度最大,其次是豆荚壳,最小为梢部,其密度低于普通木材,接近泡桐、水杉等速生材。

(4)化学成分

豆秸各部分的化学成分分析见表11-10。由表可知,豆荚中的化学组成中木质素、纤维素的含量明显低于其他部位,而其他成分均高于其他部位,是豆秸材料中较差的部分,用于碎料板生产时如比例过高将对板材的性能产生不利影响。豆秸的纤维素、木质素含量与木材相近(表1-8),而灰分含量和水抽提物及戊聚糖含量均明显高于木材,这说明豆秸虽可用做人造板原料,但较木材还有一定差异,在生产过程中应根据豆秸的特性采取相应的工艺措施和辅助材料,才能生产出合格的人造板材。

(5)酸碱性

原料的酸碱性直接影响脲醛胶碎料板的固化,最终影响板材的性能。表11-11是经测试所得的豆秸各部分的 pH 值和缓冲容量以及对脲醛树脂胶固化时间的影响数据。结果表明，豆秸各部位的 pH 值在 6.30~7.02，明显高于木材（pH 值 4~5），豆秸不同部位对脲醛树脂胶的固化都会产生明显的阻碍作用。其中豆荚的酸缓冲容量、碱缓冲容量和总缓冲容量均大大高于其他部分，对脲醛树脂胶的固化阻碍作用也最大。因此，如果以脲醛树脂作胶黏剂时，除了限制豆荚的用量之外，调胶时应充分考虑豆秸的这一特性，加大固化剂的用量。

表 11-10　豆秸的化学成分　　　　　　　　单位：%

成　分 部　位	灰分	苯　醇 抽提物	1% NaOH 抽提物	木质素	综纤维素	戊聚糖	酸不溶	酸　溶
混　合	2.19	3.96	31.14	20.34	77.81	34.01	18.04	2.30
豆荚壳	4.78	7.56	48.41	12.27	64.80	38.67	11.09	1.16
梢　部	2.49	4.22	33.68	18.16	78.61	32.49	16.32	1.84
主　干	1.93	4.08	28.11	23.78	79.50	30.33	21.43	2.45

表 11-11　豆秸各部分的缓冲容量及对脲醛胶固化的影响

项　目 部　位	pH 值	酸缓冲容量 （mmol）	碱缓冲容量 （mmol）	总缓冲容量 （mmol）	固化时间 （min）
主　干	6.30	0.531 2	0.262 5	0.796 8	6.13
梢部及分枝	7.02	0.415 8	0.903 1	1.318 9	7.20
豆荚壳	6.38	0.828 1	1.156 0	1.984 1	7.65
混　合	6.98	0.828 3	0.751 5	1.579 8	6.90

注：空白固化时间为 2.53min。

11.3.2　豆秸碎料板工艺特点

（1）备料

豆秸的备料有几种方式，用切断、破碎、削片、刨片方式均进行过试验。不同备料方式对碎料的筛分值及板材性能均有不同影响。表 11-12 为不同制备方式豆秸碎料板的性能。

表 11-12　不同制备方式的豆秸碎料板性能

板材性能 备料方式	静曲强度 （MPa）	弹性模量 （×10³MPa）	平面抗拉强度 （MPa）	吸水厚度膨胀率 （%）
除荚→切断→环式刨片	13.72	2.86	0.51	8.84
切草机切断→环式刨片	13.38	2.56	0.38	9.71
除荚→切断→加湿→刨片	14.92	2.73	0.45	8.56
切草机切断	13.42	2.11	0.08	26.07

表 11-12 结果表明，豆秸仅切断所压制的板材性能很差，特别是平面抗拉强度极差，原因是豆秸的厚度基本上是秆壁厚，一面为强度极低的薄壁细胞，故胶合强度极

低。同时板材的吸水厚度膨胀率也很大，防水性能也极差。此外，去除豆荚的碎料板材性能最好，原因是豆荚自身强度低，主要为淀粉和蛋白质，纤维素含量较低。加湿后刨片的碎料板性能与不加湿的相差不大，仅静曲强度较高。加湿与不加湿主要影响到刨片后碎料的形态，生产中应根据豆秸备料前的风干程度灵活掌握。

备料中除上述情况之外还应注意以下几点：

①豆秸表层有柔性的外皮，其韧性大，不易切断，如处理不好会结团成束而影响施胶与铺装的均匀，影响板材的密度均匀和表面产生胶斑。因此，制备中应采用高效切断设备。

②豆秸的根与梢部性质差异大，梢部密度低，易产生含髓芯多的细料，对施胶和板材质量不利，如要求较高质量的板材时，应除去此部分而多用带根部的原料。

（2）干燥与施胶

与普通碎料板相同，应将豆秸碎料干燥至含水率5%以下。干燥方式可参见前述章节，流化床式沸腾干燥方式可能比较适合于豆秸碎料。

施胶分表芯层，表层施胶量为12%～16%，芯层为8%～12%，石蜡防水剂施量表芯层均为0.5%～2%。随施胶量增加，板材的性能变好；随防水剂施加量增加，耐水性提高，但超过1.5%时不甚明显。

根据前述的豆秸的偏碱性，固化剂的施加量是施胶中比较重要的问题。表11-13是固化剂用量对豆秸碎料板性能的影响。随着固化剂用量的增多，板材强度有明显提高。

表 11-13　固化剂用量对豆秸碎料板性能影响

原料类型	固化剂用量 （%）	密　度 （g/cm³）	静曲强度 （MPa）	内结合强度 （MPa）	吸水厚度膨胀率 （%）
带根整豆秸，少杂 草、豆荚	0.5	0.75	0.38	20.92	7.20
	1	0.75	0.52	20.82	5.19
	2	0.75	0.59	23.31	5.31
无根碎豆秸，多杂 草、豆荚	2	0.73	0.20	18.11	8.80
	3	0.71	0.42	21.08	7.04

（3）热压工艺

热压工艺可参考前述的各种非木材植物碎料板。一般温度不能过高，时间不宜过长，因这类原料与木材碎料相比，易于降解或炭化，降低板材力学性能。一般温度160～170℃，压力3～3.5MPa，热压时间17～25s/mm。

11.3.3　豆秸纤维板

纤维板的原料要求一般较碎料板高，豆秸能否用于纤维板生产，王天佑等人利用国产66型湿法硬质纤维板生产线研究了豆秸硬质纤维板的生产工艺。

（1）备料与制浆

采用豆秸主茎长200～600mm，直径5～10mm，其中秸秆占72%，豆荚占25%，其他杂物占3%。实际生产中，豆荚与杂物含量应尽量少，否则磨浆时浆料易成糊状，影响纤维的滤水，并且降低板材的耐水性。

采用切草机切成 20～50mm 的豆秸段，用 KG9 热磨机磨浆，S13 精磨机精磨，磨浆后的浆料筛分值见表 11-14，滤水度均为 30s。

表 11-14　精磨后纤维的筛分值　　　　　单位:%

目　数 试　验　号	+20	-20/+48	-48/+100	-100/+200	-200
1	44.70	21.40	7.20	13.30	13.40
2	49.00	19.60	6.40	12.30	12.70
3	48.00	20.30	7.40	11.50	12.80
平均值	47.22	20.43	7.00	12.37	12.97

表中数据表明，粗大纤维（20目以上）占50%左右，细小纤维（100目以下）占25%左右。两者所占比例较大，纤维形态不均匀，纤维滤水度由于细小纤维多，数值也偏高。

（2）浆料处理

豆秸的水抽提物、海绵状杂细胞、淀粉及蛋白质含量高，这些物质的存在对纤维的浆料滤水性和制品的防水性均有不利影响，故除采用石蜡作防水剂外，还添加了酚醛树脂作增强剂。此外，还进行了洗浆试验。通过上述处理的浆料压制的板材性能见表 11-15。结果表明，加入石蜡和胶黏剂后，明显降低纤维板的吸水率，加胶黏剂后则更为明显。洗浆的目的主要是为了降低浆温和洗去纤维中的水溶性物质和部分淀粉，提高纤维板耐水性。从结果看，经过洗浆后，板材的吸水率又有明显降低，力学性能有所提高。

表 11-15　添加剂及洗浆对豆秸纤维板性能影响

性　能 处　理　方　法	静曲强度 （MPa）	吸水率 （%）	密　度 （g/cm³）	含水率 （%）
无添加剂	29.43	92.46	0.840	6.37
添加石蜡	28.65	76.23	0.842	5.63
添加石蜡与胶	27.99	48.85	0.876	6.34
洗浆、添加石蜡与胶	30.02	32.31	0.876	6.85

（3）热压

热压采用湿法纤维板生产典型的 3 段热压曲线。热压温度180℃，热压高压段压力5.0MPa，低压段0.5MPa。挤水、干燥、塑化时间的长短应根据豆秸纤维的滤水性、处理方式、原料特点等情况进行探索，在实践中找到最佳的工艺参数。

11.4　烟秆人造板

烟草是世界上重要的经济作物，分布面积非常广。我国绝大部分省（自治区、直辖市）均有烟草栽培，总产量据估计超过 5 亿 kg。烟秆是烟草收获后的剩余物，不易腐烂，燃烧值不高且燃烧有异味，因此不适宜于作肥料、饲料和燃料等，用途比较有限。

然而，烟秆含有一定烟碱，具有杀虫、驱虫的效能。因此，烟秆作为人造板的原料，从20 世纪 90 年代起开始进行了开发与研究，使人造板工业的原料又增加了一个新的来源。

11.4.1 原料的特性及对板材加工的影响

（1）组织结构

烟草是茄科烟草属 1 年生植物。成熟烤烟包括根、茎、叶、蒴果，烟秆指烤烟的根茎部分。烤烟秆茎直立，圆形，老熟时中空，基部木质化。一般秆茎高 1 ~ 2.5m，直径约 30 ~ 50mm，秆壁厚 5 ~ 15mm。烟秆由茎内木质部的导管和韧皮部的筛管组成。烟秆有约 1/100 的髓部，可通过风选和筛选除去。

烟秆本身木质化程度高，优于其他农作物秸秆，其韧皮纤维强度远低于棉秆等韧皮纤维，不会给备料造成障碍，故可采用木材碎料板的备料工序与设备。

（2）纤维形态

烟秆纤维平均长 1.17mm，最长可达 9.15mm，最短 0.46mm，一般为 0.72 ~ 1.20mm；烟秆纤维宽平均 27.5μm，最大 63.7μm，最小 7.4μm，一般在 19.6 ~ 34.3μm；长宽比约为 43。因此，烟秆纤维形态与某些阔叶材相近。

（3）化学成分

烟秆的纤维素含量约占 40%，木质素与半纤维素含量各约占 20%。烟秆中含有少量的烟碱与尼古丁，因而具有驱虫杀虫的功能，这是它作为人造板原料的优点。

总的看来，烟秆在非木材植物原料中，属于较好的人造板原料之一，在板材的生产中出现的问题应当较少。

11.4.2 烟秆碎料板

（1）备料

烟秆的备料与棉秆、麻秆、玉米秆等原料相比，问题较少，可采用普通碎料板通用设备。

烟秆用切草机切成 20 ~ 30mm 长的秆段，然后用双鼓轮刨片机加工成碎料，烘干后经筛选的碎料性质见表 11-16。

表 11-16　烟秆碎料的性能

性　能 ＼ 筛分值（目）	+6	-6/+8	-8/+10	-10/+14	-14/+16	-16/+20	-20/+40	-40
质量比（%）	3.4	8.8	10.0	15.6	11.0	16.3	23.7	11.2
厚度（mm）	0.46~0.82	0.50~0.87	0.52~1.04	0.50~0.70	0.37~0.58	0.28~0.54	0.18~0.30	0.10
长度（mm）	15~20	10~20	8~10	5~8	3~5	2~3	1~2	—
形态	大片	小长片	细长片	短细长片	小细秆片	小碎片	细碎片	粉末

（2）干燥与施胶

基本可采用木材碎料板的工艺与设备，碎料干燥后含水率 2% ~ 3%，一般施胶量为 10% ~ 13%，防水剂 1% ~ 2%。

（3）铺装与热压

铺装可采用木材碎料板的工艺与设备。热压工艺：温度 150 ~ 160℃，压力 2 ~ 2.5MPa，热压时间 25s/mm 左右。

采用上述热压工艺和 DN-1 号脲醛树脂胶，压制的烟秆碎料板性能见表 11-17。

表 11-17　烟秆碎料板的性能

施胶量 （%）	防水剂施加量 （%）	密度 （g/cm³）	静曲强度 （MPa）	平面抗拉强度 （MPa）	吸水厚度膨胀率 （%）	含水率 （%）
11	1	0.70	20.93	0.57	9.75	4.4
11	1.5	0.69	21.10	0.41	5.85	5.6
13	1	0.71	22.13	0.65	8.05	5.6
13	1.5	0.72	21.17	0.67	3.85	5.2

由表中的数据可知，烟秆碎料板的静曲强度随施胶量增加而提高，随施蜡量增加而略有下降。平面抗拉强度有类似表现。烟秆碎料板的吸水厚度膨胀率随施胶量和施蜡量的增加而明显降低。

根据上述规律，在生产烟秆碎料板时，应根据板材的使用要求变化工艺参数，在符合产品质量的要求下尽量节省胶料与防水剂，以降低成本和增加经济效益。

11.4.3　烟秆纤维板

烟秆的材性在非木材植物原料中属较好的一种，其碎料板的性能在相同工艺条件下优于玉米、高粱、豆秸等原料所制板材。在此基础上，有关研究人员进行了烟秆湿法硬质纤维板的生产性试验，探索了与之相适应的工艺参数。

（1）备料与制浆

收获之后的烟秆含水率高达 80% 以上，其中髓芯重量约占青烟秆重的 50%，主要是髓芯贮存的水分多。这样高的含水率直接用做制浆原料是不合适的，会引起进料螺旋打滑、管道堵塞等问题。因此，烟秆收获后应当风干至含水率 40% ~ 50%，削片或削片后风干至此含水率再磨浆。削片可采用普通木材纤维板生产所用削片机，切成 20 ~ 40mm 的薄片。

热磨采用普通热磨机，但进料口尺寸、螺旋进料器压缩比和转速等需作适当改进和调整，使其适合烟秆原料的特点。预热蒸汽压力 0.8MPa。试验证实，只要磨浆工艺掌握适当，普通热磨机可以制得形态较好的纤维。

（2）浆料处理与成型

浆料处理比较简单，可在热磨时直接加入熔融石蜡，也可用乳化石蜡在施胶箱中加入。

采用普通长网成型机成型，由于烟秆中含有大量髓芯，制浆后留存于浆料中，使浆料的热磨时间高达 30s 以上，造成脱水困难，故脱水应采取强化脱水措施。否则，应当采取洗浆或除髓等工序，提高浆料质量，才能制成质量好的纤维板。

（3）热压

采用典型的 3 段热压曲线，温度 190～200℃，高压压力 5.5MPa，低压压力 1.0MPa，压制 3.5mm 硬质纤维板时，热压时间取 7～8min。

（4）烟秆硬质纤维板性能

表 11-18 是未经除髓、采用直接施加石蜡工艺所制得的烟秆纤维板性能。

表 11-18　烟秆硬质纤维板性能

性　能施蜡量（%）	密度（g/cm³）	静曲强度（MPa）	吸水率（%）	含水率（%）	比强度
2.5	0.88～0.93	30.1～31.6	36.8～45.8	5.6～6.0	33.85
0	0.99	40.8～42.3	51.0～74.5	5.1～6.6	42.12

表中的板材力学性能均较高，达到和超过国家标准二级品水平，尤其未施蜡的板材，指标超过国家标准一级品水平。说明施加石蜡对板材的静曲强度有一定影响。施加石蜡后，板材的吸水率大幅度下降，但仍未达到国家标准的最低要求（≤35%）。这与烟秆中的髓芯有一定关系，也与工艺中石蜡的有效利用即留着率有关，生产中应当进一步探索。

11.5　花生壳人造板

花生是主要的油料作物之一，种植面积十分广阔。花生壳约占花生果实重的 1/3，我国每年约有花生壳 400 万 t，是人造板可以利用的又一大宗原料。

由于花生壳的特殊化学成分，国外很早就进行了无胶花生壳板的研究。我国 20 世纪 80 年代初期开始进行花生壳碎料板的研究，并建成相应的生产线。80 年代末期进行了无胶花生壳碎料板的研究，取得了一定的实验数据。以上的研究与开发为化生壳人造板生产打下了良好基础。

11.5.1　原料的特性及对板材加工的影响

花生壳是壳类原料中除稻壳外最丰富的原料之一，我国 1984 年的花生壳产量已达 385 万 t。花生出壳率高，约占总重的 35%。

表 11-19　几种壳类下脚料的性质

材料名称	堆积密度（g/cm³）	吸水率（%）	灰　分（%）	水溶物（%） 冷	水溶物（%） 热	0.5%NaOH 水溶物（%） 冷	0.5%NaOH 水溶物（%） 热
稻　壳	0.1～0.15	125～135	18～21	1.72	3.64	46.8	58.2
椰子壳	0.13～0.14	185～195	5～7	4.18	4.94	42.1	42.5
花生壳	0.08～0.11	630～640	14～16	1.06	1.95	28.3	30.7
木材削片	0.22～0.23	180～190	0.2～0.4	3～4	4～6	41～42	42～44

花生壳与其他几种壳类材料及木材相比的性能见表 11-19。从表中可知，花生壳是

一种蓬松的原料,这是因为它的空腔容积大的缘故。为此,在备料中,花生壳需要进行碾压,一方面使其破碎,另一方面也增大其密度。

花生壳吸水性强,稻壳则是对比材料中吸水性最弱的。花生壳的吸水性有利于胶液的吸附,但也要注意花生壳不能碾压过细,以免耗胶量猛增,施胶不均匀。当然,吸水性强也使花生壳板材的防水性能变差,需加强防水措施。

据测定,花生壳的木质素含量很高,是一般非木材植物原料中最高的(33.55%),超过木材的木质素含量(表1-8)。花生壳的戊糖与己糖含量也较高。这种性质为无胶花生壳板的制造创造了基本条件。无胶人造板的制作机理一是木质素的热塑融合黏结作用;二是木质素中较多的活性功能团的化合作用;三是戊糖、己糖等物质转化成醛类的缩合作用。花生壳具备了这些条件,已经有用花生壳作胶黏剂或胶黏剂填充剂的研究,证明了花生壳的无胶胶合的可能。

花生壳的纤维相互缠绕,耐酸碱性和保温性很好,这也为无胶花生壳板材加工中需加入酸碱类物质进行活化提供了有利条件。花生壳含粉尘和杂质多,而且易于生虫,因此板材的制作中对筛选应予以重视,同时在碎料处理时可加入少量防腐剂。

11.5.2　脲醛树脂胶花生壳碎料板

南京林业大学于1981年开始研究花生壳的利用问题,于1982年与泗洪轻工机械厂联合研制成功花生壳单板贴面花生壳板,其工艺与设备基本与木材碎料板相同。除贴面材料外,生产的主要设备有振动筛、干燥机、碾压机、搅拌机、铺装机、预压机、热压机。工艺简述如下:湿花生壳先经筛选,去掉细末、粉尘,存入合格湿花生壳料仓。此时花生壳含水率高,经干燥后再压碎。干燥、碾压后的花生壳经拌胶后铺装于涂有胶料的底单板上,预压后再放上涂有胶料的表单板进行热压。芯料施胶量一般在10%~18%。

单板贴面花生壳碎料板的物理力学性能指标如下:

绝对含水率	9.8%
密度	0.67g/cm^3
吸水厚度膨胀率	8.5%
静曲强度	33.69MPa
平面抗拉强度	0.28MPa

板材的物理力学性能基本符合部颁的刨花板质量标准。

花生壳素板由陕西省建材科研所完成了工业性试验,其性能见表1-2。花生壳碎料板可作为木材刨花板的替代材料,目前主要用于家具及包装工业。

11.5.3　国外无胶花生壳板的研究

利用花生壳的特点,压制无胶花生壳碎料板,国外已进行了大量研究,并提出了基本的加工工艺。研究表明,当花生壳用酸处理时,在压制过程中会产生一种黏结剂,使板材自生结合而达到一定强度。

工艺过程是:将花生壳用3%~7%的盐酸、磷酸或对甲苯磺酸溶液浸泡,时间约30min,然后在50~60℃的温度下干燥。干燥后的碎料经铺装、预压后在200℃左右的温度下热压。

生产小幅面的板材时，工艺与产品质量均不存在困难，当幅面增大时，出现的问题较多。研究的重点放在工艺条件上，包括以下几点：花生壳的尺寸，花生壳含水率，花生壳预热处理，花生壳吸收酸的种类与数量，板材的压制工艺，板材的热处理。

(1)花生壳的尺寸

在大幅面花生壳板的生产中，花生壳的尺寸影响尤其大。花生壳中的细颗粒增多时，往往堵塞了大颗粒之间挥发物和水蒸气的排出，引起放炮现象。

研究发现，在放炮板材中，在放炮的地方有大量黑斑，并总是伴随有许多细颗粒。这是由于细颗粒反应快，产生的黏结物质多，放出的挥发物和水蒸气也多，而粗颗粒此时的反应还未完成，由此引起板坯内部应力不均。

因此得出的结论是，花生壳应筛选掉小于 30 目以下的碎颗粒，同时在与酸的拌和中要保证均匀，以使花生壳在高温下的反应尽量趋于一致。

(2)花生壳的含水率

对于无胶花生壳板的生产，花生壳含水率的影响相对较小，与其他参数相比可说是微不足道。据研究，含水率选定在 5% ~6%，对板材的压制效果有可靠保证。

(3)花生壳吸收酸的种类及数量

对于无胶花生壳板所适用的酸较多，常用的有两种：对甲苯磺酸和磷酸。研究表明，花生壳可吸收 4% ~6% 的酸，使用上述两种酸对于花生壳板材的性能影响没有明显的差别。不过，对甲苯磺酸价格一般较高，大规模生产花生壳板材时一般选用磷酸。

花生壳在 7% 的酸溶液中泡 15min 后，随即将溶液排出，滤干的花生壳经干燥后使用，此时壳中的含酸量可达 4% 左右。

滤出的酸液可回收利用，但利用 3 次后，滤液由于花生壳中的溶解物呈碱性，故酸液只可重复使用 3 次。

研究证明，板材中酸的含量对其性能影响很大。花生壳在吸收酸 3.98%，热压温度为 198℃，热压压力为 7.5MPa，加压时间为 10min 时，压制的无胶花生壳碎料板性能如下：

厚度	14mm
密度	1.05g/cm³
内结合强度	1.34MPa
抗弯强度	14.83MPa
弹性模量	3.36×10^3MPa

(4)花生壳预热

无胶花生壳板的成板是靠高温下壳与酸的反应生成物的胶合作用。如果在热压前花生壳已达到一定温度即花生壳与酸已进行初步反应，产生的一些挥发物已部分去掉，这样可减少热压时的放气现象，增强所生黏结物质的流动，提高结合性。

预热可以与干燥结合起来，干燥后的花生壳立即进入压机，既节省能源，又可提高板材性能。实验证明，在 200℃ 左右温度下预热 15min 后立即进入预热过的压机进行压制较好。

(5)热压工艺

热压工艺是人造板最重要的工序之一，对无胶花生壳板则更加突出。随热压温度的升高，板材内部的反应加剧，挥发物与蒸汽的排出趋势加大，因而放炮的可能性加大。根据大量实验证明，提高温度而减少加压时间（这是木材人造板生产常用的方法）对无胶花生壳板是不适宜的。当温度超过 230℃时，所有的制板试验都因放炮而失败。要使板材黏结密实、结构完善的压制温度，应控制在 176～205℃。

无胶花生壳板的压制压力较高，一般在 5～8.5MPa，随密度不同而定，加压时间与板材密度及材性均有关。时间过长，虽然产生的黏结物增多，但破坏了自身强度，并引起板材的过分收缩，引起分层破坏。研究结果认为，当温度在 190℃，加压时间超过 5min 时，即可产生足够的黏结物满足板材的性能要求。

加压的方式也很重要，减压放气和小心卸压非常必要。因此采取多段加压和逐段卸压对花生壳板的生产有利。

(6)热处理

热处理对无胶花生壳板的静曲强度影响不大，但可提高其耐水性能。在 150℃温度下处理 16h 的板材，与未经处理的同类板材相比，在水浸后密度、体积、静曲强度等方面，前者比后者的性能显然要强得多。

综上所述，无胶花生壳板材的生产，可推荐如下的工艺：

①花生壳碎料经 30 目以下的筛网筛选出去；

②用浓度 75% 的磷酸稀释成 7% 的溶液，按花生壳：溶液 = 1:7 的比例混合浸泡 5min；

③将花生壳滤出后干燥至含水率为 5.7% 左右，含酸量应在 3.9%～4%；

④干燥后的花生壳立即送入预热到 180℃以上的压机中，2min 内升至全压 8MPa，然后热压 3.5～4min，在 1.25min 内卸压至零。

11.5.4 国内无胶花生壳板的研究

无胶花生壳板还处于研制阶段，国内徐咏兰等人采用次氯酸钠、硫酸、硝酸、双氧水和氢氧化钠作催化剂也进行了试验，此项研究在工业上应用的经济效益十分可观。

(1)试验方案

选用 5 种试剂作无胶花生壳板的活化剂，分别为 $NaHCl$、H_2SO_4、HNO_3、H_2O_2 和 $NaOH$，同时采用 3 种填充剂以增加结合力，分别为酸木质素、单宁和碱木质素。

花生壳经筛选后与活化剂拌和进行活化处理，施加填充剂后铺装热压。热压工艺为：压力 3.5MPa，温度 185～195℃，热压时间 7min（板厚 10mm）。

(2)试验结果

试验结果见表 11-20。为了比较活化剂与填充剂的作用，同时进行了不加活化剂，只加填充剂和不加活化剂不加填充剂及脲醛树脂胶压制板材的对比试验。

(3)试验分析

①经活化处理并加了填充剂的花生壳碎料板的静曲强度为 3.39～6.85MPa；而不经活化处理只加填充剂的板，其静曲强度为 2.63～4.64MPa，既不经活化又没加填充剂的

板，其静曲强度为1.67MPa。从结果可看出：每种处理剂均有一定的活化效果，其中以NaOH为活化剂、碱木质素为填充剂时效果最好，静曲强度达6.85MPa。

表11-20 不同活化剂和填充剂的无胶花生壳碎料板性能

填充剂 \ 活化剂 \ 板材性能		NaHCl	H$_2$SO$_4$	HNO$_3$	H$_2$O$_2$	NaOH	无
酸木质素	密度(g/cm^3)	0.71	0.69	0.71	0.72	0.64	0.66
	静曲强度(MPa)	5.80	5.35	5.62	5.80	5.01	2.63
单宁	密度(g/cm^3)	0.69	0.66	0.67	0.70	0.65	0.65
	静曲强度(MPa)	4.44	5.10	3.94	4.89	5.23	4.04
碱木质素	密度(g/cm^3)	0.64	0.63	0.64	0.66	0.67	0.64
	静曲强度(MPa)	4.45	4.27	3.39	4.69	6.85	2.24

注：1. 无活化剂、无填充剂花生壳碎料板性能：密度0.66g/cm^3，静曲强度1.67MPa；
2. 脲醛胶花生壳碎料板性能：密度0.67~0.82g/cm^3，静曲强度6.80~13.00MPa。

②酸木质素是国内外科学工作者所公认的有效填充剂，试验证实了这种有效性。除NaOH以外，其他4种活化剂与酸木质素的组合都得到了较好的效果，板的静曲强度均在5.00MPa以上。尤以与NaHCl、H$_2$O$_2$的组合最好，静曲强度达到5.80MPa。

③碱性活化剂(NaHCl、H$_2$O$_2$、NaOH)与3种填充剂组合，压制的板材静曲强度都较酸性活化剂(H$_2$SO$_4$、HNO$_3$)高，其中以NaOH与碱木质素的组合最高，达到6.0MPa。

④原料不经活化处理，也不加填充剂压制的板材，其静曲强度非常低；若不经活化而添加填充剂，能提高一点强度但幅度有限，这说明，原料只有在经活化处理后再辅以适量的填充剂才能提高板材强度。

⑤施加脲醛树脂胶的花生壳碎料板，密度为0.67~0.82g/cm^3，静曲强度为6.80~13.00MPa，在同样条件下与其他板相比，只有NaOH作活化剂、碱木质素作填充剂的板，接近此范围。

通过以上初步试验，可以看出，在本次试验条件下，碱性活化剂比酸性活化剂更具有活化能力，碱木质素填充剂比酸木质素、单宁的填充效果好。

进一步的研究表明，热压温度在无胶花生壳碎料板的压制中起到重要作用，其次才是活化剂及填充剂的用量。可见无胶花生壳板的开发中，热压工艺有必要作进一步的研究。

11.6 沙柳人造板

沙柳是一种多年生沙生植物，属杨柳科落叶丛生灌木，生长在西北沙漠地区。它具有耐寒、耐旱、耐高温、耐沙埋、耐风袭、易种植、萌发力强、生长快等特性。3年生沙柳根径可达3cm，丛高可达3m以上，冠幅可达3m左右，具有良好的防风固沙、牧场防护、农田防护和水土保持的作用，是三北防护林工程在沙漠地区的主要速生灌木。

据不完全统计，仅内蒙古西部地区的沙柳种植面积就达44.6万hm^2。根据沙柳的生物学特性，必须3~5年平茬复壮一次，每1hm²可得沙柳材6~18t。用沙柳材为原料生产刨花板或中密度纤维板，一条年产1万m³的中密度纤维板生产线年需沙柳材1.5万t左右，内蒙古西部地区每年平茬的沙柳材就可满足60个这样的生产企业的原料需要(按4年平茬一次、每1hm²平均产8t计算)，而内蒙古西部地区以沙柳材为原料的人造板厂现仅有7个，年生产能力为10万m³。因此，充分研究沙柳材性对沙柳材中密度纤维板生产工艺的影响及其新的生产工艺，不仅能有效提高沙柳材中密度纤维板的质量、缓解西部地区木材供需矛盾，促进地区木材工业及经济建设的发展，而且对促进地区产业结构调整和生态环境建设具有非常重要的意义。

11.6.1 原料的特性

11.6.1.1 沙柳材的构造

沙柳材属阔叶散孔材，心边材区分不明显，结构均匀，主要组成分子导管占27.1%、木纤维占68.4%、木射线薄壁细胞占3.4%、其他占1.1%。

(1)沙柳的宏观构造

外皮灰白色，光滑无裂隙，树皮约占25.4%，材色白黄，木材纹理通直，结构甚细、均匀。年轮分界明显，早材导管较大，在显微镜下可见。木射线发达、细，肉眼可辨别，在显微镜下清晰，分布均匀。

(2)沙柳的微观构造

导管，在横切面上早材管孔大于晚材管孔，星散分布且均匀，每1mm²有9~18个。多为单管孔，极少为复管孔。弦向直径一般为25~78μm，径向壁厚1.3~2.0μm，无侵填体，轴向薄壁组织少见，在径切面上纹孔数目较多，圆形或椭圆形，纹孔上无眉条。1年生沙柳导管长略小于2~3年生沙柳。

木纤维，在早材带中木纤维分布在大导管之间，在晚材带中为主要的组成部分，早材木纤维直径较晚材大，壁薄，弦向直径一般为12~26μm。

木射线，在横切面上每毫米8~12条，单列有5~13个细胞高，为异型单列。

11.6.1.2 沙柳材纤维形态

沙柳材的显微构造比较简单，主要由导管、木纤维、木射线薄壁细胞及少量轴向薄壁细胞组成。沙柳材生产人造板以3年生沙柳材为原料，其纤维形态较好，3年生沙柳材纤维形态测定见表11-21。

表11-21 沙柳材纤维形态测定值

树种	木纤维				长宽比
	长(μm)		宽(μm)		
	范围	平均值	范围	平均值	
沙柳	390~770	540	12~24	17	32

11.6.1.3 沙柳木材化学成分分析

沙柳的化学成分(表11-22)主要是纤维素、半纤维素和木质素，还有少量灰分。

沙柳材的灰分含量为 3.2%，远远大于其他乔木，而灰分中 65% 以上为 SiO_2，SiO_2 阻碍了胶黏剂的胶合，影响制板强度。

表 11-22　沙柳材的化学成分

名　称	含　量(%)	名　称	含　量(%)
灰分	3.20	苯乙醇抽提物	2.91
冷水抽提物	8.21	综纤维素	78.96
热水抽提物	10.33	半纤维素	23.37
1%NaOH 抽提物	23.18	木质素	18.20

水抽提物中的大部分物质与纤维板的生产工艺有关，如单宁可与各种金属盐类形成特殊颜色的沉淀，有损于板面色泽，影响纤维板的质量。

11.6.2　沙柳材特性对板材加工的影响

沙柳材是沙柳平茬后的 3 年生枝条，已木质化，是刨花板生产的优质原料，其特性对刨花板加工性能及成品质量都有重要影响。

（1）树皮

沙柳材生产周期短，径级小，树皮含量大，约为 25.4%。树皮含量对刨花板质量有很大影响。通常将树皮含量控制在 10% 以下，对刨花板性能影响不大，因为这时树皮起了填充作用。但是，由于树皮本身强度很低，所以树皮含量太多，就会严重影响刨花板的强度。此外，沙柳树皮的颜色呈灰白色，比较深，用于表层时，会影响板面美观。

（2）密度

沙柳类似于硬阔叶材，密度较大，在刨花板密度相同的情况下，比密度小的原料压缩率小，刨花之间不能充分地接触，从而导致刨花之间的接触面小，使板的胶合强度降低。

（3）含水率

沙柳的含水率对刨花板生产工艺及其性能有很大影响。含水率低，沙柳刚性太大，发脆，加工刨花板时会产生过多的碎屑。如果把过多的碎屑除去，就会降低刨花板产量。含水率高了，沙柳本身的强度就低、生产出来的刨花板也不理想，而且树皮韧性大，切断不易。同时刨花干燥时间也要延长，动力消耗也就相应增加。

（4）灰分

沙柳的灰分含量为 3.2%，远远大于木材（木材的灰分含量约 1%）。灰分中的 SiO_2 含量多在 65% 以上。这些 SiO_2 影响胶黏剂的结合力，使板的强度降低。

（5）1%NaOH 溶液抽提物

1%NaOH 溶液抽提物主要是指植物纤维中的低、中级碳水化合物，木材为 15% ~ 22%，沙柳为 23.18%，略高于木材的最高值。低、中级碳水化合物在热压过程中容易分解，产生淀粉胶，易粘板，并使板材的抗水性变差，同时使沙柳在贮存过程中易腐烂霉变。

（6）纤维形态

木纤维长度在 0.39 ~ 0.77mm，平均为 0.54mm，且壁厚较大，表明沙柳树纤维形态良好，是制造 MDF 的优质原料。

11.6.3 沙柳刨花板

11.6.3.1 沙柳刨花板生产工艺特点

沙柳刨花板是以沙柳为主要原料，经削片、刨片制成刨花后，进行干燥，并施加一定量的胶黏剂热压而成的人造板材。其生产工艺和设备基本上是套用木材刨花板的生产工艺和设备，但由于沙柳材特性的差异，其中部分生产工艺和设备作了一些调整和改造。现将其生产工艺特点分述如下。

（1）原料贮存

沙柳贮存比木材困难。一般沙柳的收购季节是秋季，收购时是湿沙柳，含水率较高，贮存期又较长，约 9 个月，贮存中遇水就会发生霉变和腐烂。而且沙柳枝条体积蓬松，贮存占地面积庞大，为了解决这些问题，应改变集中贮存为分散贮存，在收集地进行就地削片，削片后再运至工厂或就地贮存，这样就能减少集中贮存的压力和弊病。

（2）备料

①刨花输送。湿沙柳韧性大，不易切断，特别是梢部，切断更不易。选用适于加工枝丫材的辊式削片机，尽量提高沙柳切断率，改变气力输送为其他输送方式；如采用气力输送，应增大气力输送管道的管径，减少管道弯头和拐角，加大弯头和拐角处的曲率半径，将旋风分离器的筒体、进材口和出材口直径加大，从而减少堵塞的可能。

②除皮。在刨花制备过程中进行筛选，除去部分树皮，使树皮含量保持在 10% 以下，可使板材的物理性能得到提高。沙柳径级小，树皮含量大，树皮去除后，原料利用率减少，而且在去皮过程中不可避免要带走一些纤维，因此只要板材质量能达到规定指标，应尽量减少除皮或不除皮。

（3）干燥

刨花含水率大小对刨花板的热压过程及产品质量都有较大影响。沙柳湿刨花的含水率较高，一般在 40% 以上，需干燥到 3% ~ 6%。沙柳刨花的干燥工艺基本与木材刨花相同，可选用昆明人造板机器厂生产的 BG231 型转子式干燥机。该机干燥质量好，便于维修。由于刨花体积小，又呈疏松状态，而且在干燥过程中，又不必考虑产生变形或开裂。因此可采用较高的温度、较低的相对湿度的干燥规程进行快速干燥，而且干燥介质湿度愈高，干燥速度愈快。所以在干燥过程中要特别控制好温度、刨花停留时间和进料量，严防刨花过干，这样容易引起火灾，也影响胶合质量。

（4）施胶

在沙柳刨花板生产中最常用的胶黏剂是脲醛树脂胶，它是刨花板生产成本中的主要组成部分，而且施胶量是影响产品质量的重要因素，因此必须正确选择施胶量。施胶量增加，板材的所有性能都得到明显改善，特别是板的吸水厚度膨胀率和静曲强度改善最显著。但是当施胶量增加到一定程度后，它对板的性能影响就不大了。如施胶量超过

10%后，板的吸水厚度膨胀率降低已不显著，因此施胶量不能过大。沙柳类似于阔叶材，施胶量较大。为了节约胶料，一般表、芯层应分开施胶，表层为12%，芯层为8%。拌胶时一定要将有限的树脂胶均匀地分布在刨花表面上。设备可选用昆明人造板机器厂生产 BS1207B 型环式拌胶机。

为了减少沙柳刨花板的吸湿和吸水能力，降低吸水厚度膨胀率，在施胶的同时一定要加入防水剂。常用的防水剂有石蜡乳液和融熔的石蜡液。使用融熔石蜡液，操作简便，又不增加刨花含水率，可使热压周期缩短、生产效率提高。石蜡液用量，一般为干刨花重量的0.4%较好。这样既起到防水效果，又不影响产品质量。

沙柳材为酸性材，pH 值为4.2，故调胶时固化剂用量应控制在1.5%以下。

（5）铺装热压

沙柳刨花板的铺装热压工艺及设备与木质刨花板相同。设备可选用昆明人造板机器厂生产的 BP3713/50 B 型移动式气流铺装机和 BZY4513/41 型链式板坯运输机以及 BY614×16/24A 型单层热压机配套使用。由于选用的是单层热压机，为了缩短热压时间，必须采用较高的温度和压力，工艺条件为：

温度　　　　　　　　　　　　　　　　　170～180℃
压力　　　　　　　　　　　　　　　　　1.8～2.5MPa
时间　　　　　　　　　　　　　　　　　0.4min/mm 板厚

采取上述工艺所压制的 16mm 厚沙柳刨花板的性能见表11-23。

表 11-23　沙柳刨花板的性能

项　　目	标准值	测定值
密度(g/cm³)	0.5～0.85	0.8
含水率(%)	5.0～11.0	4.2
静曲强度(MPa)	≥15	16.1
内结合强度(MPa)	≥0.35	0.92
吸水厚度膨胀率(%)	≤8.0	9.4
游离甲醛含量(mg/100g)	≤30	22.3

11.6.3.2　提高沙柳刨花板质量的技术措施

为了进一步优化沙柳刨花板生产工艺，使产品质量在满足有关标准的前提下、降低生产成本，提高经济效益。应从如下几方面采取技术措施：

（1）提高刨花板的含水率

对刨花板性能测试结果表明，刨花板的含水率低于国家标准值要求，主要是热压时间较长，毛乌素沙地空气相对湿度太低所致。因此，在制造刨花板过程中，应适当缩短刨花的干燥时间和热压时间，使热压后的刨花含水率高于当地的木材平衡含水率，在存放过程中使其自然下降到国家标准范围。

（2）降低吸水厚度膨胀率

沙柳的冷热水抽提物数量分别为8.21%和10.33%，其值高于木材，从而增加了刨花板的吸水厚度膨胀率。为了降低吸水厚度膨胀率，一定要在施胶时加入一定数量的石蜡防水胶黏剂。可通过脲醛树脂胶来提高刨花板的耐水性，从而降低板的吸水厚度膨胀率。

（3）提高静曲强度

静曲强度是刨花板实际应用中最为重要的力学性质，应在生产中尽量提高。影响静曲强度的主要因素是刨花形态和板材密度，在生产中应尽量提高刨花板质量，也可适当增加板材密度，还可通过增加施胶量，采用优质胶种 DN-6 低毒脲醛树脂胶、异氰酸醋胶、三聚氰胺胶、酚醛树脂胶等来提高刨花板的静曲强度。

（4）增加握钉力

握钉力和握螺钉力分别指刨花板对钉子或螺钉的握持能力。对于家具制造用的刨花板特别重要，应作为主要指标来检验。影响握钉力与握螺钉力的主要因素是密度，随刨花板密度的增加，握钉力和握螺钉力呈直线或略呈曲线的关系增加。

由上述分析可知，施胶量和刨花板密度是影响刨花板各项物理力学性能的两个主要指标，施胶量和刨花板密度增加，板材的所有性能都得到明显改善。要降低吸水厚度膨胀率，提高静曲强度，增加握钉力和握螺钉力可以适当增加芯层施胶量和刨花板的密度。芯层施胶量可增加到 10%，也可采用表、芯层刨花混合施胶法、将施胶量控制在 10% 以上。刨花板密度可增加到 $0.65 \sim 0.75 \mathrm{g/cm^3}$。

11.6.4 沙柳中密度纤维板

11.6.4.1 沙柳中密度纤维板生产工艺特点

（1）剥皮

沙柳材的树皮含量高达 25.4%，树皮和嫩梢几乎得不到纤维，而且影响中纤板的质量，增加施胶量，去皮后可生产出高质量的中纤板。以沙柳材为原料生产中纤板，基本上夏、秋季节为干沙柳，冬、春季节为湿沙柳。干沙柳在剥皮前需浸泡，湿沙柳则可直接进行剥皮。将沙柳材切成长为 0.5m 的木段，并剔除嫩梢。将木段送入 LB 型摩擦滚筒式剥皮机进行剥皮，可除去 80% 以上的沙柳皮。沙柳皮和沙柳材嫩梢是牛、羊的上好饲料，尤其牲畜实行圈养后在饲料市场十分紧俏，可为企业增加一定收入。

（2）削片

剥皮后的沙柳材木段经过一段时间堆放，使其含水率控制在 40% ~ 60%，采用带式运输机送入削片机（不需人工喂料），可加工出理想的木片。

（3）贮存

沙柳材经过去皮和去梢工序，加工出的木片流动性大，不易搭桥；木片的堆积密度大，需要的料仓容积相对要小一些，可选用占地面积较小的立式料仓，也可选用卧式料仓。木片可采用气流输送，不存在管道或风机堵塞问题，也可选用其他运输机械运输。

（4）热磨与施胶

热磨和施胶与木质中密度纤维板生产传统工艺相近，施胶量相应减少，中纤板生产成本下降。

沙柳材的中、低级碳水化合物及灰分含量较高，特别是灰分远远高于木材中的含量。中、低级碳水化合物在热压时容易分解，造成黏板现象；过高的灰分含量会使浆料颜色变深。为了防止热压时黏板，木片蒸煮软化时须加入一定量的1% NaOH，以除去部分抽提物，同时为了控制浆料颜色，蒸煮软化时间应适当缩短。

沙柳材 pH 值为 4.2 呈酸性，对胶黏剂的固化具有促进作用，所以固化剂用量要适当减少；沙柳的苯乙醇抽提物含量高，耐水性较好，防水剂用量也可减少。

（5）铺装与热压

沙柳材中密度纤维板的铺装与木材中密度纤维板一样，其热压参数与木材中密度纤维板相比，压力适当增加，温度一样，时间可适当减少。热压参数为压力 2.0MPa；温度170℃；时间 4min(16mm 板厚)。

（6）齐边与砂光

热压结束后，毛边板经翻板冷却后进入齐边工序，先纵后横。由于沙柳的密度较大，与木材中密度纤维板相比，生产同等厚度的中纤板其板坯厚度小，表层的预固化层厚，所以砂削量要大。

11.6.4.2　沙柳中密度纤维板性能

热压参数：压力 2.0MPa，温度170℃，时间 4min；此时压制 16mm 厚板材，其性能见表11-24。

表11-24　沙柳中密度纤维板性能

项　　目	标准值	测定值
密度(g/cm^3)	0.7	0.7
含水率(%)	4.0 ~ 13.0	7.0
静曲强度(MPa)	≥19.6	45.4
内结合强度(MPa)	≥0.49	0.68
吸水厚度膨胀率(%)	≤12.0	5.5
游离甲醛含量(mg/100g)	≤70	39.5

注：为 1998 年内蒙古自治区产品质量监督检验所检验结果。

11.7　柠条刨花板

柠条是一种多年生丛生灌木，它有小叶锦鸡儿(*Caragana mi-crophllalam*)、中间锦鸡儿(*Caragana intermedia*)、柠条锦鸡儿(*Caragana karshinshii*)和藏锦鸡儿(*Caragana tibetica*)等许多不同的品种，不同产地的柠条形态变异较大。一般 4 ~ 5 年生柠条主茎地径达 1.34 ~ 3.46cm，冠高 2 ~ 3m。柠条系丛生，根系发达、冠幅较大、广泛生长在我国东北、华北和西北地区，具有耐干旱、耐寒冷、耐贫瘠、适应性强、生长快、需平茬等特性，是防风固沙保持水土的优良树种。根据其生物学特性，3 年需平茬一次，平茬枝条平均亩产 300 ~ 500kg。平茬后高生长加快，萌发力加强，具有复壮作用。

据不完全统计，仅内蒙古伊克昭盟柠条的种植面积达 12 万 hm^2，据测算，5 年生的柠条林可产 5 000 ~ 6 667kg/hm^2 干柠条。按 5 年平茬 1 次计算，每年平茬下来的干柠条约12万~16万t。目前，平茬后的枝条除挑选少部分编织制品外，大部分用做烧材，利用价值很低。柠条价格低廉，柠条集中连片种植，原料的收集和运输均较方便。为此，研究柠条人造板不仅可以扩大人造板的花色品种，而且缓解西部地区木材供需矛盾，对促进地区产业结构调整和生态环境建设具有非常重要的意义。

11.7.1 原料的特性

11.7.1.1 柠条材的构造

柠条材为半环孔材，主要由导管、木纤维、轴向薄壁组织、木射线组成。

（1）柠条材的宏观构造

柠条外皮光滑，黄褐色，有光泽，髓心较明显，直径为470~1 720μm，约为端向直径的1/20，髓心部松软。柠条树皮含量高，约占柠条材体积的18%，其树皮由外皮和内皮组成，其中内皮占60%左右，内皮中韧皮纤维含量较高。

柠条心边材区分明显，边材淡黄色，心材黄色至褐色。木材有光泽，纹理直或斜，结构颇均匀，硬度较大，强度中等，韧性高，可压缩性大。柠条年轮明显，为半环孔材，管孔小肉眼下不可见，放大镜下略明显。轴向薄壁组织在放大镜下可见，环管状。木射线较发达。

（2）柠条材的微观构造

导管在横切面上，早材管孔为卵圆形和圆形，略具多角形轮廓，多为2~6个复管孔，呈径列，少数为单管孔，管孔团偶见，部分含有褐色树胶，侵填体常见。早材导管壁厚度为2.8μm，最大弦径93μm，多数在52~80μm，长50~170μm，平均104μm。晚材带管孔多为圆形和椭圆形，通常呈管孔链(2~4个)，导管壁厚为2.75μm，弦径多为46~72μm，长48~180μm，平均108μm，具有螺纹加厚。导管上多具单穿孔，椭圆形及圆形，底壁水平或略倾斜。管间纹孔呈互列，多为椭圆形，其长径为3μm，纹孔口内含，椭圆形横列。

轴向薄壁组织环管状，未见叠生构造。

木纤维长度略短而胞壁较厚，直径多为5~13μm，长度一般在379~649μm，平均540μm。

木射线同型，单列或多列，横切面上每毫米2~6条，多列射线宽至3~5个细胞，射线高4~36个细胞，多数为10~21个细胞。射线细胞中树胶发达，晶体未见，端壁直行。

11.7.1.2 柠条材纤维形态

柠条材经离析后，有韧性纤维、纤维状管胞、导管分子、轴向薄壁细胞、射线薄壁细胞，其中据实验定性观测，韧性纤维含量明显多于纤维状管胞。韧性纤维和纤维状管胞是两端尖削、壁厚腔小、细而长的细胞，为柠条的机械组织，是优良的纤维原料，特别是柠条材的韧性纤维含量高，这更有利于制浆造纸和制造纤维板。柠条材不同部位的纤维形态分布见表11-25。

11.7.1.3 柠条材化学成分分析

柠条材的化学成分主要是纤维素、半纤维素和木质素。柠条材化学组成见表11-26。

表11-25 柠条材不同部位的纤维形态

树种		木纤维		
		长（μm）平均值	宽（μm）平均值	长宽比
木质部	上	480	8.3	58
	中	5	7.8	71
	下	560	9.5	58
树皮部	上	580	8.2	71
	中	570	7.6	75
	下	560	7.5	74

表11-26 柠条材的化学成分

名 称	含量（%）	名 称	含量（%）
灰分	2.87	苯乙醇抽提物	6.20
冷水抽提物	9.24	综纤维素	72.71
热水抽提物	10.01	半纤维素	22.81
1%NaOH抽提物	32.11	木质素	19.72

柠条的灰分含量为2.87%，其含量小于沙柳而大于乔木（一般约为1%）。灰分主要成分SiO_2阻碍脲醛树脂胶的胶合，影响制板强度，而且在制浆过程中会使浆液黑，污染浆料，影响水循环。因此，在用柠条材作原料时，应针对柠条树皮外表层含有结壳物质和灰分含量较大的特点，尽量采取去皮后使用。

柠条材的冷水和热水抽提物含量均高于木材。水抽提物中的大部分物质与纤维板生产工艺有关，特别对板面质量有影响。

柠条的纤维素含量较高，其综纤维素含量为72.71%，可见柠条材是制浆和制造人造板的优质原料。

11.7.2 柠条材特性对刨花板生产工艺的影响

（1）树皮

柠条生长周期短、径级小、树皮含量大，约占柠条体积的18%。树皮由外皮和内皮组成，外皮光滑，呈黄褐色，含量较少；内皮呈淡黄色至黄色，含量较多，约占树皮的60%。外皮中纤维含量极少，干燥后呈粉末状，分选后多用为表层刨花。由于其颜色较深，影响板面美观。内皮中韧皮纤维含量高，这种韧皮纤维细长而柔韧，呈卷曲状态。施胶时，卷曲的内表面不易着胶，同时容易钩缠折叠结团，使拌胶、铺装不均匀，降低板的强度。

（2）灰分

柠条材不仅树皮中灰分含量高，木质部中灰分含量也高，约为 2.87 ％，远远高于木材。灰分中，无机物 SiO_2 含量较高，影响胶的润湿，对脲醛树脂胶的胶合起阻碍作用，使板的强度降低。

（3）抽提物

柠条的冷、热水抽提物和 1% NaOH 溶液浸提物较高，说明柠条中的低、中级碳水化合物含量较高，故而使柠条刨花板的抗水性变差，吸水厚度膨胀率增加，而且在热压过程中这些可溶性低、中级碳水化合物容易分解，产生淀粉胶，易黏板。同时也使柠条在贮存过程中容易腐烂霉变。柠条的苯乙醇浸提物含量为 6.2%，高于常用针、阔叶树材。苯乙醇抽提物的主要成分是脂肪、蜡和树脂，有利于提高板材的耐水性，但含量过高会影响胶着力。

（4）pH 值

柠条的 pH 值是 6.01，呈弱酸性；总缓冲容量为 0.394mmol，其中，酸缓冲容量为 0.018mmol，碱缓冲容量为 0.379mmol。脲醛树脂胶是在酸性介质中固化的胶黏剂，其固化时间随木材 pH 值的升高，碱缓冲容量的升高而增长。柠条材的 pH 值较大，碱缓冲容量较大，因此，凝胶时间较长。

（5）堆密度

柠条类似于硬阔叶材，堆密度较大，用同样胶种和施胶量压制相同体积的刨花板时，堆密度小的原料压缩率小，刨花之间的接触面积小，制成刨花板的强度低。

（6）含水率

制备刨花时，柠条材的含水率对刨花板生产工艺有很大影响，含水率太低，柠条的刚性太大，发脆，加工成的刨花碎屑多，刨花产量低。含水率太高，柠条本身的强度低，加工成的刨花也不理想。而且树皮、梢部韧性大，不易切断，不但给刨花分选、运输、拌胶带来困难，也使产品的质量下降，同时刨花干燥时间增长，能量消耗增加。

11.7.3 柠条刨花板生产工艺特点

柠条刨花板是由柠条经削片、刨片制成刨花，再经刨花干燥、分选、施胶、铺装成型、热压而制成的人造板材。其生产工艺和设备与木材刨花板的生产工艺和设备基本相同，但由于柠条特性对生产工艺的影响，其中部分工艺和设备需作一些调整和改造。其生产工艺特点如下：

（1）原料贮存

柠条的平茬期一般在秋季，收购时是湿柠条，含水率很高，贮存期长，约 9 个月，贮存量又大。贮存保管不当会发生霉变、腐烂。而且柠条堆积蓬松，贮存占地面积大。因此，应变集中贮存为分散贮存，将收购后的柠条分散贮存在几个原料集中产地，并在贮存保管过程中对柠条分批进行自然干燥，当其含水率下降到40% ~60% 时，就地进行削片，削片后就地进行贮存，然后再分批运回工厂进行生产，这样就能减少工厂集中贮存的困难和弊病。

（2）刨花制备

刨花制备是柠条刨花板制造的关键工序之一，削片时要尽量将柠条的含水率控制在40%~60%范围内，以保证刨花的形态和尺寸。柠条树皮含量高，且内皮中韧皮纤维含量高，为保证拌胶、铺装均匀，应尽量去皮使用。但柠条径级小，树皮含量大，去皮后原料利用率降低。因此，只要能保证板材质量达到国家标准，就应少去皮或不去皮。这就应在工艺上采取相应措施，使细长、卷曲、柔韧的韧皮纤维变短变平直，保证拌胶均匀，不产生折叠结团。否则，由于拌胶不均、结团将严重影响板材强度。

柠条的树皮和梢部韧性大，不易切断，应选用适于枝丫材的辊式削片机来提高柠条的切断率。为防止木片在气力输送过程中堵塞管道，应适当增加管道管径，减少管道弯头，增加弯头曲率半径，加大旋风分离器筒体、进料口和出料口的直径。

（3）刨花干燥

柠条刨花的干燥工艺与木材刨花的干燥工艺基本相同，可采用转子式干燥机，该机在干燥过程中刨花不易破碎，又便于维修。刨花体积小，又呈疏松状态，可采用高温快速干燥，温度一般在180℃左右柠条刨花中粉末状碎刨花比较多，在干燥过程中容易过干，易引起火灾，也影响板材的胶合质量。因此，可适当提高干燥后刨花的含水率，将其控制在6%左右，同时在干燥过程中要注意控制好温度、刨花停留时间和进料量。

（4）施胶

施胶是柠条刨花板制造的又一关键工序。在刨花板生产中最常用的是脲醛树脂胶。柠条的pH值较大，碱缓冲容量较大，凝胶时间较长。在生产中为缩短热压时间，应适当增加酸性固化剂的加入量，可选用1%加入量，并应提高热压温度，使胶层固化加快，缩短热压周期，保证胶合质量。

施胶量是影响产品性能的重要因素。实验证明，随着施胶量的增加，板材的各项性能指标均有不同程度的改善，特别是板的吸水厚度膨胀率和静曲强度改善最为明显。柠条的树皮含量大，灰分含量高，影响脲醛树脂胶的胶合，应选用稍高的施胶量，一般为表层12%，芯层9%。拌胶时一定要将胶黏剂均匀地分布在刨花表面上，不产生结团。

为了减少柠条刨花板的吸湿、吸水能力，降低其吸水厚度膨胀率，在施胶的同时要加入一定量的防水剂。实验证明，随着防水剂加入量的增加，刨花板的吸水厚度膨胀率降低，但板材的静曲强度和平面抗拉强度也降低，所以防水剂用量要做到既能起防水效果，又不影响产品质量，较适宜的加入量为1%。常用的防水剂有石蜡乳液、液体石蜡和固体石蜡。使用固体石蜡，操作简便，防水效果好，又不增加刨花含水率，可缩短热压周期，提高生产效率。

（5）铺装热压

柠条刨花中碎刨花较多，影响刨花板的静曲强度，因此宜生产多层厚板，不宜生产薄板。多层板在断面结构上刨花大小由内向外逐渐变小，没有明显的分层界限。再加上施胶量的不同和热压的作用，板材密度也是渐变的，表层密度大，芯层密度小，故表层静曲强度大。铺装设备最好选用机械铺装机，机械铺装可以使部分碎刨花起填充作用，提高刨花板强度。气流铺装机对韧皮纤维含量高的刨花不能很好适应，严重时会造成停产。如果韧皮纤维被再碎成短平直的碎刨花，就可使用气流铺装机。

热压时，热压参数对产品性能有很大影响。使用单层热压机时，为了缩短热压时间，必须采用较高温度和压力。板厚为 12mm 时，热压条件为：

热压温度   185 ℃

热压时间   3min

热压压力   2.5MPa

采用上述热压条件压制的柠条刨花板的物理力学性能见表 11-27。

表 11-27 柠条刨花板的性能

项 目	12mm 厚板材性能值	项 目	12mm 厚板材性能值
密度(g/cm^3)	0.75	平面抗拉强度(MPa)	0.48
含水率(%)	4.2	吸水厚度膨胀率(%)	5.6
静曲强度(MPa)	21.42		

（6）板材密度

密度对柠条刨花板的性能有很大影响。从实验结果表中可以看出，当柠条刨花板的密度大于 $0.7g/cm^3$，板材的各项性能指标均较好。但是，在实验中发现，当密度超过 $0.8g/cm^3$ 后，静曲强度的增长速度变慢。这是因为，密度达到一定值时，由于板坯被紧密压缩，热量难于向芯层快速传递，使表层温度升高，发生热解炭化，而使强度下降，所以密度不能太大，一般应不大于 $0.8g/cm^3$。

11.8 沙柳、柠条混合料刨花板

沙柳、柠条混合料刨花板是用刨花或碎料做芯层，纤维做表层，施胶、铺装成型后，经热压而制成的一种新型结构人造板。它综合了中密度纤维板和刨花板的优点，与刨花板相比，由于它的双表层为纤维，其表面细密光滑，适于各种装饰处理，且静曲强度较高，尺寸稳定性较好；与中密度纤维板相比，具有节约能源，成本低的优点。纤维复合刨花板既可代替刨花板，又可代替中密度纤维板，广泛应用于家具、建筑、室内装饰、车辆、船舶等部门。

沙柳、柠条均为多年生沙生灌木，其特性见本章 11.6、11.7 节。

沙柳材是刨花板生产的一种优质原料，其某些特性对刨花板的质量有一定影响，但在沙柳刨花板的生产过程中，只要适当增加施胶量和提高刨花板密度就可保证刨花板的质量。而柠条材也是制造刨花板的优质原料，但柠条树皮含量高，内皮中韧皮纤维含量高，这种韧皮纤维细长而柔韧，且呈卷曲状。施胶时，卷曲的内表面不宜着胶，同时容易钩缠折叠结团，使施胶、铺装不均匀，板材强度降低。因此应去皮使用，但一方面去皮困难，另一方面柠条径级小，树皮含量大，去皮后原料利用率减少，而且在去皮过程中又不可避免要损失一些纤维，因此，最好是通过刨花分选将细长、柔韧、卷曲的内皮分选出来，再碎成细小刨花，使其变短变平直，以使拌胶均匀，不产生折叠结团。因此，用柠条制造刨花板要比沙柳制造刨花板工艺复杂。如果用柠条材制造纤维板，则这些内皮中的韧皮纤维都可以分离成优质纤维，所以，用柠条制造纤维板比沙柳制造纤维板纤维得率高，产品质量好。

　　沙柳、柠条混合料刨花板就是充分利用沙柳和柠条的各自优点，以沙柳刨花为芯层材料，以柠条纤维为表层材料，施胶、铺装成型后，经热压而制成的一种新型结构人造板。

11.8.1　柠条、沙柳混合料刨花板生产工艺特点

　　沙柳、柠条混合料刨花板就是充分利用沙柳和柠条的各自优点，以沙柳刨花为芯层材料，以柠条纤维为表层材料，施胶、铺装成型后，经热压而制成的一种新型结构人造板。其生产工艺基本上与刨花板和干法中密度纤维板的生产工艺相似。

　　(1)原料

　　①沙柳刨花。沙柳材经削片、刨片制成刨花，干燥后含水率为 3% ~ 5%，封装备用。

　　刨花分选：用 16 目筛子将刨花分选成表层刨花(通过筛网的刨花)和芯层刨花(未通过筛网的刨花)。

　　刨花规格：

　　芯层刨花规格一般为：长 15 ~ 40mm，宽 3 ~ 6mm，厚 0.13 ~ 0.14mm；

　　表层刨花规格一般为：长 10 ~ 15mm，宽 1 ~ 2mm，厚 0.12 ~ 0.15mm。

　　②柠条纤维。经削片、分选、水洗、蒸煮、热磨、施胶、干燥(含水率为 8%)制成施胶热磨纤维，未经精磨，封装备用。

　　(2)施胶

　　沙柳刨花施加的胶黏剂为脲醛树脂胶，其固体含量为 55%，黏度为 62S (涂 4)。施胶量表层刨花为 10%，芯层刨花为 9%。固化剂使用 NH_4Cl，用量为 1%。防水剂使用固体石蜡，用量为 1%。

　　柠条纤维施加的胶黏剂为中密度纤维板专用脲醛树脂胶，固体含量为 50%。施胶量在 11% ~ 13% 范围内。

　　(3)铺装热压

　　板坯共分 5 层，从上至下依次为纤维—表层刨花—芯层刨花—表层刨花—纤维。将纤维、刨花按计算结果准确称量拌胶后铺装成均匀的板坯。

　　热压时采用两段加压，为防止卸压时板坯内蒸汽压力骤然变化而产生鼓泡，降压采用三段降压，并适当延长降压时间。其热压曲线如图 11-4 所示。

　　以柠条纤维为表层材料，以沙柳刨花为芯层材料制造纤维复合刨花板的最佳工艺条件为：

　　热压温度　　　　　　　　　　　　　　　　　　　180℃

　　热压时间　　　　　　　　　　　　　　　　　　　6min

　　纤维与刨花的重量比　　　　　　　　　　　　　　4:6

　　采取上述工艺所压制的混合料刨花板的性能指标见表 11-28。

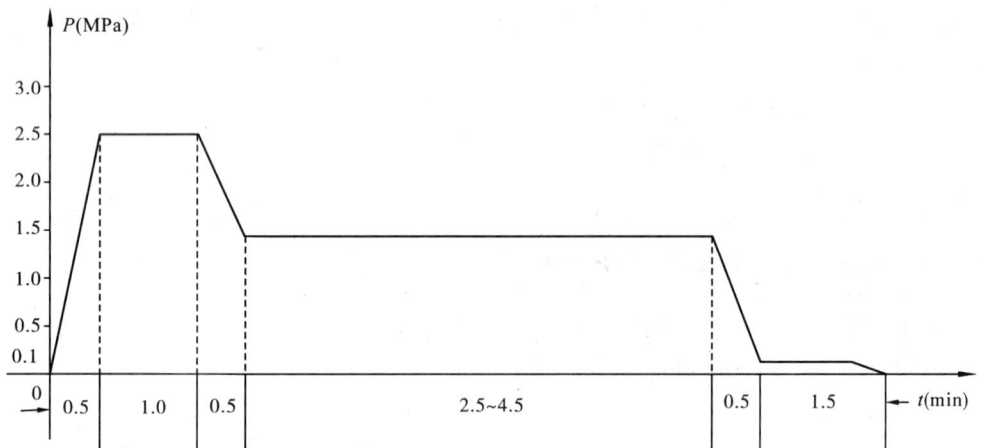

图 11-4 热压曲线

表 11-28 沙柳、柠条混合料刨花板性能指标

项 目	标准值	实测值
密度(g/cm^3)	0.5 ~ 0.85	0.7
含水率(%)	5.0 ~ 11.0	4.2
静曲强度(MPa)	≥15	17.52
内结合强度(MPa)	≥0.35	0.41
吸水厚度膨胀率(%)	≤8.0	6.39

11.8.2 板材性能的影响因素

（1）热压温度

热压温度是板材性能的主要影响因素之一。温度升高，木材塑性增加，在压力作用下纤维、刨花紧密接触。热量使胶黏剂的流动性增加，纤维、刨花表面充分湿润，刨花表面充分着胶，胶黏剂也得到充分固化，从而板材强度提高。但温度过高会使胶黏剂发生过度固化而降低胶结强度，使吸水厚度膨胀率增加，板材强度下降。

（2）热压时间

热压时间对板材性能也有影响。在一定时间范围内，随着时间的延长，胶黏剂可以充分固化板材的强度有所提高。但当时间太长时，胶黏剂过度固化，胶结强度降低，试件浸水后，胶结被破坏，纤维或刨花互相分离，吸水厚度膨胀率增加。

（3）纤维与刨花配比

纤维和刨花配比对板材强度的影响非常显著，纤维复合刨花板与工字梁相似，其静曲强度主要取决于表层纤维，而板材的内结合强度主要取决于芯层刨花。

纤维比刨花体积小、柔软、易于变形，热压时，在温度和压力作用下，能够形成密实的高密度层。随着表层纤维的增多，高密度层的厚度增加，板材的静曲强度增加。但随着高密度层厚度的增加，芯层刨花的密度却有所下降，使平面抗拉强度缓慢降低。

纤维柔软,易于压缩,热压时能够形成密实的高密度层。表层纤维越多,高密度层越厚,水分越难进入板材。同时,热压时在高温作用下胶黏剂与纤维之间发生一系列化学变化,形成新的化学结合,也减少了水分进入板材的机会。另外,由于纤维体积小、柔软,铺装时不可能每根纤维都能分散成独立状态,必然有相当程度的絮聚现象,在这些絮聚的纤维团中,纤维互相交织,与板面形成一定角度,甚至垂直于板面,从而使吸水厚度膨胀率减小。

因此,只有当表层纤维和芯层刨花的配比合理时(纤维与刨花的重量配比为4∶6),才能得到最大的静曲强度和内结合强度,最小的吸水厚度膨胀率。

11.9 其他非木材植物人造板的开发

11.9.1 栲胶渣人造板

(1)原料的特点

从含有单宁的树皮、木材、果实、果壳、根、茎、叶中,经粉碎、浸提、蒸发、干燥等工序制取栲胶后,剩余的废渣数量很大,约占原料总量的50%~80%。因此,栲胶废渣的综合利用已进行多方面的研究,栲胶渣人造板是其中的研究重点之一。

栲胶的原料繁多,我国生产中使用的栲胶原料主要有红根皮、落叶松树皮、橡椀、木麻黄树皮、板栗壳、栎木树皮、杨梅树皮、油柑树皮等。

表 11-29 几种栲胶废渣的主要成分   单位:%

废渣名称	纤维素	木 素	聚戊糖	灰 分
落叶松树皮废渣	23.6	43.9	7.6	—
杨梅树皮废渣	26.1~28.0	48.3~49.9	15.1~15.5	0.2~1.7
油柑树皮废渣	24.1~26.7	30.7~36.6	15.0	6.3
橡椀树皮废渣	31.3~34.1	28.5~36.0	25.6~32.5	—
红根废渣	28	31.5	—	—

各种栲胶原料的废渣成分均有区别,从表11-29所列的几种栲胶原料废渣看,废渣中的木质素含量很高,纤维素与半纤维素含量较低。从人造板生产原料的要求看,栲胶废渣是完全可以利用的原料。

利用栲胶废渣,已生产和研制出湿法软质纤维板、硬质纤维板、中密度纤维板及碎料板,由于各种废渣的成分不同,板材的性能也有所不同,加工中的工艺参数也有所变化。

(2)栲胶渣纤维板

栲胶提取后的废渣含水率在70%~80%,对于纤维板制浆需要,栲胶废渣含水率过高,需经多辊式或螺旋式压榨机压榨,经压榨后的废渣含水率50%~60%。采用目前较新式的双向液压式压榨机,压榨后的废渣含水率为45%~55%,更适于制浆要求。

利用红根废渣制硬质纤维板时,湿废渣用锤式粉碎机分离,再用打浆机进一步分离并去掉泥沙杂质,然后经一般的施胶、成型、热压而成产品。

落叶松树皮废渣在180~185℃,5MPa的压力下,所制板材强度还达不到部颁硬质纤维板三等品的要求,如掺入10%~20%的木材纤维,其静曲强度才可达到20~23MPa。

用栎木树皮废渣制纤维板时,废渣加6%~6.5%CaO,在165℃下蒸煮1.5h,再按一般工序制造纤维板。

几种不同栲胶原料废渣纤维板的板材性能见表11-30。可以看出,由于红根废渣中的纤维素与木质素含量较高,其强度较高。云杉树皮废渣原料性能较差,板材强度较低。

（3）栲胶渣碎料板

栲胶渣制备碎料板时,压榨后的废渣需经干燥,使其含水率小于5%~10%,废渣经分离,颗粒度在2~10mm,板材的性能随施加的胶种和施胶量不同而有差别。

表11-30　几种不同栲胶原料废渣纤维板性能

板材名称	密度（g/cm³）	静曲强度（MPa）	吸水率（2h）
栎木树皮废渣纤维板	1.05	21.48	6.1
	0.54	5.98	9.6
	0.38	5.35	13.7
云杉树皮废渣纤维板	0.45~0.5	3.43	25（24h）
红根废渣纤维板	0.9~0.95	25.51	—

利用栲胶渣中高含量的木质素,在高温高压下可压制成高密度的无胶碎料板。

不同热压工艺,不同胶种和施胶量的条件下,采用不同原料的栲胶废渣压制的板材性能见表11-31。

表11-31　不同栲胶原料废渣在不同条件下制板的碎料板性能

废渣原料 参数	落叶松树皮	栎木树皮	柳树皮	云杉树皮	木麻黄树皮	栎木、柳树或云杉树皮
热压温度（℃）	120	140~160	140~160	140~160	150~160	178~183
热压压力（MPa）	2.5	2~3	2~3	2~3	3.5	10~25
热压时间（min）	20	20~25	20~25	20~25	9	1/mm
胶种	血胶	脲醛胶	脲醛胶	脲醛胶	脲醛胶	不加胶
施胶量（%）	20	5~15	5~15	5~15	10	
板材密度（g/cm³）	0.8~0.9	1.0	0.94	0.86	1.16	1.29
板材静曲强度（MPa）	6.9~7.7	12~15	9~10	10~12	11.6	39.4
板材吸水率（%）	32~33				39.2	7.5

11.9.2　椰子壳板

（1）原料的特性

椰子盛产于亚热带，其壳每只约重 0.3kg，椰子壳粗纤维约为壳重的 30% ~ 40%，粉末约为 57% ~ 70%。椰壳的吸水性、水溶物和碱溶物与木材相近（表 11-19），其化学组成为：纤维素 31.9%，木质素 32.5%，多缩戊糖 30.1%，醚抽提物 0.2%，单宁 2.5%，灰分 6.6%。可以看出，椰壳的纤维素与木质素含量均高，含有少量的油分，是制造人造板的较好原料。

据研究，椰子壳的不同部位可分别用于板材的制造，其性能在适当的工艺条件下不亚于木材人造板。

（2）椰子壳碎料板制造工艺

碎料制备：椰子壳纤维非常坚韧，普通的削片机难制成合格的椰壳片。因此，先需切成 40 ~ 60mm 长的小块，然后采用锤式再碎或打磨机制成薄的片材和火柴秆大小的纤维束。

筛选：碎料经筛选除去细末和形态不合适的碎料。

干燥：碎料的含水率在施胶前需控制在 5% ~ 12%，因此需要进行干燥。

施胶：椰壳碎料的耗胶量比木材碎料少得多，只需施加 0.5% 的酚醛树脂胶，在拌胶机中均匀拌和。

铺装与预压：采用木材碎料板铺装与预压方法进行操作。

热压：在温度 150℃、压力 1MPa 下，根据板材厚度不同采取不同时间热压，压制 19mm 厚板材，大约需要 30min。

调湿处理：板材压制完毕后经调湿，达到当地的平衡含水率，以防止翘曲，然后再锯边。

椰子壳碎料板耐燃性与防腐性较好，由于施胶量少，施胶前碎料干燥的含水率范围较大，所以节省了能源和施胶的成本。

（3）椰子壳的其他板材加工

椰子壳粗硬纤维可用浸解方法和机械剥皮从中提取，这种纤维是一种非常坚韧和耐用的材料，堆积密度在 0.25 ~ 0.50g/cm³，用这种纤维加上 1% 树脂胶可制得强度很高而吸水率很低的板材。

椰子壳纤维作为软质纤维板和硬质纤维板的原料已在工业中大规模应用，其软质板的隔热性能良好。

11.9.3　剑麻头纤维板

剑麻是热带多年生植物，我国主要产地为广东、海南、广西、云南、福建和台湾等地。剑麻主要用途是其麻纤维可制造耐候性好的白棕绳。

剑麻到一定年龄时需更新，此时需挖出剑麻头，其高度为 1.2 ~ 1.5m，直径 20 ~ 40cm，一般堆放在田头任其腐烂。

剑麻头内含有大量纤维，拥有 3 300hm² 剑麻种植面积时则每年更新的剑麻头可生产10万t纤维板。

根据表1-6可知，剑麻头的纤维素与半纤维素含量接近于阔叶材，木质素含量较低，其纤维形态粗而长。由于剑麻头的化学组成与纤维形态具有自身特点，工艺也有其独特性。李年存对剑麻头纤维板进行了多年的研究，取得了实用性的成果。

（1）备料

新挖出的剑麻头水分高达80%，水溶物含量高，应贮存6~8个月，使一部分水分得以蒸发，原料中的部分果胶、淀粉、蛋白质等自然发酵，使其化学成分发生变化，质量得到提高。经半年贮存的剑麻头，热水抽提物可减少50%。

削片前，剑麻头应纵向劈开，麻头块的宽度和厚度才适合削片机的进料尺寸。在采用木材纤维板生产所用SO_3削片机时，应将削片机下部的底筛拆除，以利于麻头纤维束顺利地进入引风机。为防止麻纤维缠绕风机叶片，可将风送方式改用负压式，其动力消耗要大一些。

贮料仓结构采用上口小、下口大的锥形体以避免原料搭桥。为防止出料器螺旋被麻纤维缠绕，出料螺旋的螺距应适当加大。

（2）制浆

剑麻头纤维比较蓬松，同棉秆、蔗渣、麻秆等非木材植物原料一样，热压机的进料螺旋也应加大压缩比，以保证顺利进料和防止反喷。

剑麻头的半纤维素、杂细胞含量高，并且呈酸性，受热时易于水解。此外，原料的表层与芯部材性差异大，麻头外部还裹附一圈剑麻叶片短柄，因此，预热蒸煮宜采用低温延时工艺，蒸汽压力控制在0.5MPa左右，时间约3~5min。制浆时可在原料中适当添加一些化学药剂，如：NaOH、$CaCO_3$ 或 $NH_3 \cdot H_2O$ 等缓解水解作用。采用上述工艺，可降低剑麻头纤维的水解速度，还可提高浆料得率。

剑麻头纤维粗大，热磨中还不可避免地存在大量长纤维束，易造成浆汽分离器出料口絮积成堆而堵塞管道，故热磨后的粗纤维收集应采用圆筒式。

同许多非木材植物原料一样，剑麻头纤维也需经洗浆以去掉浆料中部分低糖类物质和调节pH值，减少黏板黏网现象和降低产品吸水率。此外，剑麻头纤维浆料中的皂类物质易发泡，使浆料输送、贮存和成型有困难，因此在粗浆池中加入煤油或其他消泡物质。

（3）成型热压

剑麻头纤维长而柔软，浆料中纤维易结团，应加强网前箱的搅拌效果和拍浆器的打散浆团作用。

剑麻头纤维浆料黏性较大，可溶物含量比木材高，板坯受压时排水速度慢。为防止热压挤水段时间加长而引起黏板或时间过短压溃板坯，在板坯热压前最好进行预压脱水。

热压以3段加压形式较好，其具体参数为：热压温度194~200℃，热压压力5~5.5MPa，热压时间10~12min。

挤水段在5~5.5MPa下保压30s，干燥段在1MPa下保压4min。塑化段在5~5.5MPa下保压3min。

剑麻头纤维板产品物理力学性能见表1-2。

11.9.4　果壳(核)人造木

利用水果核或干果壳，经脱脂处理后，可制成人造木。可用的原料包括：橄榄核、桃子核、杏核、樱桃核、李子核、葡萄核、椰枣核及棕榈壳、核桃壳、板栗壳、油茶壳、菜籽壳等。

(1)生产工艺

①果壳清洗。用水或添加少量化学助剂彻底洗净残存的果肉，然后经干燥去除水分、气味与残留的油脂。

②研磨。清洗和干燥后的果壳(核)在磨粉机中磨细，筛分成不同粒度的粉料，以便选配不同粒度的粉料制成不同要求的产品。

③混胶。将磨细的粉料与聚酯树脂及其他添加剂在拌胶机内混合拌匀，然后注入模型，添加剂根据不同要求确定。例如，要提高防火性，可加入石英粉或石棉粉，改善表面性质可以加入白垩粉等。树脂添加量为10%～15%，根据粉料颗粒、制品用途、添加剂种类与数量确定。

④凝结硬化。混合料可在机械加压、加温条件下硬化，也可在常温下调整硬化剂用量促其硬化。一般在常温下硬化需数小时，在120℃温度下几分钟即可硬化。

⑤修整。制品在常温下自行冷却或人工冷却，然后根据需要把制品表面磨光并切割成规定尺寸。

(2)制品的性能与应用

对果壳(核)人造木性能的试验结果见表11-32。

果壳(核)人造木具有无吸湿、抗腐蚀、阻燃、抗老化、表面光洁、色泽鲜艳、装饰效果和加工性好等特点。它的应用范围较广，可作护墙板、镶木细木工地板、隔热材料、防水材料、门窗、构架、家具、包装箱等。

表 11-32　果壳(核)人造木性能试验结果

试验内容	试验方法	结　　果
吸湿性	湿度 100% 环境中水浸 24h	无吸湿、吸水率 0.24%
耐磨性	德标 52103 表面磨耗试验	< 45g/50cm²
耐腐蚀性	5% 盐酸溶液浸 24h	增重 0.265%
	5% 苛性钾溶液浸 24h	增重 0.384%
抗老化性	人工老化试验 100h	颜色稍变

11.9.5　污泥纤维板

在生物氧化法废水处理系统中，产生的活性污泥需要加以处理，否则将引起二次污染。

污泥的成分比较复杂，但其中含有大量蛋白质。污泥纤维板就是利用污泥中的蛋白质转化为蛋白胶，使污泥产生自身的胶结作用，并以污泥中的除蛋白质外的泥渣为填料，再掺入少量增强纤维，经热压而成的板材。

经浓缩干燥的污泥用碱液进行调解，即可成为有一定黏结性的物质。在污泥中加入20%～40%的玻璃纤维或麻丝纤维，搅拌均匀，预压成型后，在一定温度下热压即成污泥纤维板，其性能见表 11-33。

表 11-33　污泥纤维板的性能

板 材 种 类 ＼ 性 能	密度（g/cm³）	抗弯强度（MPa）	吸水率（浸 24h,%）
普通硬质纤维板	0.8～0.9	19.6～39.2	20～35(水温20℃±2℃)
石油化工废水污泥纤维板	0.95	12.8～13.7	53(水温 17℃)
印染废水污泥纤维板	0.99	10.4	53(水温 17℃)

污泥纤维板的抗弯强度可达到 10.4～13.7MPa，低于木材硬质纤维板，接近木材刨花板二级品指标。

污泥纤维板在耐水性能上，比用酚醛胶或脲醛胶制成的板材要差，这是蛋白胶的共性。若加适量的防水剂如石蜡、松香等对原料进行处理或进行板材的后处理，耐水性会有所改善。

污泥纤维板压制后还有一点异臭，但随存放时间加长会逐渐消失。将新鲜污泥及时加工，防止蛋白质分解，或掺入防分解药剂和热处理，以及板面进行处理如涂饰等，均可以防止异臭的产生。

对石油化工企业废水处理排出的污泥，以及用污泥制成的板材所含有机物质和无机物质，经复旦大学分别进行有关化学、色谱、光谱分析，结果表明无放射性元素，残留的有机污染物含量低于废水经净化后的排放标准。此外，据分析所含极微量的重金属元素类同于玻璃和石英等建筑材料，因此说明制品对人体接触无害，可作为建材使用。

污泥纤维板质轻、可锯、可钉，表面可进行二次加工，是建筑物内隔墙、平顶等的好材料。

11.9.6　垃圾板

垃圾是数量多，来源广而且永续不断的原料之一，城市中产生的废料绝大部分为垃圾，国外的处理常采用焚化的方法，我国大部分城市采用专用场地堆放来处理。

按体积计算，垃圾可燃烧部分占总体积的 80%～95%，大部为纸张、破布、包装袋、竹木片、植物茎叶、塑料等。其余的 5%～20% 为玻璃、黑色金属、有色金属、陶瓷、石料、灰渣等。

垃圾制板的研究已进行多年，德国比松公司还采用了专门的试验方法。

作为原料的垃圾必须经分选，去除玻璃、金属、石料、灰渣等。比松公司采用所谓Jetzer 法处理垃圾原料：将垃圾沤化，微生物将易于气化的物质很快分解，含纤维素成分的物质则分解较少。将沤化后的垃圾在 140℃温度下干燥，使沤化时产生的有害生物被杀死，因此原料中除去了胚胎、寄生生物和微生物。干燥后的原料含水率为 4%～8%，然后筛选成相当均质的制板材料。

垃圾原料与木材原料相比，在压板中需注意的是垃圾的阻固化作用。这就是说，要使垃圾板材内部充分固化，需要比木材板材高得多的固化剂，通常为 3~6 倍。

垃圾板的施胶量比木材原料高，一般需达 15% 以上。这是因垃圾的结合力比木材纤维差得多的缘故。

垃圾板在 200℃ 温度下热压，时间 16~20s/mm，如采用高频加热，时间可缩短一半。

垃圾板的性能见表1-2，它的特点是耐燃。在相同条件下对整木料、刨花板和垃圾板进行过燃烧试验，到全部烧成灰时，木料用 15min，刨花板为 23min，而垃圾板为 75min。

为了提高垃圾板的强度，可用 20% 木材材料作为垃圾板的面层制板，其抗弯强度将提高到纯垃圾板材的两倍。如果在垃圾板芯层中加入 20% 木材材料，板材的横向抗拉强度也是纯垃圾板的两倍。在垃圾板中混入 40% 的云杉刨花复合垃圾板的性能是：密度 $0.8g/cm^3$，抗弯强度 11.96MPa，横向抗拉强度 0.40MPa，吸水厚度膨胀率(2h) 8%，吸水厚度膨胀率(24h)11%。

上述板材可适用于许多地方，如厚度为 80mm 的非承重墙、钢结构的围护体、40mm 以上的绝缘用隔墙、地板、屋面板等。

11.9.7 藤、草类人造板

(1)黄交藤纤维板

黄交藤系多年生野生植物，分布较广，其化学成分如下：热水可溶物 16.87%，苯醇抽提物 3.36%，木质素 23.66%，纤维素 35.88%，淀粉 16.88%。

黄交藤的木质素及纤维素含量比一般非木材植物原料高，相似于阔叶材，但其淀粉含量高，淀粉是吸湿性很强的物质，这将会影响纤维板的耐水性，在生产中需要采取措施。

黄交藤韧性很大，新鲜原料含水率高，切削困难，刀具易磨损。因此，削片中应勤换刀，保持刀锋利，以免原料被打断或打碎。

热磨时在进料口加水，使木塞形成紧密，防止反喷。由于黄交藤解纤容易，浆料的滤水度往往很高，热磨后浆料滤水度即达 20s 以上。如经精磨，则达 30s 以上。这样，浆料的滤水性差，使成型带来困难。

采取的工艺措施是：提高浆料成型时的浓度，适当搭配一些桑枝、松枝或板皮，在热磨浆中加少量火油等。这样使湿板的成型才不会造成困难。

板坯的热压与普通木材人造板相同。用黄交藤或黄交藤与桑条搭配为原料的纤维板，静曲强度均可达 30MPa 以上，符合部颁二级品的要求。但是，板材的吸水率高达 50% 以上，要提高黄交藤纤维板的质量，首先就是解决吸水率高的问题。

淀粉的高含量是引起黄交藤纤维板耐水性差的根本原因，如果在加工中设法除去，则对降低板材吸水率有利。已试验采取的方法是在热磨后的热浆中施加药剂，利用转化功能，使淀粉转化为糖，并施以一定树脂胶，既提高了静曲强度，又降低了吸水率。

热处理对黄交藤纤维板的耐水性有明显作用。试验中，将纤维板置于干燥箱中保持 170℃达 6h，则板材吸水率比原来降低 34.2%，即从原来的 56.8% 降至 22.6%，对强度无影响。在实际生产中，建议热压后的干板应在 150℃ 下保温处理 6h，板材的吸水率一般能保持在 25% 以下。

（2）葡萄藤板

葡萄藤是常年生植物，大面积葡萄种植园的植株常常要更新，因此成为人造板工业的潜在原料。此外，野生葡萄藤也是可以利用的原料。

葡萄藤的长度从几十厘米到数米，直径数毫米到数厘米。葡萄藤强度高，弹性好，密度为 0.46g/cm³，略次于山毛榉，但不亚于杨木。葡萄藤含水率一般不超过 40%。

葡萄藤可用盘式切片机切片，捆的直径为 25～30cm，长度为 0.3～1m。

为了除去废料和壳皮，削制后的藤片需经尺寸为（mm×mm）：5×5.3、15×3.15、2×2、1×1、0.5×0.5 各种规格的振动筛筛选。

藤片经筛选、施胶、干燥、铺装后热压，具体参数为：热压 150℃，单位压力 1.85MPa，当板厚在 15.4～16.4mm 时，热压时间约为 6min，板材性能如下：密度 0.714～0.759g/cm³，静曲强度 14～17.7MPa。

（3）席草碎料板

席草又名灯芯草，是多年生草本植物，它的分布几乎遍及世界各地。我国的席草主要用于编织草席、草帽和各种工艺品。据调查，仅江苏某县一个乡的席草编织厂，每年所生的席草编织废料约有 2 000t。这些席草废料由于短小、质轻、发热量低，处理比较困难，因此进行了席草碎料板的研制。

废席草本身已成碎料，备料工序简单，可直接利用，也可用破碎机简单再碎，之后的工序则与一般碎料板相同。其素板性能见表 1-2。

席草碎料板还可经单板贴面，其性能将大为提高。用厚度 0.8mm 美洲黑杨单板贴面后，其物理力学性能为：密度 0.63g/cm³，含水率 12%，吸水厚度膨胀率 9.5%，单面抗拉强度 0.2MPa，静曲强度 27MPa（平行）或 17MPa（垂直），弹性模量 4 000MPa（平行）或 1 300MPa（垂直），比握螺钉力 46N/mm。

11.9.8　棉籽壳碎料板

棉籽壳是油脂厂生产的下脚料，张勤丽等对棉籽壳制板的结构形式及最佳工艺条件进行了研究，探讨了工业化生产的可能性及产品的利用途径。

（1）板材结构与制板工艺

①板材结构。板材有以下 4 种结构类型：全棉籽壳型、全棉秆型、秆壳混合型和表秆芯壳型。以此 4 种形式比较探讨棉籽壳板的最佳结构。

②备料。棉籽壳经 40 目筛网筛选去棉籽仁，含水率 11.5%。棉秆经锤式粉碎机粉碎成秆状碎料，含水率 15%。

③添加剂。施加普通脲醛树脂胶，施加量为 12%。防水剂和固化剂施加量分别为 1%。

④压制工艺。板材名义密度设计为 0.9～1.0g/cm³，厚度 12mm。热压工艺条件：温度 140℃，压力 4MPa，时间分 2 段，4MPa 保压 2min，1MPa 保压 8min。

（2）性能与分析

几种类型的板材性能见表 11-34 和表 11-35。

表 11-34　不同结构棉（秆）籽壳板性能

性能 板材结构	密度 （g/cm³）	施胶量 （%）	静曲强度 （MPa）	最大静曲强度 （MPa）
全壳型	1.03	15	9.2	10.4
表秆芯壳型（含秆率30%）	1.03	12	10.2	14.7
表秆芯壳型（含秆率40%）	0.88	12	11	12.4
全秆型	0.88	12	14.3	16.2
1.2mm 单板两面贴面表秆芯壳型 （含秆率40%）	1.05	12	21.9	21.9
秆壳混合型（含秆率30%）	0.98	12	9.7	11.6

表 11-35　含棉秆 40% 的表秆芯壳型板材性能

性能 取值	干状静曲强度 （MPa）	湿状静曲强度 （MPa）	强度残存率 （%）	弹性模量 （MPa）	平面抗拉强度 （MPa）	握螺钉力 （N/mm）	握圆钉力 （N/mm）	吸水厚度膨胀率 （%）
平均值	11	1.9	17	1 700	0.25	60	25	21
最大值	12.4	—	—	2 100	0.4	64	37	—

①板材结构。棉籽壳表面形状特殊，结合面小，同时外带很多短棉绒，吸胶较多，易造成拌胶不均和结团现象。此外，棉籽壳本身强度差，吸水性强。因此，从表 11-26 可以看出，全壳型板材强度低，耐水性差。检测中还发现，全壳型板材表面及板边棉籽壳易剥落，板边不结实，板面砂光易起毛，作贴面加工时贴面材料易剥离。

混入30%棉秆碎料后，板材强度有所提高，但秆壳不易均匀混合，板面强度不够，表面棉籽壳易剥落和粗糙等问题仍未解决。

采用表秆芯壳型结构，将材性较佳的棉秆碎料分布于板材表面，从力学和表面性能看均为合适的结构，结果也证明了这一点。表秆芯壳型的板材强度较混合型高，板面与板边结实而不剥落，锯切光洁而不起毛。板材性能的提高量随棉秆用量增加而加大。但考虑棉籽壳的利用率，以40%较为合适。

②密度。在满足强度要求的条件下，一般应尽量减小板材密度。棉籽壳质重体积小，棉秆质轻体积大，含秆率提高有利于密度的降低。综合考虑质量、成本及棉籽壳利用率，密度定为 0.98g/cm³ 较为合理。

③力学性能。从所得结果看，未经贴面的各种结构板材的平均力学性能均未达到国家刨花板标准，尽管某些板材的最大值接近或超过标准中的二级品指标。因此，有必要进行深入研究，在材料、结构、工艺等方面进一步改善板材的力学性能。

④贴面。贴面明显提高了板材的各项物理力学性能，但对静曲强度的影响不是很大，此项性能在试验条件下仍未达到国家标准。

从以上研究来看，棉籽壳可以用于碎料板的生产，但必须加入其他纤维增强材料，同时还需从增强材料的选择、棉籽壳处理、板材结构以及工艺等方面作进一步的研究，才能使以棉籽壳为主要原料的板材性能达到国家标准所规定的指标。

思考题

1. 掌握高粱秆帘胶合板的生产工艺流程。

2. 掌握葵花秆积成板的生产工艺流程。

3. 湿法豆秸硬质纤维板生产中为什么要去掉豆荚皮？

4. 烟秆人造板的应用特点。

5. 花生壳碎料板生产中碎料制备采用什么方法？其碎料为什么不能太细？有哪几种催化活化剂用来制造无胶花生壳板？哪种效果较好？

6. 栲胶渣原料的哪种化学成分含量较高而对人造板生产有利？

7. 椰子壳用于碎料板的生产有什么特点？

8. 什么是果壳(核)人造木？

9. 什么是污泥纤维板？其耐水性为什么较差？

10. 垃圾板生产中为什么要多加固化剂？它的哪种性能较好？

11. 黄交藤纤维板生产中在浆料中加糖化剂的目的是什么？

12. 棉籽壳碎料板的表秆芯壳型和全壳型板哪种性能较好？

参考文献

鲍逸培,文家孺.竹木复合集装箱底板开发与研究.建筑人造板,1997(3):13-16.

采风译.英国非木质人造板生产 Compark 技术.建筑人造板,1995(4):31-32.

蔡祖善,赵光宏.无胶蔗渣碎料板初试成功.林产工业,1986(4):1-4.

蔡祖善.麦草刨花板生产.建筑人造板,1998(3):39.

陈广琪.利用棉秆制造水泥刨花板研究(1)棉秆与水泥适应性研究.建筑人造板,1992(4):16-18.

陈国符、邬义明.植物纤维化学.北京:轻工业出版社,1980.

陈家珑,蔡光汀等.竹模板湿变形的初步研究.木材工业,1996(4):22-25.

陈家珑.玉米秆碎料板及其在建筑上的应用.建筑人造板,1992(2):23-25.

陈景形.我国蔗渣碎料板工业的现状与发展.林产工业,1992(1):8-10.

陈士英,邓平.非木材植物纤维生产石膏刨花板的适应性.林产工业,1992(1):20-22.

陈绪和,叶克林.非木材植物纤维原料人造板.木材工业,1991(1):41-44.

承国义.年产 10000 m^3 竹木复合板车间工艺设计.林产工业,1995(2):26-30.

程奇,李宁等.植物纤维水泥复合板及气流铺装机在其生产中的设计与应用.建筑人造板,1996(1):28-30.

戴光武.甘蔗渣中密度纤维板生产技术.北京木材工业,1991(4):41-43.

邓小奎.八辊竹材辊压机.林业机械与木工设备,1994(5):10.

邓玉和,洪中立.棉秆刨花板生产工艺研究.建筑人造板,1994(1):17-19.

杜春贵,刘志坤,李延军等.刨切微薄竹的大幅面化.东北林业大学学报,2003,31(6):16-17.

杜官本,马洪永等.低甲醛释放蔗渣中密度纤维板用脲醛胶.木材工业,1999(2):13-16.

段梦麟,郑宏奎等.葵花秆胶合人造木材研究.林产工业,1998(3):15-17.

恩斯特·伯林克曼.以一年生植物作为生产刨花板的原料.木材工业,1990(3):40-45.

范毡仔,许若璇.碎单板——竹片平行胶合材的研究.木材工业,1995(1):10-13.

范毡仔.非木质刨花板耐候性研究.林产工业,1994(5):1-3.

范毡仔.竹丝刨花板生产.建筑人造板,1991(3):24-26.

方远进.竹材胶合板、竹编胶合板生产工艺技术经济指标分析.林产工业,1992(6):12-14.

冯再琼.蔗渣人造板.林产工业,1989(5):34-36.

傅峰,华毓坤.组坯方式对竹帘板胶合强度的影响.南京林业大学学报,1995(1):33-36.

顾继友,包学耕.烟秆碎料板.林产工业,1989(5):32-34.

关晓冬,赵宏伟等.芦苇刨花板生产技术.木材加工机械,1997(4):22-24.

郭文莉,施展华.竹材中密度纤维板防霉研究.木材工业,1992(3):26-31.

郭先仲.复塑蔗渣瓦楞板的研究.林产工业,1987(1):33-35.

韩广萍,王戈等.芦苇特性与芦苇刨花板制板工艺关系.林产工业,1995(4):37-38.

韩健.我国竹材人造板发展回顾与展望.木材工业,2006,20(2):52-55.

韩健.复膜竹帘胶合板表面质量相关因素分析.木材工业,1997(1):10-11.

韩健.热压工艺与竹席竹帘胶合板性能关系.木材工业,1999(1):9-12.

韩健.竹胶合板生产工艺.北京:中国林业出版社,1999.

韩健.竹帘胶合板表面质量缺陷及影响因素分析.建筑人造板,1998(1):29-31.

韩健.竹帘胶合板性能与主要因素间关系的研究.建筑人造板,1996(3):12-16.

韩健. 竹篾含水率与竹胶合板生产工艺间关系研究. 林产工业,1998(2):23-25.

韩景信,李耀芬. 湿法棉秆中密度纤维板工业性试验. 林产工业,1987(6):34-36.

郝丙业,刘正添. 稻草刨花板制板工艺初步研究. 木材工业,1993(3):2-7.

何翠花. 竹木复合胶合板试验报告. 木材工业,1991(4):50-51.

何立存,马庆安等. 葵花秆填充板静曲力学性能研究. 林产工业,1991(3):25-28.

贺亚夫. 人造板新型产品——高粱合板. 林产工业,1997(3):26-28.

洪中立. 不同标号水泥与竹材的相容性. 建筑人造板,1988(1):15-18.

花军,陆仁书等. 麦秸刨花板备料工段加工工艺的研究. 林产工业,2000(2):20-22.

花军,濮安彬等. 异氰酸酯麦秆刨花板生产成本分析. 木材工业,2000(1):27-29.

黄军,肖妙和. 复塑竹碎料板工艺研究. 林产工业,1998(4):26-28.

姜华新. 葵花秆、玉米芯人造板生产工艺及在家具工业上的应用. 北京木材工业,1987(3):31-34.

蒋身学. 我国竹地板的发展现状和趋势. 中国人造板,2007(2):39-41.

蒋远舟,向仕龙. 植物纤维增强稻壳板的研制. 林业科技开发,1990(2):21-23.

科尔曼 F. F. P 等著. 杨秉国译. 木材学与木材工艺学原理. 北京:中国林业出版社,1975,289~293.

孔巍东. 玉米秆细木工板. 林产工业,1984(1):31-32.

李百华. 论生产蔗渣碎料板的可行性和经济性. 林产工业,1985(2):32-34.

李阜东,吴健身等. 油菜秆刨花板制造工艺研究. 木材工业,1998(6):10-12.

李凯夫,崔永志等. 亚麻屑结构与特性研究. 林产工业,1991(2):5-8.

李凯夫,陆仁书等. 玉米秆制板最佳工艺研究. 林产工业,1991(1):7-12.

李凯夫,谭海彦等. 芦苇——麻屑刨花板研制(一)制板工艺初探. 木材工业,1995(2):1-4.

李凯夫,谭海彦等. 芦苇——麻屑刨花板研制(二)提高刨花板性能研究. 木材工业,1995(4):1-5.

李凯夫,王东香. 亚麻屑板生产工艺研究. 木材加工机械,1992(3):3-9.

李凯夫,张志刚等. 大豆秸制刨花板工艺研究. 木材加工机械,1992(1):20-24.

李凯夫. 麦草特性与制板工艺研究. 林产工业,1990(1):17-20.

李兰亭. 稻壳用DN-8低毒脲醛胶研制. 林产工业,1992(2):11-13.

李良. 亚麻屑的利用. 木材工业,1988(3):47.

李凌,滕召华. 竹帘胶合板生产过程中的质量控制. 林产工业,1998(2):39-41.

李萍. 植物纤维增强石膏板生产技术. 建筑人造板,1996(3):37-39.

李西忠. 花生壳在胶合板生产中的应用. 山东林业科技,1998(3):40-42.

李延军,杜春贵,刘志坤等. 刨切薄竹的发展前景与生产技术. 林产工业,2003,30(3):36-38.

李耀芬,韩景信. 棉秆原料的构造、纤维形态及其理化性质研究. 林产工业,1988(2):20-27.

李远陵. Compark板. 木材加工机械,1995(1):30-32.

李远陵. 麦秸板. 木材加工机械,1999(3):30-32.

李宗道等. 麻类形态学. 北京:科学出版社,1987.

刘方等主编. 亚麻栽培育种与系列产品开发. 北京:气象出版社,1992.

刘启明,薛松等. 用花生壳全组分制木材胶粘剂——花生壳化学组成的研究. 南京林业大学学报,1994(1):72-77.

刘忠会,张同权等. 影响人造麻屑板质量的因素分析及改进措施. 林业机械与木工设备,1995(1):19.

龙传文,向仕龙等. 竹编胶合板热压工艺条件与产品质量关系的研究与分析. 林产工业,1996(1):20-22.

隆言泉. 制浆造纸工艺学. 北京:轻工业出版社,1980.

陆仁书,李华. 棉秆碎料的制备及工艺路线选择. 林产工业,1987(6):28-33.

陆仁书,李凯夫等. 亚麻屑制板工艺与设备分析. 木材工业,1990(4):41-44.

陆仁书,汪孙国. 稻草碎料板制造工艺研究. 林产工业,1988(6):4-8.

吕常艾,明振华. 亚麻屑的纤维分离. 建筑人造板,1994(4):34-35.

吕庆德. 麦秸碎料板. 林产工业,1987(2):12-13.

吕绍庭. 几种非木材原料人造板生产线工艺技术特点及技术经济分析. 建筑人造板,1989(2):1-13.

南京林业大学麦秸板课题组. 中密度麦秸板的生产性试验研究. 林业科技开发,1999(3):28-29.

O. S. 伦弗罗编,方汉中译. 用固体废料生产建筑材料. 北京:中国建筑工业出版社,1986.

牛耕芜,王喜明等. 提高葵花刨花板防水性能的研究. 林业科技通讯,1998(5):4-5.

潘大高. 棉秆碎料板生产中的几个问题. 林产工业,1991(5):24-26.

濮安彬,陆仁书等. 芦苇——杨木刨花板制板工艺研究. 林产工业,1996(2):1-4.

濮安彬,陆仁书等. 亚麻屑刨花板生产线工艺设计特点. 木材工业,1996(2):11-15.

濮安彬,陆仁书等. 异氰酸酯芦苇刨花板生产工艺研究. 木材工业,1997(2):3-5.

濮安彬,陆仁书等. 玉米秆——亚麻屑刨花板制造工艺研究. 木材工业,1995(6):7-11.

齐维君. 稻草碎料板. 林产工业,1992(6):38-40.

秦华虎. 轻质建筑板材——稻草(麦秸)板. 建筑人造板,1988(2):1-3.

邱金辉. 竹质网络材料的研制. 林产工业,1991(1):1-2.

上海木材工业研究所. 稻壳板情报调查报告. 木材工业技术通讯,1982(1).

上海木材工业研究所. 稻壳板专辑. 木材工业技术通讯,1984(1).

盛炳华,张克安. 竹片干燥定型机. 林产工业,1992(2):25-26.

宋伟光,吕常艾. 亚麻屑碎料板无垫板生产工艺与设备——海伦亚麻屑生产线简介. 建筑人造板,1991(4):33-38.

宋孝金,许若璇. 陈放时间对竹材石膏碎料板性能的影响. 建筑人造板,1992(3):12-16.

孙丰文,张齐生. 竹片复合胶合板的初步研究. 木材工业,1996(1):11-13.

孙世良,陆仁书. 甘蔗渣制板工艺研究. 东北林业大学学报,1983(3):45-47.

唐善宝,吴培国. 竹材碎料形态与制备设备. 林产工业,1992(2):23-24.

滕六天,毕会江等. 麦秸刨花板生产技术. 林业科技开发,1999(4):36-37.

涂平涛. 非木材原料人造板生产技术有关问题讨论. 建筑人造板,1991(3):9-12.

涂平涛. 非木材植物纤维作为人造板生产原料的有关问题. 林产工业,1995(4):1-4.

涂平涛. 非木质原料人造板的开发前景与存在问题. 建筑人造板,1988(1):4-14.

涂平涛. 氯氧镁胶凝材料的组成与性能的相关性. 建筑人造板,1994(1):20-24.

V. Thole,D. Weiss 等. 一年生植物作为石膏刨花板原料的适应性. 木材工业,1993(1):15-23.

汪华福. 发展农业剩余物人造板工业是解决木材供需矛盾的有效途径. 建筑人造板,1998(2):12-14.

汪华福. 甘蔗渣刨花板生产. 木材工业,1990(1):48(52).

汪孙国,华毓坤. 软化工艺条件对竹材及其重组竹材性能的影响. 南京林业大学学报,1994(1):57-62.

汪孙国,华毓坤. 重组竹制造工艺的研究. 木材工业,1991(2):14-18.

汪孙国,陆仁书. 稻草碎料板工艺与性能研究. 林产工业,1990(2):21-25.

汪孙国. 重组竹材板的初步研究. 建筑人造板,1990(2):22-27.

汪锡安、胡宁先. 胶粘剂及其应用. 上海:上海科技出版社,1983.

王凡非,王文衡. 我国竹材人造板生产现状与问题初探. 中国人造板,2007(12):1-4.

王戈,刘振国等.芦苇刨花板生产工艺及设备分析.木材加工机械,1998(2):2-4.

王戈,刘振国等.麦秸特性与麦秸刨花板生产工艺与设备.林产工业,2000(2):33-35.

王家丽,唐永裕.饰面竹基材混凝土模板制造工艺.林产工业,1992(2):31-33.

王建军,李杏芳.烟秆湿法纤维板废水成分及对封闭循环工艺的影响.林产工业,1991(4):37-38.

王淑英,李争平等.湿法硬质纤维板生产线改芦苇刨花板工业化生产技术.建筑人造板,1997(2):30-31.

王树林等.葵花秆刨花板生产工艺研究.农业机械化论坛,1997(4):15-17.

王思群,华毓坤.改善竹木胶合的研究.林产工业,1992(6):6-9.

王思群,华毓坤等.竹木复合定向刨花板强度性能研究.木材工业,1991(3):6-10.

王思群.机械定向铺装用竹刨花的制备.木材加工机械,1992(2):28-29.

王松.芦苇刨花板无垫板装卸.木材工业,1997(3):31.

王松.亚麻屑碎料板生产中的除纤处理.木材工业,1992(2):51(36).

王松.亚麻屑细碎与分选技术.木材工业,1993(3):43-44.

王天佑,李强.湿法豆秸硬质纤维板.林产工业,1990(1):14-17.

王天佑,李强.烟秆湿法硬质纤维板生产试验.木材工业,1990(3):10-13.

王天佑,李强.蔗渣中密度纤维板的研制.林产工业,1988(6):1-4.

王天佑,李强等.竹材中密度纤维板的初步研究,木材工业,1991(1):6-10.

王喜明,郭宝山.葵花秆刨花板用改性脲醛胶研究.木材工业,1995(5):30-32.

王喜明.单层浸渍纸贴面葵花秆刨花板研究.木材工业,1996(4):7-11.

吴朝阳.浅析麦秸水泥复合板缺陷与成因.建筑人造板,1994(4):28-30.

吴旦人.竹材防护.长沙:湖南科技出版社,1992.

吴德茂.稻草板——一种值得重视的生态建材.建筑人造板,1998(4):3-7.

吴迎学.竹帘胶合板单板自动编织机主机设计.木材加工机械,1997(4):8-11.

武幼颖,秦英志.棉秆纤维板生产工艺.林产工业,1984(1):23-26.

武震,章希胜等.棉秆刨花板生产线制材工段设备改进.建筑人造板,1998(4):29-30.

夏元洲,陈广琪.用麻黄素生产刨花板工艺研究.建筑人造板,1992(3):1-3.

夏元洲.竹材刨花板制板工艺研究.建筑人造板,1996(3,4):3-11.

向才旺.建筑石膏及其制品.北京:中国建材工业出版社,1998.

向仕龙,蒋远舟等.矿渣纤维板的研制.建筑人造板,1989(4):29-30.

向仕龙,李赐生,张秋梅.装饰材料的环境设计与运用.北京:中国建材工业出版社,2005.

向仕龙,李远幸.干法蔗渣中密度纤维板热压工艺研究.林产工业,1996(2):5-7.

向仕龙,万惠香.不同热压条件下木材 MDF 与蔗渣 MDF 的物理力学性能对比研究.建筑人造板,1995(2):3-5.

向仕龙,张秋梅,张求慧.室内装饰材料.北京:中国林业出版社,2003.

向仕龙.非木质人造板及复合人造板生产概况与发展.适用技术与发展,1988(2):15-18.

向仕龙.矿渣刨花板的生产与应用.新型建筑材料,1988(5):12-14.

向仕龙.水泥——植物复合建筑人造板的研究与生产,硅酸盐建筑制品,1989(6):15-17.

向仕龙.我国非木质人造板的现状与发展.林产工业,1990(3):44-46.

向仕龙.植物纤维增强石膏人造板的研究与生产.今日科技,1987(9):13-16.

向涌泉,罗民.圆盘式竹大片定向铺装机的设计.林产工业,1992(4):29-33.

肖亦华译.油棕榈纤维人造板.建筑人造板,1998(4):37-39.

邢成,邓玉和等.豆秸刨花板工艺的研究.林业科技开发,1999(2):21-23.

邢成,殷苏州等.豆秸作为刨花板生产原料的可行性分析.林产工业,1999(6):5-10.

邢成,殷苏州等.轻质豆秸刨花板工艺研究.木材工业,1999(6):7-9.

徐兰英,王子奇等.芦苇刨花板贴面技术研究.林业科技,1998(6):37-38.

徐学耘.棉柴碎料板生产工艺.林产工业,1984(1):18-23.

徐学耘.棉秆原料的初步分析.建筑人造板,1994(3):24-27.

徐学耘.棉秆中密度纤维板备料工段工艺与设备.林产工业,1995(6):29-32.

徐学耘.用于人造板生产的棉秆切断机.林产工业,1994(6):31-32.

徐咏兰,杨敏娟等.花生壳碎料板.林产工业,1989(2):32-35.

徐咏兰.毛竹生产纤维试验研究.建筑人造板,1993(4):6-13.

许若璇,宋孝金.新型建材——竹材石膏碎料板制造工艺研究.建筑人造板,1991(4):26-32.

许伟.石膏棉秆刨花板生产工艺的初步研究.木材工业,1988(3):15-21.

阎世廉.稻壳板成套设备的研制.建筑人造板,1988(2):26-29.

杨焕蝶.竹帘编织机与质量的研究.木材加工机械,1996(2):16-20.

杨一飞,汪锦星.真正的生态建材——斯强板.林产工业,1999(5):20-22.

杨振雄.棉秆纤维板湿法生产工艺若干技术问题.林产工业,1983(1):31-35.

叶良明,成云芬等.竹材层压板热压新工艺初探.林产工业,1997(2):12-16.

叶良明,姜志宏等.竹材层压板工艺参数的研究——浸胶量及其影响.林产工业,1992(4):6-9.

叶良明,姜志宏等.竹材层压板工艺参数研究——热压三要素等对性能的影响.林产工业,1991(2):1-4.

殷苏州,李北冈等.竹材覆面定向刨花板性能研究.木材工业,1997(4):8-11.

于光荣,罗荣等.浅谈麻屑人造板生产中的净化处理问题.建筑人造板,1997(1):35-36.

于文吉.竹编胶合板组合方式及热压工艺研究.木材工业,1992(4):5-11.

苑金生.稻草板生产工艺装备与应用.建筑人造板,1998(1):19-20.

张纯基.棉秆刨花板生产的工艺特点.林业科技开发,1989(2):19-20.

张冬梅,韩广萍等.麦秸特性及麦秸刨花板制板工艺研究.林业科技,1998(4):45-46.

张宏健,李君等.竹条重组枋生产工艺研究开发.建筑人造板,1998(3):24-26.

张宏健,叶喜等.竹大片刨花板主要工艺参数的研究.西南林学院学报,1995(4):56-60.

张宏健,张福兴等.竹大片/定向刨花板工业生产技术的研发和应用.中国人造板,2007(8):30-37.

张宏健,张福兴等.竹大片刨花板对竹材生物学特性的适应性.林产工业,1998(6):1-4.

张连起.关于利用农业剩余物发展人造板生产的探讨.木材工业,1992(3):49-51.

张齐生,黄河浪等.竹材胶合板在载重汽车上的应用研究.林产工业,1991(6):1-4.

张齐生,蒋身学.中国竹材加工业面临的机遇与挑战.世界竹藤通讯,2003,1(2):1-5.

张齐生,王建和等.竹材复合板的研究,林产工业,1990(1):7-10.

张齐生,张晓东.竹材碎料复合板的中间试验.林产工业,1990(6):12-15.

张齐生,张晓东等.高强复膜竹胶合板的研究.林产工业,1995(3):12-15.

张齐生,朱一辛.结构用竹木复合空心板的初步研究.林产工业,1997(3):6-9.

张齐生,朱一辛等.竹片搭结组坯大幅面竹材胶合板的研究.林产工业,1996(1):34-36.

张齐生.我国竹材加工利用要重视科学和创新.浙江林学院学报,2003,20(1):1-4.

张齐生.竹类资源加工及其利用前景无限.中国林业产业,2007(3):22-24.

张齐生等著.中国竹材工业化利用.北京:中国林业出版社,1995.

张勤丽,乌竹香.棉籽壳制板可行性探讨.林业科技开发,1990(1):14-16.

张晓东,朱一辛等.竹材刨花板热压工艺研究.木材工业,1996(6):9-11.

张旭窗. 对蔗渣刨花板生产线几项技术改造. 木材加工机械,1994(4):34-35.

张洋,华冬等. 麦秸刨花板热压工艺对产品基本特性影响的研究. 林产工业,2000(2):23-24.

赵长庆,李荣基. 棉柴刨花板生产工艺与设备几个问题探讨. 建筑人造板,1998(3):16-17.

赵宏伟,关晓冬等. 亚麻屑板生产中亚麻屑的净化工艺与设备. 木材加工机械,1998(1):23-24.

赵龙珍,郝玉风等. 烤烟秆制板的研究. 建筑人造板,1990(4):38-41.

赵明,吴季陵. 摆动进给竹材旋切机初步研究,林业机械与木工设备,1994(1):4-6.

赵仁杰,陈哲等. 中国竹材人造板的科技创新历程与展望. 人造板通讯,2004(2):3-5.

赵仁杰,邓介凡等. 竹帘胶合板的研制. 林产工业,1991(3):22-24.

赵仁杰,刘德桃等. 中国竹帘胶合板模板的科技创新历程. 世界竹藤通讯,2003,1(4):1-4.

赵仁杰,喻云水. 竹材人造板工艺学. 北京:中国林业出版社,2002.

郑凤山,何磊. 我国麦/稻秸秆板工业的发展与思考. 木材工业 2006,20(6):30-32.

郑凤山,马心. 农作物秸秆板在国内外的发展近况. 林产工业,2003,30(6):3-6.

郑睿贤,李年存等. 苎麻纤维板. 林产工业,1989(2):29-32.

郑忠福. 单板贴面竹编层积材生产工艺研究. 建筑人造板,1995(1):13-15.

制浆造纸手册. 北京:轻工业出版社,1987.

中国造纸学会碱法草浆专业委员会. 常用非木材纤维碱法制浆实用手册. 北京:中国轻工业出版社,1993.

钟建荣. 复塑竹席竹帘胶合板外观质量的改进措施. 林产工业,1997(2):37-38.

周定国,张洋,于文吉,黄绍蒇. 高中密度稻秸人造板制造技术与产业化. 林产工业,2003,30(4):17-21.

周芳纯. 竹林培育学. 北京:中国林业出版社,1998.

周节上. 亚麻屑刨花板备料工艺实践. 木材加工机械,1993(3):13-14.

周润海. 非木材原料刨花板的开发. 林产工业,1987(4):23-26.

朱奎,张美正. 气流分选在非木质刨花板生产中的应用. 木材加工机械,1992(3):17-20.

朱一辛,蒋身学. 汽车车厢底板用竹木复合板的研制. 木材工业,1996(3):4-7.

Bringmann E. Annual plants and debarkingwaste as raw materials for the particleboard industry. Holz-Zentralblatt,1978,104,Nr. 111:1681-1683.

Chandramouli,P. and W. V. Hancock. Comparative properties of rice husk board, Particle board and wafer board. Ind. Acad, of Wood Science. 1974,5(1).

Fadl. N. A and M. rakha. Effect of cooking temperature and hardening on the properties of rice straw hardboard manufactured by Asplund process. Cellulose chemistry and technology,1984,18(4):431-435.

Fahey B. , Scrimber-exciting breakthrough in timber technology. Australia Forest Industries ,1985,51(8):56-57.

Francois Fleury. 棉秆替代木材生产刨花板分析. 林产工业,1995(6):9-11.

George,J. and M. N. Shirsalkar. Fire resistant buikding board from coconut pith. Research and Industry,1964,9(12):359-361.

George,J. and M. N. Shirsalkar. Particle board from ckcknut husk. Research and Industry,1963,8(5):219.

George,J. production of particle board from ckcknut husk. Ind. com. Journal, 1964,19(2):1.

George. J,and H. C. Joshi. Complete utilization of coconut husk,Part IV.

Guha,S. R. D. and M. M. Singh. , Vitalization of cotton stem and cotton waste, Indian Forester,1979,105(1):57-67.

Heller W. Producing particleboard by unconventional raw material. Holz als Roh-und Werkstoff,1980,38：393 – 396.

Hesch,R. and H. Frers. world's biggest board industry in Pakistan. Board Manufacture,1968,11（12）：149 – 158.

Hesch,R. particle board from suger cane – a fully integrated production plant. Board Manufacture,1967,10（42）：39 – 45.

Hilbert T,Lempfer K. , Suitability of different raw materials for the manufacture of gypsum-bonded particleboards. , Holz als Roh-und Werkstoff, 1989,47：199 – 205.

Hon,D. N. S. ,& Glasser,W. G. ,The effect of mechanical action on wood and fiber compoents,Tappi,1979,62（10）：107 – 110.

Information Sources on the Vitalization of Agricultural Residues for the production of panels, Pulp and Paper,1979.

Kossatz G,Lempfer K. Producing Gypsum-bonded particleboard in a semidry process. Holz als Roh-und Werkstoff,1982,40：333 – 337.

Lanfenberg TL. Economic feasibility of synthetic fiber reinforced laminated veneer lumber. Forest Products Journal,1984,34（4）：15 – 22.

Layer particle boards with coconut husk particle core. Indian pulp and paper,1962,10（7）：1 – 2.

Low-cost Compark boards based on vegetable. Wood based panel,1985（1）：42 – 45.

Luthhardt,M. Processing of cotton wastes into insulating sheets. Holzte-chnologic,1971,12（3）：131 – 136.

Maloney,T. M. , Modern particleboard & dryprocess fiberboard manufacturing, Miller Freeman Publication,Inc. ,1977.

Man-Mohan Singh and H. C. jain. Some investigations on pressed boards from bamboo. Indin pulp and paper,1969,23（6）：651 – 666.

Naraganamurti,D. and P. Narayanan. Boards from coir wast. Board Manufacture,1968,11（9）：102 – 104.

New particle board from crushed sugarcane fibre. Board Manufacture,1966, 9（10）：172 – 173.

Non-wood plant fiber pulping process report, TAPPI press,1983.

Non-wood plant fiber pulping process report, TAPPI press,1985.

Particleboard from annual plant waste,Vienna,UNIDO,1983.

Production of plants from agricultural residues. Vienna,UNIDO,1972.

Shukla. K. S. and Janardhan Prasad. Building boards from bagasse：part I PF bonded particleboards. J. of T. D. A. ,1985,31（4）：20 – 27.

Vasishth,R. C. Composite boards from rice hulls. Cor. Tech,1973,3.